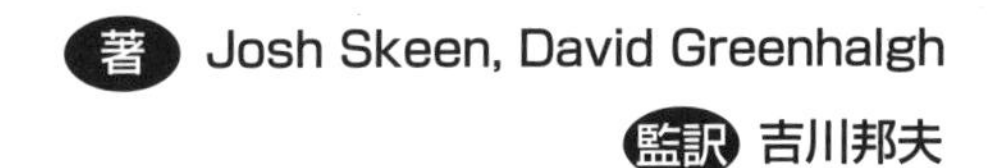

Kotlin Programming
THE BIG NERD RANCH GUIDE

著 Josh Skeen, David Greenhalgh

監訳 吉川邦夫

本書内容に関するお問い合わせについて

このたびは翔泳社の書籍をお買い上げいただき、誠にありがとうございます。弊社では、読者の皆様からのお問い合わせに適切に対応させていただくため、以下のガイドラインへのご協力をお願いいたしております。下記項目をお読みいただき、手順に従ってお問い合わせください。

●ご質問される前に

弊社 Web サイトの「正誤表」をご参照ください。これまでに判明した正誤や追加情報を掲載しています。

正誤表　　https://www.shoeisha.co.jp/book/errata/

●ご質問方法

弊社 Web サイトの「刊行物 Q & A」をご利用ください。

刊行物 Q & A　　https://www.shoeisha.co.jp/book/qa/

インターネットをご利用でない場合は、FAX または郵便にて、下記“翔泳社 愛読者サービスセンター”までお問い合わせください。

電話でのご質問は、お受けしておりません。

●回答について

回答は、ご質問いただいた手段によってご返事申し上げます。ご質問の内容によっては、回答に数日ないしはそれ以上の期間を要する場合があります。

●ご質問に際してのご注意

本書の対象を越えるもの、記述個所を特定されないもの、また読者固有の環境に起因するご質問等にはお答えできませんので、あらかじめご了承ください。

●郵便物送付先および FAX 番号

送付先住所 〒 160-0006 東京都新宿区舟町 5
FAX 番号 03-5362-3818
宛先 （株）翔泳社 愛読者サービスセンター

※本書に記載された URL 等は予告なく変更される場合があります。
※本書の出版にあたっては正確な記述につとめましたが、著者や出版社などのいずれも、本書の内容に対してなんらかの保証をするものではなく、内容やサンプルに基づくいかなる運用結果に関してもいっさいの責任を負いません。
※本書に掲載されているサンプルプログラムやスクリプト、および実行結果を記した画面イメージなどは、特定の設定に基づいた環境にて再現される一例です。
※本書に記載されている会社名、製品名はそれぞれ各社の商標および登録商標です。
※本書では TM、®、©は割愛させていただいております。

目　次

Kotlinの紹介

2011年に、JetBrainsは、JavaやScalaのようにJava仮想マシンで実行可能なコードを書く新しい選択肢として、Kotlinプログラミング言語の開発を発表した。その6年後にGoogleは、Kotlinで、Androidオペレーティングシステムに向けた開発の経路を公式にサポートすると発表した。

Kotlinは、輝かしい未来を持つ言語から、世界でもっとも重要なモバイルOSのアプリケーションを書ける言語へと、その視野を急速に広げた。現在は、Google、Uber、Netflix、Capital One、Amazonなどの大企業が、Kotlinの多数の長所を喜んで受け入れている。それには、簡潔な構文、現代的な機能、レガシーJavaコードとのシームレスな相互運用性などが含まれる。

なぜKotlinなのか

Kotlinの魅力を理解するには、まず現在のソフトウェア開発状況におけるJavaの役割を理解する必要がある。Kotlinのコードは、Java仮想マシンのために書かれることがもっとも多く、2つの言語には密接な関係がある。

Javaは、時の試練に耐えてきた堅牢な言語であり、何年もの間、製品のコードベースでもっとも一般に書かれてきた言語の1つである。けれどもJavaがリリースされた1995年から今までの間に、良いプログラミング言語を作る条件が、積み上げられてきた。より現代的な言語を使う開発者が享受している多くの長所が、Javaには欠けている。

それらの長所からKotlinが利益を得ている間に、Java（およびScala、その他の言語）の設計の時点で下された決断は、もう古いものになってしまった。Kotlinは、古い言語で可能だった範囲を超えて進化し、かつては困難だった点が直されている。Kotlinが、どのようにJavaから改善され、より信頼性の高い開発経験を得られるようになったかを、これから読者は学ぶことになる。

そしてKotlinは、「Java仮想マシンで実行するコードを書くのにJavaより優れた言語」というだけではなく、汎用性を目指すマルチプラットフォーム言語でもある。Kotlinを使って、macOSやWindowsのネイティブなアプリケーションも、JavaScriptアプリも、そしてもちろんAndroidアプリも、書くことができる。プラットフォームに依存しないKotlinには、広くさまざまなユーザー層がある。

この本は誰のためにあるのか

私たちは、この本を、あらゆる開発者のために書いた。本書は、経験を積み、Javaが提供する範囲を超えたモダンな機能を求めているAndroid開発者、Kotlinの機能を学ぶことに興味を持ったサーバー側の開発者、そして高性能なコンパイラ言語に挑もうとしている、もっと新しい開発者たちのために書かれている。

あなたが本書を読んでいる理由は、Androidのサポートかもしれないが、この本はAndroidのためのKotlinプログラミングに限定されてはいない。実際、高度な章の1つである21章を除けば、本書のKotlinコードは、どれもAndroidフレームワークに関わるものではない。とはいえ、もしあなたの関心が、Androidアプリの開発にKotlinを使うことだけにあるとしても、この本は、Kotlin

で Android アプリを非常に簡単に書けるようになる一般的なパターンを、いくつか示している。

Kotlin は、他の多くの言語から影響を受けているが、Kotlin を学ぶために他の言語の細部を知る必要はない。ときおり私たちは、サンプルの Kotlin コードと等価な Java コードを論じることにする。読者に Java の経験があれば、この 2 つの言語の関係を理解する役に立つだろう。もし Java を知らなくても、他の言語で同じ問題に取り組む方法を見れば、Kotlin の開発に何が影響を与えたのかを理解するのに役立つだろう。

この本の使い方

本書はリファレンスガイドではない。私たちの目標は、Kotlin プログラミング言語のもっとも重要な各部を、案内することだ。読者はサンプルプロジェクトに取り組み、先に進むにつれて知識を積み上げていくことができる。この本をもっとも有効に使うためには、読み進めながらサンプルを実際に打ち込むことが推奨される。プロジェクトに取り組んだ実体験によって記憶が強化され、次の章に持ち込むべき知識が得られるだろう。

各章は、1 つ前の章で示したトピックを土台として、その上に構築されるから、飛ばし読みは避けるべきだ。たとえあなたが、そのトピックについて他の言語で親しんでいたとしても、やはり読み進めるのが良い。Kotlin では多くの問題がユニークな方法で処理される。最初は変数やリストのような、入門書的なトピックから始まり、それからオブジェクト指向や関数型プログラミングの技法に進むが、その過程で読者は、何が Kotlin を、これほど強力な言語にしているのかを理解するだろう。本書を読み終えたら、Kotlin に関するあなたの知識は、初心者の段階から、より高度な開発者の段階に至るまで、堅実に積み上げられているだろう。

ゆっくり時間をかけて読んでいただきたい。寄り道も結構だ。あなたの好奇心を刺激した事項については、Kotlin リファレンス（`https://kotlinlang.org/docs/reference`）で調査し、実験するのが良い。

「もっと知りたい？」

この本の、ほとんどの章には、「もっと知りたい？」というタイトルのセクションが、1 つか 2 つある。たいがいは、Kotlin 言語の根底にある機構の解説だ。各章のサンプルは、これらのセクションの情報に依存しない。しかし、何か興味深い、あるいは役に立つかもしれない追加情報が得られるだろう。

「チャレンジ！」

ほとんどの章の末尾に、1 つ以上の課題（challenge）がある。これらの問題を解くことで、Kotlin に対するあなたの理解は、もっと深まるはずだ。Kotlin に熟達するため、ぜひ挑戦することを、お勧めする。

書体の使い分けなど

本書でプロジェクトをビルドするときは、まずトピックを紹介し、それから、新しい知識を応用する方法を示す。

意味を明瞭にするため、書体を次に示す規約に従って使い分けている。

文中の変数、値、型は、固定幅フォントで示す。クラス、関数、インターフェイスの名前は太字フォントで強調する。

すべてのコードリストは固定幅フォントで示す。コードリストのなかで、読者がタイプすべきコードがあれば、太字で強調する。コードリストのなかで、読者が削除すべきコードがあれば、その部分に打ち消し線を引く。次の例は、あなたが変数 y を定義する行を削除して、z という変数を追加することを求めている。

```
var x = "Python"
var y = "Java"
var z = "Kotlin"
```

Kotlin は、比較的若い言語なので、多くのコーディング規約が現在も提案されているところだ。読者も、だんだんと独自のスタイルを身につけるだろうけれど、私たちは概して、JetBrains と Google による、下記の Kotlin スタイルガイドにしたがっている。

- JetBrains のコーディング規約：
  https://kotlinlang.org/docs/reference/coding-conventions.html
- Google のスタイルガイド。Android コードと相互運用性のための規約を含む：
  https://android.github.io/kotlin-guides/style.html

将来に向けて

時間をかけて、本書のサンプルに取り組んでいただきたい。Kotlin の構文に、いったん慣れてしまえば、その開発プロセスは、明白で実用的で流れるようなものに感じられるだろう。そうなるまで、がんばっていただきたい。新しい言語を学ぶのは、大きな報いのあることだ。

第1章

最初のKotlinアプリケーション

この章では、最初の Kotlin プログラムを、IntelliJ IDEA を使って書く。いわば「プログラミングの通過儀礼」だ。それを終えるまでに、あなたはこの開発環境に親しみ、新しい Kotlin プロジェクトを作り、Kotlin のコードを書いて実行し、その結果の出力を調べることになるだろう。この章で作るプロジェクトは、本書を通じて出現する新しいコンセプトを簡単に試すことができる「サンドボックス」の役割を果たす。

1.1 IntelliJ IDEA をインストールする

IntelliJ IDEA は、Kotlin の統合開発環境（IDE）で、これを作ったのも、Kotlin 言語を作ったのと同じ JetBrains 社だ。最初に、IntelliJ IDEA Community Edition を、JetBrains のウェブサイト（`https://jetbrains.com/idea/download`）からダウンロードしよう（図 1–1）。

図1–1：IntelliJ IDEA Community Edition をダウンロードする

ダウンロードしたら、あなたのプラットフォームにインストールする。その手順は、JetBrains のインストールとセットアップのページ（`https://jetbrains.com/help/idea/install-and-set-up-product.html`）にある[1]。

IntelliJ IDEA、略して IntelliJ は、Kotlin のコードを正しく書けるように助けてくれる。コードを実行／デバッグ／点検／リファクタリングするためのツールが組み込まれているので、開発プロセスの能率を高めることにもなる。なぜ Kotlin のコードを書くのに IntelliJ を推奨するかという理由について、もっと知りたければ、この章の「もっと知りたい？　なぜ IntelliJ を使うのか」というセクションを見ていただきたい。

1.2　最初の Kotlin プロジェクト

あなたはもう、Kotlin プログラミング言語と、それを書くための強力な開発環境を手に入れた。残る仕事は？　さくさく書けるように、Kotlin を習得することだけ。そのために最初にやることは、Kotlin プロジェクトの作成だ。

IntelliJ をオープンすると、「Welcome to IntelliJ IDEA」というダイアログが出る（図 1–2）。

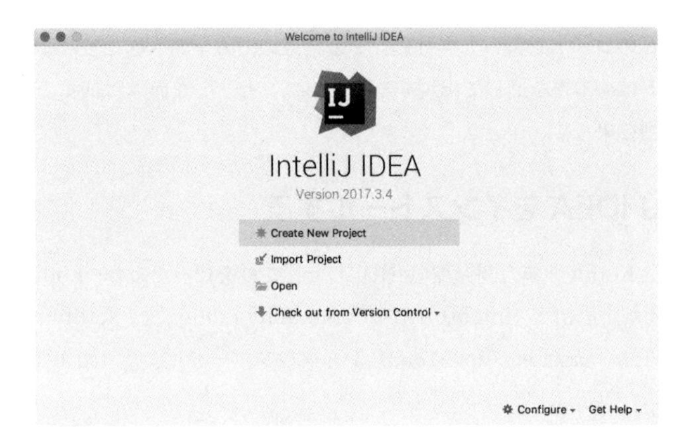

図1–2：「Welcome」ダイアログ

（インストールしてから最初のオープンでなければ、あなたが最後に開いたプロジェクトに直接ジャンプするかもしれない。Welcome ダイアログに戻るには、［File］→［Close Project］でプロジェクトを閉じる）。

［Create New Project］をクリックしよう。図 1–3 に示す「New Project」が表示されるはずだ。

この「New Project」ダイアログで、左側から［Kotlin］を選び、右側から［Kotlin/JVM］を選ぶ（図 1–4）。

---

[1] **訳注**：Pleiades による日本語のヘルプページがある（`https://pleiades.io/help/idea/install-and-set-up-product.html`）。参考書としては『IntelliJ IDEA ハンズオン ― 基本操作からプロジェクト管理までマスター』（著／山本裕介、今井勝信　刊／技術評論社、2017 年）があげられる。

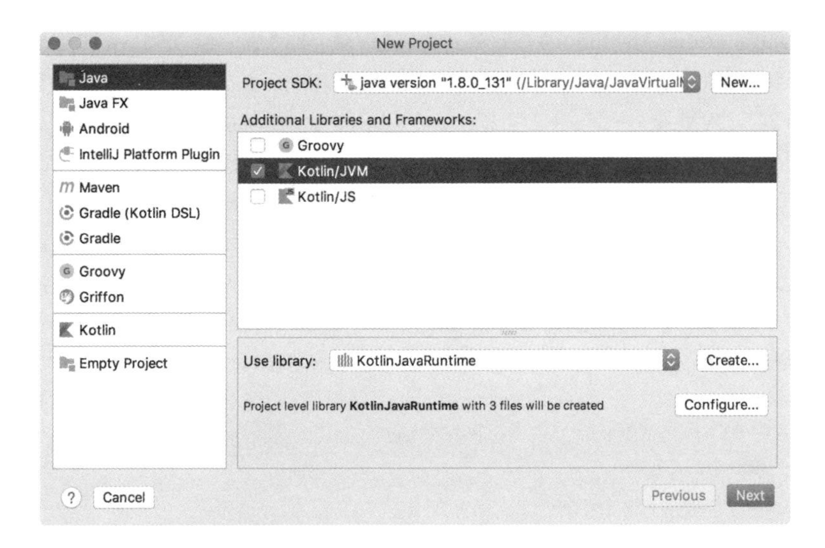

図1-3：「New Project」ダイアログ

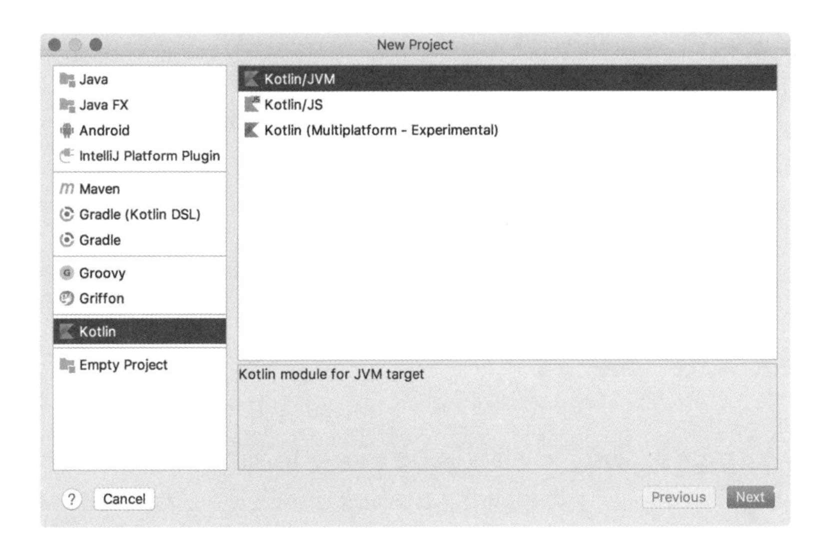

図1-4：［Kotlin/JVM］プロジェクトを作る

IntelliJ を使ってコードを書ける言語は、Kotlin の他に、Java、Python、Scala、Groovy もある。［Kotlin/JVM］を選ぶことによって、kotlin を使いたいという意図を、IntelliJ に伝えるわけだ。もう少し詳しく言うと、［Kotlin/JVM］という選択には、Kotlin コードの**ターゲット**（target）を、Java の仮想マシン（Virtual Machine）にしたい（コードを JVM で実行できるようにしたい）という意味がある。Kotlin には、このツールチェインがあるので、さまざまなオペレーティングシステムとプラットフォームで実行できる Kotlin コードを書くことができる。

今後は、Java Virtual Machine のことを、短く「JVM」と呼ぶ。それが Java 開発者コミュニティでの一般的な呼び方だ。ターゲットとしての JVM について、もっと学ぶには、この章の「もっと知りたい？　JVM をターゲットとする」というセクションを読んでいただきたい。

［New Project］ダイアログで［Next］をクリックすると、次に表示されるダイアログ（図 1–5）で、新規プロジェクトの設定を選択できる。［Project name］にはプロジェクト名として「Sandbox」と入力しよう。［Project location］フィールドは保存場所で、自動的に記入される。そのまま残しても結構だし、フィールドの右側にある［...］ボタンを押して新しい場所を選択しても良い。そして、あなたのプロジェクトを JDK（Java Development Kit）version 8 とリンクさせるため、［Project SDK］のドロップダウンから［Java 1.8］のバージョンを選ぼう。

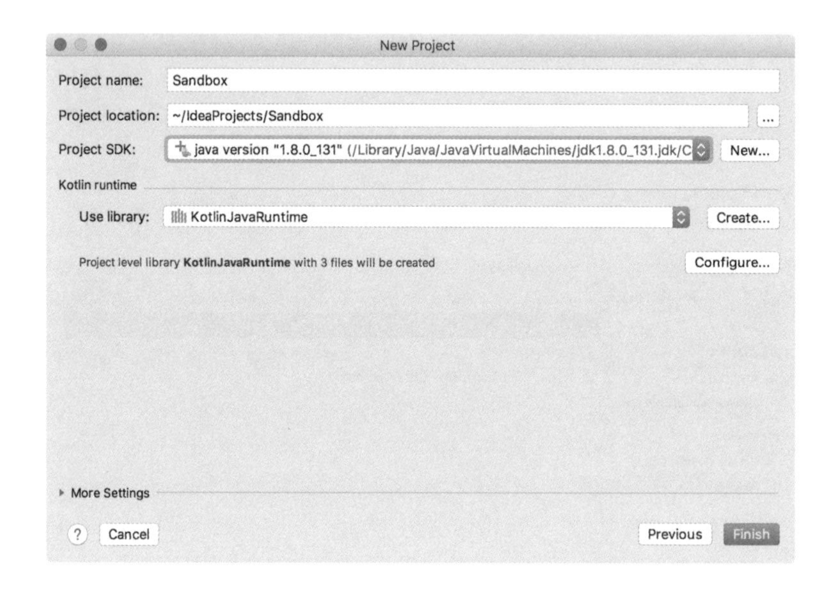

図1–5：新規プロジェクトに名前を付ける

Kotlin プログラムを書くのに、なぜ JDK が必要なのか。IntelliJ は JDK によって、あなたの Kotlin コードをバイトコードに変換するのに必要な Java ツールにアクセスするのだ（それについては、もう少しあとで説明しよう）。仕様上は、version 6 以上なら、どれでも動作するはずだが、私たちの経験では、執筆の時点で JDK 8 がもっともシームレスに動作する。

もし［Project SDK］ドロップダウンに Java 1.8 のバージョンがなければ、それは、まだ JDK 8 をインストールしていないという意味だ。先に進む前に、必ずインストールしよう。あなたのプラットフォームのための JDK 8 を、ここ（`https://oracle.com/technetwork/java/javase/downloads/jdk8-downloads-2133151.html`）からダウンロードする。JDK をインストールしたら、もういちど IntelliJ を開き、ここまで述べてきたステップを繰り返して、新規プロジェクトを作ろう。

図 1–5 のようにダイアログを設定したら、［Finish］をクリックする。

すると IntelliJ は、Sandbox という名前のプロジェクトを生成し、その新しいプロジェクトを、デフォルトの「2 ペインビュー」（図 1–6）で表示する。ディスクには、1 個のフォルダと、そのサブフォルダおよびプロジェクトファイル群が、［Project location］フィールドで指定した場所に、IntelliJ によって作られる。

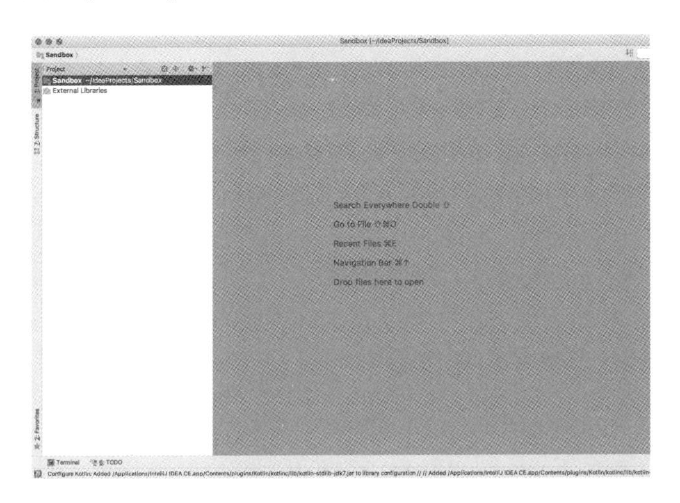

図1–6：デフォルトの「2 ペインビュー」

左側のペインには、**プロジェクトツールウィンドウ**（project tool window）が表示される。右側のペインは、いまのところ空の状態だが、ここには**エディタ**（editor）が配置され、あなたの Kotlin ファイルの内容を見たり、編集したりできるようになる。まずは左側のプロジェクトツールウィンドウに注目しよう。プロジェクト名「Sandbox」の左側にある「フォルダを開く」アイコンをクリックすると、このプロジェクトに含まれるファイルが、図 1–7 のように表示される。

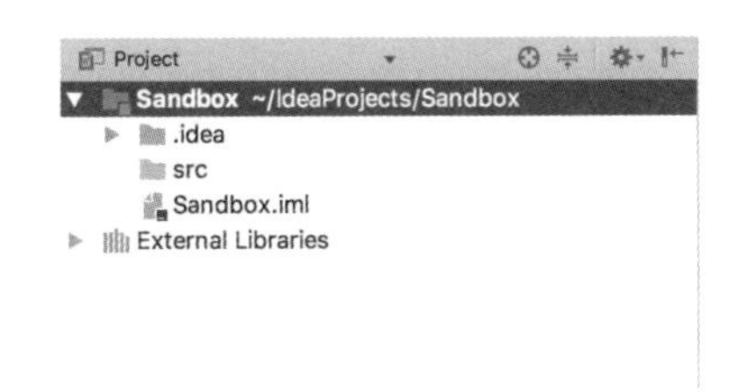

図1–7：プロジェクトビュー

プロジェクト（project）には、あなたのプログラムの全部のソースコードと、依存性や構成についての情報が含まれる。1 個のプロジェクトは、1 個以上の**モジュール**（module）に分割できる。モジュールは、いわば「サブプロジェクト」のようなもので、デフォルトでは、新しいプロジェクトはモジュールを 1 個だけ持つことになる（シングルモジュール）。最初の単純なプロジェクトに必要なのは、それだけなのだ。

Sandbox.iml というファイルには、シングルモジュールに特有な構成情報が含まれる。.idea フォルダには、プロジェクト全体の設定ファイルが含まれるほか、あなたが IDE でプロジェクトについて行う個々の操作の情報も含まれる（たとえば、あなたがエディタでオープンしたファイルの記録など）。これらの、自動的に生成されるファイルは、そのままにしておこう。

［External Libraries］というエントリには、プロジェクトが依存するライブラリに関する情報が含まれる。このエントリを開くと、プロジェクトには IntelliJ によって、すでに Java 1.8 と KotlinJavaRuntime が、依存対象として自動的に追加されていることがわかる。IntelliJ のプロジェクト構造について詳しく知りたければ、JetBrains のドキュメンテーションウェブサイト（https://jetbrains.org/intellij/sdk/docs/basics/project_structure.html）で調べよう。

src フォルダには、あなたが Sandbox プロジェクトのために作る、すべての Kotlin ファイルを置く。これからあなたが作成して編集する、最初の Kotlin ファイルも、そこに置こう。

1.3　最初の Kotlin ファイルを作る

プロジェクトツールウィンドウで、［src］フォルダを右クリックしよう。そこに現れるメニューから、まず［New］を、次に［Kotlin File/Class］を選ぶ（図 1-8）。

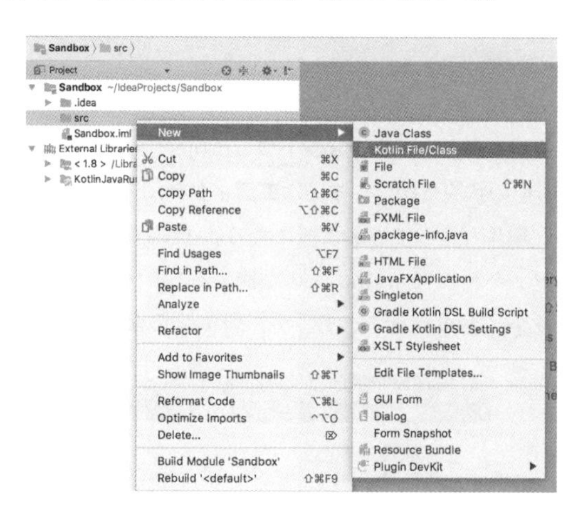

図1-8：新しい Kotlin ファイルを作る

［New Kotlin File/Class］ダイアログ（図 1-9）で、［Name］フィールドに「Hello」とタイプしよう。ファイルかクラスを選ぶ［Kind］フィールドは、［File］のままにしておく。

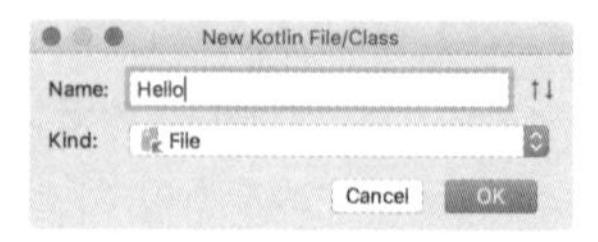

図1-9：ファイルに名前を付ける

［OK］をクリックすると、IntelliJ は、あなたのプロジェクトに新しいファイル、`src/Hello.kt` を作り、そのファイルの内容を、IntelliJ ウィンドウの右側に、エディタで表示する（図 1–10）。`.kt` という拡張子は、このファイルの内容が Kotlin だということを意味する。それはちょうど、Java ファイルに `.java`、Python ファイルに `.py` という拡張子が使われるのと同じだ。

図1–10：空の Hello.kt ファイルがエディタで表示される

これで、Kotlin コードを書く準備が整った。あなたの指の準備は、できているだろうか? `Hello.kt` のエディタに、次のコードを記述しよう（本書では、あなたが入力するコードを太字で示す）。

リスト1–1：Kotlin で書く「Hello, world!」（`Hello.kt`）

```
fun main(args: Array<String>) {
    println("Hello, world!")
}
```

いま書いたコードは、なんだか見慣れない感じだろうか。それでも、心配は要らない。この本を読み終わる頃には、Kotlin コードの読み書きが、自然にできるようになっている。いまは、コードを高いレベルで理解できれば、それで十分だ。

リスト 1–1 のコードは、新しい**関数**（function）を定義する。関数は命令のグループで、あとで実行することが可能だ。関数を定義して使う方法は、第 4 章で詳しく学ぶ。

この特定の関数、`main` 関数には、Kotlin で特別な意味がある。`main` 関数は、プログラムの実行が始まる場所なのだ。これは**アプリケーションのエントリポイント**（application entry point）と呼ばれていて、Sandbox を（と言うか、どのプログラムでも）実行できるようにするには、そういうエントリポイントを 1 つ、必ず定義する必要がある。この本であなたが書くプロジェクトは、どれも `main` 関数から実行が始まる。

この `main` 関数には、1 個の命令（instruction）が含まれている。命令は、**ステートメント**（statement）とも呼ばれるが、`println("Hello, world!")` というのが、その命令だ。`println()` も関数で、こちらは **Kotlin 標準ライブラリ**（Kotlin standard library）に組み込まれている。このプログラムを走らせて、`println ("Hello, world!")` を実行すると、IntelliJ によって、丸カッコの中身が（ただし引用符は除かれるので、この場合は `Hello, world!`が）画面に出力される。

Kotlin ファイルをランさせる

あなたがリスト 1-1 のコードをタイプし終わった少し後で、IntelliJ は、最初の行の左側に、緑色の右向き三角形（▶）を表示する（図 1-11）。これは「ランボタン」（run button）と呼ばれる。もしこのアイコンが出なかったり、タブのファイル名や入力したコードの一部に赤いアンダーラインが引かれたりしたら、それはコードにエラー（間違い）があるという意味だ。コードを本当に、リスト 1-1 とまったく同じにタイプしたかどうか、もう一度チェックしよう。また、もし赤と青の「Kotlin の K の旗」が見えたら、そのアイコンも、ランボタンと同じ意味だ。

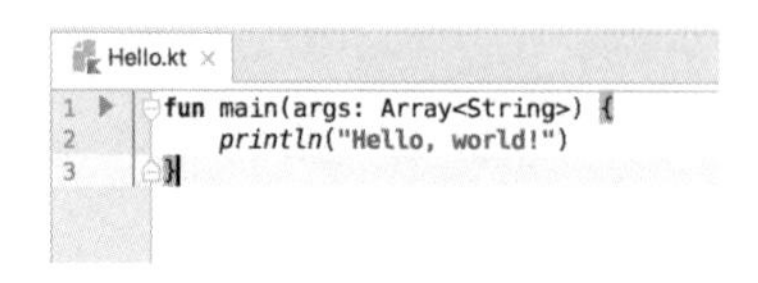

図1-11：ランボタン

あなたのプログラムに生命を与え、世界に向けて挨拶させる時が来た。ランボタンをクリックして、そこに現れるメニューから、［Run 'HelloKt'］を選ぼう（図 1-12）。これは、このプログラムを実行（ラン）しなさいという、IntelliJ に対するあなたの命令なのだ。

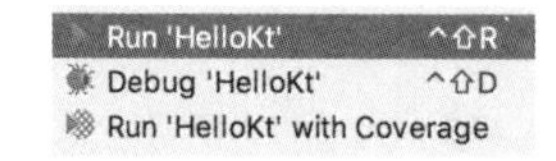

図1-12：Hello.kt を実行する

あなたのプログラムを実行するとき、IntelliJ は、波カッコ（{ と }）の内側にあるコードを 1 行ずつ順に実行した後、プログラムの実行を終了する。また、IntelliJ ウィンドウの下側に、2 つの新しいツールウィンドウを表示する（図 1-13）。

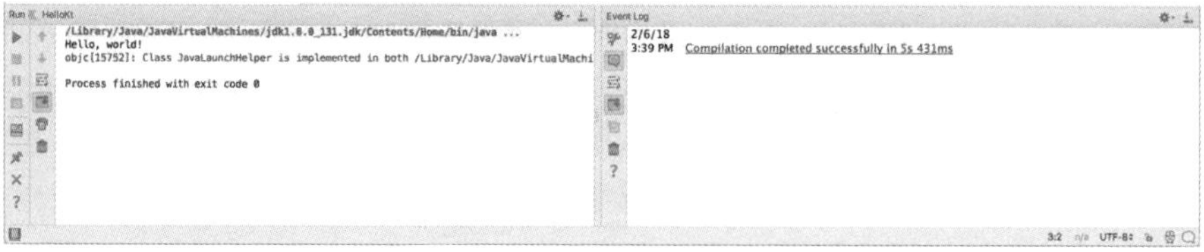

図1-13：ランとイベントログのツールウィンドウ

左側が**ランツールウィンドウ**（run tool window）で、別名**コンソール**（console）とも呼ばれる（今後は、そう呼ぶことにしたい）。ここには、プログラムを IntelliJ が実行したとき何が起きたかに関する情報と、そのプログラムが出力したものが、表示される。いまコンソールには、`Hello, world!`と表示されたはずだ。さらに、`Process finished with exit code 0`（プロセスが終了コード 0 で終わりました）と表示され、これは正常に終了したことを伝えている。この行は、もしエラーがなければ、すべてのコンソール出力の最後に現れるものなので、今後こういうコンソールの結果をいちいち示すことはしない。

あなたがmacOSユーザーなら、`JavaLaunchHelper`に問題があることを示す赤いエラーテキストを見ることになるかもしれない（図1-13）。だが、心配は無用だ。これは、Javaランタイム環境（Runtime Environment）をmacOSにインストールする方法のせいで生じる、不幸な副作用にすぎない。これを除去するには大量の労力が必要になるし、無害なので無視して問題ない。

右側にあるのは、**イベントログツールウィンドウ**（event log tool window）で、ここにはプログラムの実行を準備するためにIntelliJが行った仕事に関する情報が表示される。それよりコンソール出力のほうが、ずっと興味深いから、イベントログについては、これ以上は言及しない（同じ理由で、そもそもイベントログが開かれなくても、気にすることはない）。これをクローズするには、右上隅の「閉じる」ボタン（下向きの矢印があるアイコン）をクリックする。

Kotlin/JVMコードのコンパイルと実行

あなたがランボタンの［Run 'HelloKt'］オプションを選択してから、コンソールに`Hello, World!`が表示されるまでの短い時間に、ずいぶん多くのことが発生している。

まず最初に、IntelliJがkotlinc-jvmコンパイラを使って、Kotlinコードを**コンパイル**（compile）した。これは、あなたが書いたKotlinコードを、IntelliJが、JVMが使う言語である**バイトコード**（bytecode）に翻訳（あるいは変換）したという意味だ。kotlinc-jvmは、あなたのKotlinコードを変換するのに何か問題があればエラーメッセージを出し、問題を修正する方法についてヒントを提示してくれる。もしコンパイルの処理が問題なく終了したら、IntelliJはコード実行の段階に進む。

実行段階では、kotlinc-jvmによって生成されたバイトコードが、JVM上で実行された。あなたのプログラムが出力するものは、コンソールに表示される。たとえば`println()`関数の呼び出しでは、指定したテキストが、JVMの命令実行にしたがってプリントアウト（出力）される。

実行すべき残りのバイトコード命令が、もうなくなったら、JVMは終了する。IntelliJは、コンソールに終了状態を表示して、実行が正常に終了したことを知らせるか、あるいはエラーコードを表示する。

この本を読み進めるために、Kotlinのコンパイル処理を広範囲に理解する必要はないが、バイトコードについては第2章で、もう少し詳しく述べる。

1.4 Kotlin REPL

ときには、Kotlinの短い断片的なコードを実行したら何が起きるかを知るために、テストしたい場合があるだろう。ちょっとした計算をするときに、メモ用紙に筆算するような感じだ。Kotlin言語の学習にも、そういうことが大いに役立つ。幸いIntelliJには、ファイルを作る必要なしに素早くコードをテストできるツールがある。そのツールは、**Kotlin REPL**と呼ばれている。この名前については、あとで説明するとして、まずは、これを開いて、何ができるのか調べよう。

IntelliJで、Kotlin REPLツールウィンドウを開くには、メニューから［Tools］→［Kotlin］→

［Kotlin REPL］を選ぶ（図 1-14）。

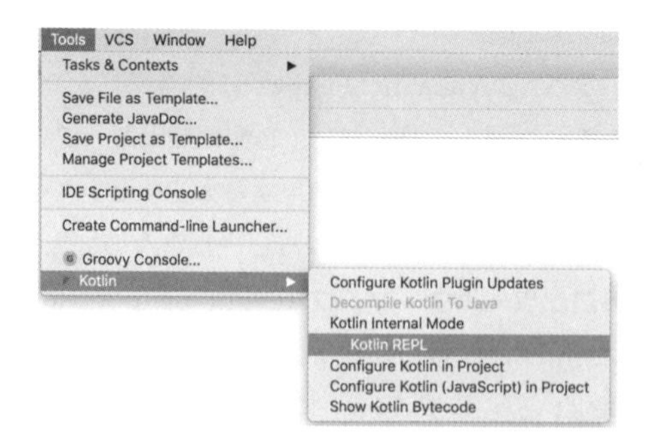

図1-14：Kotlin REPL ツールウィンドウを開く

すると IntelliJ は、ウィンドウの下側に REPL を表示する（図 1-15）。

REPL には、エディタで入力するのと同じように、コードをタイプできる。プロジェクト全体をコンパイルしないで、コードを素早く評価できるというのが、REPL の特徴だ。

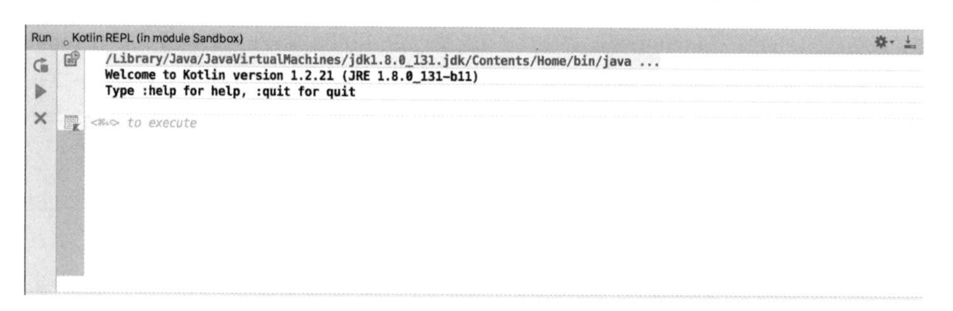

図1-15：Kotlin REPL ツールウィンドウ

次のコードを REPL に入力しよう。

リスト1-2：Hello, Kotlin!（REPL）

```
println("Hello, Kotlin!")
```

このテキストをタイプし終わったら、［⌘］-［Return］（または［Ctrl］-［Return］）を押して、コードを REPL で評価させる。すると、その下に、`Hello, Kotlin!`という結果が出力される（図 1-16）。

REPL というのは、「read, evaluate, print, loop」（読んで評価して表示する繰り返し）の略だ。プロンプトに対して、ひとかたまりのコードをタイプしたら、REPL の左側にある緑色のランボタンをクリックするか、［⌘］-［Return］（または［Ctrl］-［Return］）を押す。すると REPL は、そのコードを読んで、評価（実行）し、結果の値や副作用を出力する。REPL は、実行を終えたら制御をユーザーに戻してプロンプトを出すので、このプロセスを、また最初から繰り返すことができる。

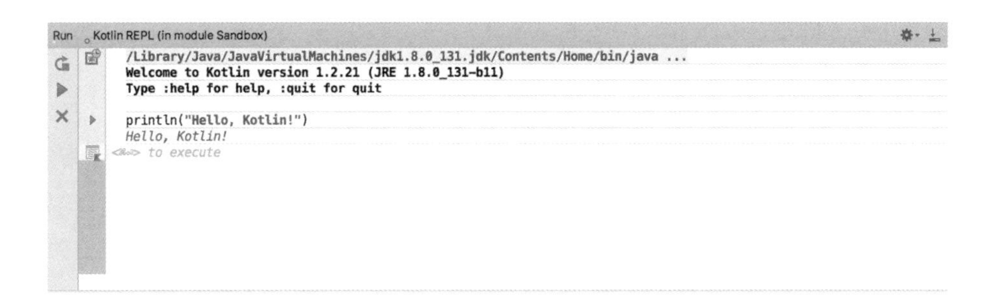

図1-16：コードを評価する

Kotlin を極める道のりは、始まったばかりだが、この章で、ずいぶん多くのことを達成できた。これらを土台として、Kotlin プログラミングの知識を、積み重ねていこう。次の章からは、この言語の詳細に踏み込んでいく。まずは、変数や定数や型によってデータを表現する方法を学ぶ。

1.5　もっと知りたい？　なぜ IntelliJ を使うのか

Kotlin は、普通のテキストエディタを使って書くこともできる。けれども、私たちは IntelliJ を使うことを、とりわけ学習者には、お勧めする。スペルチェックや文法チェックを提供するテキスト編集用ソフトウェアを使えば、正しい文章を書きやすくなる。それと同じように、IntelliJ を使えば、正しい Kotlin を書きやすくなる。IntelliJ は、次の面で助けてくれる。

- 文法も意味も正しいコードを書くために、構文の強調や、文脈に沿った提案や、コードの自動的な補完といった機能がある。
- コードを実行し、デバッグするための援助。自作のアプリを実行するときに、デバッグ用のブレークポイントや、コードのリアルタイムなステップ実行などの機能を使える。
- リファクタリングのショートカットを使って、既存のコードの構造を改善できる（名前の付け直しや、定数の抽出など）。コードのフォーマッティングで、インデント（字下げ）やスペーシング（空白文字の使い方）を整えることができる。

また、Kotlin を作ったのも JetBrains なのだから、IntelliJ と Kotlin の統合は、深く考えて設計されていて、しばしば編集は楽しい経験になる。さらに嬉しいボーナスとして、IntelliJ は Android Studio のベースにもなっているから、ここで学ぶショートカットやツールは、もしあなたが Android Studio を使うことになっても、生かすことができる!

1.6　もっと知りたい？　JVM をターゲットとする

JVM は、バイトコードと呼ばれる命令セットの実行方法を知っているソフトウェアだ。「JVM をターゲットとする」というのは、バイトコードを JVM（Java 仮想マシン）で実行することを目的として、あなたのKotlinソースコードを、Javaのバイトコードへとコンパイル（あるいは変換）するという意味だ（図1-17）。

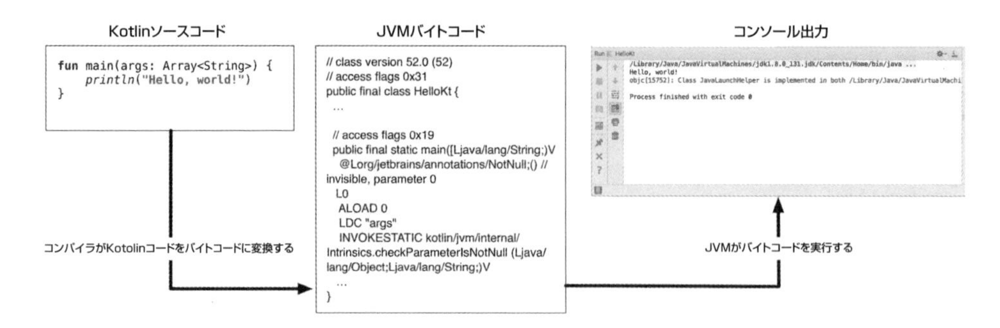

図1-17：コンパイルと実行の流れ

プラットフォームには（たとえばWindowsやmacOS）それぞれ独自の命令セットがある。JVMは、バイトコードと、JVMを実行するさまざまなハードウェア／ソフトウェア環境との間に、橋を架けるような役割をする。JVMは一群のバイトコードを読むと、それに対応する「プラットフォーム固有の命令」を呼び出す。このため、プラットフォームごとに異なるバージョンの仮想マシンが存在する。この機構があるので、Kotlin開発者はプラットフォームに依存しないコードを1回書いて、それをバイトコードにコンパイルすれば、使われているOSに関係なく、さまざまなデバイスで実行できるようになる。

Kotlinは JVMで実行できるバイトコードに変換されるので、JVM言語の一種である。もっとも有名なJVM言語は、Javaだ。そもそも、これが最初に作られたのだが、その他のJVM言語として、ScalaやKotlinなどが、開発者から見たJavaの欠点に対処するために出現してきた。

ただし、KotlinはJVMに限定されない。本書執筆の時点で、KotlinはJavaScriptにもコンパイルできるし、たとえばWindows、Linux、macOSといったプラットフォームで直接実行されるネイティブなバイナリに変換することさえ可能だ。その場合は仮想マシンのレイヤが不要になる。

1.7　チャレンジ!　REPLで算数

本書の章の末尾には、たいがい1個以上の「チャレンジ」がある。これらの課題は、読者であるあなたが、自力で挑戦することによって、より深くKotlinを理解し、少しでも多くの経験を積むためにある。

ここではREPLを使って、Kotlinで算術演算子（四則演算の+-*/と、割り算のあまりを求める%）を使う方法を探究する。REPLで、たとえば `(9+12)*2` とタイプしてみよう。期待した通りの出力が得られただろうか？　もっと深く探究したければ、Kotlin標準ライブラリで利用できる数学用関数（`https://kotlinlang.org/api/latest/jvm/stdlib/kotlin.math/index.html`）を調べて、それらをREPLで実際に使ってみるのが良い。たとえば `min(94, -99)` というのを試してみれば、カッコの中に入れた2つの数のうち、最小の値が求められる。

第2章 変数と定数と型

この章で紹介するのは、Kotlin の変数と定数と基本的なデータ型だ。どんなプログラムでも、これらが基礎的な要素となる。**変数**（variable）と**定数**（constant）は、あなたのアプリケーションで値を格納し、データを受け渡すのに使う。**型**（type）は、定数または変数に格納するデータの種類を決める。

各種のデータ型の違い、変数と定数の違いは重要で、それによって使い方の違いが生じる。

2.1 型

変数と定数には、それぞれデータ型がある。どの型を使うかは、あなたが決めることだ。変数または定数に格納すべきデータを、型で指定する。型の記述により、コンパイラは、どのように**型チェック**（type checking）すべきかを知る。型チェックは、変数や定数に間違った種類のデータが代入されるのを防ぐ、Kotlin の機能だ。

このアイデアを実例で見るために、第 1 章で作った Sandbox プロジェクトにファイルを追加しよう。IntelliJ をオープンすると、たぶん Sandbox プロジェクトが自動的に開かれるだろう。IntelliJ は、あなたが最後に使ったプロジェクトを再開してくれるのだ。もし自動的に開かれなかったら、Welcome ダイアログの左側で、最近のファイルのリストから Sandbox を開くこともできる。それには、［File］→［Open Recent］→［Sandbox］の順に選択する。

最初に、新しいファイルをプロジェクトに追加するため、プロジェクトツールウィンドウで［src］を右クリックする（［src］を表示させるには、［Sandbox］の「開く」アイコンをクリックする必要があるかもしれない）。メニューから［New］→［Kotlin File/Class］を選び、ダイアログの［Name］フィールドにファイル名として `TypeIntro` と入力する。すると新しいファイルがエディタで開かれる。

第 1 章で見たように、`main` 関数が、あなたのプログラムのエントリポイントを定義する。IntelliJ には、この関数を書くためのショートカットがある。`TypeIntro.kt` のなかで「main」というワードをタイプしたら、［Tab］キーを押そう。すると IntelliJ が、リスト 2-1 のように、この関数の基本要素を自動的に追加してくれる。

リスト2-1：main 関数を追加する（TypeIntro.kt）

```
fun main(args: Array<String>) {

}
```

2.2 変数を宣言する

あなたがアドベンチャーゲームを書いていると想定しよう。そのゲームのプレイヤーは、対話的な世界の探索をするのだ。その場合、プレイヤーの経験値を示すスコアを管理するために、変数が1つ欲しいだろう。

TypeIntro.kt で、あなたの最初の変数を作ろう。名前は experiencePoints として、値を代入する。

リスト2-2：experiencePoints 変数の宣言（TypeIntro.kt）

```
fun main(args: Array<String>) {
    var experiencePoints: Int = 5
    println(experiencePoints)
}
```

ここでは、Int 型のインスタンス（実体）を、experiencePoints という名前の変数に代入している。それで実際、何がどうなったのか。順に見ていこう。

まず var というキーワードを使い、その後に新しい変数の名前を書くことで、その変数を定義した。

次に、その変数の型を定義するために、: Int と書いた。これは、experiencePoints が整数（integer）の値を保持することを示す。

最後に、**代入演算子**（assignment operator）の=を使って、その右側にあるもの（Int 型の実体、具体的には 5）を、その左側にあるもの（experiencePoints）に代入した。

図 2-1 は、この experiencePoints 変数の定義を分解したものだ。

図2-1：変数定義の解剖

この変数を定義したあとで、その値をコンソールに出力するため、`println` 関数を使っている。

このプログラムを実行しよう。それには `main` 関数の脇にあるランボタンをクリックし、[Run 'TypeIntroKt'] を選ぶ。すると結果がコンソールに「5」と出力される。`experiencePoints` に代入した値だ。

では次に、`experiencePoints` に代入する値を、「`thirty-two`」に変えてみよう（打ち消し線は、あなたがエディタで削除すべきコードを意味する）。

リスト2-3：「thirty-two」を experiencePoints に代入する（`TypeIntro.kt`）

```
fun main(args: Array<String>) {
var experiencePoints: Int = 5
var experiencePoints: Int = "thirty-two"
    println(experiencePoints)
}
```

ランボタンをクリックして、もう一度 `main` を実行しよう。Kotlin コンパイラはエラーを表示する。

```
Error:(2, 33) Kotlin: Type mismatch: inferred type is String but Int was expected
                      (型の不一致：推論された型は String ですが、期待されたのは Int です)
```

このコードをタイプしたとき、「thirty-two」の下に赤い下線が現れたことに、気付かれたかもしれない。それは、プログラムにエラーがあることを知らせる、IntelliJ の警告なのだ。その「thirty-two」の上にカーソルを置くと、検出された問題の詳細を読むことができる（図 2-2）。

```
fun main(args: Array<String>) {
    var experiencePoints: Int = "thirty-two"
    println(experiencePoi
}
```


図2-2：型の不一致

Kotlin は**静的な型システム**（static type system）を使う。その意味は、ソースコードの有効性を確実にするため、コンパイラが、入力されたソースコードに型のラベルを付けるということだ。さらに IntelliJ は、あなたがタイプしているコードを見て、ある型の実体が、それとは違う型の変数に代入されていることに気がついたら警告する。これは**静的な型チェック**と呼ばれる機能で、あなたのプログラミングの間違いを、まだコンパイルしていないのに、教えてくれるのだ。

このエラーを修正するには、`experiencePoints` に代入する値を、変数宣言の型と一致する `int` に変更すればいい。だから「`thirty-two`」を、「5」に戻そう。

リスト2-4：型エラーを修正する（TypeIntro.kt）

```
fun main(args: Array<String>) {
    var experiencePoints: Int = "thirty-two"
    var experiencePoints: Int = 5
    println(experiencePoints)
}
```

変数には、プログラムの途中で値を代入し直すことができる。もしプレイヤーが経験値を得たら、新しい値を experiencePoints 変数に入れることができるのだ。experiencePoints 変数に、「5」を足してみよう。

リスト2-5：experiencePoints に 5 を加算する（TypeIntro.kt）

```
fun main(args: Array<String>) {
    var experiencePoints: Int = 5
    experiencePoints += 5
    println(experiencePoints)
}
```

experiencePoints 変数に「5」という値を代入した後で、このように**加算代入演算子**（addition and assignment operator）の+=を使えば、元の値に「5」を加算できる。このプログラムを実行すると、コンソールに「10」と表示されるだろう。

2.3 Kotlin の組み込み型

これまで、String 型の変数と、Int 型の変数を見てきた。Kotlin には他にも、真と偽の値を扱う型、要素のリストを扱う型、要素のマップを定義するキーと値のペアの型などがある。表 2-1 に、一般に使われることの多い、Kotlin の組み込み型を示す。

型に見覚えがなくても、心配することはない。これらの全部について、この本を読み進むうちに学ぶことになる。文字列（String）は第 7 章で、数値は第 8 章で、詳しく学ぶ。そして、リストと集合とマップについては（これらをまとめて**コレクション**（collection）**型**と呼ぶが）、第 10 章と第 11 章で学習する。

2.4 リードオンリー（読み出し専用）変数

これまでに見てきた変数には、値を代入し直すことができた。けれども、値をプログラムのなかで変更すべきではないような変数を、使いたい場合も多い。たとえば、テキストアドベンチャーゲームのプレイヤーの名前などは、最初に代入した後、変わらないはずである。

Kotlin は、**リードオンリー**（read-only）変数、すなわち、いったん代入したら変更できなくなる変数の宣言のために、別の構文を提供している。

変更可能な変数を宣言するには var キーワードを使う。リードオンリー変数を宣言するには、val キーワードを使う。

表2-1：よく使われる組み込み型

型	説明	例
String	テキストデータ	"Estragon" "happy meal"
Char	1 文字	'X' Unicode 文字 U+0041
Boolean	真／偽の値	true false
Int	整数値	"Estragon".length 5
Double	小数値	3.14 2.718
List	要素のコレクション	3, 1, 2, 4, 3 "root beer", "club soda", "coke"
Set	ユニークな要素のコレクション	"Larry", "Moe", "Curly" "Mercury", "Venus", "Earth", "Mars", "Jupiter", "Saturn", "Uranus", "Neptune"
Map	キーと値のペアのコレクション	"small" to 5.99, "medium" to 7.99, "large" to 10.99

私たちは会話などでも、値を変更できる変数のことを var と呼び、リードオンリー変数のことを val と呼んでいる。今後は、その呼び方を使うことにする。「変数」と「リードオンリー変数」では、違いがわかりにくいからだ。var も val も、どちらも変数とみなされるので、両方を総称して呼ぶときには、引き続き「変数」という用語を使う。

プレイヤーの名前のために val の定義を追加して、経験値の後に、それを出力しよう。

リスト2-6：playerName の val を追加する（TypeIntro.kt）

```
fun main(args: Array<String>) {
    val playerName: String = "Estragon"
    var experiencePoints: Int = 5
    experiencePoints += 5
    println(experiencePoints)
    println(playerName)
}
```

main 関数の脇にあるランボタンをクリックし、[Run 'TypeIntroKt'] を選択して、このプログラムを実行しよう。するとコンソールに、experiencePoints と playerName の値が表示される。

```
10
Estragon
```

この playerName に、代入演算子（=）を使って別の String 値を代入できるか、試してみよう。そして再びプログラムを実行する。

リスト2-7：playerName の値の変更を試す（TypeIntro.kt）

```
fun main(args: Array<String>) {
    val playerName: String = "Estragon"
    playerName = "Madrigal"
    var experiencePoints: Int = 5
    experiencePoints += 5
    println(experiencePoints)
    println(playerName)
}
```

すると、次のコンパイルエラーが出る。

```
Error:(3, 5) Kotlin: Val cannot be reassigned
                    （val には再代入できません）
```

コンパイラが文句を言うのは、val を書き換えようとしたからだ。val には、いったん代入したら、二度と再び代入することはできない。

第２の代入を削除して、代入エラーを修正しよう。

リスト2-8：val の再代入エラーを修正する（TypeIntro.kt）

```
fun main(args: Array<String>) {
    val playerName: String = "Estragon"
    playerName = "Madrigal"
    var experiencePoints: Int = 5
    experiencePoints += 5
    println(experiencePoints)
    println(playerName)
}
```

val が便利なのは、リードオンリーにすべき変数を、間違って変更してしまうのを防げるからだ。このため私たちは、var を使う必要がないときは必ず val を使うことを推奨する。

IntelliJ は、あなたのコードを静的に分析することによって、var の代わりに val を使えるケースを検出する。var が決して変更されないのなら、IntelliJ は、それを val に変えるよう提案する。この提案に従ったほうがいい。ただし、後から var に代入するコードを書くつもりなら、話は別だ。IntelliJ の提案が、どういうものかを見るために、playerName を var に変えてみよう。

リスト2-9：playerName を再代入可能にする（TypeIntro.kt）

```
fun main(args: Array<String>) {
    val playerName: String = "Estragon"
    var playerName: String = "Estragon"
    var experiencePoints: Int = 5
    experiencePoints += 5
    println(experiencePoints)
    println(playerName)
}
```

この playerName の値は、二度と再び代入されないのだから、var にする必要はなく、そうすべきではない。ここで、IntelliJ が var キーワードを、辛子色で強調していることに注目しよう。その var キーワードの上にマウスを置けば、IntelliJ は、改善案を説明してくれる（図 2–3）。

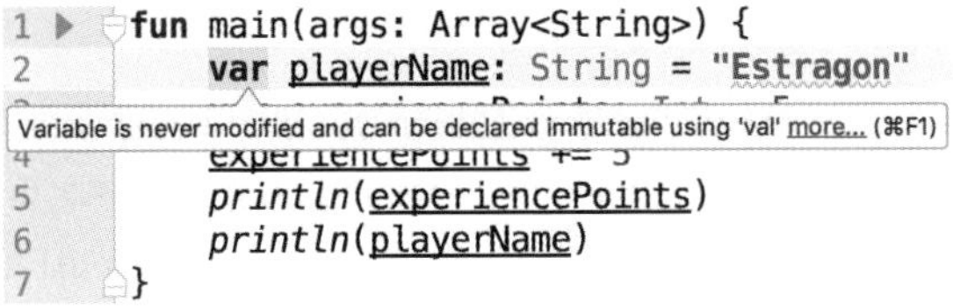

```
1  fun main(args: Array<String>) {
2      var playerName: String = "Estragon"
Variable is never modified and can be declared immutable using 'val' more... (⌘F1)
4      experiencePoints += 5
5      println(experiencePoints)
6      println(playerName)
7  }
```

図2–3：決して変更されない変数

思った通り、IntelliJ は playerName を val に変換することを提案している。この提案を受け入れるには、問題の var キーワードをクリックして［Option］-［Return］を押すか（macOS）、あるいは var キーワードの上に出ている黄色い電球をクリックして（Windows）[1]、ポップアップから、［Make variable immutable］を選ぶ（図 2–4）。

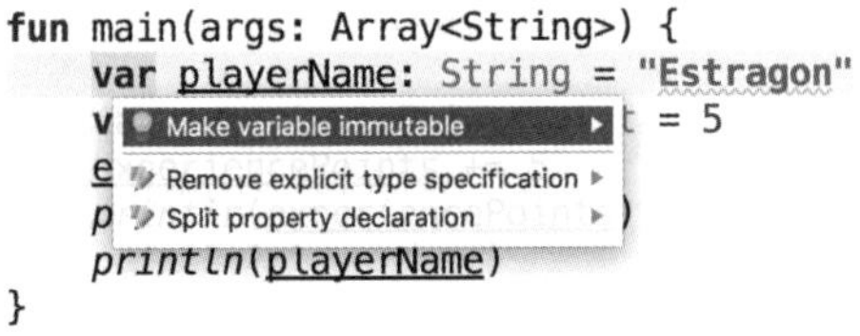

```
fun main(args: Array<String>) {
    var playerName: String = "Estragon"
    v  Make variable immutable            t = 5
    e  Remove explicit type specification
    p  Split property declaration          )
    println(playerName)
}
```

図2–4：変数をイミュータブルにする

IntelliJ が自動的に、var を val に変換してくれる（図 2–5）。

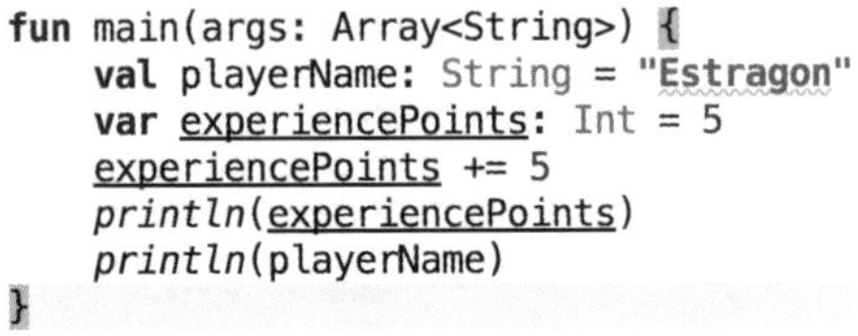

```
fun main(args: Array<String>) {
    val playerName: String = "Estragon"
    var experiencePoints: Int = 5
    experiencePoints += 5
    println(experiencePoints)
    println(playerName)
}
```

図2–5：イミュータブルな playerName

前述したように、間違った代入について Kotlin が警告を出せるように、私たちは可能ならば常に

[1] **訳注**：この部分は原著の記述に追加した。訳者の Windows 7 環境で、IntelliJ IDEA Community 2018.2.4 を実行しているとき、原著の記述通りに var キーワードをクリックして（あるいはカーソルを当て）、［Alt］-［Enter］を押しても反応がない。調べによれば、Windows なら［Alt］-［Enter］で Intention Action を選択でき、それは黄色い電球（図 2–4 にあるものと同じ）をクリックする操作なので（https://www.jetbrains.com/help/idea/2018.2/intention-actions.html）、その記述を追加した。この後も、同様な操作には、同じく追加してある。macOS での操作は、原著の通りにできることを確認した。

val を使うことを推奨する。また、IntelliJ がコード改善のために出す提案にも、注意することを推奨する。必ず従うべきものではないにせよ、常に耳を傾けるべきものなのだ。

2.5　型推論

変数の playerName と experiencePoints の型定義が、IntelliJ の表示で「グレイアウト」されている（そこだけ灰色になっている）ことに、お気づきだろうか。グレイアウトされたテキストは、不必要な要素を示す。String という型定義にカーソルを当てると、IntelliJ は、なぜその要素が不要なのかの説明を表示してくれる（図 2-6）。

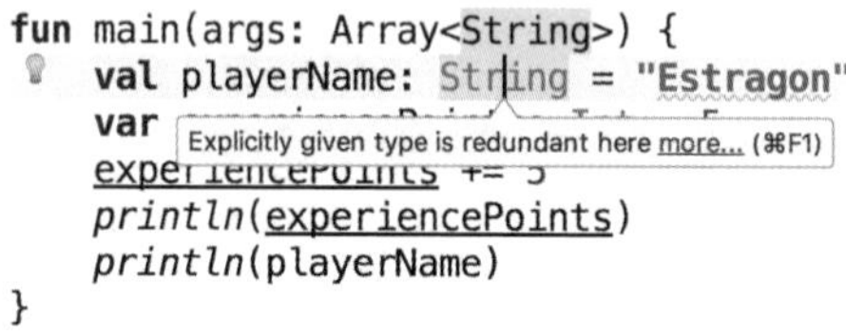

```
fun main(args: Array<String>) {
    val playerName: String = "Estragon"
    var
    experiencePoints += 5
    println(experiencePoints)
    println(playerName)
}
```


図2-6：余分な型情報

ご覧のように、Kotlin は、あなたの型情報が「余分」（redundant）だと指摘している。いったい、どういう意味だろうか?

Kotlin には**型推論**（type inference）と呼ばれる機能があるので、宣言時に値が代入される変数については型定義を省略できる。ここでは宣言時に String 型のデータを playerName に、Int 型のデータを experiencePoints に、それぞれ代入しているので、Kotlin コンパイラは、この両方の変数に適切な型情報を推論するのだ。

IntelliJ は、var を val に変える提案で助けてくれたように、不必要な型指定を取り除く手伝いもしてくれる。String の型定義（playerName の横にある：String）をクリックして［Option］-［Return］を押すか（macOS）、あるいは黄色い電球をクリックして（Windows）、ポップアップから、［Remove explicit type specification］（明示的な型指定を取り除く）をクリックしよう（図 2-7）。

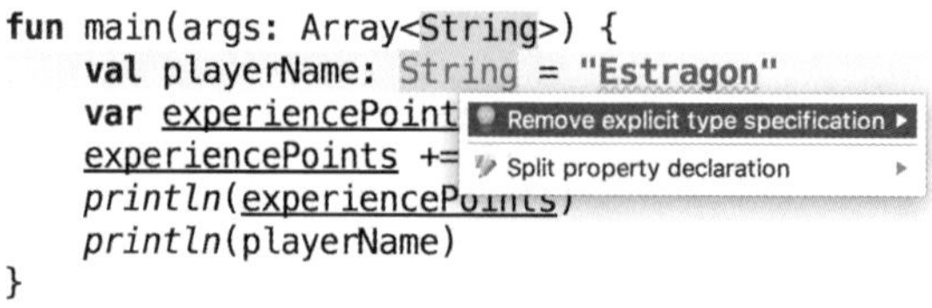

```
fun main(args: Array<String>) {
    val playerName: String = "Estragon"
    var experiencePoint
    experiencePoints +=
    println(experiencePoints)
    println(playerName)
}
```


図2-7：明示的な型指定を取り除く

すると、：String が消える。この手順を、experiencePoints 変数宣言の：Int についても繰り返そう。

変数の宣言時に、型推論を利用するにしても、あるいは型を指定するにしても、コンパイラは、その型を追跡管理する。本書では、両義性（どちらともとれるようなあいまいさ）が生じない限り、型推論を利用する。型推論を使うと、コードが簡潔に整理され、プログラムを変更するときに書き換えが容易になる。

IntelliJ は、型推論を使う場合を含めて、どの変数にも要求すれば型を表示してくれる。ある変数の型に疑問があるときは、いつでも、その名前をクリックして、［Control］-［Shift］-［P］を押そう。IntelliJ は、その型を表示してくれる（図 2–8）。

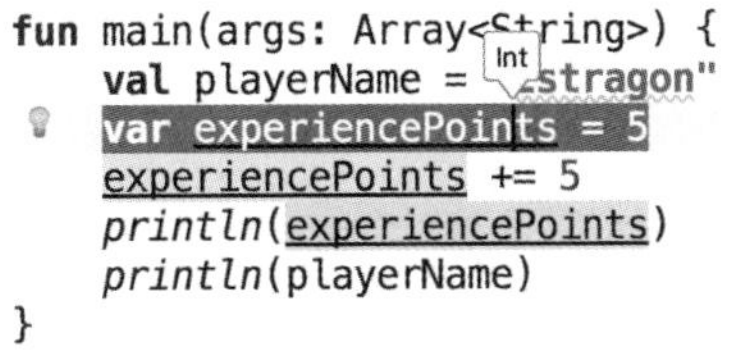

```
fun main(args: Array<String>) {
    val playerName = "Estragon"
    var experiencePoints = 5
    experiencePoints += 5
    println(experiencePoints)
    println(playerName)
}
```

図2–8：型情報の表示

2.6　コンパイル時定数

さきほど、`var` の値は変更できるが、`val` の値は変更できない、と書いたが、細かく厳密に言えば、正確ではない。実際には、`val` が違う値を返す特殊なケースが存在する（それについては第 12 章で論じる）。本当に、絶対に、決定的に「イミュータブル」（変更不可能）にしたいデータについては、**コンパイル時定数**（compile-time constant）を考慮しよう。

コンパイル時定数は、`main` を含めて、どの関数からも外側にあたる場所で定義する必要がある。なぜなら、その値は名前の通り、コンパイル時に（プログラムをコンパイルするときに）代入する必要があるからだ。`main` と、その他の関数は、**実行時**（runtime）に（プログラムが実行されるときに）呼び出される。その中の変数に値が代入されるのは、そのときになってからだ。コンパイル時定数は、それらの代入が行われるよりも前から存在する。

また、コンパイル時定数は、次にあげる基本型の 1 つでなければならない。より複雑な型を定数として使おうとしたら、コンパイル時という保証が得られないことがあるからだ。型の構築については、第 13 章で詳しく学ぶ。コンパイル時定数としてサポートされる基本的な型は、次のものだ。

- String
- Int
- Double
- Float
- Long
- Short
- Byte

- Char
- Boolean

では、TypeIntro.kt にコンパイル時定数を1つ追加しよう。それは main 関数の宣言よりも前に、const 修飾子を使って行う。

リスト2-10：コンパイル時定数を宣言する（TypeIntro.kt）

```
const val MAX_EXPERIENCE: Int = 5000

fun main(args: Array<String>) {
    ...
}
```

val の前に const という修飾子を置くと、コンパイラに対して、その val が決して変更されないようにせよ、と指示することになる。この場合、MAX_EXPERIENCE は、たとえ何があっても、整数値の 5000 であるという保証が得られる。これでコンパイラは、ある種の最適化を柔軟に実行できるようにもなる。

ところで、const val の名前を MAX_EXPERIENCE と綴る理由は、何だろう。この書式は、コンパイラが要求するのではないが、const val だけは、このように全部を大文字で書き、ワードの区切りはアンダースコアにするのが、他と見分けやすい、好ましいスタイルなのだ。もうお気づきかと思うが、var と val に、私たちは小文字で始まるキャメルケースを使っている。**このように書式を統一することで、あなたのコードは読みやすく整頓されたものになる。**

2.7 Kotlin のバイトコードを調べる

第1章で学んだように、Kotlin は Java の代わりに使える。JVM（Java 仮想マシン）は Java のバイトコードを実行するが、それと同様に Kotlin で書いたプログラムも実行できるのだ。JVM で実行するために Kotlin コンパイラが生成する Java バイトコードを調べることは、しばしば有益である。ある種の言語機能が JVM で、どのように働くかを分析するために、この本の随所でバイトコードを見ることになる。

あなたが書く Kotlin コードと等価な Java コードを見るのは（とくに、あなたに Java の経験があれば）、Kotlin の仕組みを理解するうえで、とても有効なテクニックだ。それほど Java の経験がなくても、たぶん Java コードには、あなたが使ってきた言語と共通する、お馴染みの性質があるはずだから、理解の助けになる擬似コードだと思っていただきたい。そして、もしあなたがプログラミング初心者ならば、おめでとう、お祝いします。というのも、Kotlin を選ぶことで、あなたは（今後のセクションで見るように）Java と同じロジックを、それよりずっと少ないコードで表現できるのだから。

たとえば、Kotlin で変数を定義するとき型推論を使うと、その結果として JVM で実行できるように生成されるバイトコードに、どのような影響があるのか、気になったかもしれない。そういうときは、Kotlin のバイトコードツールウィンドウを使える。

`TypeIntro.kt` で、［Shift］キーを 2 度押すと、［Search Everywhere］ダイアログが出てくる。そのサーチボックスで、「show kotlin bytecode」と入力すると、それを全部タイプする前に、利用できるアクションのリストが出てくる。その中から［Show Kotlin Bytecode］を選ぼう（図 2-9）。

図2-9：Kotlin のバイトコードを表示する

すると、Kotlin バイトコードツールインドウが開く（図 2-10）（このツールウィンドウを開くには、メニューから［Tools］→［Kotlin］→［Show Kotlin Bytecode］を選択しても良い）。

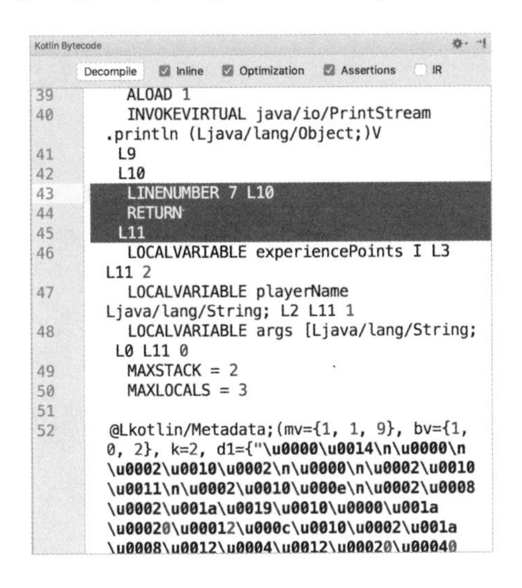

図2-10：Kotlin バイトコードツールウィンドウ

もしバイトコードに慣れていなくても、恐れることはない！　バイトコードを Java コードへと逆コンパイルすれば、たぶんもっと親しみのある表現で読むことができる。バイトコードウィンドウの左上にある［Decompile］ボタンをクリックしよう。

右側に新しいタブで、［TypeIntro.decompiled.java］が表示される（図 2-11）。これが、JVM 用に Kotlin コンパイラが生成したバイトコードの Java バージョンだ（この画面で下線が出るのは、Kotlin と Java との相互作用に、ちょっとした癖があるからで、たいした問題ではない）。

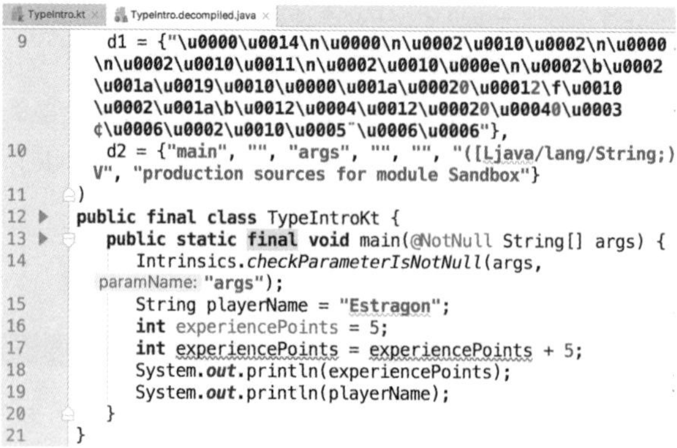

TypeIntro.kt　TypeIntro.decompiled.java

```
9      d1 = {"\u0000\u0014\n\u0000\n\u0002\u0010\u0002\n\u0000
     \n\u0002\u0010\u0011\n\u0002\u0010\u000e\n\u0002\b\u0002
     \u001a\u0019\u0010\u0000\u001a\u00020\u00012\f\u0010
     \u0002\u001a\b\u0012\u0004\u0012\u00020\u00040\u0003
     ¢\u0006\u0002\u0010\u0005"\u0006\u0006"},
10     d2 = {"main", "", "args", "", "", "([Ljava/lang/String;)
     V", "production sources for module Sandbox"}
11   )
12   public final class TypeIntroKt {
13      public static final void main(@NotNull String[] args) {
14         Intrinsics.checkParameterIsNotNull(args,
      paramName: "args");
15         String playerName = "Estragon";
16         int experiencePoints = 5;
17         int experiencePoints = experiencePoints + 5;
18         System.out.println(experiencePoints);
19         System.out.println(playerName);
20      }
21   }
```

図2-11：逆コンパイルされたバイトコード

experiencePoints と playerName の変数宣言に注目しよう。

```
String playerName = "Estragon";
int experiencePoints = 5;
```

この両方の変数の型宣言は、Kotlin のソースでの変数定義では省略したのに、生成されたバイトコードには明示的な型定義が含まれている。Java では、このように変数を宣言するのだ。バイトコードを見ることで、Kotlin による型推論のサポートの、舞台裏が覗える。

後の章では、逆コンパイルされた Java バイトコードを、もっと深く見ることになる。いまは、TypeIntro.decompiled.java を閉じ（そのタブの［×］ボタンを使う）、バイトコードツールウィンドウも閉じておこう（右上隅のアイコンを使う）。

この章では、基本的なデータを var と val に格納する方法を学び、いつそれぞれを使うべきかを見た。その判断は、値を変更できるようにすべきか否かに依存する。コンパイル時定数を使って、イミュータブルな値を宣言する方法も見た。最後に、Kotlin の型推論を活用して、変数を宣言するときにタイプするキーの数を節約する方法も学んだ。これらの基本的なツールは、どれも、この本を読み進むにしたがって何度も繰り返して使うことになる。

次の章では、もっと複雑な状態を、条件文を使って表現する方法を学ぶ。

2.8　もっと知りたい？　Kotlin における Java のプリミティブ型

Java には、参照型とプリミティブ型という２種類の型がある。参照型（reference type）は、ソースコードのなかで定義される。この型には対応する定義のソースコードが存在するのだ。Java のプリミティブ型は、しばしば単に「プリミティブ」（primitive）とも呼ばれるもので、ソースファイルに定義が存在せず、ただ特別なキーワードによって表現される。

Java の参照型は、必ず大文字から始まり、その型にソース定義が存在することを、それによって示す。experiencePoints を、Java の参照型を使って定義するには、次のように書く。

```
Integer experiencePoints = 5;
```

Java のプリミティブ型は、小文字から始まる。

```
int experiencePoints = 5;
```

Java のプリミティブ型は、すべて対応する参照型を持つ（ただし、すべての参照型が、対応するプリミティブ型を持つわけではない)。では、なぜ、使い分けるのか。

参照型を選ぶ理由の 1 つは、Java 言語には参照型を使うときにだけ利用できる機能があるからだ。たとえば、第 17 章で学ぶことになるジェネリクスは、プリミティブには使えない。そして参照型は、Java のオブジェクト指向機能を使うのにも、Java のプリミティブより手間がかからない（オブジェクト指向プログラミングと、Kotlin のオブジェクト指向機能については、第 12 章で学ぶ)。

いっぽうプリミティブにも、より高い性能を得られる軽快さがある。

Java と違って、Kotlin は、ただ一種類の型しか提供しない。それは参照型だ。

```
var experiencePoints: Int = 5
```

Kotlin の設計で、この決断が下されたのには、いくつかの理由がある。まず、もし型の種類を決める必要がなければ、複数の種類から選択するときのように、コーディングで窮地に陥ることがない。たとえば、もしプリミティブ型のインスタンスを定義した後で、ジェネリックな機能を使う必要があることに気がついたら、どうすれば良いのだろうか？ それには参照型が必要なのに。Kotlin には参照型しか存在しないのだから、こんな問題に遭遇することは絶対にない。

Java の経験がある読者は、こう思うかもしれない。「だが、プリミティブ型のほうが参照型より優れた性能が得られるではないか」と。それは本当だ。しかし、experiencePoints 変数のバイトコードを逆コンパイルすると、どうなるか、もういちど見よう。

```
int experiencePoints = 5;
```

ごらんのように、参照型の代わりにプリミティブ型が使われている。これは、なぜだろう。Kotlin には参照型しかないはずなのに。Kotlin コンパイラは、もし可能なら Java のバイトコードでプリミティブを使う。たしかに、そのほうが高い性能を得られるからだ。

Kotlin は、参照型の使いやすさとともに、舞台裏ではプリミティブのパフォーマンスも提供する。Kotlin では、Java でお馴染みの 8 種類のプリミティブ型に対応する参照型がある。

2.9　チャレンジ！　hasSteed

では、最初のチャレンジだ。このテキストアドベンチャーゲームでは、プレイヤーが乗る動物（steed：ウマ）として、ドラゴン（dragon）かミノタウロス（minotaur）を一頭、購入できる。プレイヤーが、すでにウマを手に入れたかどうかを管理するために、`hasSteed`という変数を定義しよう。この変数には、まだプレイヤーがウマを一頭も持っていないことを示す初期状態を与えよう。

2.10　チャレンジ！　ユニコーンの角

アドベンチャーゲームで、次のシーンを想像しよう。

ヒーローのエストラゴンは、「ユニコーンの角」というパブ（宿屋を兼ねた居酒屋）に到着する。そこの主人が、こう訊いてくる。「あんたが乗りなさるウマの小屋が要りますかね?」

「いや」とエストラゴンは答える。「ウマはないが、金が50ある。飲ませて欲しいね」

「はいよ!」と主人が言う。「蜂蜜酒（mead）と、ワイン（wine）と、ラクロワ（LaCroix）がありまっせ。どれになさる?」

このチャレンジでは、あなたの`hasSteed`変数の下に、この「ユニコーンの角」(Unicorn's Horn)のシーンに必要なだけの変数を追加する。可能ならば値を代入し、型推論を使おう。追加する変数には、このパブの名前と、いま仕事場にいるパブの主人（publican）の名前と、そしてプレイヤーがいまのところ、金（gold）を、いくら持っているかを入れることにしよう。

また、「ユニコーンの角」にはヒーローが選ぶことのできる飲み物（drinks）のメニューがある。このメニューを表現するには、どんな型を使えばよいだろう。わからなければ、表2-1を参考にすれば良い。

2.11　チャレンジ！　魔法の鏡

飲み物のおかげでエストラゴンは、挑戦の旅を続ける元気が出た。あなたは、どうです?

ヒーローは魔法の鏡（Magic Mirror）を見つける。これはプレイヤーに、自分の`playerName`を写して見せる鏡だ。`String`型の魔法を使って、`playerName`の値である「Estragon」という文字列を、「nogartsE」と逆転（reverse）させてみよう。

このチャレンジを解くには、`String`のドキュメント（`https://kotlinlang.org/api/latest/jvm/stdlib/kotlin/-string/index.html`）を読むと良い。すると、幸いにも、ある特定の型が実行できるアクションには、たいがい、きわめて直感的な名前が付いていることが、わかるだろう（それがヒントだ）。

第3章 条件文

この章では、コードを実行する条件のルールを定義する方法を学ぶ。これは、**制御の流れ**（control flow）と呼ばれる言語機能で、あなたのプログラムの特定の部分を、どんなときに実行させるかの条件を記述することができる。ここで学ぶのは、`if/else`の文と式、`when`式、および、比較と論理の演算子を使って真（true）か偽（false）かの判定を書く方法だ。その過程で、Kotlinの文字列テンプレート機能も見ることになる。

これらの概念を実例で学ぶために、まずはNyetHack（ニエットハック）というプロジェクトを構築する。これは、本書の大部分で使うことになる。

「なんで、NyetHackなの?」と質問していただけたら嬉しい。たぶん、1987年にThe NetHack DevTeamによって開発されたゲーム、NetHackなら、聞き覚えがあるだろう。NetHackは、シングルプレイヤー形式でテキストベースのファンタジーゲームで、ASCIIグラフィックスを使っていた（`https://nethack.org`で入手できる）。あなたが作るのも、それと同じようなテキストベースのゲームだ（ただし、あのみごとなASCIIアートは、ない。ごめんなさい）。そしてKotlin言語を作ったJetBrains社のオフィスは、ロシアにある。NetHackと似て非なるテキストベースのゲームという話と、Kotklinがロシア起源だという話とを合わせて、NyetHackになった（ニエットはロシア語で「いいえ」という意味）。

3.1 if/else文

では始めよう。IntelliJを開いて、新しいプロジェクトを作る（すでにIntelliJを開いていたら、[File] → [New] → [Project...] と選択できる）。ターゲットとして [Kotlin/JVM] を選び、プロジェクト名を`NyetHack`とタイプする。

プロジェクトツールウィンドウで、[NyetHack] のフォルダアイコンをクリックし、[src] ディレクトリを右クリックして、[New] → [Kotlin File/Class] を作る。ファイルの名前は`Game`とする。「main」と [TAB] キーをタイプして、`Game.kt`にエントリポイントの`main`関数を追加する。次のような関数ができるはずだ。

```
fun main (args: Array<String>) {

}
```

NyetHack の状態は、残りのヘルスポイント（0 から 100 まで）を基準とする。クエストで戦闘中に負傷しても、ヘルスポイントが十分あれば、持ちこたえるかもしれない。あるいは、絶好調の状態にあるかもしれない。プレイヤーの健康状態を記述する方法に関して、次のルールを定義する。**もし**プレイヤーのヘルスが 100 ならば、絶好調（excellent condition）であることを示す。**さもなければ**、どれほどやられているかを知らせる。このようなルールの定義に使えるツールの 1 つが、if/else 文だ。

main 関数の内側に、あなたの最初の if/else 文を、次のように書こう。このコードでは、数多くのことが行われるから、あなたがコードを書き終えたあとで、1 つ 1 つ見ていくことにする。

リスト3-1：プレイヤーの健康状態を出力する（Game.kt）

```
fun main(args: Array<String>) {
    val name = "Madrigal"
    var healthPoints = 100

    if (healthPoints == 100) {
        println(name + " is in excellent condition!")
    } else {
        println(name + " is in awful condition!")
    }
}
```

では、この新しいコードを 1 行ずつ見ていこう。最初に name という val を定義して、それに、勇猛果敢なプレイヤーの名前を表す文字列の値を代入する。次に、healthPoints という var を定義して、それに初期値の 100（満点の値）を代入する。それから、if/else 文を 1 つ追加する。

その if/else 文では、まず「真か偽か」の質問を提示する。「このプレイヤーは、100 点満点の healthPoints を持っているか?」という質問を、**構造等価演算子**（structural equality operator）の==を使って表現している。この記号は左辺が右辺とが等しいという意味なので、この if 文は「もし healthPoints が 100 と等しければ」と読むことができる。

その if 文の次に、波カッコ（{ と }）に囲まれた文がある。波カッコの内側のコードは、もし if 文が Bool 値の true（真）と評価されたら — この場合なら、healthPoints の値が、きっかり 100 であれば — プログラムで実行すべきことだ。

```
if (healthPoints == 100) {
    println(name + " is in excellent condition!")
}
```

このステートメントには、何かをコンソールに出力するのに使う、おなじみの println 関数が含まれている。ここで出力するのは、それに続く丸カッコの中身、つまり `name` の値と、`" is in excellent condition!"`（絶好調だ!）という文字列である。文字列の最初に空白があることに注目しよう。これがないと、`Madrigalis in excellent condition!` という結果になってしまう。

要するに、`if/else` 文の、これまでの部分は、「もし Madrigal が 100 のヘルスポイントを持っていたら、プログラムは、彼が絶好調だと表示すべし」という意味だ。

この `if` 文の波カッコは 1 行の文しか囲んでいないが、`if` が真と判定されたときに行いたい処理が複数あれば、2 行以上のコードを波カッコに入れることができる。

加算演算子（`+`）を使った値を文字列に加える処理は、**文字列結合**（string concatenation）と呼ばれる。これによって、コンソールに出力すべき内容を、変数の値に基づいて簡単にカスタマイズできる。この章では後ほど、文字列に値を注入する、もう 1 つの、より好ましい方法を見る。

`healthPoints` の値が 100 以外なら、どうなるだろう。その場合、`if` は偽（false）と評価され、コンパイラは、その `if` に続く波カッコ内の式を飛ばして、`else` に進む。`else` は「さもなければ」という意味だと考えよう（もし条件が真なら A を、さもなければ B を行う）。`if` と同様に、`else` の後にも、コンパイラに行うべきことを知らせる、波カッコに囲まれた 1 つ以上の式がある。ただし `if` と違って、`else` では条件を定義する必要がない。`if` が適用されなければ、`else` が必ず適用されるのだから、`else` というキーワードの直後に波カッコを置く。

```
else {
    println(name + " is in awful condition!")
}
```

この `println` 関数の呼び出しで、前のと異なるのは、ヒーローの名前の後に続く文字列の中身だ。ヒーローが「絶好調だ!」（is in excellent condition!）と報告する代わりに、こちらは傷を負ったヒーローが「ひどい状態だ!」（is in awful condition!）と報告する（これまでに見てきた関数コールのほとんどは、文字列をコンソールに出力するものだった。関数については、自分で定義する方法を含めて、第 4 章で学ぶ）。

これらすべてを日本語に訳すと、あなたのコードはコンパイラに、次のことを告げている。「もしヒーローが、きっかり 100 のヘルスポイントを持っていたら、コンソールに『Madrigal は、絶好調だ!』と表示せよ。もし彼のヘルスポイントが 100 でなければ、コンソールに『Madrigal は、ひどい状態だ!』と表示せよ」。

構造等価演算子（`==`）は、Kotlin で使える**比較演算子**（comparison operator）の 1 つだ。表 3-1 に、Kotlin の比較演算子のリストを示す。ここにあげる演算子を、いま全部覚える必要はない。これらについては、今後、もっと詳しく説明する。「ある条件を表現するのに使える演算子がないか」と考えるときに、この表を見ればよい。

表3-1：比較演算子

演算子	説明（評価する条件）
<	左辺の値が右辺の値より小さいか?
<=	左辺の値が右辺の値以下か?
>	左辺の値が右辺の値より大きいか?
>=	左辺の値が右辺の値以上か?
==	左辺の値が右辺の値と等しいか?
!=	左辺の値が右辺の値と異なるか?
===	2 つのインスタンスは同じ参照か?
!==	2 つのインスタンスは違う参照か?

本題に戻ろう。main 関数の左にあるランボタンをクリックして、Game.kt を実行すれば、次の出力が得られるはずだ。

```
Madrigal is in excellent condition!
```

あなたが定義した条件、healthPoints == 100 は真なので、if/else 文の if ブランチがトリガされた（ここで**ブランチ**（branch：分岐）という言葉を使うのは、あなたのコードの実行が、指定の条件が満たされるかどうかによって分岐するからだ）。では次に、healthPoints の値を 89 に変更してみよう。

リスト3-2：healthPoints を変更する（Game.kt）

```
fun main(args: Array<String>) {
    val name = "Madrigal"
    var healthPoints = 100
    var healthPoints = 89

    if (healthPoints == 100) {
        println(name + " is in excellent condition!")
    } else {
        println(name + " is in awful condition!")
    }
}
```

もう一度プログラムを実行すると、次のように表示される。

```
Madrigal is in awful condition!
```

今回は、あなたが定義した条件が偽なので（89 は 100 と等しくない）、else ブランチがトリガされた。

3.2　もっと条件を追加する

この健康状態のコードは、プレイヤーの状態について、率直な、というより乱暴な考えを示している。プレイヤーの healthPoints が、まだ 89 もあるのに、「ひどい状態」だというのは、でたらめに近い。ちょっとした擦傷くらいではないだろうか。

あなたの if/else 文で、もっと微妙な違いを表現するには、さらにチェックすべき条件を追加し、その結果として得られる全部のケースを含むようにブランチも追加する。そのために、else if ブランチを使う。その構文は if と同じだが、if と else の間に置く。あなたの if/else 文を書き換えて、healthPoints の中間的な値をチェックする 3 つの else if ブランチを追加してみよう。

リスト3-3：プレイヤーの状態を、より多くの条件でチェックする（Game.kt）

```
fun main(args: Array<String>) {
    val name = "Madrigal"
    var healthPoints = 89

    if (healthPoints == 100) {
        println(name + " is in excellent condition!")
    } else if (healthPoints >= 90) {
        println(name + " has a few scratches.")
    } else if (healthPoints >= 75) {
        println(name + " has some minor wounds.")
    } else if (healthPoints >= 15) {
        println(name + " looks pretty hurt.")
    } else {
        println(name + " is in awful condition!")
    }
}
```

更新されたロジックは、次のようなものだ

Madrigal のヘルスポイント	出力するメッセージ（健康状態）
100	Madrigal は、絶好調だ!（excellent condition）
90-99	Madrigal は、かすり傷がある （few scratches）
75-89	Madrigal は、少し怪我している（some minor wounds）
15-74	Madrigal は、だいぶやられた（pretty hurt）
0-14	Madrigal は、ひどい状態だ!（awful condition）

プログラムを、もう一度実行しよう。Madrigal の healthPoints の値は 89 なのだから、先頭の if も、第 1 の else if も、真にはならない。けれども else if （healthPoints >= 75）は真だ。このため、コンソールには Madrigal has some minor wounds. と表示される。

コンパイラは、if/else の条件を、上から下へと順番に評価し、1 つが真と評価されたら、そこで条件のチェックを打ち切る。もし提供した条件の、どれも真でなければ、else ブランチが実行される。したがって、条件を並べる順番が重要だ。もし if と else if を、もっとも低い値からもっとも高い値に向けてチェックするように並べ替えたら、どの else if も決して実行されないだろう。なぜなら、healthPoints の値が 15 以上であれば、先頭の if の条件がトリガされるし、もし 15 未満の値であれば、すべての else if が偽と評価されるので、else が適用されるからだ（この変更を、あなたのコードに加えないこと。ただの説明だ)。

```
fun main(args: Array<String>) {
    val name = "Madrigal"
    var healthPoints = 89

    if (healthPoints >= 15) { // 15 以上の値でトリガされる
        println(name + " looks pretty hurt.")
    } else if (healthPoints >= 75) {
        println(name + " has some minor wounds.")
    } else if (healthPoints >= 90) {
        println(name + " has a few scratches.")
    } else if (healthPoints == 100) {
        println(name + " is in excellent condition!")
    } else { // 0 から 14 までの値でトリガされる
        println(name + " is in awful condition!")
    }
}
```

最初の if の条件が偽と評価されるときのために、else if 文を入れて、より多くの条件をチェックすることで、プレイヤーの状態を、より細かく報告できるようになった。healthPoints の値を、いろいろと変えてみて、それぞれのブランチで定義した通りの結果が得られることを確認しよう。それが終わったら、healthPoints の値は 89 に戻しておく。

3.3　ネストした if/else 文

NyetHack では、プレイヤーが祝福されている場合がある。そういうプレイヤーは、十分に健康ならば、ちょっとしたキズならすぐに治るのだ。そこで、あなたの次のステップは、プレイヤーが祝福されている（blessed）かどうかを把握するための変数を追加し（どの型にすべきだろうか?)、もし祝福されているのなら、健康状態のメッセージを、それを反映した文章に変えることだ。

それには、if/else 文をネストする。つまり、プレイヤーのヘルスが 75 以上のときに限り、そのプレイヤーが祝福されているかどうかを調べるため、既存のブランチの内側で、もう 1 つの「入れ子」になった if/else でチェックするのだ（次に示す、この変更を入力するときは、それに続く最後の else if の前に } を入れ忘れないように注意しよう)。

リスト3-4：祝福をチェックする（Game.kt）

```
fun main(args: Array<String>) {
    val name = "Madrigal"
    var healthPoints = 89
    val isBlessed = true
```

```
    if (healthPoints == 100) {
        println(name + "is in excellent condition!")
    } else if (healthPoints >= 90) {
        println(name + " has a few scratches.")
    } else if (healthPoints >= 75) {
        if (isBlessed) {
            println(name + " has some minor wounds but is healing quite quickly!")
        } else {
            println(name + " has some minor wounds.")
        }
    } else if (healthPoints >= 15) {
    println(name + " looks pretty hurt.")
    } else {
    println(name + " is in awful condition!")
    }
}
```

ここで追加したBool型のvalは、プレイヤーが祝福されているかどうかを表す。挿入したif/else文は、プレイヤーが祝福されていて、しかもヘルスポイントが75から89までのときに限り、新しい出力を作るものだ。いまヘルスポイントの値は89なので、このプログラムを実行すると、その新しいメッセージが出てくるはずだ。実行してみよう。出力は、こうなる（Madrigalは、少し怪我しているが、急速に回復する!)。

```
Madrigal has some minor wounds but is healing quite quickly!
```

もし他の出力になったら、あなたのコードがリスト3-4と、どこか違っていないか確認しよう。とくに、healthPointsの値として89が代入されていること。

条件のネストによって、論理的な「分岐のなかの分岐」を作れば、より精密で複雑な条件でもチェックできるようになる。

3.4 もっとエレガントな条件

ただし、条件というものは、しっかり監視していないと、スタートレックの増殖生物トリブルみたいに増えてしまって、始末に負えなくなる。幸いなことに、Kotlinでは条件の利点を有効に使いながら、それらを簡潔で読みやすいものにできる。その例を、いくつか見ていこう。

3.5 論理演算子

実はNyetHackでは、もっと複雑な条件をチェックしなければならない。たとえば、もしプレイヤーが祝福されていて、**しかも**ヘルスが50を超えているか、**さもなければ**プレイヤーが不死身(immortal）であれば、目に見えるオーラ（aura）を発するのだ。そうでなければ、プレイヤーのオーラは肉眼では見えない。

プレイヤーが目に見えるオーラを持っているかどうかの判定には、一連のif/else文を使うこともできるだろう。しかし、それではコードが大量に重複し、ロジックと条件が隠されてわかりにくくなってしまう。もっとエレガントで、読む人に優しい方法がある。条件文のなかで論理演算子を使うのだ。

新しい変数を1個と、if/else を1個追加するだけで、オーラの情報をコンソールに出力できる。

リスト3-5：条件文のなかで論理演算子を使う（Game.kt）

```
fun main(args: Array<String>) {

    val name = "Madrigal"
    var healthPoints = 89
    val isBlessed = true
    val isImmortal = false

    // Aura
    if (isBlessed && healthPoints > 50 || isImmortal) {
        println("GREEN")
    } else {
        println("NONE")
    }

    if (healthPoints == 100) {
        ...
    }
}
```

ここで追加した isImmortal という val で、プレイヤーが不死身かどうかを把握する（プレイヤーの不死性は変化しないので、リードオンリーにしてある）。この部分は、もうお馴染みだが、他にいくつか新しい要素も入っている。

まず、コードにコメントが入っている。これには//というマークを使う。

//の右にあるものは、なんでもコメントに含まれ、コンパイラに無視されるので、構文に関係なく好きなことを書ける。コメントを書くと、コードに関する情報を組織的に追加して、他の人が読みやすくすることができる（将来は、あなた自身のためにもなる。自分が書いたコードでも、詳細までは全部覚えていられないものだ）。

次に、if のなかで2つの**論理演算子**（logical operators）を使っている。論理演算子を使えば、複数の比較演算子を組み合わせて、より大きな文にまとめることができる。

&&は「AND」、つまり**論理積演算子**（logical 'and' operator）だ。これを使う式全体を真にするためには、左辺の条件と右辺の条件の両方が真でなければなない。||は「OR」で、こちらは**論理和演算子**（logical 'or' operator）だ。これを使う式全体が真になるのは、その左辺と右辺の、どちらか（または両方）の条件が真であるときだ。

表3–2に、Kotlinの論理演算子をあげる。

表3-2：論理演算子

演算子	説明
`&&`	論理の積（AND）：両方が真のときに限り真となる（そうでなければ偽となる）
`||`	論理の和（OR）：どちらかが真なら真となる（両方が偽のときに限り偽となる）
`!`	論理の否定（NOT）：真は偽となり、偽は真となる

注意事項を 1 つ。演算子を組み合わせるときは、評価の順序が、演算子の優先順位によって決まる。同じ優先順位を持つ演算子は、左から右へと適用される。また、演算子の組を丸カッコで囲むことで、それらを一体のグループとして評価させることができる。次のリストは演算子を、優先順位が高いものから低いものへと順に並べたものだ。

`!`（論理否定）
`<`（小なり）、`<=`（以下）、`>`（大なり）、`>=`（以上）
`==`（構造等価）、`!=`（非等価）
`&&`（論理積）
`||`（論理和）

では NyetHack の話に戻って、新しい条件に注目しよう。

```
if (isBlessed && healthPoints > 50 || isImmortal) {
    println("GREEN")
}
```

言い換えると、もしプレイヤーが祝福されていて、**しかも** 50 を超えるヘルスポイントを持っているか、**さもなければ**もしプレイヤーが不死身なら、緑色のオーラが見える。Madrigal は不死身ではないが、祝福されていて、ヘルスポイントが 89 ある。だから最初の条件に適合する。ゆえに、Madrigal のオーラを見せなければいけない。あなたのプログラムを実行して、本当にそうなるかを調べよう。次のように出力されるはずだ。

```
GREEN
Madrigal has some minor wounds but is healing quite quickly!
```

ネストした条件文について考えてみよう。これらは論理演算子を使わないでロジックを表現するために必要なものだ。論理演算子を使えば、複雑なロジックを明瞭に表現することが可能になる。

オーラのコードは、`if/else` 文の集合よりも明瞭だが、もっと読みやすく書ける。論理演算子は、条件だけに使えるのではない。他にも、多くの式に使うことが可能で、たとえば変数の宣言にも使える。可視のオーラの条件を**カプセル化**（encapsulate）する（つまり、中に入れて隠す）、新しい Bool 変数を追加しよう。そして、あなたの条件文を、その新しい変数を使うように**リファクタリン**

グ（refactor）しよう（つまり、書き直そう）。

リスト3-6：変数の宣言で論理演算子を使う（Game.kt）

```
fun main(args: Array<String>) {
    ...
    // Aura
    if (isBlessed && healthPoints > 50 || isImmortal) {
    val auraVisible = isBlessed && healthPoints > 50 || isImmortal
    if (auraVisible) {
        println("GREEN")
    } else {
        println("NONE")
    }
    ...
}
```

これで、条件のチェックは、auraVisibleという新しいvalの中に入り、if/else文では、その値をチェックするようになった。機能的には前に書いたコードと等価だが、いまではルールを値の代入によって表現している。その値には、定義したルールを「人間が読んでわかる」言葉で表現した、「オーラ可視性」（aura visible）という名前が付いている。これは、プログラムのルールが複雑になるとき非常に有効なテクニックだ。こうすれば、あなたのコードを将来読む人々にとって、ルールの意味が理解しやすくなる。

もう一度、このプログラムを実行して、機能が前と同じであることを確認しよう。出力は変わらないはずだ。

3.6　条件式

いまでは、if/else文がプレイヤーの健康状態を正しく、そして、いくらか詳しく表示するようになっている。

その一方で、これを変更するとしたら、かなりやっかいだ。なにしろ、それぞれのブランチに、似たようなprintln文が繰り返し現れる。プレイヤーの状態を表示するフォーマットを、全面的に変更するとしたら、どうすればいいだろうか。このプログラムの現在の状態では、if/else文の、それぞれのブランチを全部調べて、そのすべてのprintln関数を、新しいフォーマットに合わせて変更する必要がある。

この問題を解決するには、あなたが書いたif/else文を、**条件式**（conditional expression）で置き換えることだ。条件式は、条件文に似ているが、if/elseの結果を、あとで使える値に代入する。健康状態のコードを、次のように書き換えよう。

リスト3-7：条件式を使う（Game.kt）

```
fun main(args: Array<String>) {
    ...
    if (healthPoints == 100) {
    val healthStatus = if (healthPoints == 100) {
```

```
        println(name + "is in excellent condition!")
        "is in excellent condition!"
    } else if (healthPoints >= 90) {
        println(name + " has a few scratches.")
        "has a few scratches."
    } else if (healthPoints >= 75) {
        if (isBlessed) {
            println(name + " has some minor wounds but is healing quite quickly!")
            "has some minor wounds but is healing quite quickly!"
        } else {
            println(name + " has some minor wounds.")
            "has some minor wounds."
        }
    } else if (healthPoints >= 15) {
        println(name + " looks pretty hurt.")
        "looks pretty hurt."
    } else {
        println(name + " is in awful condition!")
        "is in awful condition!"
    }
    // Player status
    println(name + " " + healthStatus)
}
```

ちなみに、コードのインデント（字下げ）を整えるのが面倒になったら、IntelliJ の力を借りよう。[Code] → [Auto-Indent Lines] を選択すれば、きれいなインデントに満足できるだろう。

if/else の式によって、新しい変数 healthStatus への代入が行われる。代入される値は、"is in excellent condition!"などの文字列だが、どの値になるかは healthPoints の値に依存する。そこが、条件式の美点だ。プレイヤーの状態を新しい healthStatus 変数を使って出力できるので、ほとんど同じような 6 個の print 文を削除することができる。

変数への代入を条件によって行う必要があるときは、条件式を使える場合が多いだろう。ただし、条件式がもっとも直感的になるのは、個々のブランチから代入される値が、どれも同じ型であるときだ（たとえば healthStatus の文字列のように）。

オーラのコードも、条件式を使うと簡潔になる。やってみよう。

リスト3-8：オーラのコードを条件式で改良する（Game.kt）

```
...
// Aura
val auraVisible = isBlessed && healthPoints > 50 || isImmortal
if (auraVisible) {
    println("GREEN")
} else {
    MLprintln("NONE")
}
val auraColor = if (auraVisible) "GREEN" else "NONE"
println(auraColor)
...
```

コードを、もう一度実行して、すべて期待どおりに動くことを確認しよう。同じ出力が得られるはずだが、前よりもっとエレガントで読みやすいコードになっている。

オーラの色の条件式では、波カッコがなくなったことに気がつかれたかもしれない。その理由を説明しよう。

3.7 if/else文から波カッコを外す

条件が一致したときの応答処理が1つだけなら、その式を囲む波カッコを省略できる（少なくとも構文的には）。つまり波カッコを省略できるのは、ブランチに式が1個だけ含まれている場合に限られる。もし2つ以上の式を含むブランチを囲む波カッコを省略したら、コードが評価される方法に影響がおよぶ。

healthStatusの「波カッコのないバージョン」がどうなるか調べよう。

```
val healthStatus = if (healthPoints == 100) "is in excellent condition!"
    else if (healthPoints >= 90) "has a few scratches."
    else if (healthPoints >= 75)
        if (isBlessed) "has some minor wounds but is healing quite quickly!"
        else "has some minor wounds."
    else if (healthPoints >= 15) "looks pretty hurt."
    else "is in awful condition!"
```

このバージョンのhealthStatus条件式は、いまあなたのコードにあるバージョンと、同じことを行う。そればかりか、同じロジックを少ないコードで表現している。けれども、一見して読みやすく理解しやすいのは、どちらのバージョンだろうか。もし波カッコのあるバージョン（あなたのコードにある書き方）だと思ったら、それは、Kotlinコミュニティが好ましく思っているスタイルだ。

私たちは、複数行におよぶ条件文や条件式では、波カッコを省略しないことを推奨する。その理由は、1つには、波カッコがないと、ブランチがどこで始まりどこで終わるのかが、条件を追加すればするほど理解しにくくなるからだ。もう1つ、条件で波カッコを省略すると、そのコードに新たに貢献する開発者が、間違って別のブランチを更新したり、その実装が何をするのかを誤解するリスクが増えるからだ。いくつかの記号を節約するために、そんなリスクを負うことはない。

また、上にあげたコードは波カッコがあってもなくても同じものを表現するが、同じにならないケースもある。条件ブランチにある複数の式について、それを囲む波カッコを省略したら、そのブランチでは最初の式だけが実行されるようになる。次の例を見よう。

```
var arrowsInQuiver = 2
if (arrowsInQuiver >= 5) {
    println ("Plenty of arrows")
    println ("Cannot hold any more arrows")
}
```

もしヒーローが5本以上の矢（arrows）を持っていたら、「たくさんの矢」(Plenty of arrows)があるから、それ以上は持てません、ということだ。ここでヒーローは2本の矢を持っているだけなので、コンソールには何も出力されない。ところが、波カッコを外したらロジックが変わる。

```
var arrowsInQuiver = 2
if (arrowsInQuiver >= 5)
    println("Plenty of arrows")
    println("Cannot hold any more arrows")
```

波カッコがなければ、第2の`println`文は、もはや`if`ブランチの一部ではない。`"Plenty of arrows"`は、`arrowsInQuiver`の値が少なくとも5でなければ出力されないが、`"Cannot hold any more arrows"`は、常に出力される。ヒーローが持っている矢の数が何本でも、必ず「それ以上は矢を持てません」と言われてしまうのだ。

1行の式なら、一般的な原則で、どちらを選ぶべきかを判断すればよい。新しい読み手にとって、どちらの書き方が、より明白に理解できる式になるだろうか？ 1行の式では、波カッコを略したほうが読みやすくなることが多い。波カッコの省略によって読みやすくなるのは、たとえばオーラのコードのように単純な1行の条件式だ。そして、次の例も、そうだ。

```
val healthSummary = if (healthPoints != 100) "Need healing!" else "Looking good."
```

ところで、もしあなたが「そう。でも私は`if/else`の構文が嫌い。たとえ波カッコがあっても、ダメなものはダメ」という意見だとしたら……、心配はいらない。健康状態のコードを、より簡潔に、判読しやすい構文で書き直す方法を、もう1つ紹介しよう。

3.8 範囲

あなたが`healthStatus`を決定する`if/else`の式で書いた条件は、どのブランチも`healthPoints`という整数の値を見る。一部のブランチでは構造等価演算子を使って、`healthPoints`が、ある値と等しいかをチェックする。その他のブランチでは、複数の比較演算子を使って、`healthPoints`が、2つの値で決めた範囲に入っているかをチェックする。後者に関しては、もっと優れた書き方がある。Kotlinでは**範囲**（range）を使って、一連の値を表現できるのだ。

たとえば`1..5`というように、`..`演算子は、ある範囲を定める。1つの範囲には、`..`演算子の左辺にある値から、`..`演算子の右辺にある値までの、すべての値が含まれる。だから`1..5`には、1、2、3、4、5が含まれる。範囲は、文字のシーケンスにも使える。

値が、ある範囲に含まれているかをチェックするには、`in`キーワードを使う。`healthStatus`の条件式をリファクタリングして、比較演算子の代わりに範囲を使うように書き換えよう。

リスト3-9：範囲を使って healthStatus をリファクタリングする（`Game.kt`）

```
fun main(args: Array<String>) {
    ...
    val healthStatus = if (healthPoints == 100) {
        "is in excellent condition!"
    } else if (healthPoints >= 90) {
    } else if (healthPoints in 90..99) {
        "has a few scratches."
    } else if (healthPoints >= 75) {
    } else if (healthPoints in 75..89) {
        if (isBlessed) {
            "has some minor wounds but is healing quite quickly!"
        } else {
            "has some minor wounds."
        }
    } else if (healthPoints >= 15) {
    } else if (healthPoints in 15..74) {
        "looks pretty hurt."
    } else {
        "is in awful condition!"
    }
}
```

おまけとして、このような条件のなかで範囲を使うと、これまでこの章で見てきた `else if` の並べ方の問題が解決する。範囲を使う限り、どういう順番でブランチを並べても、コードによる評価は同じになる。

`..` 演算子のほかにも、範囲を作成できる関数が、いくつかある。たとえば `downTo` 関数は、数を増やすのではなく減らす形で範囲を作る。そして `until` 関数は、範囲指定の上限を排除して範囲を作る。これらの関数は、この章の末尾にある「チャレンジ！」にも一部が登場する。そして第10章では、もっと詳しく学ぶことになる。

3.9 when式

`when` 式は、Kotlin で処理の流れの制御に利用できる、もう1つの機構だ。`if/else` と同じように、`when` 式でも、チェックすべき条件を書いて、その条件が真と評価されたとき、それに対応するコードを実行できる。ただし `when` の構文は、もっと簡潔で、とくに3個以上のブランチがあるような条件に適している。

NyetHack では、プレイヤーが、いくつかの種族（race）のどれかに属すことができる、と考えよう。たとえばオーク（orc）とか、ノーム（gnome）とか、そういうファンタジーでおなじみの連中が、徒党を組んで争ったりしている。次の `when` 式は、そういうファンタジー種族の1つを受け取って、その種族が所属する党派（faction）の名前を返すものだ。

```
val race = "gnome"
val faction = when (race) {
    "dwarf" -> "Keepers of the Mines"
    "gnome" -> "Keepers of the Mines"
    "orc" -> "Free People of the Rolling Hills"
    "human" -> "Free People of the Rolling Hills"
}
```

まず、race という val を宣言する。次に、faction という、第 2 の val を定義するが、その値は when 式によって決める。その式は、race の値を、矢印と呼ばれる->演算子の左辺にある値と比較していき、一致する値があれば、その矢印の右辺にある値を代入する（->の使い方は、言語によって異なるが、本書で後に見るように、Kotlin のなかでも別の使い方がある）。

デフォルトにより、when 式は、丸カッコに入れて与えた引数と、波カッコに入れて指定した条件との間に、まるで 1 個の等価演算子（==）があるかのように振る舞う。**引数**（argument）というのは、コードの断片に入力として与えられるデータのことで、詳しくは第 4 章で学ぶ。

この例の when 式に与えられる引数は race なので、コンパイラは、race の値（"gnome"）と、チェックすべき最初の条件が等しいかどうかの比較を行う。これは等しくないので、比較の結果は偽となり、コンパイラは次の条件へと進む。次の比較は真になるので、そのブランチの値、"Keepers of the Mines"が、faction に代入される。

これで when 式の使い方がわかったので、healthStatus のロジックを実装に応用して改善できるだろう。これまでは if/else 式を使ってきたが、この場合なら、when 式を使えば、もっと読みやすくて簡潔なコードになる。実用的な経験則として、if/else 式を when 式で置き換えたいのは、そのコードに else if ブランチが含まれているときだ。

では、healthStatus のロジックを、when を使うように更新しよう。

リスト3-10：healthStatus を when でリファクタリングする（Game.kt）

```
fun main(args: Array<String>) {
    ...
    val healthStatus = if (healthPoints == 100) {
            "is in excellent condition!"
        } else if (healthPoints in 90..99) {
            "has a few scratches."
        } else if (healthPoints in 75..89) {
            if (isBlessed) {
                "has some minor wounds but is healing quite quickly!"
            } else {
                "has some minor wounds."
            }
        } else if (healthPoints in 15..74) {
            "looks pretty hurt."
        } else {
            "is in awful condition!"
        }
```

```
    val healthStatus = when (healthPoints) {
        100 -> "is in excellent condition!"
        in 90..99 -> "has a few scratches."
        in 75..89 -> if (isBlessed) {
            "has some minor wounds but is healing quite quickly!"
        } else {
            "has some minor wounds."
        }
        in 15..74 -> "looks pretty hurt."
        else -> "is in awful condition!"
    }
    ...
}
```

when 式の仕組みは、条件と、その条件が真のときに実行すべきブランチを提供するという点では、if/else 式と同じである。違うのは、when では条件の左辺と、when に与えた引数とが、自動的に「スコーピング」されることだ。**スコープ**（scope：可視範囲）については、第4章と第12章で、もっと深く語ることになるが、簡単に紹介するために、in 90..99 というブランチ条件を例として、考えてみよう。

値が、ある範囲に属するかをチェックするために in キーワードを使う方法は、もうわかっている。ここで行っているのは、まさにそれである。あなたは healthPoints の値をチェックしているのだが、その変数名は指定していない。->の左辺にある範囲が、healthPoints 変数にスコーピングされているので、コンパイラは、あたかも healthPoints が個々のブランチ条件に含まれているかのように、when 式を評価する。

when 式を使うと、コードの背後にあるロジックを、より良く表現できることが多い。この場合、同じ結果を if/else 式によって得るためには、3個の else if ブランチが必要だった。when 式のほうが、ずっときれいなコードだ。

when 式では、ブランチと条件定義との対応を示すうえで、if/else 式よりも大きな柔軟性がサポートされる。ブランチの左辺に置く条件は、ほとんどが真または偽と評価されるものだが、それ以外の、たとえば 100 というブランチ条件は、デフォルトの等価チェックにフォールバックする。when 式では、この例が示すように、どちらの形式でも条件を表現できる。

ところで、when 式のブランチの1つに、ネストした if/else があることが気になったかもしれない。このパターンは、あまり一般的ではないけれど、Kotlin の when 式は、実装に必要となるすべての柔軟性を与えてくれる。

NyetHack を実行して、when 式を使うように healthStatus をリファクタリングしたことで、ロジックが変わっていないことを確認しよう。

3.10　文字列テンプレート

これまで見てきたように、文字列の構築は、変数の値を組み合わせても、それどころか条件式の結果を組み合わせても、行うことができる。Kotlin の**文字列テンプレート**（string template）機能は、より一般的なニーズに応え、これまたコードを読みやすくする。テンプレートを使うと、変数の値を、引用符で囲んだ文字列のなかに組み込むことができる。文字列テンプレートを使って、プレイヤーの状態を表示するコードを、次のように更新しよう。

リスト3-11：文字列テンプレートを使う（`Game.kt`）

```
fun main(args: Array<String>) {
    ...
    // Player status
    println(name + " " + healthStatus)
    println("$name $healthStatus")
}
```

プレイヤーの状態を表示する文字列に、`name` と `healthStatus` の値を追加するには、それぞれの変数名の前に`$`を置く。この特殊記号は、あなたが定義する文字列のなかで、`val` または `var` をテンプレートに使いたいのだと Kotlin に知らせる便利な機構として提供されている。値のテンプレートが、文字列を定義する引用符のペアの内側に置かれることに注目しよう。

このプログラムを実行すると、これまで見てきたのと同じ出力が得られるはずだ。

```
GREEN
Madrigal has some minor wounds but is healing quite quickly!
```

Kotlin では、文字列の中で式を評価して、その結果を「内挿」（interpolate）することもできる。つまり、結果を文字列のなかに挿入するのだ。ドルマークに続く波カッコのペアのなかに追加した式は、その文字列の一部として評価される。その仕組みを見るために、プレイヤーの状態報告で、プレイヤーの祝福とオーラの状態も表示しよう。`auraColor` を表示する既存の出力文は、削除する。

リスト3-12：isBlessed 状態を文字列式でフォーマットする（`Game.kt`）

```
fun main(args: Array<String>) {
    ...
    // Aura
    val auraVisible = isBlessed && healthPoints > 50 || isImmortal
    val auraColor = if (auraVisible) "GREEN" else "NONE"
    print(auraColor)
    ...
    // Player status
    println("(Aura: $auraColor) " +
        "(Blessed: ${if (isBlessed) "YES" else "NO"})")
    println("$name $healthStatus")
}
```

この新しい行は、コンパイラに対して、リテラル文字列`Blessed:`と、`if (isBlessed) "YES" else "NO"`という式の結果とを出力するように伝える。この１行の条件式は、単純化のために波カッコを略すオプションを利用しているが、次のように書くのと同じだ。

```
if (isBlessed) {
    "YES"
} else {
    "NO"
}
```

このように構文を追加しても、何も変わらないので、波カッコなしで済ませるのが合理的だ。どちらにしても、文字列テンプレートによって、文字列に条件式の結果が挿入される。追加したコードのチェックとしてプログラムを実行する前に、結果がどうなるか予想してみよう。それから実行して確認すること。

プログラムが行う仕事の大半は、何らかの状態またはアクションに対する応答だ。この章では、あなたのコードが、いつ実行されるかのルールを、`if/else`や`when`式を追加することによって決める方法を学んだ。また、`if/else`の代入可能なバージョンである、`if/else`条件式を学んだ。そして一連の数や文字を範囲によって表現する方法も見た。そして最後に、変数や値を文字列に内挿する、便利な文字列式の使い方を学んだ。

このNyetHackは、必ず保存しておこう。次の章でも、これを使うのだ。その第４章では、あなたのプログラムにある式をグループ化して再利用可能にする方法の１つである関数について、もっと学ぶことになる。

3.11 チャレンジ！ いくつかの範囲を試してみる

範囲はKotlinの強力なツールであり、少し練習すれば、その構文に慣れてしまうだろう。この単純なチャレンジのために、Kotlin REPLを開いて（[Tools] → [Kotlin] → [Kotlin REPL]）、いくつかの範囲構文を使ってみよう。それには、`toList()`、`downTo`、`until`といった機能が含まれる。次に示す範囲を、１つずつ入力しよう。[⌘] - [Return]（[Ctrl] - [Return]）を押せば、その行を実行して結果を見ることができるが、その前に、結果がどうなるかを考えよう。

リスト3-13：範囲の探究（REPL）

```
1 in 1..3
(1..3).toList()
1 in 3 downTo 1
1 in 1 until 3
3 in 1 until 3
2 in 1..3
2 !in 1..3
'x' in 'a'..'z'
```

3.12　チャレンジ！　オーラを補強する

このチャレンジや、次のチャレンジに挑む前に、NyetHack を閉じ、ファイルエクスプローラなどを使って、そのコピーを作ろう（C:¥ユーザー¥yourname¥IdeaProjects¥NyetHack など）。これからプログラムに加える変更は、今後の章に持ち越したくないからだ。コピーの名前は、NyetHack_ConditionalsChallenges でも、何でも好きな名前でいい。今後の章でも、チャレンジを開始する前に、必ずそうするのが賢明だ。

いまのところ、オーラを表示するときは、常に緑色（GREEN）である。このチャレンジでは、プレイヤーのオーラの色に、現在の「カルマ」（karma：業）を反映させることにしよう。

カルマは数値で、0 から 20 までの値とする。プレイヤーのカルマを判定するには、次の式を使う。

```
val karma = (Math.pow(Math.random(), (110 - healthPoints) / 100.0) * 20 ).toInt()
```

オーラを、次のルールに従った色で表示させるようにしよう。

カルマの値	オーラの色
0-5	red
6-10	orange
11-15	purple
16-20	green

上にあげた式でカルマの値を決定し、プレイヤーのオーラの色を、条件式を使ってチェックする。最後に、プレイヤーの状態表示を書き換えて、もしオーラが可視なら新しい色を報告するようにしよう。

3.13　チャレンジ！　変更可能な状態フォーマット

現在、プレイヤーの状態表示では、println を 2 回、呼び出している。完全な表示文字列の値を格納するような変数は、存在しない。現在のコードは、次のようなものだ。

```
// Player status
println("(Aura: $auraColor) " +
    "(Blessed: ${if (isBlessed) "YES" else "NO" })")
println("$name $healthStatus")
```

そして出力は、次のようになる。

```
(Aura: GREEN) (Blessed: YES)
Madrigal has some minor wounds but is healing quite quickly!
```

今回のチャレンジは、前のよりも少し難しくて[1]、状態の行を、状態フォーマット文字列で設定可能にするというものだ。フォーマットでは B を `isBlessed` に、A を `auraColor` に、H を `healthStatus` に、そして HP を `healthPoints` に使う。たとえば、次に示す状態フォーマット文字列から、

```
val statusFormatString = "(HP)(A) -> H"
```

次のようなプレイヤー状態表示が生成されるようにしよう。

```
(HP: 100)(Aura: Green) -> Madrigal is in excellent condition!
```

[1] **訳注**：チャレンジの回答は提供されていない。原書のサポートは、Big Nerd Ranch にある（`https://www.bignerdranch.com/books/kotlin-programming/`）。チャレンジを含む Q&A は、原書専用のフォーラム（`https://forums.bignerdranch.com/c/kotlin-programming`）にあり、このチャレンジについても質疑があり、「たぶん文字列テンプレートと内挿を使うことになるでしょう」とのこと。

第4章 関数

関数（function）はコードの一部で、特定の仕事を達成する再利用可能なパーツだ。関数はプログラミングで非常に重要な部分である。事実、プログラムは基本的に、一連の関数を組み合わせて、より複雑な仕事を達成することなのだ。

これまでにも、いくつか関数を使ってきた。たとえばKotlin標準ライブラリが提供する`println`関数は、コンソールにデータを出力する関数だ。あなたが書くコードでも、独自の関数を定義できる。一部の関数は、仕事を達成するために必要なデータを受け取る。また、一部の関数は、データを返す。つまり、その関数が仕事を終えた後に、どこか別の場所で使うことのできる出力を生成する。

手始めとして、まずはNyetHackの既存のコードを組織化するために、関数を使おう。それから、NyetHackに独自の関数を定義して、「ファイヤーボールの呪文」（fireball spell）という恐るべき新機能を追加しよう。

4.1　コードを抽出して関数にする

第4章でNyetHackにコーディングしたロジックは、それなりに完成しているが、関数を使って組織化するのが、より良い慣習だろう。最初の課題は、あなたのプロジェクトを再編成して、すでに書いたロジックの大半を、関数に入れてカプセル化することだ。それによって、次に新機能をNyetHackに追加する準備も整う。

「もしかしたら、コードを全部削除して、同じロジックを別の方法でタイプし直さなければならないのだろうか?」ところが、そうではない。IntelliJは、ロジックをグループに分けて関数に入れる作業を手伝ってくれるのだ。

まず、あなたのNyetHackプロジェクトをオープンする。エディタに`Game.kt`ファイルが出るのを確認しよう。

次に、プレイヤーの`healthStatus`メッセージを生成するために定義した条件コードを選択する。クリックとカーソルのドラッグによって、`healthStatus`を定義する行から、その`when`式を閉じる波カッコの行までを、次のように強調するのだ。

```
...
val healthStatus = when (healthPoints) {
    100 -> "is in excellent condition!"
    in 90..99 -> "has a few scratches."
    in 75..89 -> if (isBlessed) {
        "has some minor wounds, but is healing quite quickly!"
    } else {
        "has some minor wounds."
    }
    in 15..74 -> "looks pretty hurt."
    else -> "is in awful condition!"
}
...
```

選択したコードの上で［Control］-クリック（右クリック）して、［Refactor］→［Extract］→［Function...］を選ぶ（図 4–1）。

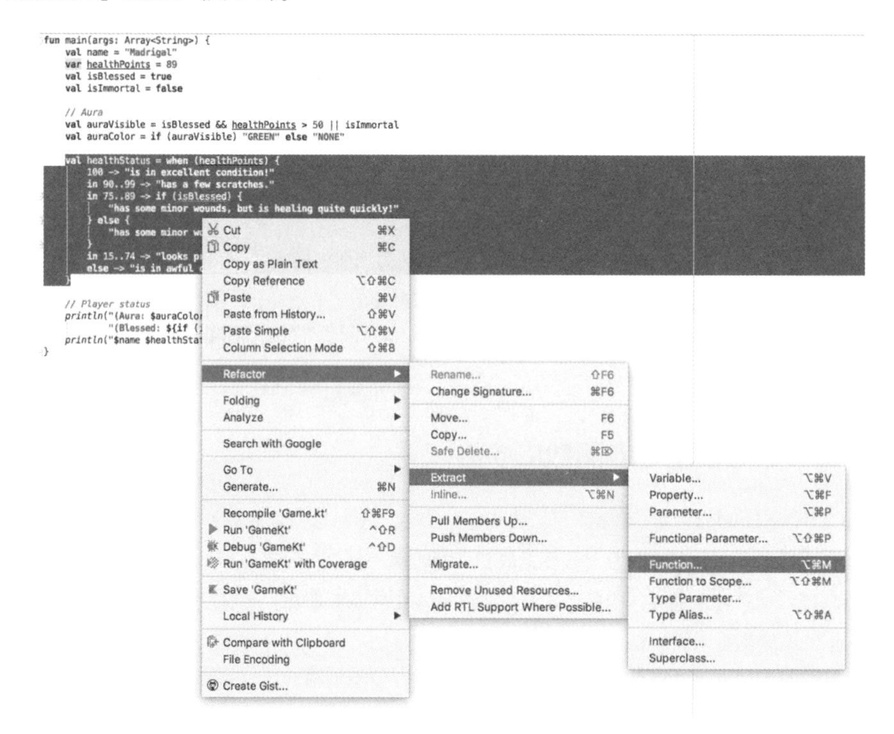

図4–1：ロジックを抽出して関数にする

すると、図 4–2 のような［Extract Function］ダイアログが現れる。

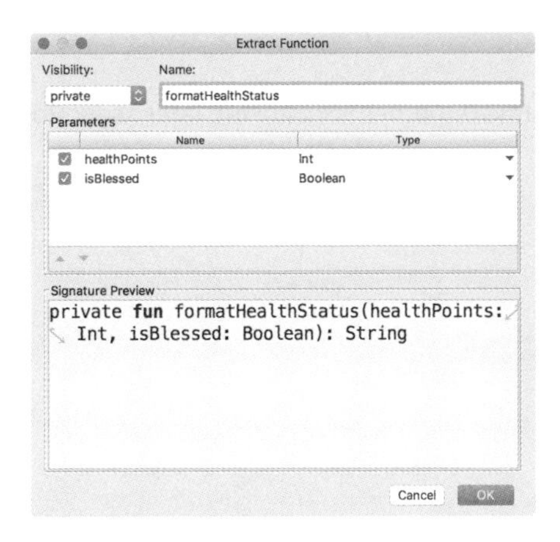

図4–2：Extract Function ダイアログ

このダイアログの要素については、あとで調べることにしよう。いまはNameの欄に「formatHealthStatus」とタイプして、他はすべて、そのままにしておく。［OK］ボタンをクリックすると、IntelliJが`Game.kt`の下に次のような関数定義を追加してくれる。

```
private fun formatHealthStatus(healthPoints: Int, isBlessed: Boolean): String {
    val healthStatus = when (healthPoints) {
        100 -> "is in excellent condition!"
        in 90..99 -> "has a few scratches."
        in 75..89 -> if (isBlessed) {
            "has some minor wounds, but is healing quite quickly!"
        } else {
            "has some minor wounds."
        }
        in 15..74 -> "looks pretty hurt."
        else -> "is in awful condition!"
    }
    return healthStatus
}
```

`formatHealthStatus`関数は、いくつか新しいコードで囲まれている。そのコードを分解して、順に説明しよう。

4.2　関数の解体

図4–3は、関数の2つの主要パーツである、**ヘッダ**(header)と**本体**(body)を、`formatHealthStatus`をモデルとして示したものだ。

関数ヘッダ
private fun formatHealthStatus(helthPoints: Int, isBlessed: Boolean): String {
...
return helthStatus
}
関数本体

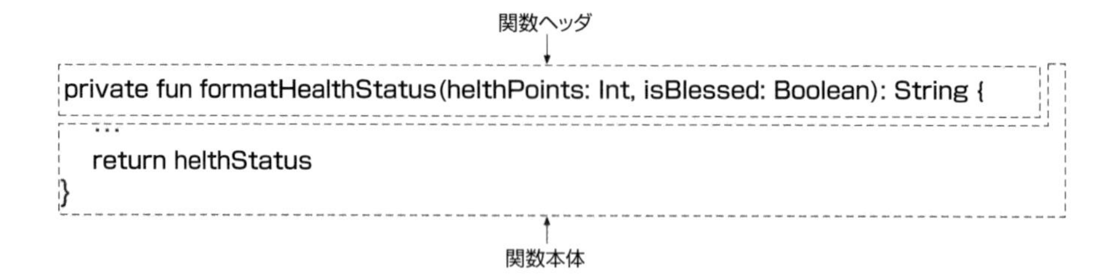

図4–3：関数は、ヘッダと本体で構成される

関数ヘッダ

関数の最初の部分は関数ヘッダだ。これを構成するのは、可視性修飾子、関数宣言キーワード、関数名、関数パラメータ、戻り値の型の、5 つの部分である（図 4–4）。

可視性修飾子
関数宣言キーワード
関数名
関数パラメータ
戻り値の型
private fun formatHealthStatus (helthPoints: Int, isBlessed: Boolean): String {
...
return helthStatus
}

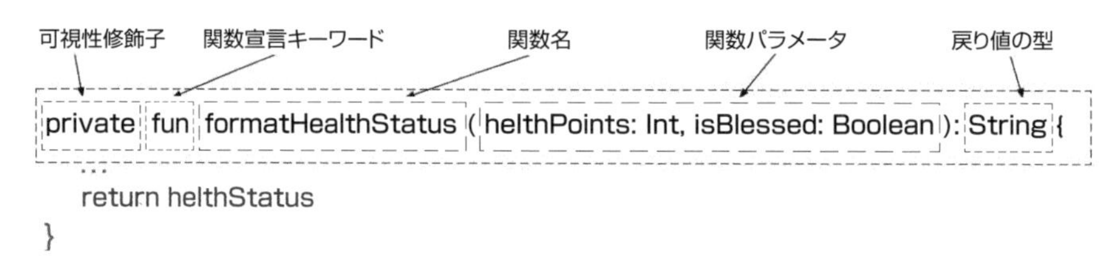

図4–4：関数ヘッダの解体

これらの要素を、順に詳しく見ていこう。

可視性修飾子（visibility modifier）

すべての関数を、他のすべての関数に対して**可視**（visible）— あるいは「アクセス可能」— にする必要はない。たとえばプライベート（private）なデータを扱う関数は、そのファイルからしか見えないようにしたい場合があるだろう。

関数は、オプションとして**可視性**（visibility）修飾子から書き始めることができる（図 4–5）。可視性修飾子は、その関数を見ることができる（したがって、使える）のが、どういう関数かを決めるものだ。

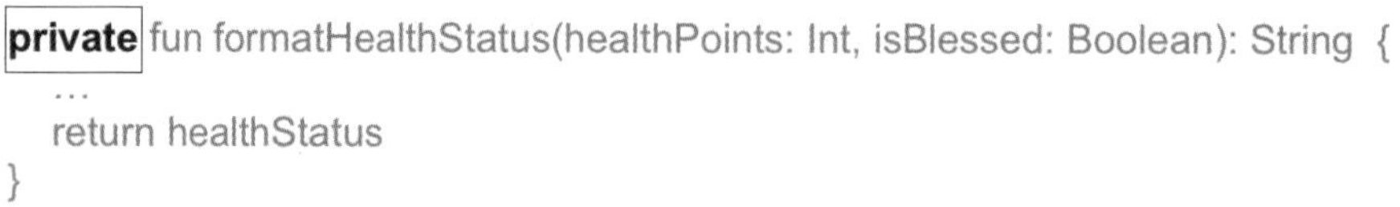

private fun formatHealthStatus(healthPoints: Int, isBlessed: Boolean): String {
...
return healthStatus
}

図4–5：関数の可視性修飾子

関数の可視性は、デフォルトではパブリック（public）になる。パブリックとは、他のすべての関数が（他のファイルで定義された関数を含めて）その関数を使えるという意味だ。もし関数に可視性修飾子を指定しないと、その関数はパブリックとみなされる。

この例で、IntelliJ が、関数の可視性をプライベートにできると判断したのは、`formatHealthStatus` 関数が、現在のファイルである `Game.kt` の中でだけ使われているからだ。各種の可視性修飾子を使って、あなたが定義する関数の可視性を制御する方法は、第 12 章で詳しく学ぶ。

関数名の宣言

可視性修飾子（もしあれば）の後に続くのは、`fun` というキーワードと、それに続く関数名だ（図 4-6）。

```
private fun formatHealthStatus(healthPoints: Int, isBlessed: Boolean): String {
    ...
    return healthStatus
}
```

図4-6：関数のキーワードと名前の宣言

この `formatHealthStatus` という関数名は、［Extract Function］ダイアログで指定したものだ。だから IntelliJ は、`fun formatHealthStatus` を、この関数の名前を宣言するのに使っている。

ところで、この関数のために選んだ `formatHealthStatus` という名前は、小文字で始まって、アンダースコアを使う代わりに語頭に大文字を使う「キャメルケース」の規則にしたがっている。これが公式な標準の命名規約なので、あなたが命名する関数は、どれも、このルールに従わなければいけない。

関数パラメータ

次にあるのは、関数パラメータだ（図 4-7）。

```
private fun formatHealthStatus(healthPoints: Int, isBlessed: Boolean): String {
    ...
    return healthStatus
}
```

図4-7：関数パラメータ（ここでは 2 つある）

関数の**パラメータ**（parameter）は、その関数が仕事をするのに必要な入力の名前と型を指定する。関数は 0 個以上のパラメータを、設計された用途に応じて、要求できる。

`formatHealthStatus` 関数が表示すべき健康状態のメッセージを決めるためには、`healthPoints` と `isBlessed` という 2 つの変数が必要になる。`when` 式で条件をチェックするのに、その 2 つを必要とするからだ。だから `formatHealthStatus` の関数定義では、それら 2 つの変数をパラメータとして要求している。

```
private fun formatHealthStatus(healthPoints: Int, isBlessed: Boolean): String {
    val healthStatus = when (healthPoints) {
        ...
```

```
        in 75..89 -> if (isBlessed) {
        ...
        } else {
        ...
        }
        ...
    }
    return healthStatus
}
```

関数定義では、それぞれのパラメータについて、要求するデータの型も指定しなければならない。healthPoints は必ず Int であること、isBlessed は必ず Boolean（Bool 型）であることを要求している。

関数パラメータは、常にリードオンリーである。これらは関数本体で再び代入することができない。関数本体において、関数パラメータは、いわば var ではなく val である。

関数の戻り値の型

多くの関数は、何らかの型の出力を生成する。何か決まった型の値を、自分を呼び出した側に返すのが、そういう関数の仕事である。関数ヘッダの最後の要素は**戻り値の型**（return type）で、その関数が仕事を完了したときに返す出力の型を定義する。

formatHealthStatus の戻り値の型は、この関数が String を返すことを示している（図 4-8）。

```
private fun formatHealthStatus(healthPoints: Int, isBlessed: Boolean): String {
    ...
    return healthStatus
}
```

図4-8：関数の戻り値の型

関数本体

関数ヘッダの次に、関数本体を、波カッコで囲んで定義する。関数のアクションは、この本体で行われる。また、どんなデータを返すかを示す return 文も、（もしあれば）ここに入る。

この場合は、関数抽出のコマンドによって、healthStatus val の定義（コマンド実行時に選択していた部分のコード）が、formatHealthStatus 関数の本体に移されている。

その後に、return healthStatus という新しい行が追加されている。 return キーワードは、この関数が仕事を完了して出力データを返す準備ができたことをコンパイラに知らせる。ここでの出力データは healthStatus なので、この関数は healthStatus 変数の値を返すという意味になる。それは、この formatHealthStatus の定義にあるロジックによって選択された文字列だ。

関数のスコープ

healthStatus 変数の宣言と、それへの代入が、関数本体のなかにあり、その変数の値が関数本体の終わりで返されていることに注意しよう。

```
private fun formatHealthStatus(healthPoints: Int, isBlessed: Boolean): String {
    val healthStatus = when (healthPoints) {
        ...
    }
    return healthStatus
}
```

この healthStatus 変数は、**ローカル変数**(local variable)である。なぜなら、これは formatHealthStatus 関数の本文にだけ存在するからだ。別の言い方をすると、healthStatus 変数は、formatHealthStatus 関数の**スコープ**(scope)の中にだけ存在する。スコープは、変数の存続期間と考えてよい。

この変数は関数のスコープでしか存在しないので、healthStatus は、formatHealthStatus が完了すると、もう存在しなくなる。この関数は、healthStatus の値を呼び出し側に返すが、その値を格納していた変数は、いったん関数が完了したら失われてしまう。

同じことが関数のパラメータにも言える。healthPoints と isBlessed の変数は、関数本体のスコープ内に存在し、いったん関数が完了したら存在しなくなる。

第 2 章では、関数やクラスのローカル変数ではない**ファイルレベルの変数**(file-level variable)の例を見た(コンパイル時定数)。

```
const val MAX_EXPERIENCE: Int = 5000

fun main(args: Array<String>) {
    ...
}
```

ファイルレベルの変数は、そのプロジェクトのどこからでもアクセスすることができる(ただし、この宣言に可視性修飾子を追加して、可視性を変更することも可能だ)。この変数は定数なので、プログラムの実行が止まるまで、初期化された状態のままになる。

ローカル変数とファイルレベルの変数の違いによって、初期値が代入されるタイミング — つまり、いつ**初期化**(initialize)されるか — について、コンパイラが要求する条件が異なる。

ファイルレベルの変数は、定義したときに初期値を代入しないと、コンパイルできない(第 15 章で見るように、これには例外もある)。これによって、使おうとした変数に値がないというような、予期しない(そして望ましくない)振る舞いが防止される。

ローカル変数は、使える場所の制限が厳密なので(定義した関数のスコープでしか使えない)、コンパイラは、初期化のタイミングに関する条件を緩和してくれる。ローカル変数は、使う前に初期化されていれば良いのだ。したがって、次の書き方は有効である。

```
fun main(args: Array<String>) {
    val name: String
    name = "Madrigal"
    var healthPoints: Int
    healthPoints = 89
    healthPoints += 3
    ...
}
```

変数を参照する前に、値を代入しているので、コンパイラは、これを許してくれる。

4.3 関数を呼び出す

IntelliJ は、`formatHealthStatus` 関数を生成しただけでなく、抽出したコードの代わりに、1 行追加している。

```
fun main(args: Array<String>) {
    val name = "Madrigal"
    var healthPoints = 89
    var isBlessed = true
    ...
    val healthStatus = formatHealthStatus(healthPoints, isBlessed)
    ...
}
```

この行が**関数コール**（function call：関数呼び出し）だ。これをトリガとして、関数の本体で定義されたアクションが実行される。関数は、その名前によって呼び出すわけだが、もし関数ヘッダでパラメータが要求されていれば、それを満足させるためのデータも渡す。

`formatHealthStatus` 関数のヘッダと、それに対応する関数コールとを、比較してみよう。

```
formatHealthStatus(healthPoints: Int, isBlessed: Boolean): String // ヘッダ
formatHealthStatus(healthPoints, isBlessed)                       // コール
```

`formatHealthStatus` の定義は、前述した２個のパラメータを要求する。`formatHealthStatus` を呼び出すときは、丸カッコのなかに、その２つのパラメータに対応する入力を置く。これらの入力は**引数**（arguments）と呼ばれ、これらを関数に提供することを、**引数を渡す**（passing in arguments）と言う。

用語に関するメモ：厳密に言えば、パラメータは関数が要求するもので、引数は、関数を呼び出す側が、その要求を満たすために渡すものだが、この２つを厳密に区別しないで使うことも、よくある[1]。

---

[1] **訳注**：文献によってはパラメータを「仮引数」、引数（argument）を「実引数」と呼ぶこともある。

ここでは、関数定義の指定に従って、Int の healthPoints と、Boolean の isBlessed という2つの値を渡している。

ランボタンを押して NyetHack を実行すると、驚くなかれ、以前と同じ出力が現れる!

```
(Aura: GREEN) (Blessed: YES)
Madrigal has some minor wounds, but is healing quite quickly!
```

NyetHack のコードは、出力を変えることなしに組織化され、保守が容易になったのだ。

4.4 関数へのリファクタリング

引き続き、「関数への抽出」機能を使って、これまで main 関数で定義されていたロジックを別の関数に移していこう。まずは、オーラの色を決めるロジックのリファクタリングだ。オーラの可視性を定義する行から、出力する色を決めるために Bool 値をチェックする if/else の終わりまでのコードを、選択する。

```
...
// Aura
val auraVisible = isBlessed && healthPoints > 50 || isImmortal
val auraColor = if (auraVisible) "GREEN" else "NONE"
...
```

次に、Extract Function コマンドを使う。それには、選択したコードの上で [Control] クリック（右クリック）して、ドロップダウンから [Refactor] → [Extract] → [Function...] を選ぶ方法もあるし、メニューから [Refactor] → [Extract] → [Function...] を選択する方法もある。さらに、キーボードショートカットの [⌘] - [Option] - [M]（[Ctrl] - [Alt] - [M]）も使える。どの方法を選んでも、図 4–2 で見た [Extract Function] ダイアログが現れる。

今回は新しい関数名として auraColor を入力しよう（はやく結果のコードを見たいかもしれないが、もう 1 つ関数を抽出してから、ファイル全体を見よう）。

次に、プレイヤーの状態を出力するロジックを、新しい関数に抽出する。それには、main から次の 2 回の println 呼び出しを選択する。

```
    ...
    // Player status
    println("(Aura: $auraColor) " +
        "(Blessed: $if (isBlessed) "YES" else "NO")")
    println("$name $healthStatus")
    ...
```

これを printPlayerStatus という関数に抽出する。

Game.kt ファイルは、次のようになった。

```
fun main(args: Array<String>) {
    val name = "Madrigal"
    var healthPoints = 89
    var isBlessed = true
    val isImmortal = false

    // Aura
    val auraColor = auraColor(isBlessed, healthPoints, isImmortal)

    val healthStatus = formatHealthStatus(healthPoints, isBlessed)

    // Player status
    printPlayerStatus(auraColor, isBlessed, name, healthStatus)

}

private fun formatHealthStatus(healthPoints: Int, isBlessed: Boolean): String {
    val healthStatus = when (healthPoints) {
        100 -> "is in excellent condition!"
        in 90..99 -> "has a few scratches."
        in 75..89 -> if (isBlessed) {
            "has some minor wounds, but is healing quite quickly!"
        } else {
            "has some minor wounds."
        }
        in 15..74 -> "looks pretty hurt."
        else -> "is in awful condition!"
    }
    return healthStatus
}

private fun printPlayerStatus(auraColor: String,
                              isBlessed: Boolean,
                              name: String,
                              healthStatus: String) {
    println("(Aura: $auraColor) " +
            "(Blessed: $if (isBlessed) "YES" else "NO")")
    println("$name $healthStatus")
}

private fun auraColor(isBlessed: Boolean,
                      healthPoints: Int,
                      isImmortal: Boolean): String {
    val auraVisible = isBlessed && healthPoints > 50 || isImmortal
    val auraColor = if (auraVisible) "GREEN" else "NONE"
    return auraColor
}
```

ここでは printPlayerStatus と auraColor のヘッダを複数行に分けてある。これは読みやすくするためと、ページの幅におさめるためだ)[2]。

NyetHack を実行しよう。お馴染みとなった、Madrigal 君の状態とオーラの色が出力される。

```
(Aura: GREEN) (Blessed: YES)
Madrigal has some minor wounds, but is healing quite quickly!
```

4.5 関数を自作する

NyetHack のロジックを複数の関数で組織化できたので、いよいよ計画通り、新しい「ファイヤーボールの呪文」の実装に進むことができる。Game.kt の最後に、パラメータを受け取らない castFireball という関数を定義する。その可視性は、private にする。castFireball は return 文を持たないが、呪文を唱えた結果を出力する関数だ。

リスト4-1：castFireball 関数を追加する（Game.kt）

```
...
private fun auraColor(isBlessed: Boolean,
                      healthPoints: Int,
                      isImmortal: Boolean): String {
    val auraVisible = isBlessed && healthPoints > 50 || isImmortal
    val auraColor = if (auraVisible) "GREEN" else "NONE"
    return auraColor
}

private fun castFireball() {
    println("A glass of Fireball springs into existence.")
}
```

この castFireball を、main 関数の末尾で呼び出そう（castFireball はパラメータなしで定義したのだから、呼び出すときに引数を 1 つも渡す必要がない。だから、丸カッコのペアを空にする）。

リスト4-2：castFireball を呼び出す（Game.kt）

```
fun main(args: Array<String>) {
    ...
    // Player status
    printPlayerStatus(auraColor, isBlessed, name, healthStatus)

    castFireball()
}
...
```

[2] **訳注**：訳者がリファクタリングを実行した結果は、抽出した関数の並び順が、このリストと違っていたが、べつに問題はないはずだ。

NyetHackを実行して、新しい出力を鑑賞しよう。

```
(Aura: GREEN) (Blessed: YES)
Madrigal has some minor wounds, but is healing quite quickly!
A glass of Fireball springs into existence.
```

「グラス1杯のファイアボールが現れる」とは素晴らしいね。呪文は、うまくいったようだ。グラス1杯のファイアボールを持って乾杯といこうか[3]（いや、それは、この章を読み終わってからにしようね）。

ファイアボールは1杯でも素晴らしいが、もっとあれば宴会ができる。ぜひともプレイヤーが一度に複数の呪文を出せるようにしよう。

`castFireball` 関数を更新して、`numFireballs` という名前の `Int` 型パラメータを受け取るようにする。`castFireball` の呼び出しで、引数として5を渡す。最後に、出力するメッセージのなかでファイヤーボールの数を表示する。

リスト4-3：numFireballs パラメータを追加する（Game.kt）

```
fun main(args: Array<String>) {
    ...
    // Player status
    printPlayerStatus(auraColor, isBlessed, name, healthStatus)

    castFireball()
    castFireball(5)
}
...
private fun castFireball() {
private fun castFireball(numFireballs: Int) {
    println("A glass of Fireball springs into existence.")
    println("A glass of Fireball springs into existence. (x$numFireballs)")
}
```

もう一度、NyetHackを実行しよう。次の出力になるはずだ。

```
(Aura: GREEN) (Blessed: YES)
Madrigal has some minor wounds, but is healing quite quickly!
A glass of Fireball springs into existence. (x5)
```

パラメータのある関数には、呼び出し側が入力を引数として与えることができる。その入力は、関数のロジックに使うこともできるし、ここでの5という値のように、ただ文字列テンプレートで出力することも可能だ。

[3] **訳注**：fireballは火球だが、シナモンウィスキーになっている（https://fireballwhisky.com/）。ちなみに訳者は長く断酒しているので、このリキュールの味は知りません。

4.6 デフォルト引数

関数に渡すべき引数に「通常の」値があることもある。たとえば castFireball 関数で、ファイアボールをグラスに 5 杯というのは、ちょっと多すぎる。この呪文をかけるときは、たいがいグラスに 1 杯か 2 杯のファイヤーボールを出すのが普通なのだ。castFireball の呼び出しを、もっと効率よくするために、そのことを**デフォルト引数** (default argument) を使って指定できる。

第 2 章では、var に初期値を与えても、あとで別の値を代入できることを学んだ。それと同じように、パラメータにも、引数が指定されないときに使うデフォルト値を、パラメータに設定できる。numFireballs にデフォルト値を与えるように、castFireball 関数を更新しよう。

リスト4-4：numFireballs パラメータにデフォルト値を与える（Game.kt）

```
fun main(args: Array<String>) {
    ...
    // Player status
    printPlayerStatus(auraColor, isBlessed, name, healthStatus)

    castFireball(5)
}
...
private fun castFireball(numFireballs: Int) {
private fun castFireball(numFireballs: Int = 2) {
    println("A glass of Fireball springs into existence. (x$numFireballs)")
}
```

これによって、numFireballs の Int 型の値は、castFireball の呼び出しで他の引数が渡されなければ、デフォルトで 2 になる。main 関数を更新して、castFireball の呼び出しから Int の引数を削除しよう。

リスト4-5：castFireball のデフォルトの引き数値を使う（Game.kt）

```
fun main(args: Array<String>) {
    ...
    // Player status
    printPlayerStatus(auraColor, isBlessed, name, healthStatus)

    castFireball(5)
    castFireball()
}
...
```

もう一度、NyetHack を実行しよう。castFireball に引数を指定せずに、次の出力が得られる。

```
(Aura: GREEN) (Blessed: YES)
Madrigal has some minor wounds, but is healing quite quickly!
A glass of Fireball springs into existence. (x2)
```

numFireballs パラメータのために引数を渡さないので、定義した通り、2 というデフォルト値が、この関数の引数として使われている。

4.7 単一式関数

Kotlin には、たとえば castFireball や formatHealthStatus のように、ただ 1 個の式を持つだけの（評価すべき式が 1 個しかない）関数の定義に必要なコードの量を、少なくする仕組みがある。そういう**単一式関数**（single-expression function）では、戻り値の型も、波カッコも、return 文も省略できるのだ。castFireball と formatHealthStatus の関数に変更を加えて、次のようにしよう。

リスト4-6：オプションの単一式関数の構文を使う（Game.kt）

```
...
private fun formatHealthStatus(healthPoints: Int, isBlessed: Boolean): String {
    val healthStatus = when (healthPoints) {
private fun formatHealthStatus(healthPoints: Int, isBlessed: Boolean) =
        when (healthPoints) {
            100 -> "is in excellent condition!"
            in 90..99 -> "has a few scratches."
            in 75..89 -> if (isBlessed) {
                "has some minor wounds, but is healing quite quickly!"
            } else {
                "has some minor wounds."
            }
            in 15..74 -> "looks pretty hurt."
            else -> "is in awful condition!"
        }
    return healthStatus
}
...
private fun castFireball(numFireballs: Int = 2) {
private fun castFireball(numFireballs: Int = 2) =
    println("A glass of Fireball springs into existence. (x$numFireballs)")}
```

単一式関数の構文では、関数が実行すべき仕事を指定するのに、関数本体を使う代わりに、代入演算子（=）に続けて式を書く。

このオプションの構文では、実行時に評価される式が 1 個しかない関数の定義を、短く引き締めることができる。2 つ以上の式の結果が必要なときは、これまでに見てきた関数定義の構文を使おう。

ここから先は、もし可能な場合はコードを簡潔にするため、単一式関数の構文を使うことにする。

4.8 Unit 関数

すべての関数が値を返すわけではない。一部の関数は、値を返すことではなく、たとえば変数の状態を変更したり、システム出力を生成する他の関数を呼び出すような副作用を仕事にしている。プレイヤーの状態とオーラの表示コードについて考えてみよう。あるいは castFireball 関数でも良い。これらは戻り値の型を定義せず、return 文もない。ただ println を使って仕事をするのだ。

```
private fun castFireball(numFireballs: Int = 2) =
    println("A glass of Fireball springs into existence. (x$numFireballs)")
```

Kotlinでは、このような関数をUnit関数と呼ぶ。これは、戻り値の型がUnitであるという意味だ。castFireball関数の名前をクリックして、[Control] - [Shift] - [P]（[Ctrl] - [P]）を押そう。IntelliJが、その戻り値の型情報を表示してくれる（図4-9）。

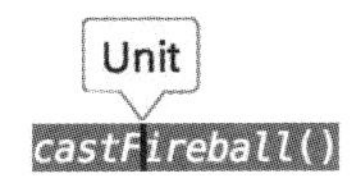

図4-9：castFireballはUnit関数である

Unitとは、どういう型なのだろう。KotlinではUnitという戻り値の型を、まさに「値を返さない関数」という意味で使う。returnキーワードを使わない関数の戻り値の型は、暗黙のうちにUnitとなる。

Kotlinが登場する前に、多くの言語が「何も返さない関数」を記述するという問題に直面してきた。ある種の言語は、キーワードvoidを採用した。つまり「戻り値の型は存在しない。該当しないので処理をスキップせよ」ということだ。実際、何も返されないのだから、表面的には、それで十分に思える。もし関数が何も返さないのなら、型はスキップすればよさそうだ。

残念ながら、このソリューションでは最近の言語で重要な機能の1つになっている「ジェネリクス」(generics）に対応できない。ジェネリクスは、非常に大きな柔軟性を可能にする新しいコンパイラ言語の機能だ。Kotlinでもジェネリクスで、多くの型を扱える関数を指定できるのだが、それについては第17章で語ろう。

だが、Unitとvoidと、ジェネリクスに、どんな関係があるのか。voidキーワードを使う言語には、何も返さないジェネリック関数を扱うのに便利な方法がないのだ。voidは型ではない。これは「型情報は無関係なのでスキップせよ」と言うだけだ。ジェネリック（総称的）に扱う方法がないのだから、これを使う言語は、「何も返さないジェネリック関数」を記述する機会を逸してしまうのだ。

この問題を解くために、Kotlinでは、戻り値の型としてUnitを使うようにしている。Unitならば、関数が何も返さないことを示すだけでなく、何らかの型を持つ必要があるジェネリック関数との互換性もある。いわば一石二鳥なので、KotlinはUnitを使うのだ。

4.9　名前付き引数

printPlayerStatus関数を呼び出すとき、そのパラメータに引数を渡している方法に注目しよう。

```
printPlayerStatus("NONE", true, "Madrigal", status)
```

同じ関数を、次のように呼び出すことも可能だ。

```
printPlayerStatus(auraColor = "NONE",
    isBlessed = true,
    name = "Madrigal",
    healthStatus = status)
```

後者は、**名前付き引数**（named arguments）の構文を使っている。これも関数に引数を渡す方法だが、場合によって、いくつもの利点が得られることがある。

まず、名前付き引数を使うと、関数に渡す引数を、どんな順番でも渡すことができる。たとえば printPlayerStatus を、次のように呼び出すことも可能だ。

```
printPlayerStatus(healthStatus = status,
    auraColor = "NONE",
    name = "Madrigal",
    isBlessed = true)
```

名前付き引数を使わない場合、関数のヘッダで定義された順序で引数を渡さなければならない。名前付き引数を使えば、関数ヘッダのパラメータ並びと関係のない順番で引数を渡せる。

名前付き引数の、もう1つの利点は、コードが明瞭になることだ。関数が多数の引数を要求する場合、どの引数が、どの関数パラメータの値を提供しているのか、紛らわしくなる。関数パラメータとして定義された名前と、引数として渡す変数の名前が一致していないときは、とりわけわかりにくい。名前付き引数には、それによって値を渡すパラメータと同じ名前が、必ず使われる。

この章では、コードのロジックをカプセル化するために関数を定義する方法を見た。関数によって、あなたのコードはきれいに整理され、組織化された。また、Kotlin の関数構文に組み込まれた便利な機能として、単一式関数の構文やデフォルト引数があり、これらを使えばコードの量を減らしながら、十分な記述ができることを学んだ。次の章では、Kotlin で利用できる別種の関数を学ぶ。それは無名関数だ。

なお、チャレンジに挑む前に、NyetHack をセーブしてコピーを作ることを忘れないように。

4.10 もっと知りたい？ Nothing 型

この章では、Unit 型について学び、Unit 型の関数が値を返さないことを覚えた。

もう1つ、Unit と関係のある型として、Nothing 型がある。Unit と同じく、Nothing も、関数が値を持たないことを示すのだが、似ているのは、そこまでだ。Nothing はコンパイラに、その関数が決して正常に完了しないと保証する。Nothing 型の関数は、例外をスローするか、何か他の理由で、決して呼び出し側に戻らないのだ。

Nothing 型は、何に使うのだろうか。Nothing の用例として TODO 関数がある。これは Kotlin 標準ライブラリに入っている。

シフトキーを2度叩き、［Search Everywhere］ダイアログで「TODO」とタイプして、この関数を見よう[4]。

```
/**
* Always throws [NotImplementedError] stating that operation is not implemented.
*/
public inline fun TODO(): Nothing = throw NotImplementedError()
```

TODO は例外をスローする。言い換えると、決して正常に完了しないことが保証されている。だから、この関数は Nothing 型を返すのだ。

TODO は、いつ使うのだろう。ヒントは、その名前にある。この関数は、まだ残っている「やるべき仕事」（to do）を、あなたに知らせるのだ。次の関数は、まだ実装されていないので、その代わりに TODO を呼び出している。

```
    fun shouldReturnAString(): String {
        TODO("implement the string building functionality here to return a string")
    }
```

開発者は、この shouldReturnAString 関数が、何かの String を返さなければならないことは知っているが、それを実装するのに必要な他の機能が、まだ完成していない。shouldReturnAString の戻り値の型が、 String なのに、この関数が実際に何かをリターンすることは絶対にない。それでも問題にならないのは、TODO の戻り値のおかげだ。

TODO の Nothing という戻り値の型は、コンパイラに対して、この関数が必ずエラーを起こすことを保証する。shouldReturnAString は、決してリターンしないのだから、関数本体で TODO の呼び出しから先について、コンパイラは戻り値の型をチェックする必要がない。それでコンパイラは満足し、開発者は、すべての詳細が完備するまで shouldReturnAString の実装を完了することなく、今後の開発を続行できる。

開発に便利な、Nothing の機能が、もう1つある。コードを TODO 関数の後に追加すると、コンパイラは「そのコードは到達不能（unreachable）ですよ」という警告を出してくれるのだ（図4–10）。

---

4 **訳注**：「TODO」という項目は、ほかにもクラスなど複数ある。TODO 関数のソースリストを見るには、Standard.kt ファイルの項目を選択する必要がある。なお、コードのコメントは、「演算が実装されていないことを示す［NotImplementedError］を、必ず送出します」という意味。

```
fun shouldReturnAString(): String {
    TODO()
    println("unreachable")
}
```

Unreachable code

図4-10：到達不能コード

コンパイラが、このように断定できるのは、Nothing 型のおかげである。TODO が成功して完了することは決してないのだから、TODO に続くすべてのコードは到達不能である。

4.11 もっと知りたい？ Java におけるファイルレベルの関数

これまでに書いた関数は、どれも Game.kt というファイルのレベルで定義したものだ。もしあなたが Java 開発者なら、これは驚くべきことかもしれない。Java では、関数も変数もクラスのなかでしか定義できないが、そのルールに Kotlin は従っていないのだ。

Kotlin のコードは、Java のバイトコードにコンパイルして JVM で実行できるというのに、どうしてそんなことが可能なのだろうか。Kotlin には、同じルールが通用しないのだろうか。Game.kt のバイトコードを Java に逆コンパイルすると、その謎が解ける。

```
public final class GameKt {
    public static final void main(...) {
        ...
    }

    private static final String formatHealthStatus(...) {
        ...
    }

    private static final void printPlayerStatus(...) {
        ...
    }

    private static final String auraColor(...) {
        ...
    }

    private static final void castFireball(...) {
        ...
    }

    // $FF: synthetic method
    // $FF: bridge method
    static void castFireball$default(...) {
        ...
    }
}
```

Kotlin で宣言したファイルレベルの関数は、Java では、宣言したファイルの名前に基づいたクラスの `static` メソッドとして表現される（**メソッド**（method）とは、Java 言語で「関数」のことだ）。この場合、`Game.kt` ファイルで定義された関数と変数は、Java では `GameKt` クラスで定義される。

クラスのなかで関数を宣言する方法は第 12 章で見ることになるが、クラスの外側で関数と変数を宣言できる Kotlin では、特定のクラス定義にしばられない、より柔軟な関数定義が可能である（ところで、`GameKt` にある `castFireball$default` メソッドが、いったい何なのか疑問に思われかもしれないが、これがデフォルト引数を実装する方法なのだ。これについては第 20 章で詳しく説明する）。

4.12　もっと知りたい？　関数の多重定義

あなたが定義した `castFireball` 関数には、`numFireballs` パラメータにデフォルト引数があるので、次の 2 種類の呼び出し方の、どちらでも使える。

```
castFireball()
castFireball(numFireballs)
```

このように、1 つの関数に複数の実装があると、関数が**多重定義されている**（overloaded）と言われる。ただし多重定義は、必ずしもデフォルト引数の結果ではない。同じ関数名を使う複数の実装を定義できるのだ。どういうものかを見るために、Kotlin REPL を開き（[Tools] → [Kotlin] → [Kotlin REPL]）、次の関数定義を入力しよう。

リスト4–7：関数の多重定義（REPL）

```
fun performCombat() {
    println("You see nothing to fight!")
}

fun performCombat(enemyName: String) {
    println("You begin fighting $enemyName.")
}

fun performCombat(enemyName: String, isBlessed: Boolean) {
    if (isBlessed) {
        println("You begin fighting $enemyName. You are blessed with 2X damage!")
    } else {
        println("You begin fighting $enemyName.")
    }
}
```

ここでは `performCombat` の実装を 3 つ定義している。どれも `Unit` 関数で、戻り値がない。1 つは引数を受け取らない。1 つは敵の名前を示す引数を 1 個受け取る。最後の 1 つは 2 個の引数を受け取る（敵の名前のほかに、プレイヤーが祝福されているかどうかを示す Bool 値を受け取る）。

これらの関数は、それぞれ異なるメッセージを、println 経由で生成する。

あなたが performCombat を呼び出したとき、実際どれを呼び出せばよいのかを、REPL は、どうやって知るのだろうか。REPL は、あなたが渡した引数を評価し、引数の数と型に一致する実装を見つけるのだ。REPL で、次のように、performCombat のそれぞれの実装を呼び出してみよう。

リスト4-8：多重定義された関数を呼び出す（REPL）

```
performCombat()
performCombat("Ulrich")
performCombat("Hildr", true)
```

すると、次のような出力が得られる。

```
You see nothing to fight!
You begin fighting Ulrich.
You begin fighting Hildr. You are blessed with 2X damage!
```

多重定義された関数の実装は、いくつ引数を提供したかによって選択されている。

4.13　もっと知りたい？　逆引用符で囲んだ関数名

Kotlin には、一見すると変な感じがするような機能がある。それは、名前に空白その他の例外的な文字を使っている関数でも、名前を逆引用符（`：backtick）で囲めば、定義したり、呼び出したりできるという能力だ。たとえば、次のような関数も定義できる[5]。

```
fun `**~prolly not a good idea!~**`() {
    ...
}
```

そうすれば、`**~prolly not a good idea!~**`を、次のように呼び出すことができる。

```
`**~prolly not a good idea!~**`()
```

なぜ、この機能が入っているのか。そもそも関数に `**~prolly not a good idea!~**`などという名前を付けるべきではないのだ（絵文字もだ。どうか逆引用符は、ひかえめに使って欲しい）。関数名に逆引用符を使うことには、もっと正当な理由がある。

第 1 の理由は、Java との相互運用性（interoperability）をサポートするためだ。Kotlin には、既存の Java コードを Kotlin のファイルのなかから呼び出す手段に関して、手厚いサポートがある

[5] **訳注**：prolly は、「probably」を崩して発音する訛りの表記で、ニューオーリンズの白人労働者階級のしゃべり方を真似たものだという。「たぶん名案じゃねえな!」という感じだろう。

(Java との相互運用性に関するさまざまな機能は、第 20 章で紹介しよう)。Kotlin と Java では**予約語**（reserved keywords）に違いがあるため、関数名として使うことが禁じられるワードがあるが、相互運用性が重要な場合には、関数名に逆引用符を使うことによって、衝突の可能性を回避できる。

たとえば、レガシーとして引き継いだ Java プロジェクトに、`is` という名前の Java メソッドがあるとしよう。

```
public static void is() {
    ...
}
```

Kotlin では、`is` は予約語である（Kotlin 標準ライブラリには、`is` 演算子が含まれている。第 14 章で説明するが、これを使って、インスタンスの型をチェックできる)。けれども Java では、`is` がメソッド名として有効である。Java 言語では `is` がキーワードではないからだ。それでも次のように逆引用符を使えば、Java のメソッドを Kotlin から呼び出すことができる。

```
fun doStuff() {
    `is`() // Java の`is`メソッドを Kotlin から呼び出す
}
```

この場合、逆引用符は、それがなければ名前のせいでアクセスできない Java メソッドとの相互運用性をサポートしている。

第 2 の理由は、ファイルをテストする目的で、より表現力の豊かな（普通の英語で詳細に記述できる）関数名をサポートするためだ。たとえば次のような関数名を使える。

```
fun `users should be signed out when they click logout`() {
    // Do test
}
```

このほうが、次のように書くよりも、表現力が高く、読みやすい。

```
fun usersShouldBeSignedOutWhenTheyClickLogout() {
    // Do test
}
```

逆引用符を使ってテスト関数に表現力豊かな名前を付けることは、「関数には小文字で始まるキャメルケースの名前を付ける」という標準規約に反する例外である。

4.14 チャレンジ！ 単一式関数

この章では、単一式関数の構文で、ただ 1 つの文を実行する関数を、より簡潔に書けることを学んだ。auraColor を、単一式関数の構文を使って書き直せるだろうか?

4.15 チャレンジ！ ファイヤーボールの酩酊レベル

ファイヤーボールの呪文は、ただメッセージをコンソールに出すだけではない。NyetHack のファイヤーボールは、強いというより旨いんだが、それでも術者を酔わせる効果がある。castFireball 関数が、ファイヤーボールを何杯出したかによって異なる「酩酊」(inebriation) の値を返すようにしよう。このゲームでの酩酊値は、1 から 50 までとする。50 が最高レベルの酔っ払いである。

4.16 チャレンジ！ 酩酊状態

1 つ前のチャレンジに続いて、castFireball から戻される酩酊値に基づく、プレイヤーの「酩酊状態」(inebriation status) を表示するようにしよう。酩酊状態は、次の表にしたがって表示すること。

酩酊レベル	酩酊状態	対訳
1-10	tipsy	ほろ酔い
11-20	sloshed	へべれけ
21-30	soused	へろへろ
31-40	stewed	ぐでんぐでん
41-50	..t0aSt3d	（表記不能）

第5章

無名関数と関数の型

前章では、Kotlin で関数に名前を付けて定義する方法と、名前によって関数を呼び出す方法を見た。この章では、名前を付けずに関数を定義するという、もう 1 つの方法を学ぶ。NyetHack プロジェクトは、しばらくお休みして、無名関数には Sandbox プロジェクトを使うけれど、ご心配なく。次の章では、また NyetHack を使う。

第 4 章で紹介したのは、**名前付き関数**（named functions）と呼ばれるものだ。名前なしで定義される、**無名関数**（anonymous functions：匿名関数）も、それに似ているが、主な違いが 2 つある。無名関数は、定義の一部として名前を持たない。そして、他の部分のコードと相互作用を行う方法にも、少し違いがあって、他の関数に渡すか、他の関数から返すのに使われることが多い。こうした相互作用は、この章で学ぶ**関数型**（function type）と**関数引数**（function arguments）によって可能になっている。

5.1　無名関数

無名関数は、Kotlin の本質的な部分である。その用途の 1 つは、Kotlin の標準ライブラリにある組み込み関数の働きを、ニーズに合わせて簡単にカスタマイズできるようにすることだ。無名関数を使えば、標準ライブラリ関数にルールを追加することによって、その振る舞いをカスタマイズできる。その例を見よう。

標準ライブラリには数多くの関数があるが、その 1 つが count だ。文字列に対して呼び出すと、count は、その文字列にある文字の総数を返す。次のコードは、「Mississippi」という文字列に含まれる文字を数える。

```
val numLetters = "Mississippi".count()
print(numLetters)
// 出力：11
```

ここでは count 関数の呼び出しに**ドット構文**（dot syntax）を使った。この構文は「型の定義の一部として含まれている関数」を呼び出すとき[1]、常に利用される。

けれども、「Mississippi」に含まれている特定の文字、たとえば「s」という文字が、いくつあるかを数えたいときは、どうすればいいだろうか。

この種の問題に対処するため、Kotlin標準ライブラリでは、あなたがcount関数にルールを提供することによって、ある文字を数えるかどうかを決められる。関数のためのルールは、引数として無名関数を提供することによって、次のように記述する。

```
val numLetters = "Mississippi".count({ letter ->
    letter == 's'
})
print(numLetters)
// 出力：4
```

ここでは、KotlinのStringに対するcount関数が、その文字列にある文字を数える方法を、無名関数を使って決めている。count関数は、文字を1つずつ調べ、もし無名関数が真と評価されたら、文字数のカウントを1つ増やす（インクリメントする）。そうして全部の文字を調べ終わったら、countは最終的な文字数を返す。

無名関数によって標準ライブラリは、「標準」とみなすには個別的すぎるような機能を含めることなく、優れたKotlinアプリケーションの構築基盤として最適な関数と型を提供できる。無名関数の、その他の用途についても、この章で後述する。

countの仕組みを理解するには、Kotlinの無名関数を自分で定義すると、細部が見えてくる。これから書くのは、「シムビレッジ」（SimVillage）という小規模なシミュレーションゲームで、プレイヤーは仮想的な村の村長（mayor）の役を演じることができる。

シムビレッジで最初に書く無名関数は、プレイヤーを村長として認める挨拶文を表示するものだ（なぜそれに無名関数を使うかというと、この章で後述するように、無名関数ならば、他の関数に渡すことが簡単にできるからだ）。

あなたのSandboxプロジェクトを開いて、SimVillage.ktという新しいファイルを作り、それにmain関数を与える（それには、前に行ったように、「main」とタイプしてから［Tab］キーを押す）。

main関数のなかで、無名関数を定義し、呼び出して、結果を表示する[2]。

リスト5-1：無名の挨拶関数を定義する（SimVillage.kt）

```
fun main(args: Array<String>) {
    println({
        val currentYear = 2018
```

[1] **訳注**：ドット構文は、具体的にはクラスのメンバ関数（メソッド）や拡張関数（エクステンション）の呼び出しに使うが、これらは、ずっと後に紹介される（クラスは第12章、エクステンションは第18章）。

[2] **訳注**：エディタで無名関数を定義した後、lambdaというヒントが自動的に表示されても、気にすることはない。この章で後ほど説明されるように、ラムダ（lambda）は、無名関数の別名なのだから。

```
        "Welcome to SimVillage, Mayor! (copyright $currentYear)"
    }())
}
```

文字列を書くときは、文字の並びを引用符で囲むのと同様に、関数を、式または文を波カッコのペアで囲むことによって書くことができる。ここでは、まず println の呼び出しを最初に書いている。その println の引数を囲む丸カッコのペアの中で、無名関数を、波カッコのペアの内側に定義する。この無名関数は、次のように、1 個の変数を定義し、挨拶文の文字列を返す。

```
{
    val currentYear = 2018
    "Welcome to SimVillage, Mayor! (copyright $currentYear)"
}
```

この無名関数を閉じる波カッコの後に、空の丸カッコのペアを置くことによって、この関数を呼び出す。もし無名関数の最後に丸カッコのペアを書かなければ、挨拶文は出力されない。名前付き関数と同じように、無名関数も、呼び出されたときにだけ仕事をする。丸カッコのペアの内側には、その関数が期待する数の引数を置くが、この場合は 1 個もない。

```
{
    val currentYear = 2018
    "Welcome to SimVillage, Mayor! (copyright $currentYear)"
}()
```

SimVillage.kt の main 関数を実行しよう。次の出力が得られるはずだ。

```
Welcome to SimVillage, Mayor! (copyright 2018)
```

関数型

第 2 章で、データには Int や String のような型があることを学んだ。無名関数にも型があって、それを**関数型**（function type）と呼ぶ。関数型の変数には、値として無名関数を格納でき、他の変数と同じように、関数をコードのなかで渡すことができる。

（関数型は、Function という名前の型ではない。ある関数に特有な事項を定義するのが関数型の宣言で、これは、その関数の入力、出力、パラメータの詳細に依存する。これも後で詳しく説明しよう）。

SimVillage.kt を更新して、関数を格納する変数を定義し、その変数に、挨拶文を表示する無名関数を格納しよう。ちょっと見慣れない構文も出てくるが、それについては、あなたがコードをタイプし終わってから説明したい。

リスト5-2：無名関数を変数に代入する（SimVillage.kt）

```
fun main(args: Array<String>) {
    println({
    val greetingFunction: () -> String = {
            val currentYear = 2018
            "Welcome to SimVillage, Mayor! (copyright $currentYear)"
    }
    })()
    println(greetingFunction())
}
```

変数は、その名前の後に 1 個のコロンと型を書いて宣言できる。ここで greetingFunction: () -> String と書いたのも、変数の宣言なのだ。: Int と書くのは、変数に格納できるデータの型（整数型）をコンパイラに知らせるためだが、関数型の: () -> String も、コンパイラに、変数が格納できる関数の型を知らせている。

関数型定義は、丸カッコで囲まれた関数パラメータと、その後の矢印（->）に続く、戻り値の型との、2 つの部分で構成される（図 5-1）。

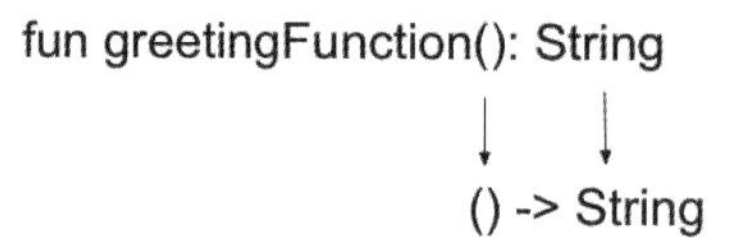

図5-1：関数型を定義する構文

greetingFunction という変数に指定した型宣言、つまり () -> String は、コンパイラに対して、（丸カッコが空なので）引数を受け取らないこと、String を返す関数ならば、どれでも greetingFunction 変数に代入できると知らせる。コンパイラは、変数の型宣言と同様に、変数に代入される（あるいは引数として渡される）関数が、必ず正しい型になるようにしてくれる。

main を実行しよう。出力は同じだ。

```
Welcome to SimVillage, Mayor! (copyright 2018)
```

暗黙の戻り値

さきほど定義した無名関数には return キーワードがないことに、気付かれただろうか。

```
val greetingFunction: () -> String = {
    val currentYear = 2018
    "Welcome to SimVillage, Mayor! (copyright $currentYear)"
}
```

指定された関数型によれば、この関数は String を返さなければならないのに、コンパイラは文句を言わなかった。そして出力を見ると、たしかに文字列が返されている。村長さんへの挨拶だ。それなのに、なぜ return キーワードがないのだろうか。

名前付き関数と違って、無名関数はデータを出力するのに return キーワードを必要としない。それどころか、特殊なケースを除けば、return キーワードを許さない。無名関数は、暗黙のうちに（あるいは自動的に）関数定義の最後の行を返すので、return キーワードを省略できるのだ。

無名関数の、この機能は、便利でもあり、無名関数の構文にとって必要でもある。無名関数で return キーワードが禁止されるのは、コンパイラから見て、無名関数を呼び出した関数の戻り値なのか、無名関数自身の戻り値なのかが、あいまいになるからだ。

関数の引数

名前付き関数と同じく、無名関数も、0 個または 1 個以上の任意の型の引数を受け取ることができる。無名関数のパラメータは、まず関数型定義で型が示され、さらに関数定義で名付けられる。

greetingFunction 変数の宣言を更新して、プレイヤーの名前を引数として受け取るようにしよう。

リスト5-3：playerName パラメータを、無名関数に追加する（SimVillage.kt）

```
fun main(args: Array<String>) {
    val greetingFunction: () -> String = {
    val greetingFunction: (String) -> String = { playerName ->
    val currentYear = 2018
        "Welcome to SimVillage, Mayor! (copyright $currentYear)"
        "Welcome to SimVillage, $playerName! (copyright $currentYear)"
    }
    println(greetingFunction())
    println(greetingFunction("Guyal"))
}
```

まず型定義で、この無名関数が 1 個の String を受け取ることを指定する。その文字列パラメータの名前を、関数の内側で、開き波カッコの直後に書き、名前の後に矢印を置く。

```
val greetingFunction: (String) -> String = { playerName ->
```

SimVillage.kt を、もう一度実行しよう。無名関数に渡した引数が、挨拶の文字列に追加される。

```
Welcome to SimVillage, Guyal! (copyright 2018)
```

count 関数を思い出そう。この関数が無名関数を受け取るには、(Char) -> Boolean という型の、predicate という名の引数を使う。predicate の関数型は、引数として Char を受け取り、Boolean を返すものだ。無名関数は、Kotlin 標準ライブラリの多くの実装に使われているので、その構文に親しんでおくと良い。

it キーワード

1 個だけ引数を受け取る無名関数を定義するときは、そのパラメータを名前で指定する代わりに、簡便な `it` キーワードを使える。ただ 1 つのパラメータを持つ無名関数では、`it` も、名前付きパラメータも、どちらも有効だ。

無名関数の最初にあるパラメータ名と矢印を削除して、代わりに `it` キーワードを使うように書き換えよう。

リスト5-4：it キーワードを使う（`SimVillage.kt`）

```
fun main(args: Array<String>) {
    val greetingFunction: (String) -> String = { playerName ->
    val greetingFunction: (String) -> String = {
        val currentYear = 2018
        "Welcome to SimVillage, $playerName! (copyright $currentYear)"
        "Welcome to SimVillage, $it! (copyright $currentYear)"
    }
    println(greetingFunction("Guyal"))
}
```

`SimVillage.kt` を実行すると、前と同じように動作することを確認できる。

`it` を使えば、変数に名前を付ける必要がないのは便利だが、`it` が表現するデータを記述する情報が減ってしまう。だから、もっと複雑な無名関数の定義や、ネストした無名関数（無名関数のなかの無名関数）を扱うときは、将来コードを読む人（あなた自身を含めて）の正気を保つために、あくまで名前付きパラメータを使うことを推奨する。その一方で、もっと短い式には `it` が適している。たとえば、前に見た `count` 関数なら、たとえ引数に名前がなくても、ロジックは明快だ。

```
"Mississippi".count( it == 's' )
```

複数の引数を受け取る

`it` の構文は、ただ 1 個の引数を取る無名関数では利用できるが、引数が 2 個以上あると `it` を使えない。けれども無名関数は、名前付き引数なら、たとえ複数あっても受け取ることができる。

そろそろシムビレッジに、村長に挨拶する以外のことをさせよう。村長は、たとえば村が成長しているかどうかを知る必要がある。無名関数を書き換えて、プレイヤーの名前だけでなく、`numBuildings` という引数も受け取るようにしよう。これは、建築された家や店の数を表すものだ。

リスト5-5：第 2 の引数を受け取る（`SimVillage.kt`）

```
fun main(args: Array<String>) {
    val greetingFunction: (String) -> String = {
    val greetingFunction: (String, Int) -> String = { playerName, numBuildings ->
```

```
        val currentYear = 2018
        println("Adding $numBuildings houses")
        "Welcome to SimVillage, $it! (copyright $currentYear)"
        "Welcome to SimVillage, $playerName! (copyright $currentYear)"
    }
    println(greetingFunction("Guyal"))
    println(greetingFunction("Guyal", 2))
}
```

式の中でplayerNameとnumBuildingsという2つのパラメータを宣言し、無名関数の呼び出しでは2つの引数を渡すようになった。1個以上のパラメータを定義しているので、もうitキーワードは使えない。

もう一度、SimVillageを実行しよう。今回は、挨拶の他に、建築された建物の数も表示される。

```
Adding 2 houses
Welcome to SimVillage, Guyal! (copyright 2018)
```

5.2 型推論のサポート

Kotlinの型推論のルールは、関数型についても、本書で前に紹介した型と、まったく同じである。つまり、もし変数の宣言時に値として無名関数が渡されるなら、その型の明示的な定義は必要ない。

したがって、いままで引数を取らない無名関数を、次のように書いていたが、

```
val greetingFunction: () -> String = {
    val currentYear = 2018
    "Welcome to SimVillage, Mayor! (copyright $currentYear)"
}
```

次のように、型を指定せずに書くこともできるのだ。

```
val greetingFunction = {
    val currentYear = 2018
    "Welcome to SimVillage, Mayor! (copyright $currentYear)"
}
```

型推論は、無名関数が1個以上の引数を受け取る場合も利用できるオプションだ。ただし、そういう無名関数の定義では、コンパイラが変数の型を推論しやすいように、それぞれのパラメータの名前と型を、両方とも提供しなければならない。

型推論を使うようにgreetingFunction変数を変更するため、無名関数の各パラメータに型を入れる。

リスト5-6：greetingFunction に型推論を使う（SimVillage.kt）

```
fun main() {
    val greetingFunction: (String, Int) -> String = { playerName, numBuildings ->
    val greetingFunction = { playerName: String, numBuildings: Int ->
        val currentYear = 2018
        println("Adding $numBuildings houses")
        "Welcome to SimVillage, $playerName! (copyright $currentYear)"
    }
    println(greetingFunction("Guyal", 2))
}
```

SimVillage.kt を実行して、前と同様に動作することを確認しよう。

型推論と、型があいまいな暗黙の戻り値を組み合わせると、無名関数が読みにくくなるかもしれない。ただし、無名関数が単純明快ならば、型推論を使うほうが、コードが簡潔になる。

5.3　「関数を受け取る関数」を定義する

これまで、標準ライブラリ関数の働きを、無名関数によってカスタマイズできることを見てきた。また、無名関数は、あなたが自分で書く関数でも使える。

ところで、これから先、私たちは無名関数を**ラムダ**（lambda）と呼び、その定義を**ラムダ式**と呼ぶことにしたい。さらに、無名関数が返すものは、**ラムダの結果**（lambda result）と呼ぶことにする。ラムダという呼び方は、この業界で一般に使われている（トリヴィア：なぜラムダ（ギリシア文字のλ）かというと、この用語は、もともと「ラムダ計算」(lambda calculus) を略したものだ。これは計算を表現する論理体系で、1930年代に数学者のアロンゾ・チャーチ（Alonzo Church）によって考案された。無名関数を定義するときには、ラムダ計算の記法を使うのだ）。

関数のパラメータは、「引数としての関数」を含めて、どんな型の引数でも受け取ることができる。関数型のパラメータは、他の型のパラメータと同じ方法で定義できる。つまり関数名の後に、丸カッコに入れて、型とともに列記する。その仕組みを見るために、これからシムビレッジに新しい関数を追加する。それは、建築された建物の数を乱数によって決めてから、ラムダを呼び出して挨拶文を表示するものだ。

追加するのは、2つの変数 playerName と greetingFunction を受け取る、runSimulation という関数だ。乱数を生成するためには、2つの標準ライブラリ関数を使う。そして最後に、新しい runSimulation 関数を呼び出す。

リスト5-7：runSimulation 関数を追加する（SimVillage.kt）

```
fun main(args: Array<String>) {
    val greetingFunction = { playerName: String, numBuildings: Int ->
        val currentYear = 2018
        println("Adding $numBuildings houses")
        "Welcome to SimVillage, $playerName! (copyright $currentYear)"
    }
    println(greetingFunction("Guyal", 2))
```

```
    runSimulation("Guyal", greetingFunction)
}

fun runSimulation(playerName: String, greetingFunction: (String, Int) -> String) {
    val numBuildings = (1..3).shuffled().last() // 1 か 2 か 3 をランダムに選択する
    println(greetingFunction(playerName, numBuildings))
}
```

runSimulation の 2 つのパラメータは、プレイヤーの名前と greetingFunction で、後者は String と Int を受け取って String を返す関数だ。runSimulation は乱数を生成して、greetingFunction として渡された関数を呼び出し、その関数に、自分が生成した数と、引数として受け取った playerName を渡す。

シムビレッジを、何度か実行しよう。建築された建物の数が変化するのは、runSimulation が生成した乱数を、挨拶表示の関数に渡している証拠だ。

略記の構文

関数が最後のパラメータで関数型を受け取るときは、そのラムダ引数を囲む丸カッコを省略できる。だから、先ほど見せた次の例なら、

```
"Mississippi".count( it == 's' )
```

のように丸カッコのペアを外して、次のように書くこともできる。

```
"Mississippi".count  it == 's'
```

後者の構文のほうが、より明快で読みやすく、関数呼び出しの必須成分に、より素早く到達できる。

この簡略化は、ラムダを最後の引数として関数に渡すときにだけ使える構文だ。関数を書くとき、関数型を最後のパラメータとして宣言すれば、あなたの関数の呼び出しで、このパターンを利用できる。

シムビレッジで、この略記法を利用できるのは、あなたが定義している runSimulation 関数だ。runSimulation が期待する引数は、1 個の文字列と 1 個の関数なので、runSimulation には、関数以外の引数を丸カッコに入れて渡し、それから最後の引数、つまり関数を、丸カッコの外に並べる。

リスト5-8：ラムダを略記の構文で渡す（SimVillage.kt）

```
fun main(args: Array<String>) {
    val greetingFunction = { playerName: String, numBuildings: Int ->
    runSimulation("Guyal") { playerName, numBuildings ->
        val currentYear = 2018
```

```
        println("Adding $numBuildings houses")
        "Welcome to SimVillage, $playerName! (copyright $currentYear)"
    }
    runSimulation("Guyal", greetingFunction)
}

fun runSimulation(playerName: String, greetingFunction: (String, Int) -> String) {
    val numBuildings = (1..3).shuffled().last() // 1 か 2 か 3 をランダムに選択する
    println(greetingFunction(playerName, numBuildings))
}
```

`runSimulation` の実装では、何も変えていない。すべての変更は、呼び出し側にある。もうラムダを変数に代入せず、`runSimulation` に直接渡しているので、ラムダの中でパラメータの型を列記する必要が、なくなっている。

この略記の構文を使うと、より簡潔なコードを書けるので、本書でも適切な場所で活用する。

5.4 関数のインライン化

ラムダが有益なのは、プログラムの書き方に高度な柔軟性が得られるからだ。ただし、その柔軟性にはコストがかかる。

ラムダを 1 つ定義すると、それは JVM 上で、1 個のオブジェクトインスタンスとして表現される。また JVM は、そのラムダが利用できる全部の変数についてメモリ割り当てを実行するので、この振る舞いにはメモリのコストも付随する。その結果、ラムダによるメモリのオーバーヘッドが加わり、その結果として性能に影響がおよぶ可能性もある。そういう、性能に対する影響は、避けるべきものだ。

幸い、ラムダを他の関数への引数として使うときは、そのオーバーヘッドをなくすことのできるオプションがある。それが**インライン化**（inlining）だ。インライン化すると、JVM がオブジェクトインスタンスを使う必要がなくなり、ラムダのために変数メモリの割り当てを行う必要もなくなる。

ラムダをインライン化するには、ラムダを受け取る関数に、`inline` キーワードでマークを付ける。`runSimulation` 関数に、`inline` キーワードを追加しよう。

リスト5-9：inline キーワードを使う（`SimVillage.kt`）

```
...

inline fun runSimulation(playerName: String,
                         greetingFunction: (String, Int) -> String) {
    val numBuildings = (1..3).shuffled().last() // 1 か 2 か 3 をランダムに選択する
    println(greetingFunction(playerName, numBuildings))
}
```

こうして `inline` キーワードを追加すると、コンパイラは、ラムダのオブジェクトインスタンスで `runSimulation` を呼び出す代わりに、呼び出しを行う場所に関数本体を「コピー&ペースト」する。 `SimVillage.kt` の `main` 関数の Kotlin バイトコードを逆コンパイルしたリストで、（いまはインライン化された）runSimulation 関数の呼び出しを見よう。

```
...
public static final void main(@NotNull String [] args) {
Intrinsics.checkParameterIsNotNull(args, "args");
String playerName$iv = "Guyal";
byte var2 = 1;
int numBuildings$iv =
    ((Number)CollectionsKt.last(CollectionsKt.shuffled((Iterable)
    (new IntRange(var2, 3))))).intValue();
int currentYear = 2018;
String var7 = "Adding " + numBuildings$iv + " houses";
System.out.println(var7);
String var10 = "Welcome to SimVillage, " + playerName$iv + "!
    (copyright " + currentYear + ')';
System.out.println(var10);
}
...
```

ここでは runSimulation を呼び出す代わりに、runSimulation がラムダで行うはずの仕事が main 関数の中に直接インライン化されているので、ラムダを渡す必要が、まったくない（このため、新しいオブジェクトインスタンスも不要となっている）。

ラムダを引数として受け取る関数を、inline キーワードでマークするのは、一般に良い考えだ。けれども、いくつかの限定された状況では、それが不可能である。インライン化が許されない状況の 1 つは、たとえばラムダを受け取るのが再帰関数の場合だ。そういう関数をインライン化すると、結果として関数本体のコピー&ペーストが無限ループのように繰り返される。もしルールに反して関数をインライン化しようとしたら、コンパイラが警告を発するだろう。

5.5 関数リファレンス

これまでは、他の関数への引数として関数を提供する方法として、ラムダを定義してきたが、他にも**関数リファレンス**（function reference）を渡すという方法がある。関数リファレンスは、名前付き関数（fun キーワードを使って定義した関数）を、引数として渡せる値に変換するのだ。関数リファレンスは、ラムダ式を使える場所なら、どこでも使うことができる。

関数リファレンスを見るために、まず新しい関数、printConstructionCost を定義しよう。

リスト5-10：printConstructionCost 関数を定義する（SimVillage.kt）

```
...
inline fun runSimulation(playerName: String,
                         greetingFunction: (String, Int) -> String) {
    val numBuildings = (1..3).shuffled().last() // 1 か 2 か 3 をランダムに選択する
    println(greetingFunction(playerName, numBuildings))
}

fun printConstructionCost(numBuildings: Int) {
```

```
    val cost = 500
    println("construction cost: ${cost * numBuildings}")
}
```

次に、costPrinterという関数パラメータをrunSimulationに追加し、その値をrunSimulationの中で使って、建物の建築コストを出力する。

リスト5-11：costPrinter パラメータを追加する（SimVillage.kt）

```
...
inline fun runSimulation(playerName: String,
                         costPrinter: (Int) -> Unit,
                         greetingFunction: (String, Int) -> String) {
    val numBuildings = (1..3).shuffled().last() // 1か2か3をランダムに選択する
    costPrinter(numBuildings)
    println(greetingFunction(playerName, numBuildings))
}

fun printConstructionCost(numBuildings: Int) {
    val cost = 500
    println("construction cost: ${cost * numBuildings}")
}
```

関数リファレンスを取得するには、::演算子の後に、リファレンスを得たい関数の名前を書く。printConstructionCost関数の関数リファレンスを取得して、そのリファレンスを、runSimulationに定義した新しいcostPrinterパラメータのための引数として渡す。

リスト5-12：関数リファレンスを渡す（SimVillage.kt）

```
fun main(args: Array<String>) {
    runSimulation("Guyal") { playerName, numBuildings ->
    runSimulation("Guyal", ::printConstructionCost) { playerName, numBuildings ->
        val currentYear = 2018
        println("Adding $numBuildings houses")
        "Welcome to SimVillage, $playerName! (copyright $currentYear)"
    }
}
...
```

SimVillage.ktを実行しよう。建築された建物の数に加えて、建築コストの総額も出力される。

関数リファレンスは、ある種の状況で便利なものだ。「関数引数を要求するパラメータ」というニーズに合った名前付き関数があれば、ラムダを定義する代わりに、その関数のリファレンスを使える。また、Kotlin標準ライブラリの関数を、関数への引数として使いたいこともあるだろう。関数リファレンスの、この２つの使い方については、第９章で、もっと例をあげることにする。

5.6　戻り値の型としての関数型

他のあらゆる型と同じように、関数型も、戻り値として有効である。つまり、関数を返す関数を定義することができる。

あとでシムビレッジで使うために、`configureGreetingFunction` 関数を定義しよう。これは、`greetingFunction` 関数に格納されているラムダのために引数を構築し、ラムダを生成し、生成したラムダを返す関数だ。

リスト5-13：configureGreetingFunction 関数を追加する（`SimVillage.kt`）

```
fun main(args: Array<String>) {
    runSimulation("Guyal", ::printConStructionCost) { playerName, numBuildings ->
        val currentYear = 2018
        println("Adding $numBuildings houses")
        "Welcome to SimVillage, $playerName! (copyright $currentYear)"
    }
    runSimulation()
    }

inline fun runSimulation(playerName: String,
                         costPrinter: (Int) -> Unit,
                         greetingFunction: (String, Int) -> String) {
    val numBuildings = (1..3).shuffled().last() // 1 か 2 か 3 をランダムに選択する
    costPrinter(numBuildings)
    println(greetingFunction(playerName, numBuildings))
fun runSimulation() {
    val greetingFunction = configureGreetingFunction()
    println(greetingFunction("Guyal"))
}

fun configureGreetingFunction(): (String) -> String {
    val structureType = "hospitals"
    var numBuildings = 5
    return { playerName: String ->
        val currentYear = 2018
        numBuildings += 1
        println("Adding $numBuildings $structureType")
        "Welcome to SimVillage, $playerName! (copyright $currentYear)"
    }
}
```

`configureGreetingFunction` は、一種の「関数ファクトリー」と考えられる。つまり、他の関数を組み立てる関数だ。必要な変数を宣言し、それらを組み立ててラムダを作ったら、そのラムダを呼び出し側（`runSimulation`）に返す。

再び `SimVillage.kt` を実行すると、建築された病院の数が、インクリメントされて表示される。

```
Adding 6 hospitals
Welcome to SimVillage, Guyal! (copyright 2018)
```

numBuildings と structureType という２つのローカル変数は、どちらも定義は外側の、ラムダを返す configureGreetingFunction 関数にあるが、実際に使っているのは内側のラムダである。これが可能なのは、Kotlin のラムダが、いわゆる**クロージャ**だからだ。クロージャは、それを定義した外側のスコープにある変数を閉じ込めて存続させる働きをする。クロージャについて、さらに学びたい人は、次にある「もっと知りたい？　Kotlin のラムダはクロージャ」というセクションを読んでいただきたい。

他の関数を受け取るか、あるいは返す関数を、ときに**高階関数**（higher-order function）と呼ぶことがある。この用語も、ラムダという言葉も、同じ数学の領域から借りたものだ。広範囲に高階関数を使うスタイルのプログラミングを**関数型プログラミング**（functional prohramming）と呼ぶが、それについては第 19 章で紹介する。

この章では、Kotlin の標準ライブラリ関数をカスタマイズするのに使われるラムダ（無名関数）の使い方を学び、ラムダを自分で定義する方法も学んだ。また、関数の振る舞いが、Kotlin の他の型と、どのように共通するのかを覚え、あなたが定義する関数の引数や戻り値として、他の関数を使う方法も学んだ。

次の章では、Kotlin がプログラミングミスを防止するために実施している、型システムの「null 許容度」（nullability）について学ぶ。そこでは再び NyetHack に戻り、ゲームでタバーン（tavern：宿屋を兼ねている居酒屋）の建築を始める。

5.7　もっと知りたい？　Kotlin のラムダはクロージャ

Kotlin では、無名関数が、そのスコープの外側で定義された変数を、参照し、変更することができる。つまり、無名関数は、それを作成したスコープで定義された変数へのリファレンスを持つ。その例は、さきほど configureGreetingFunction 関数で見た。

無名関数の、この属性を示すため、runSimulation 関数を更新して、configureGreetingFunction から返された関数を複数回コールするようにしよう。

リスト5-14：runSimulation から println を２回呼び出す（SimVillage.kt）

```
...

fun runSimulation() {
    val greetingFunction = configureGreetingFunction()
    println(greetingFunction("Guyal"))
    println(greetingFunction("Guyal"))
}
...
```

もう一度シムビレッジを実行すると、次の出力が得られる。

```
building 6 hospitals
Welcome to SimVillage, Guyal! (copyright 2018)
building 7 hospitals
```

```
Welcome to SimVillage, Guyal! (copyright 2018)
```

numBuildings 変数は、無名関数の外側で定義されているのに、無名関数は、その変数をアクセスして変更できる。ゆえに、numBuildings の値が 6 から 7 にインクリメントされている。

5.8　もっと知りたい？　ラムダ vs 無名内部クラス

これまで関数型を使っていなかった読者は、どうして自分のプログラムで使う必要があるのか、と思っているかもしれない。私たちの答えは、関数型なら、より少ないボイラープレート（決まり切った書式）で、より大きな柔軟性を得られるから、というものだ。関数型を提供しない、たとえば Java 8 のような言語について検討してみよう。

Java 8 には、オブジェクト指向プログラミングとラムダ式のサポートが含まれているが、関数を「関数へのパラメータ」あるいは変数として定義する能力を持たない。その代わり、Java には「無名内部クラス」（anonymous inner class）がある。これは、他のクラスの内部で定義される名前のないクラス（匿名クラス）で、1 個のメソッド定義を実装する。無名内部クラスは、ラムダのように、インスタンスとして渡すことができる。たとえば Java 8 で、1 個のメソッドの定義を渡したければ、次のように書ける。

```
Greeting greeting = (playerName, numBuildings) -> {
    int currentYear = 2018;
    System.out.println("Adding " + numBuildings + " houses");
    return "Welcome to SimVillage, " + playerName +
            "! (copyright " + currentYear + ")";
};
public interface Greeting {
    String greet(String playerName, int numBuildings);
}

greeting.greet("Guyal", 6);
```

これも表面的には、Kotlin が提供する「ラムダ式を渡す能力」と、ほとんど等価なものに見える。けれども、もっと深く探ると、Java では、ラムダが定義する関数を表現するのに、インターフェイスまたはクラスの名前付き定義が必要である（たとえ、そういう型のインスタンスが、Kotlin で可能なものと、ほとんど同じ略記で書かれているように見えても!）。あなたがインターフェイス定義なしに、ただ単純に関数を渡したいとき、この簡潔な構文を Java がサポートしないことが判明するだろう。

たとえば、Java の Runnable インターフェイスを見ていただきたい。

```
public interface Runnable {
    public abstract void run();
}
```

この、Java 8のラムダ宣言には、インターフェイス定義が必要である。Kotlinでは、1個の抽象メソッドを記述するのに、こういう手間は要らない。Kotlinでは、次のように書くことができる(機能的にはJavaのコードと等価だ)。

```
qfun runMyRunnable(runnable: () -> Unit) = { runnable() }
runMyRunnable { println("hey now") }
```

この簡潔な構文と、この章で学んだ他の機能を（つまり、暗黙のリターンや、`it`キーワードや、クロージャの振る舞いを）組み合わせると、1個のメソッドを実装するのに、いちいち内部クラスを定義する手間と比べて、かなりの改善が得られる。

関数を「一級の市民」（first-class citizen）に加えることでKotlinが提供した柔軟性により、あなたの時間は、冗長なボイラープレートを書く仕事から解放され、もっと価値のある作業（たとえば、あなたの作品を完成させること）に費やせるようになっている。

第6章

null安全と例外

null は、var または val に値が存在しないことを示す特別な値だ。多くのプログラミング言語では（Java でも）null がクラッシュの原因となることが多い。存在しない値に、何かをさせることは、そもそも不可能だからだ。Kotlin では、var または val に、もし値として null を許容させたければ特別な宣言が必要なので、この種のクラッシュを予防することになる。

この章で学ぶのは、null がクラッシュを起こす理由、Kotlin がコンパイル時に null を防ぐデフォルト機構、そして null を必要とする場合に「null 許容の値」（nullable value）を安全に扱う Kotlin の方法だ。また、いわゆる**例外**（exception）を Kotlin で処理する方法も学ぶ。例外は、プログラムのなかで、何かがうまくいっていないことを知らせるものだ。

これらの問題を実例で見るために、NyetHack プロジェクトを更新する。このゲームに、ユーザー入力を受け付ける「タバーン」を追加し、口の奢った顧客が求める凝った飲み物の注文に応えられるようにしよう。また、危険な「ソードジャグリング」（sword juggling）[1]の機能も追加する。

6.1 null 許容度（nullability）

Kotlin の要素には、null の値を代入できるものと、できないものがある。前者を **null 許容**（nullable）、後者を **null 非許容**（non-nullable）と形容して、区別する。たとえば NyetHack で、プレイヤーが乗るウマ（steed）を管理する変数が欲しければ、それは null 許容にすべきだろう。どのプレイヤーもウマに乗るとは限らないからだ。一方、プレイヤーのヘルスポイント（HP）を表す変数は、null にしたくない。どのプレイヤーにも、必ず HP の値があるはずで、HP が存在しないのは不合理だ。値は 0 になるかもしれないが、0 は null と同じではない。null とは、どんな値も存在しないことだ。

では、NyetHack プロジェクトを開いて、新しく Tavern.kt というファイルを作ろう[2]。これにも、コードの実行を開始する main 関数を追加する。

---

[1] **訳注**：複数の刀剣を次々に手で空中に投げて見せる、トスジャグリングの一種。

[2] **訳注**：［src］を右クリックして、［New］→［Kotlin File/Class］を選択する。

ユーザーからカスタムドリンクの注文を受けられるように、タバーンを新規開店する前に、まずは実験しよう。mainの中で、最初はvarへの普通の代入を行い、その次に、その変数の値としてnullを代入してみる。

リスト6-1：varの値としてnullを代入する（Tavern.kt）

```
fun main(args: Array<String>) {
    var signatureDrink = "Buttered Ale"
    signatureDrink = null
}
```

このコードを実行する前から、IntelliJは赤いアンダーラインや電球のアイコンで、何かが間違っていることを警告する。それでも実行しよう。すると、次のように表示される。

```
Null can not be a value of a non-null type String
（null は、非 null な String 型の値にできません）
```

Kotlinが、signatureDrink変数に対するnullの代入を防ぐのは、それが「非null」（non-null）な型（String）だからだ。非nullな型とは、nullの代入をサポートしない型という意味だ。signatureDrinkの現在の定義は、その値が決してnullにならず、必ず文字列になることを保証している。

もしあなたが、以前にJavaを使っていたら、この振る舞いが、それとは違っていることに気がついたかもしれない。Javaでは、たとえば次のようなコーディングが許される。

```
String signatureDrink = "Buttered Ale";
signatureDrink = null;
```

signatureDrinkの新しい値として、nullを代入するのは、Javaでは問題ないようだ。けれども、もしJavaで、nullの値を持つsignatureDrinkに文字列を連結しようとしたら、いったいどうなるだろうか。

```
String signatureDrink = "Buttered Ale";
signatureDrink = null;
signatureDrink = signatureDrink + ", large";
```

このコードは、NullPointerExceptionという例外を起こし、そのせいでプログラムはクラッシュする。

このJavaコードがクラッシュするのは、存在しないStringに対して、文字列の連結処理を求めたからだ。これは実行不可能な要求だ（もしあなたが、どうしてnullの値が、空文字列と違うのかと、疑問に思っていたとしても、このサンプルでわかったと思う。nullという値は、その変数が存在しないことを意味する。空文字列は、変数が存在して""という値を持つことを意味するから、" large"との連結は簡単なことだ)。

Javaも、その他の多くのプログラミング言語も、次のような擬似コードの文を、本当にサポートする。「存在しない文字列よ、文字列の連結をやってくれ」。それらの言語では、どんな変数の値もnullにできる(ただしプリミティブは例外だが、Kotlinはプリミティブをサポートしない)。どんな型にもnullを許容する言語では、nullポインタ例外(NullPointerException)が、アプリケーションをクラッシュさせる一般的な原因となる。

Kotlinは、この「null問題」について反対の立場だ。変数には(それに反する指定がない限り)、nullの値を代入できない。そうすることで、「存在しない君、これをやってくれ」という問題があっても、実行時にクラッシュするのではなく、コンパイル時に防御できるのだ。

6.2 Kotlinの明示的なnull許容型

いま見たようなNullPointerExceptionは、コストを惜しまずに防止すべきものだ。Kotlinは、null非許容型の変数にnullの値を代入することを防止する。とはいえ、Kotlinにもnullが存在する余地は残されている。

その例を、readLineという関数のヘッダから示そう。このreadLineは、コンソールからユーザー入力を受け取って、あとで使えるように、それを返す。

```
public fun readLine(): String?
```

readLineのヘッダは、これまでに見たものと似ているが、1つ違いがある。戻り値の型が、String?なのだ。この疑問符は、「その型のnull許容バージョン」を表す。つまり、readLineは、String型の値を返すか、あるいはnullを返すのだ。

さきほど行ったsignatureDrinkの実験を削除して、readLineの呼び出しを追加しよう。readLineから返された値をbeverageに保存して、それを出力する。

リスト6-2:nullを許容する変数の宣言(Tavern.kt)

```
fun main(args: Array<String>) {
    var signatureDrink = "Buttered Ale"
    signatureDrink = null
    var beverage = readLine()

    println(beverage)
}
```

Tavern.ktを実行しよう。最初は何も起こらないが、それは、あなたの入力を待っているからだ。コンソールをクリックして、何か好みの飲み物(beverage)をタイプしてから[Return]キーを押すと、あなたが入力したものが、コンソールにエコーバックされる。

では、飲み物の値を入れず、ただ[Return]キーを押したら、どうなるだろう? beverageにnullの値が代入されるのだろうか? いや、その場合は空文字列の値が、この変数に代入され、空文字列がエコーバックされる。

String?型の変数には、文字列または null の値を格納できることを思い出そう。ということは、beverage に null の値を代入しても、コンパイルできるはずだ。やってみよう。

リスト6–3：値を持つ変数に null を代入する（Tavern.kt）

```
fun main(args: Array<String>) {
    var beverage = readLine()
    beverage = null

    println(beverage)
}
```

Tavern.kt を実行して、前のように、好きな飲み物を入力する。今度は、何を入力しても、コンソールに null と出力されるだろう。飲み物は出てこないが、エラーも出てこない。

先に進む前に、タバーンが顧客に飲み物を出すサービスを復元するため、null を代入する行をコメントアウトしておこう。IntelliJ には、コード を 1 行コメントアウトするためのショートカットがある。その行のどこかをクリックして、[⌘] - [/]　([Ctrl] - [/]) を押せば良い。この行を削除する代わりに、ただコメントアウトすることで、beverage の null 許容度をトグル切り替えできる便利なスイッチが得られる（同じキーを使って、コメントを復旧できる）。こうすれば、この章で説明する各種の「null の扱い方」を、あれこれ試すのが簡単になる。

リスト6–4：サービスを復元する（Tavern.kt）

```
fun main(args: Array<String>) {
    var beverage = readLine()
    beverage = null
//      beverage = null

    println(beverage)
}
```

6.3　コンパイル時か、実行時か

Kotlin は**コンパイラ言語**（compiled language：コンパイルされる言語）である。これは、プログラムが実行される前に、コンパイラと呼ばれる特別なプログラムによって、機械語の命令に翻訳されるという意味だ。このステップでコンパイラは、命令を生成する前に、あなたのコードが、ある種の条件を満たしていることを確認する。たとえばコンパイラは、null 許容型に null が代入されたかどうかをチェックする。すでに見たように、もし null を、null 非許容型に代入しようとしたら、Kotlin は、そのプログラムのコンパイルを拒否する。

コンパイル時にキャッチされるエラーは、**コンパイル時エラー**（compile-time error）と呼ばれる。これは、Kotlin を使う利点の 1 つだ。エラーが利点だというのは、おかしいと思われるかもしれないが、開発中に — つまり他の人たちが、あなたのプログラムを実行して、間違いを指摘する

よりも前に — コンパイラがエラーをチェックしてくれるのだから、問題を突き止めるのが、ずっと容易になる。

いっぽう、**実行時エラー**（runtime error）は、プログラムがコンパイルされ、実行されているときに発生する。つまりコンパイラは、その間違いを発見できなかったのだ。たとえばJavaには、null許容型と非許容型の区別がないので、Javaコンパイラは、`null`の値を持つ変数に何かをやらせようとしても、その問題点を指摘できない。そのようなコードは、Javaでは問題なくコンパイルされるが、実行時にクラッシュするだろう。

一般に、コンパイル時のエラーは、実行時のエラーよりも好ましい。あなたがまだコードを書いている段階で問題を見つける方が、あとで問題が見つかるよりも良い。あなたがプログラムをリリースした後に問題が見つかるのは、最悪というものだ。

6.4 null 安全

Kotlinではnull許容型と非許容型が区別されるので、コンパイラは、null許容型として定義された変数が存在しないかもしれないときに何かを指令するのが、危険性のある状況だと認識する。こういった危険から守るために、Kotlinは、null許容型として定義された値に対して関数を呼び出すことを（その「危ない状況」について、あなたが責任を負わない限り）防止する。

それが実際にはどういうものかを見るために、`beverage`変数に対して関数を呼び出してみよう。このタバーンは、ちょっと気取った店で、すべての飲み物の綴りを大文字から始めないといけない。このキャピタライズ処理を飲み物に施すため、`beverage`に対して`capitalize`を呼び出してみる（その他の`String`関数は、第7章で見る）。

リスト6-5：null許容型の変数を使う（`Tavern.kt`）

```
fun main(args: Array<String>) {
    ~~var beverage = readLine()~~
    var beverage = readLine().capitalize()
//     beverage = null

    println(beverage)
}
```

`Tavern.kt`を実行しよう。このコードが実行された結果として、あなたが注文した飲み物が、気取ったキャピタライズバージョンで表示されるだろうか。ところが期待に反して、次のコンパイルエラーが表示される。

```
Only safe (?.) or non-null asserted (!!.) calls
are allowed on a nullable receiver of type String?
（String?型の null 許容レシーバに対して許されるのは、
 セーフコールの?. か、非 null を表明する!!. コールだけです）
```

Kotlinが`capitalize`関数の呼び出しを許さなかったのは、`beverage`が`null`になる可能性に、あなたが対処していなかったからだ。たとえbeverageの宣言時にコンソール経由で非nullの値を代入していても、型はnull許容のままである。Kotlinは、実行時にエラーを起こす可能性から、あなたをコンパイル時に守った。それができたのは、null許容型についてのコーディングミスを、コンパイラが認識したからだ。

もしかしたら、いまあなたは、こう考えているかもしれない「それで、nullになる可能性に対処するには、どうすればいいのだ。飲み物の名前をキャピタライズする大事な処理が待っているのに」。Kotlinでnull許容型を安全に扱う方法は、いくつかある。もう少し先で、それら3つのオプション（選択肢）と追加情報を示そう。

けれども、まずはオプションの0番。もし可能ならば、null非許容な型を使うべきなのだ。nullを許容しない型なら、関数を呼び出せる値を持つことが保証されるから、話が簡単になる。だから、まずこう考えよう。「ここには本当にnull許容型が必要なのだろうか？　null非許容型で十分ではないのか?」要するに、nullが不要なケースも多いのだ。そして、もしnullが不要ならば、避けるのがもっとも安全である。

オプション1：セーフコール演算子

ときには、null許容型以外は使えない状況もある。たとえば、あなたが管理していないコードに変数を使う場合、そのコードがnullを返さないと確信することができない。そのようなケースで、第1の選択肢は、関数呼び出しにセーフコール演算子（?.：safe call operator）を使うことだ。Tavern.ktで、それを試してみよう。

リスト6-6：セーフコール演算子を使う（Tavern.kt）

```
fun main(args: Array<String>) {
    var beverage = readLine().capitalize()
    var beverage = readLine()?.capitalize()
    // beverage = null

    println(beverage)
}
```

これなら、Kotlinのコンパイルエラーにならない。セーフコール演算子に遭遇すると、コンパイラは、nullの値をチェックする必要を認識する。もしnullを見つけたら、呼び出しをスキップする。nullを返すのではなく、ただ評価しないことにするのだ。ここでは、もしbevarageが非nullであれば、キャピタライズされたバージョンが返される（やってみよう）。もしbeverageが本当にnullなら、capitalizeはコールされない。コールされてしまっては「セーフ」にならないからだ（これも、やってみよう）。

セーフコール演算子が関数を呼び出すのは、その関数の呼び出しに使う変数がnullではないときに限られるので、nullポインタ例外を予防できる。上記のような書き方をすれば、capitalizeの呼び出しは「セーフ」になる。というのも、nullポインタ例外のリスクが、もう存在しないからだ。

セーフコールと let を使う

セーフコールを使えば、null 許容型に対して 1 個の関数を呼び出すことができるが、その変数の値が null ではないとき、また新しい値を作ったり、他の関数を呼び出すなど、追加の処理を行いたい場合は、どうすればいいだろう。これを実現する方法の 1 つは、セーフコール演算子とともに、let 関数を使うことだ。let は、どんな値にも呼び出すことができるが、その目的は、あなたが提供するスコープにおいて、1 個以上の変数を定義することだ（関数のスコープについて第 4 章で学んだことを思い出そう）。

関数スコープを提供する let を、セーフコールとともに使えば、自分たちを呼び出す変数に非 null を要求する複数の式に、スコープを与えることができる。let の使い方については、第 9 章でもっと詳しく学ぶことになるが、いまは、あなたの beverage の実装に使うことで、いちはやく感じを掴んでおこう。

リスト6-7：セーフコール演算子と let を使う（Tavern.kt）

```
fun main(args: Array<String>) {
    var beverage = readLine()?.capitalize()
    var beverage = readLine()?.let {
    if (it.isNotBlank()) {
            it.capitalize()
        } else {
            "Buttered Ale"
        }
    }
// beverage = null
    println(beverage)
}
```

beverage を null 許容変数として定義するのは、前と同じだ。ただし今回、その値として代入するのは、入力値に対して let をセーフコールした結果である。beverage が null ではなく、したがって let が呼び出されたときには、let に渡される無名関数内のすべてが評価される。つまり、readLine からの入力がブランク（空白）かどうかチェックして、ブランクでなければキャピタライズする。ブランクであれば、代わりのフォールバックとして、「Buttered Ale」というの飲み物の名前が返される。isNotBlank も capitalize も、飲み物の名前が null ではないことを要求するが、そのことは let によって保証される。

let には便利な使い途がいくつもあるが、ここではそのうち 2 つを利用している。beverage を定義するときは、let が提供する便利な値、第 5 章で紹介した it を使える。let のなかの it は、let が呼び出された変数へのリファレンスだ。この場合、その変数は beverage だが、すでに非 null であることが保証されている。isNotBlank と capitalize を、it に対して呼び出すのは、非 null 型の beverage に対して呼び出すことになる。

ここで利用している let の第 2 の利点は、舞台裏に隠れている。というのも、let は式の結果を暗黙のうちに返すのだ。したがって、あなたが定義した式の評価を let が完了したら、その結果を変数に代入できる（実際、そうしている）。

Tavern.kt を、null の代入をコメントアウトした状態で、実行してみよう。beverage が null でないときは、let が呼び出され、キャピタライゼーションが行われ、その結果が出力される。

オプション 2：二重感嘆符演算子

null 許容型に対して関数を呼び出すには、二重感嘆符演算子（!!.）を使う方法もある。ただし、注意が必要だ。これはセーフコール演算子より、はるかに激烈なオプションで、普通は使うべきではない。!!. というのは、視覚的にもコードのなかで非常に目立つ、うるさい記号だろう。それだけ危険なオプションなのだ。!!. を使うのは、コンパイラに対して、「私は存在しないものに対して、何かするように命じますからね!　どうぞ null ポインタ例外を送出しなさい!」と言うのと同じだ（ところで、この演算子の正式な名前は、**非 null 表明演算子**（non-null assertion operator）というのだが、「二重感嘆符演算子」（double-bang operator）と呼ばれることのほうが多い）。

私たちは一般に、二重感嘆符演算子を使わないことを勧めるが、安全ベルトを締め、ゴーグルを掛けて、実験していただきたい。

リスト6–8：二重感嘆符演算子を使う（Tavern.kt）

```
fun main(args: Array<String>) {
    var beverage = readLine()?.let {
        if (it.isNotBlank()) {
            it.capitalize()
        } else {
            "Buttered Ale"
        }
    }
    var beverage = readLine()!!.capitalize()
//     beverage = null

    println(beverage)
}
```

beverage = readLine()!!.capitalize() というのは、「beverage が null でも構わないから、とにかくキャピタライズしなさい!」という意味だ。もし beverage が本当に null であれば、KotlinNullPointerException が送出される。

ただし、二重感嘆符演算子を使うのが妥当な状況も存在する。ある変数の型について決定権を持たないが、それが決して null にならないという確信がある場合などだ。少なくとも、あなたが使うときに限って、その変数の値が null にならないと確信できる限り、!!. もオプションになり得るだろう。そういう!!. の用例は、この章で、後ほど見ることになる。

オプション 3：値が null かどうかを if でチェックする

null の値を安全に扱う第 3 の方法は、値が null かどうかのチェックを、if ブランチを実行する条件として行うことだ。Kotlin で利用できる比較演算子のリストは、第 3 章の表 3–1 にあげた。!=演算子は、左辺の値が右辺の値と等しくないかどうかを評価する。これを使えば、値が null ではないことを判定できる。それを、タバーンでやってみよう。

リスト6-9：!= null を使って null チェックを行う（Tavern.kt）

```
fun main(args: Array<String>) {
    var beverage = readLine()!!.capitalize()
    var beverage = readLine()
//      beverage = null

    if (beverage != null) {
        beverage = beverage.capitalize()
    } else {
        println("I can't do that without crashing - beverage was null!")
    }

    println(beverage)
}
```

この場合、もし `beverage` が `null` なら、次の出力が表示され、エラーにはならない。

```
I can't do that without crashing - beverage was null!
それをやったらクラッシュするしかないです。お飲み物が null でしたよ!
```

`null` に対するガードを固める手段としては、`value != null` を使うよりも、セーフガード演算子を使うほうが好ましい。だいたい同じ問題を、もっと少ないコードで解決できる、より柔軟なツールだからだ。たとえばセーフコール演算子を、それに続く関数コールと連結して使うのは、容易なことだ。

```
beverage?.capitalize()?.plus(", large")
```

`beverage = beverage.capitalize()` の行で `beverage` を参照するとき、`!!.` を使う必要がないことに注目しよう。Kotlin コンパイラは、このブランチに入る条件によって、`beverage` が決して null にならないことを認識するため、第 2 の null チェックは不要だと推論できる。コンパイラが `if` 式の中の条件を追跡する、この機能は、いわゆる**スマートキャスト**（smart casting）の一例だ。

null チェックに `if/else` 文を使うのは、どんなときだろうか。このオプションは、変数が `null` のときにだけ評価したい複雑なロジックがある場合に最適だ。`if/else` 文を使えば、その複雑なロジックを、読みやすい形式で表現できる。

null 合体演算子

`null` の値をチェックする、もう 1 つの方法は、Kotlin の **null 合体演算子**（null coalescing operator）、`?:`を使うことだ（この演算子には「エルヴィス演算子」という別名がある。横顔として見ると、エルヴィス・プレスリーの有名な髪型に似ているからだ）。この演算子は「もしオレの左辺が null だったら、それじゃなくて右辺のほうを実行しろよ」と言っている。

タバーンでデフォルトの飲み物を選択するのに、null 合体演算子を使ってみよう。もし `beverage` が `null` なら、当店のスペシャルドリンク、`Buttered Ale` を出力する。

リスト6-10：null 合体演算子を使う（Tavern.kt）

```
fun main(args: Array<String>) {
    var beverage = readLine()
//      beverage = null

    if (beverage != null) {
        beverage = beverage.capitalize()
    } else {
        println("I can't do that without crashing - beverage was null!")
    }

    println(beverage)
    val beverageServed: String = beverage ?: "Buttered Ale"
    println(beverageServed)
}
```

Kotlin コンパイラが推論できる変数の型は、この本では、たいがい省略している。このリストの最後のほうで、型を省略せずに記入したのは、null 合体演算子の役割を、はっきりと示すためだ。

もし beverage が非 null であれば、その値が beverageServed に代入される。もし beverage が null ならば、Buttered Ale が代入される。どちらにしても、beverageServed には（String?ではなく）String 型の値が代入される。これが素晴らしいところで、ユーザーに提供される飲み物が、非 null であることが保証されるのだ。

null 合体演算子を使うと、最終的な値が決して null にならないよう、最初の選択肢が null と判明したときに代入すべきデフォルトの（null ではない）値を提供できる。null 合体演算子は、null かもしれない値をクリーンアップして、安心して扱えるようにする目的で利用できる。

Tavern.kt を実行しよう。beverage が null でない限り、ドリンクのオーダーがキャピタライズされる。もしコメントを外して beverage を null にしたら、その代わりに、次のメッセージがコンソールに出力される。

```
I can't do that without crashing - beverage was null!
Buttered Ale
```

null 合体演算子は、if/else の代わりに、let 関数と協力して使うこともできる。リスト 6-9 の編集を行った結果は、こうなっていた。

```
var beverage = readLine()
    if (beverage != null) {
        beverage = beverage.capitalize()
    } else {
        println("I can't do that without crashing - beverage was null!")
    }
```

こちらのコードと比較しよう。

```
var beverage = readLine()
beverage?.let {
    beverage = it.capitalize()
} ?: println("I can't do that without crashing - beverage was null!")
```

このコードも機能的にはリスト 6-9 のコードと等価である。もし beverage が null なら、「それをやったらクラッシュするしかないです。お飲み物が null でしたよ!」がコンソールに出力される。null でなければ、beverage がキャピタライズされる。

では、既存の if/else 文を、このスタイルに書き換えるべきだろうか？　それは、どちらのスタイルが好きかという問題なので、あなたの代わりに答えることはできないが、私たちは、この種のシナリオでは if/else 文を選ぶことが多い（その傾向は本書を通じて見られるはずだ）。読みやすさを優先したいからだが、もし、あなた自身や、あなたのチームが、それとは反対の意見でもかまわない。どちらの構文も有効だ。

6.5　例外

多くの言語と同じく、Kotlin にも、プログラムで何かがうまくいかなかったことを示す、各種の**例外**（exception）が含まれている。これは重要で、NyetHack の舞台も、物事が本当にうまくいかないことのある世界なのだ。

いくつか例を見よう。まず NyetHack に、SwordJuggler.kt という新しいファイルを作り、main 関数を追加する。

あなたの賢明な判断に逆らって、タバーンの客たちは、剣でジャグリングすることを、あなたに承知させてしまった。あなたがジャグリングする（次々に空中に投げ上げる）剣（swords）の数は、null 許容の整数で追跡管理する。なぜ null 許容の整数かというと、もし swordsJuggling が null なら、あなたは熟達したソードジャグラーではないので、NyetHack での旅は途中で終わってしまうという設定だからだ。

ジャグリングする剣の数だけでなく、ジャグリングの熟達を示す変数（isJugglingProficient）も追加しよう。ソードジャグリングの技量は、第 5 章で書いたのと同じ乱数発生機構を使って表現できる。もし熟達したジャグラーならば、ジャグリングした剣の数がコンソールに表示される。

リスト6-11：ソードジャグリングのロジックを追加（SwordJuggler.kt）

```
fun main(args: Array<String>) {

    var swordsJuggling: Int? = null
    val isJugglingProficient = (1..3).shuffled().last() == 3
    if (isJugglingProficient) {
        swordsJuggling = 2
    }
    println("You juggle $swordsJuggling swords!")
}
```

SwordJuggler を実行しよう。3 回に 1 回は、熟達したソードジャグリングの技量を得られる。初めてにしては悪くない。もし熟達度のチェックに合格したら、You juggle 2 swords!（君は 2 本の剣をジャグリングするんだ!）とコンソールに表示される。もしチェックに失敗したら、You juggle null swords!という表示になる。

swordsJuggling の値を出力するのは、もともと危険な演算ではない。null を出力しても、プログラムは続行できる。もっと危険性を高めることにしよう。plus 関数と!!. 演算子を使って、もう 1 本の剣を追加する。

リスト6-12：第 3 の剣を追加する（SwordJuggler.kt）

```
fun main(args: Array<String>) {
    var swordsJuggling: Int? = null
    val isJugglingProficient = (1..3).shuffled().last() == 3
    if (isJugglingProficient) {
    swordsJuggling = 2
    }
    swordsJuggling = swordsJuggling!!.plus(1)

    println("You juggle $swordsJuggling swords!")
}
```

null 許容の変数に対して!!. 演算子を使うのは危険な演算だ。3 回に 1 回は、ソードジャグリングに熟達し、第 3 の剣をジャグリングできる。残りの 2 回は、プログラムがクラッシュする。

例外が発生するときは、それに対処しなければならない。例外を処理しなければ、プログラムの実行は停まってしまう。対処されない例外は**未処理例外**（unhandled exception）と呼ばれる。そして、プログラムの実行を停める事態は、**クラッシュ**（crash）という殺伐とした名前で呼ばれる。

運試しのため、SwordJuggler を何度か実行してみよう。もしアプリケーションがクラッシュしたら、KotlinNullPointerException が出て、残りのコード（println の文）は実行されない。

変数が null になる可能性があるときは、KotlinNullPointerException の可能性がある。これが、Kotlin がデフォルトで変数を null 非許容にする理由の 1 つだ。

例外を送出する

他の多くの言語と同じく、Kotlin でも、例外の発生を知らせるシグナルを（自動ではなく）手動で送り出すことができる。throw 演算子を使う、その操作は、例外の**送出**（throwing）と呼ばれる。さきほど見た null ポインタ例外のほか、送出できる例外は数多く存在する。

例外を送出する理由は何だろうか?　例外は、名前の通り「例外的な状態」を表現するために使われる。コードのどこかが非常にまずい状態になったら、いまの命令を続行する前に、その問題を処理しなければならない。そのことを、例外の送出によって知らせるのだ。

よくある例外の 1 つは、IllegalStateException と呼ばれるものだ。「違反状態例外」とは、ずいぶんあいまいな名前だが、その意味は、あなたのプログラムが「あらかじめ違反と決めておいた状態」に達したという意味だ。これは便利なもので、例外送出時に出力したい文字列を、この

IllegalStateException に渡しておくと、例外の原因や詳細について、より多くの情報を提供できる。

NyetHack の世界は広大で神秘的だ。タバーンに善人がいる。なかでも世話好きな人がいて、あなたがソードジャグリングに熟達していないことに気がつき「それは危ないですよ」と介入してくれる。SwordJuggler に、proficiencyCheck（熟達度チェック）という関数を追加して、それを main から呼び出そう。もし swordsJuggling が null なら、危険な演算が実行される前に IllegalStateException を送出して割り込むのだ。

リスト6-13：IllegalStateException を送出する（SwordJuggler.kt）

```
fun main(args: Array<String>) {
    var swordsJuggling: Int? = null
    val isJugglingProficient = (1..3).shuffled().last() == 3
    if (isJugglingProficient) {
        swordsJuggling = 2
    }

    proficiencyCheck(swordsJuggling)
    swordsJuggling = swordsJuggling!!.plus(1)
    println("You juggle $swordsJuggling swords!")
}

fun proficiencyCheck(swordsJuggling: Int?) {
    swordsJuggling ?: throw IllegalStateException("Player cannot juggle swords")
}
```

このコードを何度か実行して、結果の違いを見よう。

ここでは、プログラムの状態が不正であることを知らせるシグナルを出している。swordsJuggling が null なので、プレイヤーが負傷する危険があるのだ。このシグナルは、「swordsJuggling 変数を使おうとする者は誰でも、それが null であることから生じる例外的な状態を処理しなければならない」と命じる決定だ。だいぶ強引だが、良いことだ。それによって、開発中に例外的な状態に気がつきやすくなる。あとになって、ユーザーの目の前でクラッシュするよりは、ずっと良い。また、IllegalStateException にエラーメッセージを提供しているから、なぜプログラムがクラッシュしたのか、その原因もはっきりする。

例外の送出は、Kotlin の組み込み型だけに制限されない。あなたのアプリケーションに特有な状態を表現するためにカスタマイズした、独自の例外を定義できる。

カスタム例外

例外の発生を知らせるシグナルを出すために throw 演算子を使う方法は、これでわかった。いま送出した、IllegalStateException という例外は、不正な状態が発生したことを示すだけでなく、例外送出時に出力すべき文字列を渡すことによって、より多くの情報を付加することができる。

あなたの例外に、より多くの詳細を付加するために、その特定の問題を扱う「カスタム例外」(custom exception) を作成できる。カスタム例外を定義するには、どれか他の例外を継承して、新しい**クラス**（class）を定義する。クラスを使うと、あなたのプログラムにある「もの」を定義できる（化け物でも、食べ物でも、武器でも、ツールでも、なんでも）。クラスについては第12章で詳しく学ぶので、構文の詳細については気にしないで良い。

では、SwordJuggler.kt で、UnskilledSwordJugglerException（未熟なソードジャグラー）というカスタム例外を定義しよう。

リスト6-14：カスタム例外を定義する（SwordJuggler.kt）

```
fun main(args: Array<String>) {
    ...
}

fun proficiencyCheck(swordsJuggling: Int?) {
    swordsJuggling ?: throw IllegalStateException("Player cannot juggle swords")
}

class UnskilledSwordJugglerException() :
    IllegalStateException("Player cannot juggle swords")
```

UnskilledSwordJugglerException というカスタム例外は、特別なメッセージを持つ IllegalStateException として作用する。

この新しい、カスタムの例外は、IllegalStateException を送出したときと同じように、throw 演算子を使って送出できる。SwordJuggler.kt で、あなたのカスタム例外を送出しよう。

リスト6-15：カスタム例外を送出する（SwordJuggler.kt）

```
fun main(args: Array<String>) {
    ...
}

fun proficiencyCheck(swordsJuggling: Int?) {
    swordsJuggling ?: throw IllegalStateException("Player cannot juggle swords")
    swordsJuggling ?: throw UnskilledSwordJugglerException()
}

class UnskilledSwordJugglerException() :
    IllegalStateException("Player cannot juggle swords")
```

UnskilledSwordJugglerException は、swordsJuggling が null のときに送出すべきカスタムエラーだ。例外を定義するコードでは、いつ送出するかについて、何も指定しない。それを決めるのは、使う側の責任だ。

カスタム例外は、柔軟で便利なものだ。これは、カスタムメッセージの表示に使えるだけでなく、例外が送出されたときに実行すべき機能も追加できる。そして、コードベース全体で再利用できるので、冗長さを減らす効果もある。

例外処理

例外は破壊的なものであり、そうでなければならない。例外が表現するのは、対処しなければ復旧できない状態だ。Kotlin では、例外を起こす可能性のあるコードを `try/catch` 文で囲むことによって、例外処理の方法を定義できる。`try/catch` の構文は、`if/else` の構文と同様だ。実例を示そう。`SwordJuggler.kt` で、危険な演算の実行を予防するために、`try/catch` を使う。

リスト6-16：try/catch 文を追加する（`SwordJuggler.kt`）

```
fun main(args: Array<String>) {
    var swordsJuggling: Int? = null
    val isJugglingProficient = (1..3).shuffled().last() == 3
    if (isJugglingProficient) {
        swordsJuggling = 2
    }

    try {
        proficiencyCheck(swordsJuggling)
        swordsJuggling = swordsJuggling!!.plus(1)
    } catch (e: Exception) {
        println(e)
    }

    println("You juggle $swordsJuggling swords!")
}

fun proficiencyCheck(swordsJuggling: Int?) {
    swordsJuggling ?: throw UnskilledSwordJugglerException()
}
class UnskilledSwordJugglerException() :
    IllegalStateException("Player cannot juggle swords")
```

この `try/catch` 文の定義は、ある値が `null` でなかったら何が起きるかと、`null` だったら何が起きるかの両方の宣言を含む。`try` ブロックでは、試しに、ある変数を使う。もし例外が発生しなければ、その `try` 文が実行され、`catch` 文は実行されない。この分岐のロジックは、条件文に近いものだ。ここでは、ジャグリングする剣を「試しに」1 本加えるのに、`!!.` 演算子を使う。

もし `try` ブロックにある式のどれかが例外を起こしたら、どうするか。それは、`catch` ブロックで定義する。`catch` ブロックは、保護すべき例外を特定する型を引数として受け取るが、この場合は `Exception` 型なので、あらゆる例外をキャッチする。

`catch` ブロックには、どんなロジックでも入れることができるが、この例では単純なものにしている。ここでは、例外の名前を出力するだけだ。

`try` ブロックにあるコードは、各行が宣言された順序で実行される。この場合、もし `swordsJuggling` が `null` でなければ、`plus` 関数によって、何の問題もなく `swordsJuggling` に 1 が加算され、次の文章がコンソールに出力される。

```
You juggle 3 swords!
```

```
（君は 3 本の剣をジャグリングするんだ！）
```

もしあなたが、そんな幸運に恵まれず、ソードジャグリングに熟達していなければ、swordsJuggling が null になる。その場合、proficiencyCheck は UnskilledSwordJugglerException を送出する。けれども、その例外は try/catch 文で処理するのだから、プログラムの実行は停まらずに、catch ブロックが実行されて、次の出力がコンソールに出力される。

```
UnskilledSwordJugglerException: Player cannot juggle swords
You juggle null swords!
```

ここで、例外の名前と You juggle null swords! の両方が出力されたことに注目しよう。これが重要なポイントなのは、後者の文字列が、try/catch ブロックの実行後に出力されているからだ。もし未処理例外があれば、プログラムがクラッシュし、そこで実行が停止したはずだ。けれども、あなたは try/catch ブロックを使って、その例外を処置したので、危険な演算が問題を起こさなかったかのように、コードの実行が続いている。

SwordJuggler.kt を、何度か実行して、両方の結果を観察しよう。

6.6　事前条件

あなたのプログラムは、予期しなかった値によって、意図しない振る舞いをすることがある。開発者は、必ず意図に即した値を扱うよう入力を検証するため、長い時間を費やすことになる。例外の発生源には、予期せぬ null の値など、一般的なものもある。入力の検証を容易にし、そういう一般的な問題をデバッグして防止できるように、Kotlin は標準ライブラリの一部として、そのための便利な関数群を提供している。組み込み関数を使うことで、カスタムメッセージ付きの例外を送出できるのだ。

これらの関数が**事前条件関数**（precondition functions）と呼ばれているのは、それによって前提条件（あるコードを実行する前に、必ず真でなければならない条件）を定義できるからだ。

この章では、KotlinNullPointerException などの例外から保護するさまざまな方法を見てきたが、最後のオプションは、checkNotNull のような事前条件関数を使うことだ。この関数は、ある値が null かどうかをチェックし、もし null でなければ、その値を返すが、もし null ならば、IllegalStateException を送出する。いま行っている UnskilledSwordJugglerException の送出を、事前条件で置き換えてみよう。

リスト6-17：事前条件関数を使う（SwordJuggler.kt）

```
fun main(args: Array<String>) {
    var swordsJuggling: Int? = null
    val isJugglingProficient = (1..3).shuffled().last() == 3
    if (isJugglingProficient) {
        swordsJuggling = 2
    }
```

```
    try {
        proficiencyCheck(swordsJuggling)
        swordsJuggling = swordsJuggling!!.plus(1)
    } catch (e: Exception) {
        println(e)
    }

    println("You juggle $swordsJuggling swords!")
}

fun proficiencyCheck(swordsJuggling: Int?) {
    swordsJuggling ?: throw UnskilledSwordJugglerException()
    checkNotNull(swordsJuggling, { "Player cannot juggle swords" })
}

class UnskilledSwordJugglerException() :
    IllegalStateException("Player cannot juggle swords")
```

checkNotNull は、あなたのコードのなかで、ある点を超えたら swordsJuggling が null であってはならないことを明確に示すものだ。もし checkNotNull に渡された値が null ならば、IllegalStateException を送出して、現在の状態が受け入れられないことを明らかにする。checkNotNull は引数を 2 つ取る。第 1 の引数は、null かどうかをチェックする値、第 2 の引数は、第 1 の引数が null だった場合にコンソールに出力すべきエラーメッセージだ。

事前条件関数は、あるコードが実行される前に必要な事項を伝達するのに、素晴らしい手段となる。このほうが、手作業で自作の例外を送出するよりも明快だ。なぜなら、満足させるべき条件を、関数名そのものが示すからだ。この場合、どちらも結果は同じである（swordsJuggling が null になるか、あるいはカスタム例外のメッセージが出力されるか、どちらかの結果になる）。けれども、checkNotNull と書くほうが、先ほどの throw UnskilledSwordJugglerException よりも、コードが明快になる。

Kotlin の標準ライブラリには、事前条件関数が 5 つ含まれている。このようにバラエティがあるのも、他の種類の null チェックと違うところだ。それら 5 つの事前条件関数を、表 6–1 に、まとめておこう。

表6-1：Kotlin の事前条件関数

関数	説明
checkNotNull	もし引数が null なら、IllegalStateException を送出する。 そうでなければ、その null でない値を返す。
require	もし引数が偽なら、IllegalArgumentException を送出する。
requireNotNull	もし引数が null なら、IllegalArgumentException を送出する。 そうでなければ、その null でない値を返す。
error	もし引数が null なら、提供されたメッセージを付けて、 IllegalArgumentException を送出する。 そうでなければ、その null でない値を返す。
assert	もし引数が偽で、アサーション (assertion) のコンパイラフラグが有効なら[3]、AssertionError を送出する。

require は、とくに便利な事前条件だ。関数で require を利用することで、渡される引数の有効範囲を明らかに伝達できる。次の関数は、swordsJuggling パラメータの要件を明示するために、require を使っている。

```
fun juggleSwords(swordsJuggling: Int) {
    require(swordsJuggling >= 3, { "Juggle at least 3 swords to be exciting." })
    // Juggle
}
```

ソードジャグリングを良い見せ物にするには、プレイヤーに少なくとも 3 本の剣が必要だ。関数宣言の先頭で require を使うことによって、juggleSwords を呼び出すための条件を明らかにすることができる。

6.7 null は何の役に立つのか？

この章では、だいたい null に否定的な立場を取ってきた。この立場は、われながら立派だと思うのだが、ソフトウェアエンジニアリングの現場では、null で状態を表現することが、よくある。

なぜなら、Java や、その同類の言語では、null を変数の初期値とするケースが多いからだ。たとえば、人の名前を格納する変数の宣言を考えてみよう。よくあるファーストネームも、まさか**デフォルト**にはできない。こういう、自然なデフォルト値のない変数の初期値として、null が、よく使われるのだ。事実、多くの言語では値を割り当てずに変数を定義することが可能であり、そういう変数の値はデフォルトで null になるのだ。

[3] アサーションを有効にする詳細は、本書で扱う範囲を超える。もし興味があれば、Kotlin 標準ライブラリの API 仕様で assert（https://kotlinlang.org/api/latest/jvm/stdlib/kotlin/assert.html）を調べ、Oracle にあるアサートの有効／無効についての記事（https://docs.oracle.com/cd/E19683-01/806-7930/assert-4/index.html）を参照しよう。**訳注**：日本語の文献は、「アサーションを使用したプログラミング」（https://docs.oracle.com/javase/jp/8/docs/technotes/guides/language/assert.html）など。

デフォルトを null にするという考え方のおかげで、他の言語ではよくある null ポインタ例外が、生じやすくなる。null を回避する方法の 1 つは、もっと良い初期値を提供することだ。どの型にも自然な初期値があるとは限らないが、名前の `String` には、それがある。空文字列だ。空文字列を使っても、`null` を初期値にする場合と同じくらい、その値がまだ初期化されていないことを表現できる。したがって、コードで null チェックを行なう必要なしに、初期化されていない状態を表現できる。

もう 1 つ、null を回避する方法として、それを受け入れるという戦略がある。null 許容型の使い方など、その概要は、この章で示した。セーフコール演算子を使って null ポインタ例外から身を守るにしても、null 合体演算子を使って自分でデフォルト値を提供するにしても、そのように null を使うのは、Kotlin 開発者であるあなたに期待されておかしくない技量だ。

「null であること」（値がないこと）は現実に存在する現象だ。だからこそ、Kotlin で、null を表現できることが重要なのだ。あなたのコードで null を表現するにしても、それに頼って書かれた他人のコードを呼び出すにしても、賢明な手段を使おう。

この章では、null に関する問題を、Kotlin がどう扱うかを学んだ。デフォルトは null 非許容なので、null 許容をサポートするときは明示的な定義が必要なことも学んだ。また、可能な限り null をサポートしない型を選ぶべきだということも学んだ。そういう型ならば、実行時のエラーを防ぐための援助を、コンパイラから得られるからだ。

また、絶対に必要なときに、null を許容する型を安全に扱う方法も見た。セーフコール演算子を使うか、null 合体演算子を使うか、あるいは値が `null` かどうかを明示的にチェックするかだ。さらに `let` 関数とセーフコール演算子の組み合わせによって、null を許容する変数に対する式を安全に評価する方法も学んだ。そして最後に例外を扱う方法として、Kotlin が提供する `try/catch` 構文や、事前条件の定義によって、例外的な状態を、クラッシュを起こす前にキャッチする方法を学んだ。

次の章では、NyetHack のタバーン作りを続けながら、Kotlin における文字列の扱いを、もっと詳しく学んでいこう。

6.8 もっと知りたい？ チェック例外 vs チェックされない例外

Kotlin の例外は、すべて**チェックされない例外**（unchecked exception）だ。つまり Kotlin コンパイラは、例外を出す可能性のある全部のコードを `try/catch` 文でラップせよと強制するのではない。

このことを、たとえば「チェック例外」（checked exception）型と「チェックされない例外」型の混在をサポートする Java と比較しよう。チェック例外の場合、その例外に対するガードの有無をコンパイラがチェックするので、あなたのプログラムに `try/catch` を追加する必要が生じる。

これは、話としては合理的に思える。けれども実際のところ、チェック例外というアイデアは、その発明者が思ったほど有効ではない。チェック例外は、たしかにキャッチされるが（なぜならコンパイラがチェック例外の処理を要求するから）、そのまま無視されてしまうことが多い（ただコンパイルが通るように、そう書いただけだから)。これは例外の「飲み込み」(swallowing) と呼ばれる悪い癖で、プログラムのデバッグを非常に困難にしてしまう。何かがうまく行かなかったという情報そのものが抑制されるからだ。ほとんどの場合、問題をコンパイル時に無視したら、実行時には、もっとエラーが発生する。

最近の言語でチェックされない例外が優勢なのは、チェック例外は問題を解決するより問題を引き起こすことのほうが多いと、経験が示したからだ。それらは、コードの重複、理解しにくいエラー回復のロジック、そして、そもそもエラーが発生した記録さえ残さない例外の飲み込みである。

6.9 もっと知りたい? null 許容は、どのように実施されるのか

Kotlin には、null に関して Java など他の言語よりも厳密なパターンがある。Kotlin だけで仕事をする場合には、単に恩恵となるだけだが、そのパターンは、どうやって実装されているのだろう?

それほど厳密なルールのない、Java などの言語と相互運用するときも、Kotlin のルールによる保護は得られるのだろうか? 第4章で見た printPlayerStatus 関数を検討しよう。

```
fun printPlayerStatus (auraColor: String,
                       isBlessed: Boolean,
                       name: String,
                       healthStatus: String) {
    ...
}
```

printPlayerStatus は、Kotlin の型で String と Boolean を受け取る。

この関数を Kotlin から呼び出すときなら、この関数のシグネチャは明らかだ。auraColor と name と healthStatus は、String 型でなければならず、この型は null を許容しない。そして isBlessed は、Boolean 型でなければならず、この型も null を許容しない。けれども Java には、null に関して同じルールがなく、Java の String は null になる可能性がある。

Kotlin は、null 安全な環境を、どうやって維持するのだろうか? その疑問に答えるには、逆コンパイルされた Java バイトコードを調べる必要がある。

```
public static final void printPlayerStatus(@NotNull String auraColor,
                                           boolean isBlessed,
                                           @NotNull String name,
                                           @NotNull String healthStatus) {
    Intrinsics.checkParameterIsNotNull(auraColor, "auraColor");
    Intrinsics.checkParameterIsNotNull(name, "name");
    Intrinsics.checkParameterIsNotNull(healthStatus, "healthStatus");
...
```

非 null のパラメータが null の引数を受け取らないようにする機構が、2つある。まず、printPlayerStatus へのプリミティブ以外の、個々のパラメータに@NotNull というアノテー

ション（注釈）がある。これらのアノテーションは、このJavaメソッドの呼び出し側に対するシグナルの役割を果たし、これらのアノテーションが付いたパラメータがnull引数を受け取るべきではないことを伝える。`isBlessed`が`@NotNull`ノーテーションを必要としないのは、Javaではブール型を、nullにならないプリミティブ型として表現するからだ。

`@NotNull`アノテーションは、多くのJavaプロジェクトで見られるものだが、KotlinからJavaのメソッドを呼び出す側にとって、とくに有益なものではない。Kotlinコンパイラは、Javaメソッドのパラメータがnullを許容するかどうかを判定するために、これを使う。KotlinとJavaの相互運用性については、第20章で詳しく学ぶことになる。

Kotlinコンパイラは、`auraColor`、`name`、`healthStatus`がnullにならないことを保証するため、`Intrinsics.checkParameterIsNotNull`というメソッドを使って、もう一段階のガードを固めている。このメソッドは、null非許容の各パラメータについて呼び出され、もし`null`の値が引数として渡されそうになっていたら、`IllegalArgumentException`を送出する。

要するに、あなたがKotlinで宣言する関数はどれも、たとえJVM上でJavaコードとして表現されたときでも、nullに関するKotlinのルールに従う。

もうおわかりだろう。Kotlinで非null型の値を取る関数を書くと、たとえnullに関してあまり厳密ではない言語と相互運用する場合でも、nullポインタ例外から二重に保護されるのだ。

第7章

文字列

プログラミングでは、テキストデータを**文字列**（strings）で表現する。これは文字を特定の順番に並べたシーケンスだ。Kotlin の文字列は、これまでにも使ってきている。たとえば SimVillage では、次の文字列をフォーマットして表示した。

```
Welcome to SimVillage, Mayor! (copyright 2018)
```

この章では、文字列で何ができるかを、もっと調べていこう。そのために、Kotlin 標準ライブラリが `String` 型に提供するさまざまな関数を使う。その過程で、NyetHack のタバーンを更新して、客がメニューから注文できるようにしよう。タバーンを営業するなら、まず欠かせない機能だ。

7.1　部分文字列を抽出する

タバーンで客が注文できるようにするため、ある文字列から別の文字列を抽出する方法を、2つ見ていく。それは `substring` 関数と `split` 関数だ。

substring

最初の仕事は、プレイヤーがタバーンの主人に注文を出すための関数を書くことだ。NyetHack プロジェクトで `Tavern.kt` を開き、タバーンの名前を入れた変数と、`placeOrder` という関数を追加する。

新しい `placeOrder` 関数では、`String` の `indexOf` 関数および `substring` 関数を使って、タバーンの主人の名前を `TAVERN_NAME` 文字列から抽出して表示する（`placeOrder` については、あなたがこの関数を追加してから、1 行ずつ順に解説しよう）。また、これまで使ってきた、古い飲み物関連のコードは削除する。これからタバーンは、もっと多くの飲み物を提供するようになる。

リスト7-1：タバーンの主人の名前を抽出する（Tavern.kt）

```
const val TAVERN_NAME = "Taernyl's Folly"

fun main(args: Array<String>) {
    var beverage = readLine()
    // beverage = null

    if (beverage != null) {
        beverage = beverage.capitalize()
    } else {
        println("I can't do that without crashing - beverage was null!")
    }

    val beverageServed: String = beverage ?: "Buttered Ale"
    println(beverageServed)
    placeOrder()
}

private fun placeOrder() {
    val indexOfApostrophe = TAVERN_NAME.indexOf('ˆ')
    val tavernMaster = TAVERN_NAME.substring(0 until indexOfApostrophe)
    println("Madrigal speaks with $tavernMaster about their order.")
}
```

Tavern.kt を実行しよう。すると、

```
Madrigal speaks with Taernyl about their order.
（Madrigal が Taernyl と、注文について話す）
```

という出力が得られる。

では、どうやって placeOrder が、タバーンの名前から主人の名前を抽出したのか、1 行ずつ順番に説明しよう。

まず、String の indexOf 関数を使って、String に含まれる最初のアポストロフィ（'）のインデックスを取得する。

```
val indexOfFirstApostrophe = TAVERN_NAME.indexOf('\'')
```

ここで「インデックス」（index）は、文字列に含まれる文字の位置に対応する整数だ。インデックスは、最初の文字の 0 から始まる。その次の文字のインデックスは 1、その次は 2、と続く。

文字列に含まれている個々の文字を表現するには、Char 型を使う。これを定義するには、シングルクオート（'）で囲む。1 個の文字を indexOf に渡すのは、「この Char の最初のインスタンスを見つけて、そのインデックスを返せ」という意味だ。ここで indexOf に渡している引数は、'\'' なので、indexOf 関数は、その文字とのマッチが見つかるまで文字列をスキャンして、アポストロフィ文字のインデックスを返す。

ところで、引数内の\は、何をするのだろう。アポストロフィ文字は、文字列リテラルを作るシングルクォーテーションマーク（引用符）と同じ文字である。もし引数を''' にしたら、コンパイラは中央のアポストロフィを引用符とみなし、そこで空の文字列リテラルが終わると解釈する。だから、そうではなくてアポストロフィ文字を指定しているのだ、とコンパイラに知らせる必要がある。そのために使うのが\で、これは **エスケープ文字**（escape character）である。これによってコンパイラは、ある種の文字を、その文字に持たせている特殊な意味と区別して認識する。

表 7-1 に、各種のエスケープシーケンス（\文字と、それによってエスケープされる文字との並び）と、コンパイラが認識する意味を示す。

表7-1：エスケープシーケンス

エスケープシーケンス	意味
\t	タブ
\b	バックスペース（後退）
\n	改行
\r	キャリッジリターン（復帰）
\"	2 重引用符
\'	引用符（アポストロフィを兼ねる）
\\	逆スラッシュ（日本語環境では円マークが表示される）
\$	ドルマーク
\u	Unicode 文字

文字列の最初のアポストロフィのインデックスを入手したら、次は文字列の substring 関数を使う。これは、あなたが提供する引数を使って、既存の文字列から新しい「部分文字列」を返す。

```
val tavernMaster = TAVERN_NAME.substring(0 until indexOfFirstApostrophe)
```

substring が受け取るのは、1 個の IntRange だ。これは整数の範囲を表現する型であり、その範囲によって、部分文字列として抽出したい文字のインデックスを指定する。この場合、範囲は文字列の最初の文字から始まり、最初のアポストロフィの 1 つ前の文字で終わる（until が作る範囲は、上限の指定を含まないことを思い出そう）。

これによって、tavernMaster 変数の値には、TAVERN_NAME 文字列の先頭から、最初のアポストロフィの直前までの文字列、すなわち"Taernyl"が設定される。

最後の行では、第 3 章で見た文字列テンプレートを使う。$をプリフィックスとして変数 tavernMaster を指定すると、その変数の値が出力に入って、補間される。

```
println("Madrigal speaks with $tavernMaster about their order.")
```

split

タバーンのメニューデータは、１個の文字列として表現され、コンマで区切るフォーマットで、「ドリンクの型, ドリンクの名前, 価格（金）」と格納される。たとえば次のように[1]。

```
shandy,Dragon's Breath,5.91
```

次の仕事は、タバーンのメニューデータを受け取って、客が注文したアイテムの名前、型、価格を表示することだ。placeOrder 関数を、タバーンのメニューデータを受け取り、メニューデータのどれかを、placeOrder を呼び出した場所に渡すように、更新する。

今後は、既存の行にコードを追加するとき、行の削除と打ち直しの両方を表示する代わりに、変更部分だけ太字で示す場合がある。

リスト7-2：タバーンのデータを placeOrder に渡す（Tavern.kt）

```
const val TAVERN_NAME = "Taernyl's Folly"

fun main(args: Array<String>) {
    placeOrder("shandy,Dragon's Breath,5.91")
}

private fun placeOrder(menuData: String) {
    val indexOfApostrophe = TAVERN_NAME.indexOf('´')
    val tavernMaster = TAVERN_NAME.substring(0 until indexOfApostrophe)
    println("Madrigal speaks with $tavernMaster about their order.")
}
```

次は、メニューデータの個々の部分を表示用に取り出すため、String の split 関数を使う。これは、提供されたデリミタ（delimiter：区切り文字）を使って文字列を分割し、一連の部分文字列を作る関数だ。split 関数を placeOrder に追加しよう。

リスト7-3：メニューデータを分割する（Tavern.kt）

```
...
private fun placeOrder(menuData: String) {
    val indexOfApostrophe = TAVERN_NAME.indexOf('\'')
    val tavernMaster = TAVERN_NAME.substring(0 until indexOfApostrophe)
    println("Madrigal speaks with $tavernMaster about their order.")

    val data = menuData.split(',')
    val type = data [0]
    val name = data [1]
    val price = data [2]
    val message = "Madrigal buys a $name ($type) for $price."
    println(message)
}
```

[1] **訳注**：シャンディーはビールをレモネードで割った飲み物。Dragon's Breath と呼ばれるものは、冷製デザート、チリペッパー、チーズなど、いろいろあるが、シャンディーにしたのは著者の創作かもしれない。

split は、デリミタとして使う文字を受け取り、その文字によって区切られた部分文字列のリストを、デリミタを含めずに返す（リストは、第 10 章で学ぶが、一連の要素を格納する）。この場合、split が返すリストは、部分文字列を見つかった順に並べたものだ。「角カッコの中に入れたインデックス」は、正式には**インデックスアクセス演算子**（indexed access operator）と呼ぶ。ここでは、それを使ってリストから第 1、第 2、第 3 の文字列を取り出し、それらを変数 type、name、price の値として代入している。

最後に、前に行ったように文字列の補間を使って、これらの文字列をメッセージに含める。

Tavern.kt を実行しよう。今回は、ドリンクの注文が、そのアイテムの型と値段を含めて、表示される。

```
Madrigal speaks with Taernyl about their order.
Madrigal buys a Dragon's Breath (shandy) for 5.91.
（Madrigal が、Dragon's Breath（シャンディー）を、金 5.91 で買う）
```

split はリストを返すので、**分解**（destructuring）と呼ばれる単純化された構文もサポートする。この機能を使うと、複数の変数の宣言と代入を、1 個の式の中で行うことができるのだ。個別に代入する代わりに分解の構文を使って、placeOrder を書き直してみよう。

リスト7-4：メニューデータを分解する（Tavern.kt）

```
...

private fun placeOrder(menuData: String) {
    val indexOfApostrophe = TAVERN_NAME.indexOf('\'')
    val tavernMaster = TAVERN_NAME.substring(0 until indexOfApostrophe)
    println("Madrigal speaks with $tavernMaster about their order.")

    val data = menuData.split(',')
    val type = data[0]
    val name = data[1]
    val price = data[2]
    val (type, name, price) = menuData.split(',')
    val message = "Madrigal buys a $name ($type) for $price."
    println(message)
}
```

分解は、複数の変数をシンプルに代入するのに使えることが多い。結果がリストであれば、分解して代入することができる。List 以外で分解をサポートする型には、Map と Pair（第 11 章で両方を学ぶ）を含むデータクラスがある。

もう一度 Tavern.kt を実行しよう。同じ結果が得られるはずだ。

7.2 文字列の操作

Dragon's Breath を一杯やると、喜ばしい感覚的な経験を得られるだけでなく、DragonSpeak という、「選ばれし者のプログラミング能力」が得られる。それは 1337Sp34k [2]と同じような古代の言葉だ。

たとえば次の発言。

```
A word of advice: Don't drink the Dragon's Breath
（ひとこと助言：Dragon's Breath を飲むな）
```

これを DragonSpeak に翻訳すると、こうなる。

```
A w0rd 0f 4dv1c3: D0n't dr1nk th3 Dr4g0n's Br34th
```

String 型には、文字列の値を操作するための関数が含まれている。DragonSpeak 翻訳器を NyetHack のタバーンに追加するために、String の replace 関数を使おう。これは名前が示すように、指定されたルールにしたがって、文字の置換を行う。replace は、どの文字を置換するかを決める正規表現を受け取る（これについては、すぐ後で説明する）。そして、あなたが定義する無名関数を呼び出して、マッチした文字を何で置き換えるかを決める。

フレーズ（セリフ）を受け取って DragonSpeak に翻訳して返す、toDragonSpeak という関数を追加しよう。printOrder にフレーズを 1 つ追加して、それに対して toDragonSpeak を呼び出す。

リスト7-5：toDragonSpeak 関数を定義する（Tavern.kt）

```
const val TAVERN_NAME = "Taernyl's Folly"

fun main(args: Array<String>) {
    placeOrder("shandy,Dragon's Breath,5.91")
}

private fun toDragonSpeak(phrase: String) =
    phrase.replace(Regex("[aeiou]")) {
        when (it.value) {
            "a" -> "4"
            "e" -> "3"
            "i" -> "1"
            "o" -> "0"
            "u" -> "|_|"
            else -> it.value
        }
    }
```

[2] **訳注**：「1337Sp34k」は、「leetSpeak」の変形で、「elite talk」と同じ意味。SNS などの発言で、目にすることがある。「選ばれし者の言葉」というが、実は英文字の一部を形が似た数字に変えただけの子供っぽくて単純な、暗号めいた書き方。

```
private fun placeOrder(menuData: String) {
    ...
    println(message)

    val phrase = "Ah, delicious $name!"
    println("Madrigal exclaims: ${toDragonSpeak(phrase)}")
}
```

Tavern.kt を実行しよう。今度は、Madrigal のセリフが、なにやら謎めいた、まぎれもない DragonSpeak となって発言される。

```
Madrigal speaks with Taernyl about their order.
Madrigal buys a Dragon's breath (shandy) for 5.91.
Madrigal exclaims: Ah, d3l1c10|_|s Dr4g0n's Br34th!
```

ここでは、String で利用できる機能を組み合わせて、DragonSpeak 版のフレーズを生成している。

ここで使っているバージョンの replace 関数は、2 つの引数を受け取る。第 1 の引数が**正規表現**（regular expression）で、これによって置き換えるべき文字を決める。正規表現（略称 regex）は、あなたが探す文字の「検索パターン」を定義するものだ。第 2 の引数は、マッチした個々の文字を、何で置き換えるかを定義する無名関数である。

replace に渡している第 1 の引数を見よう。置き換える文字の探索を行う正規表現だ。

```
phrase.replace(Regex("[aeiou]")) {
    ...
}
```

Regex が受け取る検索パターン引数、"[aeiou]"は、マッチしたら置換すべき文字の定義である。Kotlin はでは、Java と同じ正規表現パターンを使う。サポートされている正規表現パターンの構文は、Oracle の Java SE8 ドキュメント「クラス Pattern」（https://docs.oracle.com/javase/jp/8/docs/api/java/util/regex/Pattern.html）で読むことができる。

マッチしたら置換すべき文字を定義した後、それらの文字を何で置き換えたいかを、無名関数を使って定義する。

```
    phrase.replace(Regex("[aeiou]")) {
        when (it.value) {
            "a" -> "4"
            "e" -> "3"
            "i" -> "1"
            "o" -> "0"
            "u" -> "|_|"
```

```
            else -> it.value
        }
    }
```

無名関数が受け取る引数は、あなたが定義した正規表現で見つけた、それぞれのマッチの値である。無名関数は、受け取ったマッチに対応する、新しい値を返す。

文字列は書き換えられない

toDragonSpeak が実行する文字の「置き換え」については、もっと説明が必要だ。リスト 7-5 の phrase 変数を、もし replace を呼び出す前と後に出力したら、その変数の値が実際には変化していないことがわかるだろう。

replace 関数は、phrase 変数のどこも実際に置き換えるわけではない。代わりに replace は、新しい文字列を作るのだ。この関数は、古い文字列の値を入力とし、あなたが提供した式を使って、新しい文字列に入れる文字を選択する。

Kotlin の文字列は、var と val の、どちらで定義しても、必ず「イミュータブル」(immutable：変更不能）になる（Java と同じだ)。もし文字列が var であれば、その String の値を格納している変数への再代入が可能だが、文字列のインスタンスそのものは、決して書き換えられることがない。変数の値を変更するように見える関数は、replace を含めて、どれも実際には、変更を加えた新しい文字列を作成する。

7.3 文字列の比較

もしプレイヤーが、Dragon's Breath 以外のものを注文したら、どうなるだろう。いまは、それでも toDragonSpeak が呼び出されるが、そうしたくはないはずだ。

Tavern.kt の placeOrder 関数に条件文を加えて、もしプレイヤーが Dragon's Breath を注文しなければ、toDragonSpeak の呼び出しをスキップするようにしよう。

リスト7-6：placeOrder で文字列を比較する（Tavern.kt）

```
...

private fun placeOrder(menuData: String) {
    ...
    val phrase = "Ah, delicious $name!"
    println("Madrigal exclaims: ${toDragonSpeak(phrase)}")

    val phrase = if (name == "Dragon's Breath") {
        "Madrigal exclaims ${toDragonSpeak("Ah, delicious $name!")}"
    } else {
        "Madrigal says: Thanks for the $name."
    }
    println(phrase)
}
```

main 関数から、Dragon's Breath の注文をコメントアウトして（あとでまた使う）、別のメニューデータで placeOrder を呼び出す行を、新たに加えよう。

リスト7-7：メニューデータを変更する（Tavern.kt）

```
const val TAVERN_NAME = "Taernyl's Folly"

fun main(args: Array<String>) {
//    placeOrder("shandy,Dragon's Breath,5.91")
    placeOrder("elixir,Shirley's Temple,4.12")
}
...
```

Tavern.kt を実行すると、次の出力が得られる。

```
Madrigal speaks with Taernyl about their order.
Madrigal buys a Shirley's Temple (elixir) for 4.12.
Madrigal says: Thanks for the Shirley's Temple.
```

name と"Dragon's Breath"の**構造の等値性**（structural equality）を、構造等値演算子（==）を使って比較している。この演算子は、前にも数値に使った。これを文字列に使うと、2 つの文字列にある文字が完全に一致し、しかも同じ順序で並んでいることをチェックする。

2 つの変数が同じかどうかをチェックする方法は、もう 1 つある。**参照の等値性**（referential equality）で比較する場合、2 つの変数が、ある型のインスタンスに対する同じ参照を共有しているかどうかをチェックする。言い換えると、2 つの変数が、ヒープ上の同じインスタンスに対するポインタかどうかを調べるのだ。参照の等値性は、===でチェックする。

参照による比較は、たいていの場合、望ましいものではない。普通は、2 つの文字列が別のインスタンスかどうかが問題ではなく、同じ文字が同じ順序で並んでいるかどうか（つまり、2 つの別々の型インスタンスの、構造が一致しているかどうか）を調べたいはずだ。

Java に親しんでいる読者には、文字列の比較に==を使うときの振る舞いが、想像と違っていたかもしれない。Java では==という記号が参照の比較に使われるからだ。Java で文字列を構造的に比較するには、equals 関数を使う。

この章では、Kotlin で文字列を使う方法について、学習を進めた。ある文字のインデックスを取得するために indexOf 関数を使う方法と、あなたが定義するパターンを文字列からサーチするために正規表現を使う方法を学んだ。複数の変数を宣言して、それらの値を 1 個の式で代入する、分解の構文についても学んだ。そして、Kotlin では構造の比較を行うのに==演算子を使うことも知った。

次の章では、Kotlin で数を扱う方法を学ぶため、タバーンに金庫を作り、金と銀のやりとりができるようにする。

7.4　もっと知りたい？　Unicode

すでに学んだように、文字列は、ある順序の文字シーケンスによって構成され、文字は Char 型のインスタンスである。Char は、具体的には Unicode 文字（Unicode character）である。Unicode の文字符号化システムは、現代の世界にある多様な言語、各種の技術で書かれたテキストを交換・処理・表示できるように設計された（https://unicode.org を参照）。

したがって、文字列に含まれる個々の文字は、135,690 種類におよぶ（そして、まだ増え続けている）多彩な文字と記号のパレットの、どれでもあり得るということになる。全世界の、どこの言語の文字、アイコン、グリフ、絵文字、その他も、含まれる。

文字を宣言するには、２つのオプションがあるが、どちらもシングルクオートで囲む。キーボードにある文字なら、もっとも単純なオプションは、その文字自身をシングルクオートで囲む方法だ。

```
val capitalA: Char = ’A’
```

だが、136,690 種類の文字が、すべてキーボードにあるわけがない。文字を表現する、もう１つの方法は、Unicode の文字コードを、Unicode 文字のエスケープシーケンスである\u に続けて書くという方法だ。

```
val unicodeCapitalA: Char = ’\u0041’
```

これは、キーボードにある「A」のキーと同じだが、たとえばインドの ॐ（オン：漢字の仏典では唵と書く）も同様に表現できる。

あなたのプログラムで、この文字を表現するには、その文字コードをシングルクオートで囲んで表現するしかないだろう。実際にやってみたければ、あなたのプロジェクトで新しい Kotlin ファイルを作ろう（このファイルは、使い終わったら削除すること。それには、プロジェクトツールウィンドウで右クリックし、[Delete...] を選ぶ）。

リスト7-8：Om...（スクラッチファイル）

```
fun main(args: Array<String>) {
    val omSymbol = ’\u0950’
    print(omSymbol)
}
```

これを実行すると、ॐ がコンソールに出力される。

7.5　もっと知りたい？　文字列の文字を順番に処理する

String 型には、indexOf や split が行うように、文字のシーケンスを１文字ずつ移動していく関数が他にも含まれている。たとえば、タバーンデータの文字を１度に１文字ずつ出力するには、

String の forEach 関数を、次のように呼び出す。

```
"Dragon's Breath".forEach {
    println("$it\n")
}
```

すると、次のような出力が生成される。

```
D
r
a
g
o
n
'
s
B
r
e
a
t
h
```

これらの関数の多くは、List 型にも使えるし、(第 10 章で学ぶ) リストをトラバース (巡回) する関数の大多数が、文字列にも利用できる。Kotlin の String の振る舞いは、文字のリストと似たところが多い。

7.6　チャレンジ！　DragonSpeak の改善

現在、toDragonSpeak は小文字だけを変換する。たとえば、次に示す雄叫び (「Dragon's Breath は、冒険野郎の渇望を叶える!」) は大文字ばかりなので、DragonSpeak として正しく出力されない。

```
DRAGON'S BREATH: IT'S GOT WHAT ADVENTURERS CRAVE!
```

toDragonSpeak 関数を改善して、大文字を処理できるようにしよう。

第8章

数

Kotlinには、数と数値計算を扱うためのさまざまな型がある。Kotlinで扱える数は、大きく分けて整数と小数だが、それぞれ、複数の型から選んで利用できる。この章では、その2種類の数をKotlinで扱う方法を見るために、NyetHackを更新してプレイヤーの「財布」(purse)を実装し、タバーンで売買ができるようにする。

8.1 数値型

Kotlinの数値型は、Javaと同じく、どれも**符号付き**(signed)である。つまり、正の数と負の数の両方を表現できる。各種の数値型には、小数をサポートするか否かの違いがあるほか、メモリに割り当てられるビット数の違いもあって、それによって最大値と最小値も違う。

表8-1に、Kotlinの一般的な数値型と、それぞれの型のビット数、扱える最大値と最小値を示す(これらの詳細は、後ほど説明する)。

表8-1：よく使われる数値型

型	ビット数	最大値	最小値
Byte	8	127	-128
Short	16	32767	-32768
Int	32	2147483647	-2147483648
Long	64	9223372036854775807	-9223372036854775808
Float	32	3.4028235E38	1.4E-45
Double	64	1.7976931348623157E308	4.9E-324

型のビット数と、最大値・最小値の間には、どんな関係があるのだろう。コンピュータでは整数値が、固定ビット数によるバイナリ(2進法)で保存される。ビットは、2進数の1桁だ。つまり、1ビットは1個の0か1個の1で表現される。

数を表現するのに、Kotlinは、選択された数値型によって異なる有限個数のビットを割り当てる。もっとも左側の位置にあるビットは、符号を表現する(数の正負を表す)。残りのビット位置は、それぞれ2の累乗を表し、もっとも右側の位置が、2^0 である。2進法で値を計算するには、2の累乗ビットのうち、1であるビットの値を足し合わせればよい。図8-1に、例として42という数のバイナリ表現を示す。

```
[1] [0] [1] [0] [1] [0]  = 2^1 + 2^3 + 2^5 = 2 + 8 + 32 = 42
2^5 2^4 2^3 2^2 2^1 2^0
```

図8-1：42を2進法で表現する

Int は32ビットなので、Int に格納できる数で最大の値は、2進法では31個の1を並べたものになる。これら2の累乗を足し合わせると、合計で2,147,483,647になる。これがKotlinの Int に入れられる最大値だ。

数値型で表現できる最大値と最小値はビット数で決まるのだから、型の違いは、数を表現するのに使えるビット数の違いである。Long 型は32個ではなく64個のビットを持つので、Long には幾何級数的に大きな値、2^{63} を格納できる。

Short と Byte という型についても触れておこう。これらは、どちらも普通の数を表現する一般的な用途には、あまり使われない。これらは特殊な用途や、レガシーJavaプログラムとの相互運用性をサポートするために使われる。たとえば Byte は、ファイルからデータストリームを読み込むときや、グラフィックスを処理するときに使う（カラー画面のピクセルは、三原色のRGBによる3バイトで表現されることが多い）。また、Short は32ビット命令をサポートしないCPUのネイティブコードとのやりとりなどに使うことがある。けれども、たいがいの用途では、整数を Int で表現し、もっと大きな値が必要なときには Long を使う。

8.2 整数

第2章で、整数が小数部を持たない数であること、Kotlinでは Int 型で表現することを学んだ。Int は、「もの」の数量を表現するのに適している。たとえばミード（蜂蜜酒）が何パイント残っているか[1]、タバーンに何人の顧客がいるか、プレイヤーが持っている金貨と銀貨の数は、いくつかなどを表現できる。

そろそろコーディングにかかろう。Tavern.kt を開いて、いまプレイヤーの財布にある金貨と銀貨を表現するために、Int 型の変数を2つ追加する。Dragon's Breathの注文でメニューデータを渡す placeOrder の呼び出しを、コメントを外して復旧する。Shirley's Templeの注文は削除する。

そして、購入のロジックを処理する performPurchase 関数と、プレイヤーの財布の残額を表示する displayBalance を準備しよう。新しい performPurchase を、placeOrder から呼び出す。

[1] **訳注**：1パイント(pint)は、ジョッキ1杯（英国では約568ml、米国では約473ml）。8パイントが1ガロンである。この換算は、この章の末尾にある「チャレンジ」でも使う。

リスト8-1：プレイヤーの財布を設定する（Tavern.kt）

```
const val TAVERN_NAME = "Taernyl's Folly"

var playerGold = 10
var playerSilver = 10

fun main(args: Array<String>) {
// placeOrder("shandy,Dragon's Breath,5.91")
    placeOrder("elixir,Shirley's Temple,4.12")
}

fun performPurchase() {
    displayBalance()
}

private fun displayBalance() {
    println("Player's purse balance: Gold: $playerGold , Silver: $playerSilver")
}

private fun toDragonSpeak(phrase: String) =
    ...
    }

private fun placeOrder(menuData: String) {
    val indexOfApostrophe = TAVERN_NAME.indexOf('\'')
    val tavernMaster = TAVERN_NAME.substring(0 until indexOfApostrophe)
    println("Madrigal speaks with $tavernMaster about their order.")
    val (type, name, price) = menuData.split(',')
    val message = "Madrigal buys a $name ($type) for $price."
    println(message)

    performPurchase()

    val phrase = if (name == "Dragon's Breath") {
        "Madrigal exclaims ${toDragonSpeak("Ah, delicious $name!")}"
    } else {
        "Madrigal says: Thanks for the $name."
    }
    println(phrase)
}
```

ここで、プレイヤーの金貨と銀貨の数量を Int で表現したことに注目しよう。プレイヤーの財布に入る金貨と銀貨の最大量は（いや、既知の NetHack 世界にある量も）、Int の最大値である 2,147,483,647 と比べれば、ずっと少ないだろう。

では、Tavern.kt を実行しよう。まだプレイヤーがアイテムの料金を支払うロジックを実装していないので、今回の Madrigal のオーダーは、店のおごりになる。

```
Madrigal speaks with Taernyl about their order.
Madrigal buys a Dragon's Breath (shandy) for 5.91.
Player's purse balance: Gold: 10 , Silver: 10
```

```
Madrigal exclaims: Ah, d3l1c10|_|s Dr4g0n's Br34th!
```

8.3 小数

タバーンのmenuData文字列を、もう一度、見ていただきたい。

```
"shandy,Dragon's Breath,5.91"
```

Madrigalは、Dragon's Breathの代金として、金で5.91を支払う必要がある。だからplayerGoldは、この飲み物を注文したときに、5.91だけ減らす必要がある。

小数点のある数値は、Float型かDouble型で表現する。Tavern.ktを更新して、アイテムの値を示すDouble（倍精度浮動小数点型）を、performPurchase関数に渡すようにしよう。

リスト8-2：価格の情報を渡す（Tavern.kt）

```
const val TAVERN_NAME = "Taernyl's Folly"
...

fun performPurchase(price: Double) {
    displayBalance()
    println("Purchasing item for $price")
}
...

private fun placeOrder(menuData: String) {
    ...

    val (type, name, price) = menuData.split(',')
    val message = "Madrigal buys a $name ($type) for $price."
    println(message)

    performPurchase(price)
    ...
}
```

8.4 文字列を数値型に変換する

もしいまTavern.ktを実行しようとしたら、コンパイルエラーが出るだろう。その理由は、いまperformPurchaseに渡しているprice変数が文字列なのに、関数はDoubleを期待しているからだ。人間の目には、「5.91」というのが数に見えるだろうが、Kotlinコンパイラには違って見える。なぜなら、これはmenuData文字列の一部を分割したものだからだ。

幸いにもKotlinには、文字列を数値型などさまざまな型に変換する関数が含まれている。そういう変換関数のうち、よく使われるものを、次にあげる。

- toFloat
- toDouble
- toDoubleOrNull
- toIntOrNull
- toLong
- toBigDecimal

文字列を、不適切なフォーマットに変換しようとしたら、例外が出る。たとえば「5.91」という値を持つ文字列に対して `toInt` を呼び出したら、例外が送出される。それは、文字列の値にある小数部が `Int` に入らないからだ。

このように例外の可能性があるので、異なる数値型で変換を行う場合のために、Kotlin は安全な変換関数として、`toDoubleOrNull` と `toIntOrNull` を提供している。これらが数値を正しく変換できないときは、例外ではなく、`null` の値を返すのだ。たとえば null 合体演算子とともに `toIntOrNull` を使えば、デフォルト値を提供できる。

```
val gold: Int = "5.91".toIntOrNull() ?: 0
```

`placeOrder` を更新して、`performPurchase` に渡す文字列引数を `Double` に変換しよう。

リスト8-3：price 引数を Double に変換する（`Tavern.kt`）

```
...
private fun placeOrder(menuData: String) {
    val indexOfApostrophe = TAVERN_NAME.indexOf('\'')
    val tavernMaster = TAVERN_NAME.substring(0 until indexOfApostrophe)
    println("Madrigal speaks with $tavernMaster about their order.")

    val (type, name, price) = menuData.split(',')
    val message = "Madrigal buys a $name ($type) for $price."
    println(message)

    performPurchase(price.toDouble())
    ...
}
```

8.5 Int を Double に変換する

では次に、プレイヤーの財布から金をいただこう。財布には金貨と銀貨が入っているが、メニューアイテムの値段（単位は金）は、小数部を持つ `Double` 型で表現されている。

販売を成立させるには、プレイヤーの金銀を 1 個の `Double` に変換して、その値からアイテムの値段を差し引く必要がある。プレイヤーの所持金額を追跡するために、新しい変数を `performPurchase` に追加しよう。金貨 1 枚は、銀貨 100 枚の値打ちがある。だからプレイヤーが持っている銀貨の枚数を100で割った結果を、金貨の枚数に足して、合計を求める。totalPurse変数とprice変数は、どちらもDouble型なので、前者（所持金額）から後者（値段）を差し引いた値を、プレイヤーの残額（remainingBalance）に代入する。

リスト8-4：プレイヤーの財布から値段を差し引く（Tavern.kt）

```
...
fun performPurchase(price: Double) {
    displayBalance()
    val totalPurse = playerGold + (playerSilver / 100.0)
    println("Total purse: $totalPurse")
    println("Purchasing item for $price")

    val remainingBalance = totalPurse - price
}
...
```

ここではまず、totalPurse（財布の合計額）を求める計算を行い、結果を出力している。playerSilverをtotalPurseのために変換する割り算には、分母として100ではなく100.0を使っていることに注意しよう。

もしInt型のplayerSilverを、同じくInt型の100で割れば、KotlinはDouble型の0.10を返してくれない。代わりに、同じくIntの値（実際には0）が返され、求めている小数の結果が失われてしまう（REPLで、やってみよう）。

数が両方とも整数ならば、Kotlinは整数演算を行うが、その演算からは小数部を持つ結果が得られない。

小数の結果を得るには、Kotlinに浮動小数点演算を行わせる必要がある。そのために、演算のうち、少なくとも1つの数を、小数をサポートする型にする。もういちどREPLで計算してみよう。ただし今回は、どちらかの数に小数部を加えて、浮動小数点演算によりDoubleの結果（0.1）が得られるようにする。

プレイヤーの財布の中身をtotalPurseに変換したら、次はDragon's Breathの値段（price）を、変換した総額から差し引く。

```
val remainingBalance = totalPurse - price
```

この計算の結果をREPLで見るには、10.1 - 5.91と入力する。もしあなたが、他のプログラミング言語で数値型を扱った経験がなければ、結果を見て驚くかもしれない。

たぶん結果は4.19になると思っただろうが、実際には4.1899999999999995となる。こんな結果になるのは、コンピュータが分数を表現するのに**浮動小数点**（floating point）を使うからだ。浮動小数点というのは、小数点を、どの位置にも置ける（位置が浮動する）という意味で、その値は実数ではなく**近似値**（approximation）である。浮動小数点数が値を近似するのは、精度と性能のためだ。小数のレベルを変化させることで、広い範囲の値をサポートできる精度（precision）が得られ、計算が高速になるので高い性能（performance）が得られる。

小数部を持つ数を、どれほど精密に表現できるかは、必要な計算の種類に依存する。たとえば、もしあなたが「NyetHack 中央銀行」のためにメインフレームでプログラミングするのであれば、分数計算を含む大量の財務計算を処理するだろうが、そういうトランザクションには、多少処理に時間がかかっても、非常に高いレベルの精度を使うだろう。一般に、こういった会計計算では、浮動小数点演算の精度と丸めを指定するために、`BigDecimal` という型を使うことになるだろう（これは、Java にある `BigDecimal` と同じ型だ）。

けれども、タバーンのシミュレーションならば、それでも非常に精度の高い `Double` で、十分に受け入れられる。

8.6　Double のフォーマッティング

金貨で 4.1899999999999995 枚という値は、切り上げて 4.19 にしたい。`Double` の値を、あなたが定義する精度に丸めるには、`String` の `format` 関数を使うことができる。`performPurchase` 関数を更新して、残高のフォーマッティングを行おう。

リスト8-5：Double をフォーマッティングする（`Tavern.kt`）

```
...
fun performPurchase(price: Double) {
    displayBalance()
    val totalPurse = playerGold + (playerSilver / 100.0)
    println("Total purse: $totalPurse")
    println("Purchasing item for $price")

    val remainingBalance = totalPurse - price
    println("Remaining balance: ${"%.2f".format(remainingBalance)}")
}
...
```

プレイヤーの残高は、前に見たように、$を使って文字列に補間される。ただし、$に続けて、ただ変数の名前を書くのではなく、波カッコの中に式を入れている。その式は、`format` の呼び出しで、`remainingBalance` を引数として渡している。

`format` の呼び出しではフォーマット文字列の`"%.2f"`も指定している。フォーマット文字列では、文字の特別なシーケンスを使って、どのようにデータを整形したいかを定義する。ここで定義しているフォーマット文字列は、浮動小数点数を、小数 2 桁に丸めるように指定している。そして、`format` 関数に渡す引数として、フォーマットしたい値を渡す（値が複数あってもよい）。

Kotlin のフォーマット文字列は、Java、C/C++、Ruby など多くの言語で標準のフォーマット文字列として使われているものと同じ形式だ。フォーマット文字列の仕様について、詳しく知るには、Java API のドキュメントで「クラス Formatter」（`https://docs.oracle.com/javase/jp/8/docs/api/java/util/Formatter.html`）を読もう。

Tavern.kt を実行すると、こんどは Madrigal が Dragon's Breath の代金を支払っている[2]。

```
Madrigal speaks with Taernyl about their order.
Madrigal buys a Dragon's Breath (shandy) for 5.91.
Player's purse balance: Gold: 10 , Silver: 10
Total purse: 10.1
Purchasing item for 5.91
Remaining balance: 4.19
Madrigal exclaims Ah, d3l1c10|_|s Dr4g0n's Br34th!
```

8.7 Double を Int に変換する

これでプレイヤーの残高も計算できたので、後に残った仕事は、その残高を金貨と銀貨の量に戻す処理だけだ。performPurchase 関数を更新して、プレイヤーの残高を金と銀に変換しよう（ファイルの最初に、import kotlin.math.roundToInt という文を入れることを忘れないように）。

リスト8-6：金と銀に変換する（Tavern.kt）

```
import kotlin.math.roundToInt
const val TAVERN_NAME = "Taernyl's Folly"
...

fun performPurchase(price: Double) {
    displayBalance()
    val totalPurse = playerGold + (playerSilver / 100.0)
    println("Total purse: $totalPurse")
    println("Purchasing item for $price")
    val remainingBalance = totalPurse - price
    println("Remaining balance: ${"%.2f".format(remainingBalance)}")

    val remainingGold = remainingBalance.toInt()
    val remainingSilver = (remainingBalance % 1 * 100).roundToInt()
    playerGold = remainingGold
    playerSilver = remainingSilver
    displayBalance()
}
...
```

ここでは Double に使える変換関数を 2 つ使っている。toInt を Double に対して呼び出すと、その結果は Double から小数部分の値を落としたものになる。このことを、**精度の損失**（loss of precision）とも言う。もとのデータの一部が失われるのは、分数の量を含む Double の整数表現を求めたからで、整数表現では精度が不足するからだ。

Double に対して toInt を呼び出すのは、「5.91」のような文字列に対して toInt を呼び出すの

[2] **訳注**：プレイヤーの財布に金貨が 10 枚、銀貨が 10 枚あった。単位を金として合計 10.1。そこから 5.91 の代金を支払って、残りが 4.19。

とは異なる（後者は、例外が送出される結果となる）。文字列を Double に変換するには、まず文字列を 1 個の数値型に変換するための解析（parsing）が必要なのに対して、すでに数値になっている Double や Int のような型には解析が不要である。

この場合、remainingBalance の値は 4.1899999999999995 なので、これに toInt を呼び出すと、結果は整数の 4 になる。これが、プレイヤーの財布に残っている金の数だ。

次に、合計金額の小数部を銀に変換する。

```
val remainingSilver = (remainingBalance % 1 * 100).roundToInt()
```

ここでは、割り算のあまりを求める**モジュロ演算子**（modulus operator）%（剰余演算子とも呼ばれる）を使う。% 1 には、remainingBalance の整数部（1 で割り切れる部分）を落とす効果があるので、小数部だけが残される。最後に、そのあまりに 100 を掛けて銀に換算し、その結果（18.999999999999995）に対して roundToInt を呼び出す。roundToInt は、もっとも近い整数値に値を丸めるので、銀 19 が残る。

もう一度、Tavern.kt を実行すると、タバーンの演算が円滑に行われる（財布の残額は、金が 4、銀が 19）。

```
Madrigal speaks with Taernyl about their order.
Madrigal buys a Dragon's Breath (shandy) for 5.91.
Player's purse balance: Gold: 10 , Silver: 10
Total purse: 10.1
Purchasing item for 5.91
Remaining balance: 4.19
Player's purse balance: Gold: 4 , Silver: 19
Madrigal exclaims Ah, d3l1c10|_|s Dr4g0n's Br34th!
```

この章では、Kotlin の数値型を扱い、整数と小数という 2 種類の数を、Kotlin で処理する方法を学んだ。数を別の型に変換する方法と、それぞれの型から、どんな型への変換がサポートされるかも学んだ。次の章では、Kotlin の標準関数について学ぶ。これは、あらゆる型で利用できるユーティリティ関数の集合だ。

8.8 もっと知りたい？　ビット操作

さきほど、数値のバイナリ表現について述べた。ある数のバイナリ表現は、いつでも取得できる。たとえば 42 という整数のバイナリ表現は、次のように求められる。

```
Integer.toBinaryString(42)
101010
```

Kotlinには、数値のバイナリ表現に対して、**ビット演算**（bitwise operation）などの処理を実行するための関数がある。これには、Javaなど他の言語で、読者に馴染みのありそうな演算が含まれている。表8-2に、Kotlinで利用できるバイナリ演算のうち、よく使われるものをあげる。

表8-2：バイナリ演算

関数	説明	例
`Integer.toBinaryString`	整数をバイナリ表現に変換する。	`Integer.toBinaryString(42)` 101010
`shl(ビット数)`	ビット列をビット数だけ左にシフトする。	`42.shl(2)` 10101000
`shr(ビット数)`	ビット列をビット数だけ右にシフトする。	`42.shr(2)` 1010
`inv()`	ビットを反転する。	`42.inv()` 11111111111111111111111111010101
`xor(数)`	2つのバイナリ表現で、排他的論理和（exclusive OR）の演算を行う。片方の入力で1、もう片方の入力で0だったビットに対してだけ、対応するビットを1とした結果が返される。	`42.xor(33)` 001011
`and(数)`	2つのバイナリ表現で、論理積（AND）の演算を行う。両方の入力で1だったビットに対してだけ、対応するビットを1とした結果が返される。	`42.and(10)` 1010

8.9 チャレンジ！ 残りのパイント数

Dragon's Breathを売るときは、5ガロン入りの樽から注ぎ出す。注文が1パイント（0.125ガロン）だとして、Dragon's Breathの残量を計算しよう。12パイントを売り上げた後、樽に残っているパイント数を計算して表示すること。

8.10 チャレンジ！ 持ち金が足りなくなったら

いまのところ、Madrigalは、財布にある金と銀が、どれほど少なくても（たとえ財布が空でも）注文を出すことができる。これはTaernyl's Follyにとって、維持不能なビジネスモデルだ。このチャレンジでは、その点を正そう。

`performPurchase`のコードを更新して、実際に購入できるか判定しよう。もし足りなければ、金銭のやりとりを行わず、「`Madrigal buys a Dragon's Breath (shandy) for 5.91`」というメッセージを出す代わりに、客が十分なおカネを持っていないこと（the customer is short on gold）をバーテンが説明するメッセージを出そう。複数の注文をシミュレートするには、`placeOrder`関数の中で、performPurchase を何度も呼び出せばよい。

8.11 チャレンジ！ 竜貨

この国では、竜貨（dragoncoin）という新しい通貨が使われるようになってきた。これは、即座に、安全に、匿名で、どのタバーンでも使える。現在の交換レートが、竜貨 1 あたり 1.43 金貨だとして、プレイヤーの購入額を、金と銀の代わりに竜貨で表現しよう。ただしタバーンの価格は、いまでも金で定義する。プレイヤーは、竜貨 5 を持ってゲームを開始する。価格が 5.91 金の Dragon's Breath を 1 杯買ったら、プレイヤーの残高は、竜貨でいくらになるだろうか?

第9章

標準関数

Kotlin 標準ライブラリに含まれている標準関数は、ラムダによって指定された処理を実行する汎用的なユーティリティ関数だ。この章ではもっとも良く使われている 6 つの標準関数、**apply**、**let**、**run**、**with**、**also**、**takeIf** を紹介し、それぞれの用例を示す。

この章は実地体験ではなく紹介ツアーなので、NyetHack にも Sandbox にもコードを追加しない。ただし、いつものように、REPL でコーディング例を実験することを推奨する。

この章では、型のインスタンスを、**レシーバ**（receiver）と呼ぶ。なぜかというと、Kotlin の標準関数が実質的に**拡張関数**（extension functions）であり、拡張関数の対象をレシーバと呼ぶからだ。拡張（エクステンション）は、さまざまな型に使えるように関数を定義する、柔軟な方法だ（これについては第 18 章で学ぶ）。

9.1 apply

標準関数をめぐるツアーで最初に見るのは、`apply` だ。`apply` は、設定用の関数と考えることができる。これを使って、レシーバに対して一連の関数を呼び出すことで、そのレシーバを使うための設定を実施できるのだ。`apply` に与えたラムダが実行を終えたら、`apply` は、設定されたレシーバを返す。

`apply` は、オブジェクトを使うために設定するとき、コードの重複を減らすのに使える。次に示す例は、ファイルのインスタンスを `apply` なしで設定している。

```
val menuFile = File("menu-file.txt")
menuFile.setReadable(true)
menuFile.setWritable(true)
menuFile.setExecutable(false)
```

`apply` を使うと、同じ設定を、コードの重複なしで達成できる。

```
val menuFile = File("menu-file.txt").apply {
    setReadable(true)
    setWritable(true)
    setExecutable(false)
}
```

このように、applyを使うと、同じレシーバを設定するために実行する全部の関数コールから、そのレシーバの変数名を省略できる。その理由は、applyが、自分が呼び出されたレシーバを、ラムダのなかにある個々の関数コールのスコープにするからだ。

この振る舞いは、ときに**相対スコープ**（relative scoping）とも呼ばれる。ラムダのなかのすべての関数コールが、レシーバに対して相対的に呼び出されるのだ。別の言い方をすれば、それらの関数はレシーバに対して、**暗黙のうちに呼び出される**（implicitly called）。

```
val menuFile = File("menu-file.txt").apply {
    setReadable(true)    // 暗黙的な menuFile.setReadable(true)
    setWritable(true)    // 暗黙的な menuFile.setWritable(true)
    setExecutable(false) // 暗黙的な menuFile.setExecutable(false)
}
```

9.2 let

もう1つの一般に使われる標準関数、letは、すでに第5章で使った。letは変数を、自分に渡されたラムダのスコープにして、第6章で学んだキーワードitで参照できるようにする。次に示すletの用例は、リストの最初の数を2乗する。

```
val firstItemSquared = listOf(1,2,3).first().let {
    it * it
}
```

letなしでは、掛け算を行うために、最初の要素を変数に割り当てる必要があるだろう。

```
val firstElement = listOf(1,2,3).first()
val firstItemSquared = firstElement * firstElement
```

letをKotlinの他の構文と組み合わせると、別のメリットが得られる。第6章で見たように、null合体演算子とletの組み合わせで、null許容型を扱うことができる。そして、次の例についても考えてみよう。この関数は、プレイヤーがタバーンの主人が認識するVIP客かどうかによって、歓迎のメッセージをカスタマイズする。

```
fun formatGreeting(vipGuest: String?): String {
    return vipGuest?.let {
        "Welcome, $it. Please, go straight back - your table is ready."
    } ?: "Welcome to the tavern. You'll be seated soon."
}
```

vipGuest 文字列は null 許容型なので、それに対して関数を呼び出す前に、null の可能性に対処することが重要だ。ここではセーフコール演算子を使っているので、let は、その文字列が null ではないときに限り実行される。そして、もし let が実行されたら、it 引数が null ではないことが保証される。この、let を使うバージョンの formatGreeting を、let を使わないバージョンと比較しよう。

```
fun formatGreeting(vipGuest: String?): String {
    return if (vipGuest != null) {
        "Welcome, $vipGuest. Please, go straight back - your table is ready."
    } else {
        "Welcome to the tavern. You'll be seated shortly."
    }
}
```

このバージョンの formatGreeting も機能的には等価だが、少しばかり冗長だ。if/else 構造で、vipGuest という完全な変数名を 2 回使っている。1 つは条件で、もう 1 つは結果の文字列の作成に、使っているのだ。いっぽう let を使うと、よどみなく連鎖する書き方が可能になり、変数名は 1 回しか使う必要がなくなる。

let は、どのような種類のレシーバに対しても呼び出しが可能であり、渡されたラムダを評価した結果を返す。ここでは let を、null 許容文字列の vipGuest に対して呼び出している。let に渡したラムダは、その唯一の引数として、呼び出した対象のレシーバを受け取る。したがって、その引数を it キーワードでアクセスすることが可能だ。

let と apply の、いくつかの違いを、指摘しておこう。いま述べたように、let はレシーバを、あなたが提供したラムダに渡すが、apply は何も渡さない。また、apply は無名関数が完了したら現在のレシーバを返す。いっぽう let は、ラムダの最後の行（ラムダの結果）を返す。

let のような標準関数は、間違って変数を書き換えてしまうリスクを減らす目的にも使える。なぜなら let がラムダに渡す引数は、リードオンリーの関数パラメータになるからだ。標準関数の、この使い方の例は、第 12 章で見よう。

9.3 run

標準関数ツアーの次の項目は run で、これも apply と同じく、相対スコープの振る舞いを提供する。ただし、apply と違って、run はレシーバを返さない。

たとえば、あるファイルに特定の文字列が含まれているか、調べたいとしよう。

```
val menuFile = File("menu-file.txt")
val servesDragonsBreath = menuFile.run {
    readText().contains("Dragon's Breath")
}
```

ここで readText 関数は、暗黙のうちにレシーバ（File インスタンス）に対して実行される。そのことは、apply の項で見た、setReadable/setWriteable/setExecutable 関数の場合と同じだ。ただし apply と違って、run はラムダの結果（ここでは、真偽値）を返す。

run は、レシーバに対して関数リファレンスを実行するのにも使える。関数リファレンスは、第5章で見たが、次の例では、それを run で使う方法を示す。

```
fun nameIsLong(name: String) = name.length >= 20

"Madrigal".run(::nameIsLong) // False
"Polarcubis, Supreme Master of NyetHack".run(::nameIsLong) // True
```

"Madrigal".run(::nameIsLong) という書き方は、nameIsLong("Madrigal") と等価だが、関数コールが複数あると、run を使うことの利点が明らかとなる。run を使って呼び出しを連鎖するほうが、ネストした関数呼び出しより、読むのも追いかけるのも簡単になるのだ。たとえば、次のコードはプレイヤーの名前が 20 文字以上あるかチェックし、その結果によってメッセージを整形し、整形した結果を出力する。

```
fun nameIsLong(name: String) = name.length >= 20
fun playerCreateMessage(nameTooLong: Boolean): String {
    return if (nameTooLong) {
        "Name is too long. Please choose another name."
    } else {
        "Welcome, adventurer"
    }
}

"Polarcubis, Supreme Master of NyetHack"
    .run(::nameIsLong)
    .run(::playerCreateMessage)
    .run(::println)
```

このように run で連鎖された呼び出しと、ネストの構文を使って 3 つの関数を呼び出す例を、比較しよう。

```
println(playerCreateMessage(nameIsLong("Polarcubis, Supreme Master of NyetHack")))
```

関数コールのネストのほうが、理解し難い。内側から外側へと順番に読み解く必要があるからだ。

われわれは上から下へ読むのに慣れている。

run には、レシーバに対して呼び出す他に、第 2 の用法もある。この書き方は、ほとんど見かけないが、完全を期すため、ここで紹介しておく。

```
val status = run {
    if (healthPoints == 100) "perfect health" else "has injuries"
}
```

9.4 with

with は、run の変種だ。振る舞いは同じだが、呼び出し方に違いがある。これまで見てきた標準関数と違って、with は引数を第 1 パラメータとして受け取る必要がある。レシーバ型に対して標準関数を呼び出す形式とは、その点が違うのだ。

```
val nameTooLong = with("Polarcubis, Supreme Master of NyetHack") {
    length >= 20
}
```

"Polarcubis, Supreme Master of NyetHack".run などと、文字列に対して with を呼び出すのではなく、代わりに文字列を、第 1 の（この場合は唯一の）引数として、with に渡す。

他の標準関数と使い方が違うので、with は run ほど好んで使われない。実際、私たちは with の代わりに run を使うことを推奨する。それなのに、ここで with を紹介したのは、どこかで出くわしたとき、その意味を理解できるように（そして可能ならば、run で置き換えられるように）するためだ。

9.5 also

also 関数の働きも、let 関数と、非常に良く似ている。let と同じく、also も、呼び出しに使われたレシーバを、あなたが提供するラムダに引数として渡す。けれども、let と also には、1 つ大きな違いがある。also は、ラムダの結果を返すのではなく、レシーバを返すのだ。

このため also は、同じソースから得る複数の副作用を並べて書くのに便利である。次の例では、2 つの別々の演算を組織化するために、also を 2 度呼び出している。1 つはファイル名を出力し、もう 1 つは fileContents という変数に、そのファイルの内容を代入する。

```
var fileContents: List<String>
File("file.txt")
    .also {
        print(it.name)
    }.also {
```

```
        fileContents = it.readLines()
    }
}
```

also はラムダの結果ではなくレシーバを返すので、もとのレシーバに対する関数コールの連鎖を、いくつも追加していくことが可能だ。

9.6 takeIf

この標準関数ツアーで最後に見るのが takeIf だ。その働きは、他の標準関数と少し違う。takeIf が評価するのは、**断言**（predicate）と呼ばれる「条件を定義するラムダ式」で、これは定義された条件によって真または偽を返す。もし条件が真と評価されたら、takeIf はレシーバを返す。もし条件が偽であれば、代わりに null を返す。

次の例でファイルの内容を読むのは、読み書き両方が可能なファイルであるときに限られる。

```
val fileContents = File("myfile.txt")
        .takeIf { it.canRead() && it.canWrite() }
        ?.readText()
```

もし takeIf を使わなければ、もっと冗長な書き方になる。

```
val file = File("myfile.txt")
val fileContents = if (file.canRead() && file.canWrite()) {
    file.readText()
} else {
    null
}
```

takeIf を使うバージョンは、一時変数の file を必要とせず、null を返す可能性を明示する必要もない。変数を代入したり処理を続行したりする前に、何らかの条件が真であることをチェックする必要があるときには、takeIf が便利である。takeIf は、概念としては if 文と同様だが、インスタンスに対して直接呼び出せるという利点があり、しばしば一時的変数への代入が不要になる。

takeUnless

これでツアーは終わりだと書いたばかりだが、takeIf と対を成す takeUnless 関数についても言及すべきだろう（これには手を出すな、と警告するためにも）。その takeUnless 関数は、ほとんど takeIf と同じだが、定義した条件が**偽**であるときに元の値を返すところが違う。次の例は、もしファイルが隠されていなければ、ファイルの内容を読む（そうでなければ null を返す）。

```
val fileContents = File("myfile.txt").takeUnless { it.isHidden }?.readText()
```

私たちは、takeUnless の使用を制限することを勧める（とくに、もっと複雑な条件チェックを行う場合は）。なぜなら、あなたのプログラムを人間が読んで解釈するのに、かえって長い時間がかかってしまうからだ。次の 2 つの文章について、「理解しやすさ」を比較しよう。

- 「もし条件が真なら、この値を返す」(Return the value if the condition is true) − takeIf
- 「条件が真でない限り、この値を返す」(Return the value unless the condition is true) − takeUnless

もし 2 番目の文章で、ちょっとつっかえたら、あなたも私たちと同じだ。takeUnless は、表現したいロジックを記述する方法として、どうも不自然に思われる。

上記の例のように単純な条件であれば、takeUnless でも問題にはならない。けれども、もっと複雑な例で takeUnless を使うと、私たちには（というか、人間の脳には）解析が難しい。

9.7 標準ライブラリの関数を使う

表 9-1 は、この章で論じた Kotlin 標準ライブラリ関数の要約である。

表9-1：標準関数

関数	ラムダに引数でレシーバを渡すか	相対スコープを提供するか	戻り値
apply	No	Yes	レシーバ
let	Yes	No	ラムダの結果
run[1]	No	Yes	ラムダの結果
with[2]	No	Yes	ラムダの結果
also	Yes	No	レシーバ
takeIf	Yes	No	レシーバの null 許容バージョン
takeUnless	Yes	No	レシーバの null 許容バージョン

この章では、標準関数を使って、あなたのコードを単純化する方法を見てきた。これらの関数を使うと書けるようになるコードには、単なる簡潔さだけでなく、Kotlin らしいユニークな感触がある。標準関数は、この本を通じて、適切な場所で使っていく。

第 2 章では、変数を使ってデータを表現する方法を見た。次の章では、Kotlin のコレクション型である、List 型と Set 型の変数によって、一連のデータを表現する方法を学ぶ。

[1] レシーバのない（あまり使われない）バージョンの run は、レシーバを渡さず、相対スコープを作らず、ラムダの結果を返す。

[2] with の呼び出しは、"hello.with {..}"のようにレシーバに対して行うのではない。第 1 引数をレシーバとして扱い、第 2 引数がラムダになるから、with("hello"){..} という書き方になる。このように使う標準関数は、これだけだ。私たちが with を避けるように忠告する理由も、それである。

第10章

リストとセット

関連する一群の値を扱う処理は、多くのプログラムに欠かせない。たとえば、あなたのプログラムは、本のリストとか、旅行先の一覧とか、メニューとか、あるいはタバーンの常連客との貸借などを、管理することがあるかもしれない。このような値のグループを扱うには、**コレクション**（collection）を使うのが便利で、そうすればグループを引数として関数に渡すことができる。

これからの2章では、もっともよく使われるコレクション型である、`List`と`Set`と`Map`を見ていく。第2章で学んだ他の変数型と同じく、リストとセットとマップにも、ミュータブル（変更可能）とリードオンリー（読み出し専用）の2種類がある。この章では、リストとセットに話を絞る。

これからコレクションを使って、NyetHackのタバーンを改善していく。その仕事が完了したら、タバーンは、注文できる物の完全なメニューを提供するようになる。そして常連客が先を争って金を使いにやってきて、活気に満ちた忙しそうなシーンが展開される。

10.1　リスト

第7章でも間接的にリストを扱った。そこでは`split`関数を使って、メニューデータから3つの要素を抽出した。`List`は、順序のある値のコレクションを格納し、値の重複を許す。

`Tavern.kt`で、タバーンのシミュレーションを始めよう。まず`listOf`関数を使って顧客リストを追加する。`listOf`が返すリストはリードオンリーで（この呼び方については後述する）、あなたが引数で渡した要素が記入されている。作成するリストには、3人の顧客名を入れる。

リスト10-1：顧客リストを作る（`Tavern.kt`）

```
import kotlin.math.roundToInt
const val TAVERN_NAME = "Taernyl's Folly"

var playerGold = 10
var playerSilver = 10
val patronList: List<String> = listOf("Eli", "Mordoc", "Sophie")
```

```
fun main(args: Array<String>) {
    placeOrder("shandy,Dragon's Breath,5.91")

    println(patronList)
}
...
```

これまでは、さまざまな型の変数を、ただ宣言することで作ってきた。けれどもコレクションの場合は 2 段階を要する。まずコレクションを作り（顧客を格納するリスト）、次に内容を追加する（顧客名）。Kotlin には、この両方を一度に行う listOf などの関数がある。

これでリストが 1 つできたので、List 型を、もっと詳しく見よう。

型推論はリストにも使えるが、ここでは型情報の val patronList: List<String>を書いている。説明のために明示したのだが、List<String>の中に山カッコがある点に注目しよう。<String>は、**パラメータ化された型**（parameterized type）あるいは**型パラメータ**（type parameter）と呼ばれるもので、リストの内容にする型（ここでは String）をコンパイラに知らせる。型パラメータを変更すると、コンパイラがリストの内容として許すものが変わる。

もしあなたが patronList に整数を入れようとしたら、コンパイラは、それを許さない。あなたが定義したリストに、試しに数値を入れてみよう。

リスト10-2：文字列のリストに整数を追加（Tavern.kt）

```
...
var patronList: List<String> = listOf("Eli", "Mordoc", "Sophie", 1)
...
```

IntelliJ は、整数が期待される型（String）と一致しないので警告を出す。List に型パラメータを使う理由は、List が**ジェネリック型**（generic type）だからだ。これは、どんな型のデータでもリストに格納できるという意味である。ジェネリックなリストは、（patronList のように）文字列のようなテキストデータでも、整数やダブルのような数値データでも、あなたが定義した新しい型さえも、格納できる（ジェネリックについては第 17 章で詳しく説明する）。

いまの変更を元に戻そう。それには IntelliJ のアンドゥ（undo）コマンド（[⌘] - [z] か [Ctrl] - [z]）を使える。

リスト10-3：リストの内容を修正（Tavern.kt）

```
...
var patronList: List<String> = listOf("Eli", "Mordoc", "Sophie", 1)
...
```

リストの要素をアクセスする

第 7 章で split 関数を使ったときのことを思い出そう。リストの要素は、どれでも要素のインデックスと [] 演算子を使ってアクセスできる。リストは**ゼロをインデックスとする**（zero-indexed）。したがって、「Eli」にはインデックス 0、「Sophie」にはインデックス 2 を使う。

Tavern.kt を書き換えて、最初の 1 人だけ表示するようにしよう。また、patronList から明示的な型情報を削除しよう。List が使う「パラメータ化された型」は、もう見たのだから、型推論を使う形式の、すっきりしたコードに戻して差し支えない。

リスト10-4：第 1 の顧客をアクセスする（Tavern.kt）

```
import kotlin.math.roundToInt
const val TAVERN_NAME = "Taernyl's Folly"

var playerGold = 10
var playerSilver = 10
val patronList: List<String> = listOf("Eli", "Mordoc", "Sophie")

fun main(args: Array<String>) {
    placeOrder("shandy,Dragon's Breath,5.91")

    println(patronList[0])
}
...
```

Tavern.kt を実行しよう。第 1 の顧客、Eli が表示されるはずだ。

List には、他にも便利なインデックスアクセス関数がある。最初の要素をアクセスする first や、最後の要素をアクセスする last などだ。

```
patronList.first() // Eli
patronList.last() // Sophie
```

インデックス境界と、安全なインデックスアクセス

要素をインデックスでアクセスするときには注意が必要だ。もし要素が存在しないインデックスを使ったら（たとえば要素が 3 つしかないリストで 4 番目の要素をアクセスしようとしたら）、ArrayIndexOutOfBoundsException 例外が発生する。

これを Kotlin の REPL で試してみよう（最初の行は Tavern.kt からコピーできる）。

リスト10-5：存在しないインデックスをアクセス（REPL）

```
val patronList = listOf("Eli", "Mordoc", "Sophie")
patronList[4]
```

結果は、java.lang.ArrayIndexOutOfBoundsException: 4 となる。

要素をインデックスでアクセスするだけで、例外が送出される可能性があるので、Kotlin は、この問題に対処できるよう、安全なインデックスアクセス関数という別の手段を提供している。もしインデックスが境界外でも、例外を送出するのではなく、何か他の結果を出すのだ。

たとえば、安全なインデックスアクセス関数の 1 つである getOrElse は、2 つの引数を取る。第 1 の引数は、要求するインデックスを（角カッコではなく丸カッコに入れて）渡す。第 2 の引数は

デフォルト値を生成するラムダだ。もし要求したインデックスが存在しなければ、getOrElseは例外を送出せず、代わりにラムダが作ったデフォルト値を返す。

REPLで試してみよう。

リスト10-6：getOrElseを試す（REPL）

```
val patronList = listOf("Eli", "Mordoc", "Sophie")
patronList.getOrElse(4) { "Unknown Patron" }
```

今度は、Unknown Patronという結果になる。無名関数が呼び出されてデフォルト値を生成したのは、存在しないインデックスを要求したからだ。

もう1つの安全なインデックスアクセス関数、getOrNullは、例外を送出する代わりにnullを返す。このgetOrNullを使うときは、第6章で見たように、nullの値をどう扱うかを決める必要がある。nullの値をデフォルトと合体させるのも選択肢の1つだ。getOrNullとnull合体演算子の組み合わせを、REPLで使ってみよう。

リスト10-7：getOrNullを試す（REPL）

```
val fifthPatron = patronList.getOrNull(4) ?: "Unknown Patron"
fifthPatron
```

この場合も、実行の結果はUnknown Patronになる。

リストの内容をチェックする

タバーンには、暗い隅っこも、裏の隠し部屋もある。幸い、誰がそこに入り、誰が出たのかは、注意深くて几帳面なタバーンの主人が、顧客リストに記録している。もしあなたが、特定の客がいるかどうかを尋ねたら、タバーンの主人は、そのリストを見て答えることができる。

特定の客がいるかどうかチェックできるように、contains関数を使ってTavern.ktを更新しよう。

リスト10-8：来客のチェック（Tavern.kt）

```
...
fun main(args: Array<String>) {
    if (patronList.contains("Eli")) {
        println("The tavern master says: Eli's in the back playing cards.")
    } else {
        println("The tavern master says: Eli isn't here.")
    }

    placeOrder("shandy,Dragon's Breath,5.91")

    println(patronList[0])
}
...
```

Tavern.ktを実行しよう。patronListは「Eli」を含んでいるので、コンソールにはplaceOrder

による出力の前に、`The tavern master says:  Eli's in the back playing cards.` が表示される（タバーンの主人が言う「Eli さんなら裏でカードをやってますよ」）。

`contains` 関数が、リストにある要素について、構造等値演算子と同じように構造の比較を行うことに注意しよう。

また、`containsAll` 関数を使えば、何人かの客がいるかどうかを一度にチェックできる。コードを更新して、Sophie と Mordoc が、2 人ともいるか、タバーンの主人に尋ねよう。

リスト10-9：複数の来客をチェックする（Tavern.kt）

```
...
fun main(args: Array<String>) {
    if (patronList.contains("Eli")) {
        println("The tavern master says: Eli's in the back playing cards. ")
    } else {
        println("The tavern master says: Eli isn't here.")
    }

    if (patronList.containsAll(listOf("Sophie", "Mordoc"))) {
        println("The tavern master says: Yea, they're seated by the stew kettle.")
    } else {
        println("The tavern master says: Nay, they departed hours ago.")
    }

    placeOrder("shandy,Dragon's Breath,5.91")
}
...
```

`Tavern.kt` を実行すると、次のように表示される。

```
The tavern master says: Eli's in the back playing cards.
The tavern master says: Yea, they're seated by the stew kettle.
                        （ええ、お 2 人の席はシチュー鍋の脇です）
...
```

リストの内容を変える

顧客がふいに来店したり、夜の闇が深まる前に帰ったりしたら、タバーンの主人は、その客の名前を `patronList` 変数に加えたり、削除したりする必要がある。いまは、それが可能ではない。

`listOf` が返すリードオンリーのリストは、内容を書き換えることができない。エントリの追加、削除、置換は許されないのだ。リストをリードオンリーにするのが名案なのは、不幸な間違いを防止できるからだ。たとえば何かの間違いでリストから顧客の名前を消してしまったら、哀れな顧客は寒い屋外に追い出されるかもしれない。

しかし顧客は自由にタバーンを出入りするのだから、`patronList` を更新が可能な型に変更する必要がある。Kotlin では、変更可能なリストを**ミュータブルリスト**（mutable list）と呼んでいる。ミュータブルリストを作るには、`mutableListOf` 関数を使う。

Tavern.kt を更新して、listOf の代わりに mutableListOf を使う。ミュータブルリストには、要素を追加、削除、更新する関数がある。数人の客が来たり帰ったりするのを、add 関数と remove 関数を使ってシミュレートしよう。

リスト10-10：顧客リストをミュータブルにする（Tavern.kt）

```
...
val patronList = listOf("Eli", "Mordoc", "Sophie")
val patronList = mutableListOf("Eli", "Mordoc", "Sophie")

fun main(args: Array<String>) {
    ...
    placeOrder("shandy,Dragon’s Breath,5.91")

    println(patronList)
    patronList.remove("Eli")
    patronList.add("Alex")
    println(patronList)
}
...
```

Tavern.kt を実行しよう。コンソールには、次のように出力される。

```
...
Madrigal exclaims Ah, d3l1c10|_|s Dr4g0n’s Br34th!
[Eli, Mordoc, Sophie]
[Mordoc, Sophie, Alex]
```

ところで、リストがリードオンリーかどうかは、リスト変数の定義に使う val や var のキーワードとは無関係だ。たとえ patronList の変数宣言を、現在の定義である val から var に変えたとしても、それでリストがリードオンリーから書き込み可能に変わるわけではない。patronList 変数に対して、新しい別のリストを代入できるようになるだけだ。

リストの**変更可能性**（mutability）は、そのリストの**型**によって定義されるもので、リストの中にある要素を変更できるかどうかを意味する。リストの要素を変更する必要があるときは、MutableList を使おう。その必要がないときは、List を使って変更可能性を制限するのが良い考えだ。

さきほどは、新しい要素をリストの末尾に追加したが、リスト内の特定の位置に追加することも可能だ。たとえば VIP な顧客がタバーンに来たら、タバーンの主人は、待ち行列に割り込ませることもできるのだ。

VIP な顧客で、偶然にも、やはり Alex という名前の人を、顧客リストの先頭に追加しよう（この Alex さんは、町ではよく知られた顔役で、誰よりも先に Dragon’s Breath を、1 杯やるのが大好きなんだ。それが、もう 1 人の Alex 君には、しゃくのタネなんだがね）。List は、同じ値を持つ複数の要素をサポートする。同じ名前がリストに 2 つあっても許されるのだから、もう 1 人の Alex を追加しても、リストそのものには問題が生じない。

リスト10-11：もう 1 人の Alex を追加する（Tavern.kt）

```
...
val patronList = mutableListOf("Eli", "Mordoc", "Sophie")

fun main(args: Array<String>) {
    ...
    placeOrder("shandy,Dragon's Breath,5.91")
    println(patronList)
    patronList.remove("Eli")
    patronList.add("Alex")
    patronList.add(0, "Alex")
    println(patronList)
}
...
```

もう一度 Tavern.kt を実行すると、次のように出力される。

```
...
[Eli, Mordoc, Sophie]
[Alex, Mordoc, Sophie, Alex]
```

patronList をリードオンリーからミュータブルリストに変えるため、さきほどはコードを書き換えて、listOf の代わりに mutableListOf を使った。けれども List には、実行中にリードオンリーのバージョンとミュータブルなバージョンの間でリストを移動させる関数もある。それが、toList と toMutableList だ。たとえば、ミュータブルな patronList から、そのリードオンリーバージョンを作るには、toList を使える。

```
val patronList = mutableListOf("Eli", "Mordoc", "Sophie")
val readOnlyPatronList = patronList.toList()
```

たとえば、有名なほうの Alex が「Alexis」と呼ばれたいとしよう。そのご意向を尊重するには、セット演算子（[]=）で patronList を書き換えることで、リストの最初のインデックスの位置にある文字列を、代入し直すことができる。

リスト10-12：セット演算子を使って、ミュータブルリストを変更する（Tavern.kt）

```
...
val patronList = mutableListOf("Eli", "Mordoc", "Sophie")

fun main(args: Array<String>) {
    ...
    placeOrder("shandy,Dragon's Breath,5.91")

    println(patronList)
    patronList.remove("Eli")
    patronList.add("Alex")
    patronList.add(0, "Alex")
```

```
    patronList[0] = "Alexis"
    println(patronList)
}
...
```

Tavern.kt を実行しよう。patronList が更新されて、Alexis 好みの名前になっている。

```
...
[Eli, Mordoc, Sophie]
[Alexis, Mordoc, Sophie, Alex]
```

ミュータブルリストの内容を変更する関数は、**ミューテータ関数**（mutator function）と呼ばれる。表 10–1 に、リストでもっともよく使われるミューテータ関数をあげる。

表10–1：ミュータブルリストのミューテータ関数

関数	説明	例

`[]=`
（セット演算子）
	インデックスの位置に値をセットする。もしインデックスが存在しなければ例外を送出する。	`val patronList = mutableListOf("Eli",`
		`"Mordoc",`
		`"Sophie")`
		`patronList[4] = "Reggie"`
		IndexOutOfBoundsException

`add`	リストの末尾に要素を 1 つ追加し、リストのサイズを要素 1 つ分増やす。	`val patronList = mutableListOf("Eli",`
		`"Mordoc",`
		`"Sophie")`
		`patronList.add("Reggie")`
		[Eli, Mordoc, Sophie, Reggie]
		
		`patronList.size`
		4

`add`
（インデックス指定付き）
	リストの特定のインデックスに要素を追加し、リストのサイズを要素 1 つ分増やす。もしインデックスが存在しなければ例外を送出する。	`val patronList = mutableListOf("Eli",`
		`"Mordoc",`
		`"Sophie")`
		`patronList.add(0, "Reggie")`
		[Reggie, Eli, Mordoc, Sophie]
		
		`patronList.add(5, "Sophie")`
		IndexOutOfBoundsException

`addAll`	リストと同じ型の内容を持つ、もう 1 つのコレクションを、すべてリストに追加する。	`val patronList = mutableListOf("Eli",`
		`"Mordoc",`
		`"Sophie")`
		
		`patronList.addAll(listOf("Reginald", "Alex"))`
		[Eli, Mordoc, Sophie, Reginald, Alex]

関数	説明	例
+= （加算代入演算子）	1個の要素または要素のコレクションを、リストに追加する。	mutableListOf("Eli", "Mordoc", "Sophie") += "Reginald" [Eli, Mordoc, Sophie, Reginald] mutableListOf("Eli", "Mordoc", "Sophie") += listOf("Alex", "Shruti") [Eli, Mordoc, Sophie, Alex, Shruti]
-= （減算代入演算子）	1個の要素または要素のコレクションを、リストから削除する。	mutableListOf("Eli", "Mordoc", "Sophie") -= "Eli" [Mordoc, Sophie] val patronList = mutableListOf("Eli", "Mordoc", "Sophie") patronList -= listOf("Eli", Mordoc") [Sophie]
clear	すべての要素をリストから削除する。	mutableListOf("Eli", "Mordoc", "Sophie").clear() []
removeIf	断言ラムダに基づいて、要素をリストから削除する。	val patronList = mutableListOf("Eli", "Mordoc", "Sophie") patronList.removeIf { it.contains("o") } [Eli]

10.2　反復処理

タバーンの主人は、どの顧客にも挨拶するのを忘れない（良き商売人の心得だ）。リストでは、組み込みサポートによりさまざまな関数を使って、個々の要素に同じアクションを実行できる。このコンセプトは、**反復処理**（iteration）と呼ばれる。

リストを反復処理する方法の1つは、`for` ループだ。そのロジックは、「リストにある、それぞれの要素について、何かを行う」ものだ。リストの要素に名前を付けると、Kotlin コンパイラは、その要素の型を自動的に検出してくれる。

`Tavern.kt` を更新して、個々の顧客に挨拶を出力するようにしよう（コンソール出力を整理するために、これまで `patronList` を更新して出力していたコードは削除する）。

リスト10-13：patronList を for で反復処理する（Tavern.kt）

```
...
fun main(args: Array<String>) {
    ...
    placeOrder("shandy,Dragon's Breath,5.91")

    println(patronList)
    patronList.remove("Eli")
    patronList.add("Alex")
    patronList.add(0, "Alex")
    patronList[0] = "Alexis"
    println(patronList)
    for (patron in patronList) {
        println("Good evening, $patron")
    }
}
...
```

Tavern.kt を実行すると、タバーンの主人は、それぞれの顧客の名前を呼んで挨拶する。

```
...
Good evening, Eli
Good evening, Mordoc
Good evening, Sophie
```

この場合、patronList の型が MutableList<String>なので、patron と名付けた要素の型は String になるはずだ。この for ループブロックの内側で patron を扱うコードは、どれも patronList の全部の要素に適用される。

Java など一部の言語では、ループ構文のデフォルトで、反復処理する配列またはコレクションのインデックスを使う必要がある。これは、しばしば面倒だが、便利なときもある。構文が冗長で、あまり読みやすくないけれど、反復処理を細かく指定できるのだ。

Kotlin では、すべての for ループが（インデックスではなく）反復処理に依存する。もしあなたが Java や C#などに馴染んでいるのなら、その処理は、それらの言語にある foreach ループと等価なものだ。

Java に親しんでいる読者は、このことを知って驚くかもしれない。Java では一般的な、for(int i = 0; i < 10; i++) { ... } という書き方は、Kotlin では不可能なのだ。そういう for ループは、Kotlin では for(i in 1..10) { ... } と書く。ただしバイトコードのレベルでは、コンパイラが（もし可能であれば、性能を改善するために）Kotlin の for ループを最適化して、Java のバージョンを使うようにする。

in というキーワードに注目しよう。

```
for (patron in patronList) { ... }
```

in によって、for ループで反復処理するオブジェクトを指定する。

for ループは単純で読みやすいが、関数的なコーディングが好ましいときは、ループに forEach 関数を使うというオプションもある。

forEach 関数は、リストの要素を 1 つ 1 つ、左から右へと巡回する。そして個々の要素を、あなたが提供した無名関数に、引数として渡す。

さきほどの for ループを、forEach 関数で置き換えよう。

リスト10-14：patronList を forEach で反復処理する（Tavern.kt）

```
...
fun main(args: Array<String>) {
    ...
    placeOrder("shandy,Dragon's Breath,5.91")

    for (patron in patronList) {
    patronList.forEach { patron ->
        println("Good evening, $patron")
    }
}
...
```

Tavern.kt を実行すると、前と同じ出力が得られる。for ループと forEach 関数は、機能的に等価である。

Kotlin の for ループも forEach 関数も、舞台裏でインデックスを扱う。もしリストを反復処理するときに、個々の要素をインデックスでアクセスしたければ、forEachIndexed を使える。forEachIndexed を使って、注文待ちの客の順位を表示するように、Tavern.kt を更新しよう。

リスト10-15：forEachIndexed で順位を表示する（Tavern.kt）

```
...
fun main(args: Array<String>) {
    ...
    placeOrder("shandy,Dragon's Breath,5.91")

    patronList.forEachIndexed { index, patron ->
        println("Good evening, $patron - you're #${index + 1} in line.")
    }
}
...
```

もう一度、Tavern.kt を実行すると、客への挨拶が順位付きで現れる。

```
...
Good evening, Eli - you're #1 in line.
（こんばんは、Eli さん。あなたが 1 番です）
Good evening, Mordoc - you're #2 in line.
Good evening, Sophie - you're #3 in line.
```

forEach 関数と forEachIndexed 関数は、リスト以外の、ある種の Kotlin の型にも利用できる。

それらの型は、Iterable（イテラブル）というカテゴリーに属するものだ。List、Set、Map のほか、0..9 といった範囲を作る、第 7 章で見た IntRange や、その他のコレクション型が Iterable だ。イテラブルは反復処理をサポートする。言い換えると、イテラブルでは、格納している要素を巡回して、個々の要素に何らかのアクションを実行することが可能である。

タバーンのシミュレーションを続けよう。それぞれの顧客が、Dragon’s Breath を 1 杯注文するようにしたい。そのためには、placeOrder の呼び出しを、forEachIndexed に渡すラムダの中に移動して、リストの各顧客について呼び出すようにしたい。Madrigal 以外の客も注文を出すのだから、placeOrder を更新して、注文を出す客の名前を受け取るようにする。

また、placeOrder にある performPurchase の呼び出しはコメンアウトしておく（この機能は次の章で復活させる）。

リスト10-16：複数の注文をシミュレートする（Tavern.kt）

```
...
fun main(args: Array<String>) {
    ...
    placeOrder("shandy,Dragon's Breath,5.91")

    patronList.forEachIndexed { index, patron ->
        println("Good evening, $patron - you're #${index + 1} in line.")
        placeOrder(patron, "shandy,Dragon's Breath,5.91")
    }
}
...

private fun placeOrder(patronName: String, menuData: String) {
    val indexOfApostrophe = TAVERN_NAME.indexOf('´')
    val tavernMaster = TAVERN_NAME.substring(0 until indexOfApostrophe)
    println("Madrigal speaks with $tavernMaster about their order.")
    println("$patronName speaks with $tavernMaster about their order.")

    val (type, name, price) = menuData.split(',')
    val message = "Madrigal buys a $name ($type) for $price."
    val message = "$patronName buys a $name ($type) for $price."
    println(message)

//    performPurchase(price.toDouble())

    val phrase = if (name == "Dragon's Breath") {
        "Madrigal exclaims: ${toDragonSpeak("Ah, delicious $name!")}"
        "$patronName exclaims: ${toDragonSpeak("Ah, delicious $name!")}"
    } else {
        "Madrigal says: Thanks for the $name."
        "$patronName says: Thanks for the $name."
    }
    println(phrase)
}
```

Tavern.kt を実行すると、タバーンは、ずいぶんにぎやかになっている。3 人の客が次々に、自分にも Dragon's Breath を、と注文しているのだ。

```
The tavern master says: Eli's in the back playing cards.
The tavern master says: Yea, they're seated by the stew kettle.
Good evening, Eli - you're #1 in line.
Eli speaks with Taernyl about their order.
Eli buys a Dragon's Breath (shandy) for 5.91.
Eli exclaims: Ah, d3l1c10|_|s Dr4g0n's Br34th!
Good evening, Mordoc - you're #2 in line.
Mordoc speaks with Taernyl about their order.
Mordoc buys a Dragon's Breath (shandy) for 5.91.
Mordoc exclaims: Ah, d3l1c10|_|s Dr4g0n's Br34th!
Good evening, Sophie - you're #3 in line.
Sophie speaks with Taernyl about their order.
Sophie buys a Dragon's Breath (shandy) for 5.91.
Sophie exclaims: Ah, d3l1c10|_|s Dr4g0n's Br34th!
```

`Iterable` なコレクションがサポートするさまざまな関数を使うと、コレクションの、それぞれの要素について実行したいアクションを定義できる。`Iterable` と、その他の反復処理関数については、第 19 章で詳しく学ぶことになる。

10.3 ファイルを List に読み込む

バラエティ（多様さ）は人生の香辛料だ。タバーンの主人も、顧客がメニュー項目にバラエティを期待することは承知している。けれども、いま売っている項目は Dragon's Breath だけだ。はやくメニューに項目を並べて、客が選べるようにしなければいけない。

タイプする手間を省くために、私たちはテキストファイルでメニューデータを定義して、NyetHack にロードできるように準備した。このファイルには、現在の Dragon's Breath と同じフォーマットのメニュー項目が、データとして含まれている。

まずは、データのために新しいフォルダを作ろう。プロジェクトツールウィンドウで、NyetHack プロジェクトを右クリックし、［New］→［Directory］を選択する（図 10-1）。

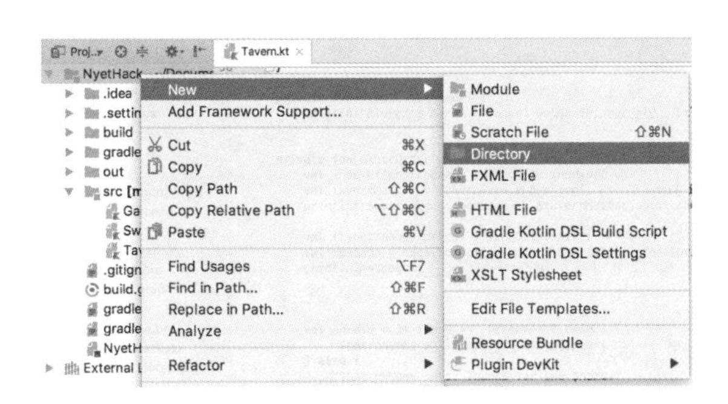

図10-1：新しいディレクトリを作る

ディレクトリ名は、data とする。

次に、メニューデータをダウンロードして（https://bignerdranch.com/solutions/tavern-menu-data.txt)、いま作成した data フォルダに、tavern-menu-items.txt という名前[1]のファイルとして保存する。

こうすれば、Tavern.kt を更新して、このファイルからテキストを文字列に読み込み、その結果の文字列に対して split を呼び出すことができる。Tavern.kt の先頭で java.io.File をインポートするのを、お忘れなく。

リスト10-17：ファイルからメニューデータを読み込む（Tavern.kt）

```
import java.io.File
...
val patronList = mutableListOf("Eli", "Mordoc", "Sophie")
val menuList = File("data/tavern-menu-items.txt")
                    .readText()
                    .split("\n")
...
```

java.io.File 型は、ファイルのパスを提供して特定のファイルを扱うために使う。

File の readText 関数は、そのファイルの内容を 1 個の String に入れて返す。それに対して（第 7 章で行ったように）split 関数を使うと、エスケープシーケンスの'\n' が表現する改行キャラクタによって分割された、リストが返される。

それから、menuList に対して forEachIndexed を呼び出せば、List の各エントリを、インデックスを付けて出力することができる。

リスト10-18：多彩になったメニューを出力する（Tavern.kt）

```
...
fun main(args: Array<String>) {
    ...
    patronList.forEachIndexed { index, patron ->
        println("Good evening, $patron - you're #${index + 1} in line.")
        placeOrder(patron, "shandy,Dragon's Breath,5.91")
    }

    menuList.forEachIndexed { index, data ->
        println("$index : $data")
    }
}
...
```

Tavern.kt を実行すると、List にロードされたメニューデータが、出力されるはずだ[2]。

---

[1] **訳注**：URL とファイル名が違うことに注意!

[2] **訳注**：最後に「5 :」だけの行が出力される場合、ファイルから最後の行の末尾にある改行を削除しよう。そうしないと、そのうちにロジックが破綻して例外が出る事態になる。Windows では改行コードが \r\n である点にも注意。

```
...
0 : shandy,Dragon's Breath,5.91
1 : elixir,Shirley's Temple,4.12
2 : meal,goblet of LaCroix,1.22
3 : desert dessert,pickled camel hump,7.33
4 : elixir,iced boilermaker,11.22
```

これで menuList をロードできたので、客がそれぞれメニューからランダムに選んだものを、注文するようにしよう。

リスト10-19：ランダムな注文を出す（Tavern.kt）

```
...
fun main(args: Array<String>) {
    ...
    patronList.forEachIndexed { index, patron ->
        println("Good evening, $patron - you're #${index + 1} in line.")
        placeOrder(patron, "shandy,Dragon's Breath,5.91")
        placeOrder(patron, menuList.shuffled().first())
    }

    menuList.forEachIndexed { index, data ->
        println("$index : $data")
    }
}
...
```

Tavern.kt を実行しよう。客がそれぞれ、メニューの項目をランダムに選んで注文するようになる。

10.4 分解

リストには、それが含んでいる要素を（最初から 5 つまで）分解する機能もある。第 7 章で見たように、「分解」（destructuring）を使うと 1 個の式のなかで、複数の変数を宣言して代入することができる。次の**分解宣言**（destructuring declaration）を使って、メニューデータの要素を分解する。

```
val (type, name, price) = menuData.split(',')
```

この宣言は、split 関数が返すリストから、最初の 3 つの要素を分解し、それらの文字列値を type、name、price という名の変数に代入する。

ところで、リストから欲しい要素だけ選んで分解することも可能だ。それには、_記号を使って不要な要素をスキップすればよい。たとえばタバーンの主人が、王国でもっとも優れたソードジャグラーに金銀銅のメダルを渡したいのに、うっかり銀メダルをなくしてしまったとしよう。顧客リストを分割した結果から、第 1 と第 3 の値だけを取り出すには、次のように書くことができる。

```
val (goldMedal, _, bronzeMedal) = patronList
```

10.5 セット（集合）

リストでは、すでに見たように、要素の重複が許される（そして要素に順序があるので、重複した要素でも位置によって識別できる）。けれども、アイテムがユニークだと保証されるコレクションが欲しいときもある。そういうときには、Set（集合）を使う。

Set は、多くの点で List に似ている。どちらでも同じ反復処理関数を使えるし、Set にもリードオンリーとミュータブルのバージョンがある。

けれども、リストと集合には2つ、大きな違いがある。集合の要素はユニークであり、Set は「インデックスベースのミューテータ関数」(index-based mutator) を提供しない。なぜなら、集合の要素は、特定の順序に並ぶことが保証されないからだ（といっても、特定のインデックス位置にある要素を読むことは可能である。それについては、もう少し後で説明しよう）。

Set の作成

listOf 関数を使ってリストを作るのと同じように、setOf 関数を使って Set を作成できる。

REPL で集合を作ってみよう。

リスト10-20：Set の作成（REPL）

```
val planets = setOf("Mercury", "Venus", "Earth")
planets
["Mercury", "Venus", "Earth"]
```

もし重複のある planets 集合を作ろうとしたら、その集合には複数あるはずだった要素が1つだけ残される。

リスト10-21：重複のある集合の作成を試みる（REPL）

```
val planets = setOf("Mercury", "Venus", "Earth", "Earth")
planets
["Mercury", "Venus", "Earth"]
```

重複した第2の「Earth」は、集合から削除される。

List と同じく、集合が特定の要素を含むかどうかも、contains か containsAll でチェックできる。REPL で contains 関数を使ってみよう（地球は惑星に含まれるが、冥王星は含まれない）。

リスト10-22：planets の要素をチェックする（REPL）

```
planets.contains("Earth")
true

planets.contains("Pluto")
false
```

Set では要素にインデックスを使えない。つまり、組み込みの [] 演算子が提供されないので、インデックス指定で要素をアクセスすることができない。ただし、特定のインデックス位置にある要素を要求することは可能である。反復処理でそれを行う関数を使えばよいのだ。elementAt 関数を使って、集合から第 3 惑星を読み出すコードを、REPL で使ってみよう。

リスト10-23：第 3 惑星を見つける（REPL）

```
val planets = setOf("Mercury", "Venus", "Earth")
planets.elementAt(2)
Earth
```

これは使えるコードだが、集合でインデックスベースのアクセスを行うのは、リストでインデックスベースのアクセスを行うより桁違いに遅い。それは、elementAt の実装方法に原因がある。集合に対して elementAt を呼び出すと、あなたが提供したインデックスに至るまで、その集合を 1 度に 1 要素ずつ、反復処理する。したがって、もっと大きな集合で数が大きなインデックスを使うと、リストの要素をインデックスでアクセスするより、ずっと遅くなる。インデックスベースのアクセスを行いたいときは、たぶん Set ではなく List が欲しいだろう。

また、Set にミュータブルなバージョンがある（もう少し後で見る）といっても、インデックスに依存するミューテータ関数（たとえば List の add(index, element) 関数に相当するもの）が Set にあるわけではない。

とはいえ、Set には、要素の重複を排除するという非常に便利な機能がある。だとしたら、ユニークな要素と、高性能なインデックスベースのアクセスと、両方とも欲しいプログラマは、どうすればいいのか。両方とも利用しよう。

重複を避けるために Set を作成し、インデックスベースのアクセスまたはミューテータ関数が必要なときには、それを List に変換するのだ。

タバーンシミュレーションのため、もっと本格的に顧客名リストを開発するときは、まさしく、それを行うことになる。

集合に要素を追加する

タバーンに、ある種の多様性を与えるため、顧客の名前をランダムに生成することにしよう。それには姓と名とのリストを使う。Tavern.kt を更新して、ラストネームのリストを追加し、forEach を使って、patronList から取るファーストネームと、ラストネームとの、ランダムな組み合わせを 10 個、生成する（0..9 というような「範囲」が、イテラブルだということを思い出そう）。

顧客への挨拶とメニューからの注文を作る、2 つの forEachIndexed 呼び出しは、削除する。もう少し後で、代わりにユニークな顧客リストを反復処理する。

リスト10–24：10人の客の名前をランダムに生成する（Tavern.kt）

```
...
val patronList = mutableListOf("Eli", "Mordoc", "Sophie")
val lastName = listOf("Ironfoot", "Fernsworth", "Baggins")
val menuList = File("data/tavern-menu-items.txt")
                                    .readText()
                                    .split("\n")

fun main(args: Array<String>) {
    ...
    patronList.forEachIndexed { index, patron ->
        println("Good evening, $patron - you're #${index + 1} in line.")
        placeOrder(patron, menuList.shuffled().first())
    }
    menuList.forEachIndexed { index, data ->
        println("$index : $data")
    }
    (0..9).forEach {
        val first = patronList.shuffled().first()
        val last = lastName.shuffled().first()
        val name = "$first $last"
        println(name)
    }
}
...
```

Tavern.kt を実行しよう。すると、10人分のランダムな名前が出力される。次と同じになるとは限らないが、似たような結果になる。そして姓名の組み合わせが重複した名前も現れるだろう。

```
...
Eli Baggins
Eli Baggins
Eli Baggins
Eli Ironfoot
Sophie Baggins
Sophie Fernsworth
Sophie Baggins
Eli Ironfoot
Eli Ironfoot
Sophie Fernsworth
```

タバーンのシミュレーションでは、ユニークな顧客名が必要だ。もうじきタバーンの帳簿で、個々の客のユニークな名前に、貸借の金額を割り当てることになるからだ。もし顧客の名前に重複があったら、人違いで迷惑を被る人が出るかもしれない。

リストから名前の重複を削除するため、それぞれの名前を1個の集合に追加する。重複する名前は集合から落とされるので、ユニークな要素だけが残る。

空のミュータブル集合を定義してから、ランダムに生成した顧客名を、それに追加していく。

リスト10-25：集合を使って名前のユニークさを保証する（Tavern.kt）

```
...
val lastName = listOf("Ironfoot", "Fernsworth", "Baggins")
val uniquePatrons = mutableSetOf<String>()
val menuList = File("data/tavern-menu-items.txt")
                                .readText()
                                .split("\n")

fun main(args: Array<String>) {
    ...
    (0..9).forEach {
        val first = patronList.shuffled().first()
        val last = lastName.shuffled().first()
        val name = "$first $last"
        println(name)
        uniquePatrons += name
    }
    println(uniquePatrons)
}
...
```

空集合として宣言している uniquePatrons には型推論を使えないから、これに格納できる要素の型を、mutableSetOf<String>と明示的に指定する必要がある。それから、+=演算子を使って、10 回の反復処理で名前を uniquePatrons に代入する。

もう一度 Tavern.kt を実行しよう。こんどはユニークな名前しか集合に入らないので、顧客の数は 10 より少なくなるだろう。

```
...
[Eli Fernsworth, Eli Ironfoot, Sophie Baggins, Mordoc Baggins, Sophie Fernsworth]
```

MutableSet は、MutableList と同じように要素の追加と削除をサポートするが、インデックスベースのミューテータ関数は提供しない。表 10–2 に、もっとも一般に使われる MutableSet（ミュータブル集合）のミューテータ関数をあげる。

表10-2：MutableSetのミューテータ関数

関数	説明	例
`add`	値を集合に追加する。	`mutableSetOf(1,2).add(3)` [1,2,3]
`addAll`	他のコレクションの全部の要素を、集合に追加する。	`mutableSetOf(1,2).addAll(listOf(1,5,6))` [1,2,5,6]
`+=`（加算代入演算子）	値（複数でもよい）を集合に追加する。	`mutableSetOf(1,2) += 3` [1,2,3]

`-=`（減算代入演算子）	値（複数でもよい）を集合から削除する。	`mutableSetOf(1,2,3) -= 3`
		[1,2]
		`mutableSetOf(1,2,3) -= listOf(2,3)`
		[1]

`remove`	要素を集合から削除する。	`mutableSetOf(1,2,3).remove(1)` [2,3]
`removeAll`	集合から、他のコレクションにある要素を、すべて削除する。	`mutableSetOf(1,2).removeAll(listOf(1,5,6))` [2]
`clear`	すべての要素を集合から削除する。	`mutableSetOf(1,2).clear()` []

10.6　whileループ

これでユニークな顧客のリストができたから、彼らがメニューからランダムに注文を出すようにしよう。ただし、このセクションではコレクションを巡回するのに別のフロー制御機構を使う。`while`ループだ。

`for`ループは、一連の要素に対してコードを順に実行する場合に最適なフロー制御機構だ。けれども、反復処理を許さない状態があるときは、`while`ループを使うのが適している。

`while`ループは、「何らかの条件が真である間は、このブロックのコードを実行せよ」というロジックだ。今度は正確に10個の注文を生成したいので、`var`を使って生成し終えた注文の数を追跡管理し、10個の注文を出し終わるまで、`while`ループを使って注文の生成を続行する。

`while`ループで集合を反復処理して、合計10個の注文を出すように、`Tavern.kt`を更新しよう。

リスト10-26：ユニークな顧客がランダムな注文を出す（`Tavern.kt`）

```
...
fun main(args: Array<String>) {
    ...
    println(uniquePatrons)

    var orderCount = 0
    while (orderCount <= 9) {
        placeOrder(uniquePatrons.shuffled().first(),
                menuList.shuffled().first())
        orderCount++
```

```
    }
}
...
```

インクリメント演算子 (increment operator) の++によって、反復するたびに、orderCount の値に 1 が追加される。

Tavern.kt を実行しよう。今回は、生成された顧客たちから 10 個の注文が、次のような具合に出される。

```
Sophie Ironfoot speaks with Taernyl about their order.
Sophie Ironfoot buys a Dragon's Breath (shandy) for 5.91.
Sophie Ironfoot exclaims: Ah, d3l1c10|_|s Dr4g0n's Br34th!
Mordoc Fernsworth speaks with Taernyl about their order.
Mordoc Fernsworth buys a Dragon's Breath (shandy) for 5.91.
Mordoc Fernsworth exclaims: Ah, d3l1c10|_|s Dr4g0n's Br34th!
Eli Baggins speaks with Taernyl about their order.
Eli Baggins buys a pickled camel hump (desert dessert) for 7.33.
Eli Baggins says: Thanks for the pickled camel hump.
...
```

while ループでは、状態管理用にカウンタなどの変数を作り、それを管理する必要がある。ここでは最初に orderCount の値を 0 として、ループを繰り返すたびにインクリメントする。for ループと比べると、while ループには、「繰り返しの回数とは別の状態」を表現できるという柔軟性がある。ここでは、orderCount というカウンタをインクリメントすることで、それを行っている。

while ループと、他の種類のフロー制御（たとえば第 3 章で見た条件）を組み合わせることで、もっと複雑な状態を表現することができる。真偽値による条件の例を考えてみよう。

```
var isTavernOpen = true
val isClosingTime = false
while (isTavernOpen == true) {
    if (isClosingTime) {
        isTavernOpen = false
    }

    println("Having a grand old time!")
}
```

この例で while ループによる反復処理が続行されるのは、isTavernOpen が真のときに限られる。この変数は、ブール値で表現される状態を追跡管理している。この方法は非常に強力だが、危なっかしい場合もある。たとえば、もし isTavernOpen が決して偽にならなければ、いったいどうなるだろう？　この while ループは永久に繰り返され、プログラムは「ハング」する（つまり、いつまでも実行が終わらない）。while を使うときは、この点に注意が必要だ。

10.7　break 式

while ループから抜け出す方法の 1 つは、それが依存している状態を変えることだ。もう 1 つの方法が、break 式[3]である。上記の例で while ループは、isTavernOpen が真である間、繰り返し実行される。ループを終わらせるには、たとえ isTavernOpen の値を偽に変えなくても、break 式に到達すれば、ループは即座に停止する。

```
var isTavernOpen = true
val isClosingTime = false
while (isTavernOpen == true) {
    if (isClosingTime) {
        break
    }

println("Having a grand old time!")
}
```

break がなければ、「Having a grand old time!」（楽しい時間を過ごしているよ!）というメッセージは、isClosingTime の値が変更された後に、もう 1 度だけ出力される。break があれば、楽しい時間が中断されて、実行はループから即座に離れる。

ただし break は、プログラム全体の実行を停めるのではない。呼び出したループから出るだけで、プログラムの実行は、その後も続けられる。break は、どんなループや条件文からでも、その外にジャンプできるので、非常に便利に使える。

10.8　コレクションの変換

NyetHack では、ユニークな顧客名のミュータブル集合を作るのに、リストの要素を 1 つずつ集合に追加している。もう 1 つの作り方として、toSet 関数を使ってリストを集合に変換することもできる。逆に、toList 関数を使って集合をリストに変換することも可能だ（ミュータブルなコレクションを作るには、toMutableSet か toMutableList を使う）。よくある用途の 1 つは、リストからユニークではない要素を削除することだ。下記の例を REPL で実験しよう。

リスト10-27：リストを集合に変換する（REPL）

```
listOf("Eli Baggins", "Eli Baggins", "Eli Ironfoot").toSet()
[Eli Baggins, Eli Ironfoot]
```

---

[3] **訳注**：「break 式」（break expression）は、馴染みのない呼び方かもしれない（Java では break 文と呼ぶ）。公式ドキュメントの「リファレンス」（https://kotlinlang.org/docs/reference/returns.html）によれば、Kotlin の return と break と continue は、構造的ジャンプ式（dtructural jump expression）であり、式の型は Nothing 型である。

リストを集合に変換して重複をなくした後で、インデックスベースの高速なアクセスを行いたければ、集合をリストに変換して戻すことができる。

リスト10-28：集合をリストに変換して戻す（REPL）

```
val patrons = listOf("Eli Baggins", "Eli Baggins", "Eli Ironfoot")
            .toSet()
            .toList()
patrons
[Eli Baggins, Eli Ironfoot]
patrons[0]
Eli Baggins
```

このように、重複を削除してからインデックスベースのアクセスを復活させることは、ごく一般的なニーズなので、Kotlin では `List` に、内部的に `toSet` と `toList` を呼び出す `distinct` という関数を持たせている。

リスト10-29：**distinct** を呼び出す（REPL）

```
val patrons = listOf("Eli Baggins", "Eli Baggins", "Eli Ironfoot").distinct()
patrons
[Eli Baggins, Eli Ironfoot]
patrons[0]
Eli Baggins
```

集合は、それぞれの要素がユニークな、一連のデータを表現するのに便利なコレクションだ。次の章では、Kotlin の 4 種類のコレクションの、残りの 1 つであるマップについて学び、タバーンのシミュレーションを完了する。

10.9　もっと知りたい？　各種の配列型

Java を使ってきた読者なら、Java が配列のプリミティブ定義をサポートすることを御存じだろう。プリミティブは、この章で使った `List` や `Set` のような参照型とは違うのだ。Kotlin も、`Array` と呼ばれる各種の参照型をサポートしていて、それらはコンパイルされると Java のプリミティブ配列になる。`Array` は、おもに Kotlin と Java の間の相互運用性をサポートすることが目的である。

あなたが次のような Java メソッドを持っていて、それを Kotlin から呼び出したいと仮定しよう。

```
static void displayPlayerAges(int[] playerAges) {
    for(int i = 0; i < ages.length; i++) {
        System.out.println("age: " + ages[i]);
    }
}
```

この `displayPlayerAges` が期待しているパラメータ、`int[] playerAges` は、`int` プリミティブの Java プリミティブ配列だ。Java の `displayPlayerAges` メソッドを Kotlin から呼び出すと

きには、次のように書くだろう。

```
val playerAges: IntArray = intArrayOf(34, 27, 14, 52, 101)
displayPlayerAges(playerAges)
```

ここで、IntArray 型と、呼び出している intArrayOf 関数に注目しよう。List と同じく、IntArray も、一連の要素を表現するが、その要素は整数に限られる。List と違って、IntArray はバイトコードにコンパイルされたときに、はじめてプリミティブ型による援助を受ける。この Kotlin コードをコンパイルすると、呼び出される Java の displayPlayerAges に必要なプリミティブ int 配列と、完全にマッチするバイトコードが生成される。

Kotlin のコレクションを、必要に応じて Java プリミティブ配列型に変換するには、組み込みの変換関数を使う方法もある。たとえば整数のリストを IntArray に変換するには、List の toIntArray 関数を使える。こうすればコレクションを int 配列に変換できるが、その変換は、Java の関数にプリミティブ配列を提供する必要があるところに限って行われる。

```
val playerAges: List<Int> = listOf(34, 27, 14, 52, 101)
displayPlayerAges(playerAges.toIntArray())
```

表 10–3 に、配列型と、それを作る関数のリストをあげる。

表10–3：配列型

配列型	作成関数
IntArray	intArrayOf
DoubleArray	doubleArrayOf
LongArray	longArrayOf
ShortArray	shortArrayOf
ByteArray	byteArrayOf
FloatArray	floatArrayOf
BooleanArray	booleanArrayOf
Array[4]	arrayOf

原則として、たとえば Java コードとの相互運用性が必要な場合など、やむを得ない理由がなければ、あくまで List のようなコレクション型を使うべきだ。Kotlin のコレクションが、ほとんどの場合に適した選択肢となる理由は、コレクションなら「リードオンリー」と「イミュータブル」の概念が提供され、より頑強な機能集合がサポートされるからだ。

4 Array は、どの参照型でも格納可能なプリミティブ配列にコンパイルされる。

10.10 もっと知りたい？ リードオンリーかイミュータブルか

本書を通じて、私たちはイミュータブル（immutable）よりもリードオンリー（read-only）という言葉を、好んで使ってきた（必ずではない）。けれども、その理由を説明していなかった。いま理由を示そう。「イミュータブル」は、「変更できない」という意味だが、この言葉を Kotlin のコレクション（および、その他のある種の型）に使うのは、誤解を招きやすい、というのが私たちの意見なのだ。それらは、実際には、変化する可能性がある。リストを使う例を、いくつか見ていこう。

次に、2 つの `List` の宣言がある。これらは `val` 宣言されているので、リードオンリーだ。ところが、それぞれのリストに格納される要素は、ミュータブルなリストである。

```
val x = listOf(mutableListOf(1,2,3))
val y = listOf(mutableListOf(1,2,3))

x == y
true
```

ここまでは、良いだろう。`x` と `y` には、同じ値が代入され、`List` API は、特定の要素を追加／削除／置換するための関数を、1 つも公開しない。

けれども、この 2 つのリストに含まれているのはミュータブルリストで、**それらの内容は書き換え可能**である。

```
val x = listOf(mutableListOf(1,2,3))
val y = listOf(mutableListOf(1,2,3))
x[0].add(4)

x == y
false
```

`x` と `y` を構造的に比較した結果が偽と評価されるのは、`x` の内容が変更されたからだ。イミュータブルな（変更不能な）リストが、こんな挙動をして良いだろうか？ 私たちは、良くないと思うのだ。

もう 1 つ例をあげる。

```
var myList: List<Int> = listOf(1,2,3)
(myList as MutableList)[2] = 1000
myList
[1, 2, 1000]
```

この例で、`myList` は `MutableList` 型にキャストされる。つまりコンパイラは、`myList` を（`listOf` で作成されたという事実に反して）ミュータブルリストとして扱うように指示される（キャスティングについては、第 14 章と第 16 章に詳しい説明がある）。このキャストによって、`myList`

の第3の要素は、値が変更できるようになる。これも、やはり「変更不能」というラベルがついたものに期待される振る舞いではない。

Kotlin の List は、変更不能性を強制しない。変更不能な使い方をすれば、そうなるよ、というだけだ。Kotlin の List が「変更不能」だというのは表面だけの話だから、何かの理由でこの言葉を使うとしても、そのことを忘れないようにしよう。

10.11 チャレンジ！ タバーンメニューのフォーマット

第一印象は、長く記憶に残るという。タバーンの客が最初に見るものの1つは、メニューだ。このチャレンジでは、メニューの印象を良くするために、より洗練されたバージョンを生成する。アイテムの名前をキャピタライズして、均一に割り付ける。価格を入れ、それらを小数点に基づいて整列させる。メニュー全体を、見栄えが良いブロックに整形する。

次のような出力が得られるようにしよう。

```
*** Welcome to Taernyl's Folly ***

Dragon's Breath...............5.91
Shirley's Temple..............4.12
Goblet of LaCroix.............1.22
Pickled Camel Hump............7.33
Iced Boilermaker.............11.22
```

ヒント：各行に必要なパディングの量を計算するには、メニューアイテムのリストでもっとも長い文字列を使う。

10.12 チャレンジ！ より高度なタバーンメニューのフォーマット

さきほどのメニュー整形コードをもとにして、要素を種類で分類したグループに入れて並べる。出力は、だいたい次のようにする。

```
*** Welcome to Taernyl's Folly ***
          ~[shandy]~
Dragon's Breath...............5.91
          ~[elixir]~
Iced Boilermaker.............11.22
Shirley's Temple..............4.12
          ~[meal]~
Goblet of LaCroix.............1.22
      ~[desert dessert]~
Pickled Camel Hump............7.33
```

第11章 マップ

Kotlin でよく使われている 3 番目のコレクションは、マップだ。Map 型には、List や Set との共通点がたくさんある。これら 3 つの型は、どれも一連の要素をグループ化し、デフォルトではリードオンリーであり、内容の型をコンパイラに知らせるのに型パラメータを使い、反復処理をサポートする。

リストや集合と違うのは、マップの要素だ。それは、あなたが定義する「キーと値のペア」(key-value pair) で構成される。そして、整数を使うインデックスベースのアクセスの代わりにマップが提供するのは、あなたが指定する型を使って行うキーベースのアクセスである。**キー** (key) は、マップのなかで値を識別するユニークな存在だ。それに反して、値はユニークである必要がない。このため、Map には、もう 1 つ Set と共通する特徴がある。つまり、マップのキーは、集合の要素と同じく、ユニークであることが保証される。

11.1 マップの作成

リストや集合と同様に、マップも関数を使って作成する。それらの名前は、mapOf と mutableMapOf だ。Tavern.kt で、それぞれの顧客の財布に入っている金額を表現するマップを作ろう（引数の構文は、あとで説明する)。

リスト11-1：リードオンリーマップの作成（Tavern.kt）

```
...
var uniquePatrons = mutableSetOf<String>()
val menuList = File("data/tavern-menu-items.txt")
                              .readText()
                              .split("\n")
val patronGold = mapOf("Eli" to 10.5, "Mordoc" to 8.0, "Sophie" to 5.5)

fun main(args: Array<String>) {
    ...
    println(uniquePatrons)

    var orderCount = 0
```

```
    while (orderCount <= 9) {
        placeOrder(uniquePatrons.shuffled().first(),
        menuList.shuffled().first())
        orderCount++
    }

    println(patronGold)
}
...
```

マップでは、どれも同じ型のキー、どれも同じ型の値でなければならないが、キーと値には違う型を使える。このマップは、キーが文字列で、値がダブルだ。ここでは型推論を使っているが、もし明示的な型情報を入れたければ、次のようになる。

```
val patronGold: Map<String, Double>.
```

Tavern.kt を実行しよう。マップは、波カッコに囲まれて表示される。これに対してリストと集合は、どちらも角カッコに囲まれて表示される。

```
The tavern master says: Eli's in the back playing cards.
The tavern master says: Yea, they're seated back by the stew kettle.
...
{Eli=10.5, Mordoc=8.0, Sophie=5.5}
```

マップで各エントリ（キーと値）を定義するのに、to を使った。

```
...
mapOf("Eli" to 10.75, "Mordoc" to 8.25, "Sophie" to 5.50)
```

to はキーワードのように見えるが、実際にはドットや、引数を囲むカッコを省略できる特殊な関数だ。これについては第 18 章で詳しく学ぶ。この to 関数は、その左辺と右辺の値を 1 個の Pair（ペア）に変換する。ペアは、2 個の要素で構成されるグループを表現する型だ。

Map は、キーと値の Pair を使って構築される。実際、マップのエントリを定義するには、次のような書き方も使えるのだ（REPL で、やってみよう）。

リスト11-2：Pair 型を使ってマップを定義する（REPL）

```
val patronGold = mapOf(Pair("Eli", 10.75),
Pair("Mordoc", 8.00),
Pair("Sophie", 5.50))
```

ただし、この構文よりも、to 関数を使ってマップを作る方が明快になる。ところで、さきほど「マップのキーはユニークでなければならない」と述べたが、もし重複するエントリをマップに追加したら、どうなるだろうか? REPL で、「Sophie」をキーとするエントリを、もう 1 つ追加してみよう。

リスト11-3：重複するキーの追加（REPL）

```
val patronGold = mutableMapOf("Eli" to 5.0, "Sophie" to 1.0)
patronGold += "Sophie" to 6.0
println(patronGold)
Eli=5.0, Sophie=6.0
```

Map の加算代入演算子、(+=) を使って、キーが重複するペアをマップに追加したが、「Sophie」というキーはすでにマップに存在するので、既存のペアが新しいペアで置き換えられている。マップの初期化時に重複するキーを入れようとしても、それと同じ挙動が見られる。

```
println(mapOf("Eli" to 10.75,
              "Mordoc" to 8.25,
              "Sophie" to 5.50,
              "Sophie" to 6.25))
Eli=10.5, Mordoc=8.0, Sophie=6.25
```

11.2　マップの値をアクセスする

マップに入っている値をアクセスするには、そのキーを使う。patronGold マップで、顧客の所持金をアクセスするには、文字列型のキーを使う。

リスト11-4：人々の残高をアクセスする（Tavern.kt）

```
...

fun main(args: Array<String>) {
    ...
    println(uniquePatrons)

    var orderCount = 0
    while (orderCount <= 9) {
        placeOrder(uniquePatrons.shuffled().first(),
                menuList.shuffled().first())
        orderCount++
    }
    println(patronGold)
    println(patronGold["Eli"])
    println(patronGold["Mordoc"])
    println(patronGold["Sophie"])
}
```

Tavern.kt を実行すると、あなたがマップに追加した 3 人の顧客の持ち金が出力される。

```
...
10.5
8.0
5.5
```

値だけが出力され、キーは出力されないことに注目しよう。

他のコレクションと同じく、Kotlinはマップに格納された値をアクセスするための関数を提供する。表11-1に、代表的なマップアクセサ関数と、その振る舞いを示す。

表11-1：マップアクセサ関数

関数	説明	例
`[]`（get/インデックス演算子）	キーに対応する値を取得する。キーが存在しなければnullを返す。	`patronGold["Reginald"]` null
`getValue`	キーに対応する値を取得する。キーがマップになければ例外を送出する。	`patronGold.getValue("Reggie")` NoSuchElementException
`getOrElse`	キーに対応する値を取得する。なければ無名関数を使ってデフォルトを返す。	`patronGold.getOrElse("Reggie") {"No such patron"}` No such patron
`getOrDefault`	キーに対応する値を取得する。なければ、提供された値をデフォルトとして返す。	`patronGold.getOrDefault("Reginald", 0.0)` 0.0

11.3 マップにエントリを追加する

顧客の持ち金を示すマップで、EliとMordocとSophieの財布を表現したが、動的に生成する顧客の財布が含まれていない。`patronGold`に`MutableMap`を使って、その問題を解決しよう。

まず、`patronGold`をミュータブルなマップにする。それから、`uniquePatrons`集合を反復処理して、`6.0`という金額で、顧客のエントリをマップに追加していく。また、キーがファーストネームだけではなくなったので、従来のマップエントリ検索は削除する。

リスト11-5：ミュータブルマップに記入する（`Tavern.kt`）

```
import java.io.File
import kotlin.math.roundToInt
const val TAVERN_NAME: String = "Taernyl's Folly"

var playerGold = 10
var playerSilver = 10
```

```
val patronList = mutableListOf("Eli", "Mordoc", "Sophie")
val lastName = listOf("Ironfoot", "Fernsworth", "Baggins")
val uniquePatrons = mutableSetOf<String>()
val menuList = File("data/tavern-menu-items.txt")
        .readText()
        .split("\n")
val patronGold = mapOf("Eli" to 10.5, "Mordoc" to 8.0, "Sophie" to 5.5)
val patronGold = mutableMapOf<String, Double>()

fun main(args: Array<String>) {
    ...
    println(uniquePatrons)
    uniquePatrons.forEach {
        patronGold[it] = 6.0
    }

    var orderCount = 0
    while (orderCount <= 9) {
        placeOrder(uniquePatrons.shuffled().first(),
                menuList.shuffled().first())
        orderCount++
    }
    println(patronGold)
    println(patronGold["Eli"])
    println(patronGold["Mordoc"])
    println(patronGold["Sophie"])
}
...
```

uniquePatrons に対する反復処理で、ユニークな顧客ごとに 1 個のエントリが、どれも 6.0 という金額で、マップに追加された（it キーワードを思い出そう。ここでの it は、uniquePatrons の要素を参照する）。

表 11-2 に、ミュータブルマップの内容を変更するのに、よく使われる関数を、いくつかあげる。

表11-2：ミュータブルマップのミューテータ関数

関数	説明	例

=
（代入演算子）
	指定されたキーに対応する値をマップに追加または更新する。	`val patronGold = mutableMapOf("Mordoc" to 6.0)`
		`patronGold["Mordoc"] = 5.0`
		{Mordoc=5.0}

+=
（加算代入演算子）
	指定されたエントリまたはマップに基づいて、マップのエントリ（複数かもしれない）を追加または更新する。	`val patronGold = mutableMapOf("Mordoc" to 6.0)`
		`patronGold += "Eli" to 5.0`
		{Mordoc=6.0, Eli=5.0}
		
		`val patronGold = mutableMapOf("Mordoc" to 6.0)`
		`patronGold += mapOf("Eli" to 7.0, "Mordoc" to 1.0, "Jebediah" to 4.5)`
		{Mordoc=1.0, Eli=7.0, Jebediah=4.5}

関数	説明	例

`put`	指定されたキーに対応する値をマップに追加または更新する。	`val patronGold = mutableMapOf("Mordoc" to 6.0)`
		`patronGold.put("Mordoc", 5.0)`
		{Mordoc=5.0}

`putAll`	指定されたキーと値のペアを、すべてマップに追加する。	`val patronGold = mutableMapOf("Mordoc" to 6.0)`
		`patronGold.putAll(listOf("Jebediah" to 5.0,`
		`"Sahara" to 6.0))`
		`patronGold["Jebediah"]`
		5.0
		
		`patronGold["Sahara"]`
		6.0

`getOrPut`	指定のキーが、まだ存在しなければ、エントリを追加して結果を返す。もしあれば既存のエントリを返す。	`val patronGold = mutableMapOf<String,`
		`Double>()`
		`patronGold.getOrPut("Randy"){5.0}`
		5.0
		
		`patronGold.getOrPut("Randy"){10.0}`
		5.0

`remove`	マップからエントリを削除して、その値を返す。	`val patronGold = mutableMapOf("Mordoc" to 5.0)`
		`val mordocBalance = patronGold.remove("Mordoc")`
		{}
		`print(mordocBalance)`
		5.0

`-`
（減算演算子）
	指定されたエントリを除いた、新しいマップを返す。	`val newPatrons = mutableMapOf("Mordoc" to 6.0,`
		`"Jebediah" to 1.0) - "Mordoc"`
		`{Jebediah=1.0}`

`-=`
（減算代入演算子）
	エントリまたはエントリのマップを除いた、新しいマップを返す。	`mutableMapOf("Mordoc" to 6.0,`
		`"Jebediah" to 1.0) -= "Mordoc"`
		{Jebediah=1.0}

`clear`	マップから、すべてのエントリを削除する。	`mutableMapOf("Mordoc" to 6.0,`
		`"Jebediah" to 1.0).clear()`
		{}

11.4　マップの値を変更する

取引を完了させるには、顧客の財布の残金からアイテムの価格を差し引かなければならない。残金は、`patronGold` マップで、キーである顧客の名前に結び付けている。いったん購入が完了したら、顧客の残高を更新するため、その値を書き換える。

これまでに定義した、注文を実行する `performPurchase` 関数と、残高を表示する `displayBalance` 関数は、Madrigal の財布だけに結びついたものであり、金貨銀貨の詳細に踏み込む必要もなくなっている。この 2 つの関数を削除し、他の場所で使われていない 2 つの変数、`playerGold` と `playerSilver` も削除する。それから、顧客の財布を処理する新しい関数として `performPurchase` を定義する（顧客たちの残金を表示する新しい関数も、すぐ後で定義する）。

顧客が注文について Taernyl（タバーンの主人）に話しかけた後で、この新しい `performPurchase`

関数を呼び出そう（コメント解除して呼び出しを復元するのを忘れずに）。performPurchase 関数は、その顧客の名前によって、patronGold マップから残金の値を取得する。

リスト11-6：patronGold の値を更新する（Tavern.kt）

```
import java.io.File
import kotlin.math.roundToInt
const val TAVERN_NAME: String = "Taernyl's Folly"

var playerGold = 10
var playerSilver = 10
val patronList = mutableListOf("Eli", "Mordoc", "Sophie")
...
fun performPurchase(price: Double) {
    displayBalance()
    val totalPurse = playerGold + (playerSilver / 100.0)
    println("Total purse: $totalPurse")
    println("Purchasing item for $price")

    val remainingBalance = totalPurse - price
    println("Remaining balance: ${"%.2f".format(remainingBalance)}")

    val remainingGold = remainingBalance.toInt()
    val remainingSilver = (remainingBalance % 1 * 100).roundToInt()
    playerGold = remainingGold
    playerSilver = remainingSilver
    displayBalance()
}
private fun displayBalance() {
    println("Player's purse balance: Gold: $playerGold , Silver: $playerSilver")
}

fun performPurchase(price: Double, patronName: String) {
    val totalPurse = patronGold.getValue(patronName)
    patronGold[patronName] = totalPurse - price
}

private fun toDragonSpeak(phrase: String) =
    ...
    }

private fun placeOrder(patronName: String, menuData: String) {
    ...
    println(message)
//    performPurchase(price.toDouble(), patronName)

    val phrase = if (name == "Dragon's Breath") {
...
}
...
```

Tavern.kt を実行しよう。以前と同じく 10 個のランダムな注文が、およそ次のように現れる。

```
The tavern master says: Eli's in the back playing cards.
The tavern master says: Yea, they're seated by the stew kettle.
Mordoc Fernsworth speaks with Taernyl about their order.
Mordoc Fernsworth buys a goblet of LaCroix (meal) for 1.22.
Mordoc Fernsworth says: Thanks for the goblet of LaCroix.
...
```

これで顧客の残金が更新されるから、残る仕事は、顧客たちの購入後の残金を報告することだけだ。それには forEach を使って、マップを反復処理する。

Tavern.kt に、displayPatronBalances という新しい関数を追加しよう。これがマップを反復処理して、それぞれの顧客について最終的な残金を出力する（第 8 章で行ったように、小数点以下 2 桁のフォーマットだ）。この関数は、main の中で、シミュレーションが完了した後に呼び出す。

リスト11-7：顧客たちの残金を表示する（Tavern.kt）

```
...
fun main(args: Array<String>) {
    ...
    var orderCount = 0
    while (orderCount <= 9) {
        placeOrder(uniquePatrons.shuffled().first(),
        menuList.shuffled().first())
        orderCount++
    }

    displayPatronBalances()
}

private fun displayPatronBalances() {
    patronGold.forEach { patron, balance ->
        println("$patron, balance: ${"%.2f".format(balance)}")
    }
}
...
```

Tavern.kt を実行して、シミュレーションの展開を見よう。Taernyl's Folly の顧客たちが、このタバーンの主人と会話をし、メニューから注文を出し、代金を支払う。

```
The tavern master says: Eli's in the back playing cards.
The tavern master says: Yea, they're seated by the stew kettle.
Mordoc Ironfoot speaks with Taernyl about their order.
Mordoc Ironfoot buys a iced boilermaker (elixir) for 11.22.
Mordoc Ironfoot says: Thanks for the iced boilermaker.
Sophie Baggins speaks with Taernyl about their order.
Sophie Baggins buys a Dragon's Breath (shandy) for 5.91.
Sophie Baggins exclaims: Ah, d3l1c10|_|s Dr4g0n's Br34th!
Sophie Ironfoot speaks with Taernyl about their order.
Sophie Ironfoot buys a pickled camel hump (desert dessert) for 7.33.
Sophie Ironfoot says: Thanks for the pickled camel hump.
```

```
Eli Fernsworth speaks with Taernyl about their order.
Eli Fernsworth buys a Dragon's Breath (shandy) for 5.91.
Eli Fernsworth exclaims: Ah, d3l1c10|_|s Dr4g0n's Br34th!
Sophie Fernsworth speaks with Taernyl about their order.
Sophie Fernsworth buys a iced boilermaker (elixir) for 11.22.
Sophie Fernsworth says: Thanks for the iced boilermaker.
Sophie Fernsworth speaks with Taernyl about their order.
Sophie Fernsworth buys a Dragon's Breath (shandy) for 5.91.
Sophie Fernsworth exclaims: Ah, d3l1c10|_|s Dr4g0n's Br34th!
Sophie Fernsworth speaks with Taernyl about their order.
Sophie Fernsworth buys a pickled camel hump (desert dessert) for 7.33.
Sophie Fernsworth says: Thanks for the pickled camel hump.
Mordoc Fernsworth speaks with Taernyl about their order.
Mordoc Fernsworth buys a Shirley's Temple (elixir) for 4.12.
Mordoc Fernsworth says: Thanks for the Shirley's Temple.
Sophie Baggins speaks with Taernyl about their order.
Sophie Baggins buys a goblet of LaCroix (meal) for 1.22.
Sophie Baggins says: Thanks for the goblet of LaCroix.
Mordoc Fernsworth speaks with Taernyl about their order.
Mordoc Fernsworth buys a iced boilermaker (elixir) for 11.22.
Mordoc Fernsworth says: Thanks for the iced boilermaker.
Mordoc Ironfoot, balance: -5.22
Sophie Baggins, balance: -1.13
Eli Fernsworth, balance: 0.09
Sophie Fernsworth, balance: -18.46
Sophie Ironfoot, balance: -1.33
Mordoc Fernsworth, balance: -9.34
```

前章と、この章では、Kotlin のコレクション型である List、Set、Map の使い方を学んだ。表11–3 で、それらの機能を比較しておこう。

表11-3：Kotlin のコレクション（まとめ）

コレクション型	順序	ユニーク?	格納するもの	分解のサポート
List	あり	No	要素	あり
Set	なし	Yes	要素	なし
Map	なし	キーのみ	キーと値のペア	なし

コレクションはデフォルトでリードオンリーになるから、内容を変更したいときは、ミュータブルなコレクションを明示的に作る必要がある（あるいは、リードオンリーのコレクションをミュータブルに変換する）。この機構によって、要素を間違って追加ないし削除してしまうアクシデントが防止される。

次の章では、NyetHack の中に自作のクラスを定義することによって、オブジェクト指向プログラミングの原理原則をコードに適用する方法を学ぶ。

11.5　チャレンジ！　タバーンの用心棒

「金を持ってない客に注文させたらいかんぞ。そういうやつに、おまえさんのタバーンをうろついてもらいたくないだろう。用心棒に見張らせろよ。十分な金を持ってないやつは、NyetHackのメインストリートに放り出せ。」というわけで、具体的には`uniquePatrons`と`patronGold`のマップから該当者を削除するようにしよう。

第12章

クラス定義

古くは1960年代から提唱されてきた「オブジェクト指向プログラミング」のパラダイムが、今でも人気を保っている理由は、プログラムの構造を単純化するのに便利な機能があるからだ。オブジェクト指向のスタイルで中心となるのは、**クラス**だ。これによって、あなたのコードが表現する「もの」が属するユニークなカテゴリが定義される。クラスは、あるカテゴリに属する「もの」たちが、どういうデータによって構成され、どんな仕事をこなすのかを定義する。

NyetHackをオブジェクト指向にするため、まずは、この世界に存在する「ユニークな種類のもの」たちを識別して、それらのためのクラス群を定義しよう。この章ではNyetHackに、カスタムの`Player`クラスを追加し、それを使って、NyetHackプレイヤーの個人的な性質を表現する。

12.1　クラスを定義する

クラスは、専用のファイルのなかで、関数や変数など他の要素とともに定義することができる。クラスを専用のファイルで定義すると、プログラムの規模が後に拡大しても、それに合わせて成長する余地が得られる。NyetHackでも、そのようにする。新しい`Player.kt`ファイルを作り、最初のクラスを`class`キーワードで定義しよう。

リスト12-1：Playerクラスを定義する（`Player.kt`）

```
class Player
```

クラスは、同じ名前のファイルで宣言することが多いが、必ずしもそうする必要はない。同じファイルのなかで複数のクラスを定義することもできる。複数のクラスを同様な目的に使うのであれば、そうしたくなるかもしれない。

これで、あなたのクラスは定義された。あとは、やるべき仕事を与えれば良い。

12.2 インスタンスを構築する

クラス宣言は、設計図のようなものだ。設計図には、建造物を「構築」(construct) する方法を示す詳細が含まれるが、建造物そのものではない。あなたの Player クラスの宣言も、それと似ている。いまのところ、プレイヤーは、まだ構築されていない。ただ設計図を(極めて大ざっぱに)作っただけである。

NyetHack で新しいゲームを始めると、main 関数が呼び出される。そのとき最初に行いたいことの1つは、そのゲームをプレイする「プレイヤー」というキャラクタを作ることだ。NyetHack で使えるようにプレイヤーを構築するためには、そういうプレイヤーを**実体化** (instantiate) する必要がある。つまり、プレイヤーの**インスタンス** (instance) を作るのだ。そのためには、プレイヤーの**コンストラクタ** (constructor) を呼び出す。Game.kt の main 関数内で、変数が宣言されている場所で、Player を1つ、次のように実体化しよう。

リスト12-2：Player を実体化する (Game.kt)

```
fun main(args: Array<String>) {
    val name = "Madrigal"
    var healthPoints = 89
    val isBlessed = true
    val isImmortal = false

    val player = Player()

    // Aura
    val auraColor = auraColor(isBlessed, healthPoints, isImmortal)

    // Player status
    val healthStatus = formatHealthStatus(healthPoints, isBlessed)
    printPlayerStatus(auraColor, isBlessed, name, healthStatus)

    castFireball()
}
...
```

ここでは Player というクラス名の後に丸カッコのペアを置くことで、Player の**プライマリコンストラクタ** (primary constructor) を呼び出している。これによって、Player クラスのインスタンスが構築される。これで player 変数は、「Player クラスのインスタンスを含む状態」になった。

コンストラクタ(構築子)の仕事は、名前の通り、構築することだ。具体的に言えば、インスタンスを1つ構築して、使えるように準備する。コンストラクタを呼び出す構文は、関数コールと似ている点が多く、丸カッコで囲んだパラメータで引数を受け取る。第13章では、インスタンスを構築するための、その他の方法も学ぶ。

Player のインスタンスが手に入ったが、これを使うと何ができるのだろうか?

12.3 クラス関数

クラス定義では、振る舞いとデータという、クラスの2種類の内容を指定できる。NyetHackのプレイヤーはさまざまなアクションを行うことができる。たぶん闘ったり、移動したり、ファイヤーボールの呪文を唱えたり、持ち物の一覧をチェックしたりできるだろう。クラスの振る舞いを定義するには、クラス本体に関数定義を追加する。クラスのなかで定義する関数を、**クラス関数**と呼ぶ。

プレイヤーの振る舞いは、すでにいくつかあるが、それらは`Game.kt`のなかで定義されている。これから、クラス固有の要素をクラス定義に入れるため、あなたのコードの構成を改めていく。

まずは、`Player`に`castFireball`関数を追加しよう。

リスト12-3：クラス関数を定義する（`Player.kt`）

```
class Player {
    fun castFireball(numFireballs: Int = 2) =
        println("A glass of Fireball springs into existence. (x$numFireballs)")
}
```

この`castFireball`の実装に、`private`キーワードがないことに、あなたは気がついたかもしれない。それについては、すぐ後で説明する。

ここであなたは、`Player`の**クラス本体**（class body）を、一対の波カッコで定義している。クラス本体の中で、そのクラスの振る舞いとデータとを定義する。このことは、関数のアクションが関数本体のなかで定義されるのと、よく似ている。

`Game.kt`から、`castFireball`の定義を削除しよう。そして、それをクラス関数として呼び出すコードを`main`に追加しよう。

リスト12-4：クラス関数を呼び出す（`Game.kt`）

```
fun main(args: Array<String>) {
    var healthPoints = 89
    val isBlessed = true
    val isImmortal = false

    val player = Player()
    player.castFireball()

    // Aura
    val auraColor = auraColor(isBlessed, healthPoints, isImmortal)

    // Player status
    val healthStatus = formatHealthStatus(healthPoints, isBlessed)
    printPlayerStatus(auraColor, isBlessed, player.name, healthStatus)

    castFireball()
}
...
private fun castFireball(numFireballs: Int = 2) =
            println("A glass of Fireball springs into existence. (x$numFireballs)")
```

クラスを使って、コードのなかの「もの」に関するロジックをグループ化すると、あなたのコードは、たとえスケールが拡大しても組織化された状態を保つことになる。NyetHackが成長すれば、もっと多くのクラスが加わり、それぞれ独自の役割を分担するだろう。

`Game.kt`を実行して、プレイヤーが「グラス一杯のファイヤーボール」(A glass of Fireball)を召喚することをたしかめよう。

`castFireball`を`Player`に移した理由は何だろうか? NyetHackにおいて、「グラス一杯のファイヤーボール」を召喚するのは、プレイヤーの行為である。それは、`Player`のインスタンスがなければ生じないことであり、`castFireball`の呼び出しで指定された特定のプレイヤーが行うことである。クラス関数として定義した`castFireball`は、そのクラスのインスタンスに対して呼び出され、関数のロジックがインスタンスに反映される。NyetHackのプレイヤーに割り当てたい他の関数も、この章で`Player`クラスに移すことになる。

12.4 可視性とカプセル化

クラスに対して、クラス関数で振る舞いを追加すると、そのクラスに何ができるかについての「記述」(description)が蓄積される(そして、すぐ後で見るように、クラスプロパティでデータを追加すると、そのクラスが何になれるかの記述が蓄積される)。これらの記述(つまり実装の詳細)は、そのクラスのインスタンスがあれば、誰でも見ることができるのだろうか?

関数またはプロパティは、可視性(visibility)の修飾子がなければ、デフォルトでパブリック(public)になる。つまり、あなたのプログラムに含まれる、どのファイルからも、どの関数からも、アクセス可能となる。いまの`castFireball`は、可視性修飾子がないので、どこからでも呼び出すことができる。

このように、クラス関数の呼び出しや、クラスプロパティのアクセスを、あなたのコードの他の部分から行えるようにしたい場合もあるだろう。けれども、コードベースには、あちこちから呼び出されたくないクラス関数や、むやみにアクセスされては困るプロパティが、あるかもしれない。

プログラムに含まれるクラスの数が増えると、そのコードベースの複雑さも増大する。コードベース内の他の部分に見せる必要のない実装の詳細は隠してしまうのが正解だ。それは、あなたのコードのロジックを明快かつ簡潔に保つ役にも立つだろう。そこで可視性(visibility)の出番だ。

パブリックなクラス関数は、そのプログラムのどこからでも呼び出すことができるが、プライベート(private)なクラス関数は、それを定義したクラスの外から呼び出すことができない。このように、タスクの一部の関数またはプロパティについて可視性を制限するという考えが、オブジェクト指向プログラミングの**カプセル化**(encapsulation)と呼ばれるコンセプトを推進している。カプセル化により、クラスが公開する関数とプロパティは、他のオブジェクトとの相互作用を定義するものだけに限定される。公開する必要がないものは、(公開する関数やプロパティの「実装の詳細」を含めて)プライベートにすべきである。

たとえば、`castFireball`を`Game.kt`から呼び出すとき、`castFireball`が、どう実装されていようと、`Game.kt`には関係ない。正しくファイヤーボールが召喚されれば良いのだ。関数を公開する場合、その実装の詳細は、呼び出し側と無関係であるべきだ。

実際、たとえばファイヤーボールをいくつ出すか、とか、ファイヤーボールの強さなど、castFireballの振る舞いを左右する値を、Game.kt側のコードから変更できるとしたら、危険が生じるかもしれない。要するに、「クラスを構築するときは、必要なものに限って公開しよう」ということだ。

表12-1に、利用できる可視性修飾子（visibility modifier）のリストをあげる。

表12-1：可視性修飾子

修飾子	説明
public （デフォルト）	この関数またはプロパティは、クラスの外のコードからアクセス可能になる。 可視性修飾子のない関数とプロパティは、デフォルトでpublicになる。
private	この関数またはプロパティは、同じクラスの中からだけアクセス可能になる。
protected	この関数またはプロパティは、同じクラスか、そのサブクラスからだけアクセス可能になる。
internal	この関数またはプロパティは、同じモジュールの中からアクセス可能になる。

protectedキーワードについては、第14章で論じる。

もしあなたがJavaに親しんでいるのなら、「パッケージプライベート」という可視性レベルがKotlinにないことに注意しよう。その理由は、この章の末尾にある「もっと知りたい？　パッケージプライベート」というセクションで説明する。

12.5　クラスプロパティ

クラスの関数定義は、そのクラスに割り当てられた「振る舞い」を記述する。そしてデータ定義は — もっとよく知られた名前で言えば、**クラスプロパティ**（class property）は — クラスの独自な「状態や性質」を表現するのに必要な属性である。

たとえばPlayerのクラスプロパティでは、プレイヤーの名前、現在のヘルスポイント、種族、団体、ジェンダー、その他の属性を表現できるだろう。

現在、プレイヤーの名前はmain関数の中で定義しているが、これは新しく作ったクラス定義に置くのが適している。nameプロパティを使うように、Player.ktを更新しよう（nameの値がヘンだと思われるかもしれないが、頭がヘンでも筋道が通っている[1]ので、この通りにタイプしてほしい）。

リスト12-5：nameプロパティを定義する（Player.kt）

```
class Player {
    val name = "madrigal"

    fun castFireball(numFireballs: Int = 2) =
            println("A glass of Fireball springs into existence. (x$numFireballs)")
}
```

[1] **訳注**：『ハムレット』第二幕、第二場の台詞より。名前をキャピタライズしない理由は、後に明らかになる。

name プロパティは、Player のインスタンスに含まれる関連データなので、Player のクラス本体に追加した。name を、val として定義したことに注意しよう。変数と同じくプロパティも、リードオンリーまたはミュータブル（変更可能）なデータとして表現することができ、前者には val、後者には var のキーワードを使う。プロパティの変更可能性については、この章で後ほど言及する。

では、name の宣言を Game.kt から削除しよう。

リスト12-6：name を main から削除する（Game.kt）

```
fun main(args: Array<String>) {
    val name = "Madrigal"
    var healthPoints = 89
    ...
}
...
```

すると、Game.kt に問題を見つけて IntelliJ が警告を出すことに、気付くかもしれない（図 12-1）。

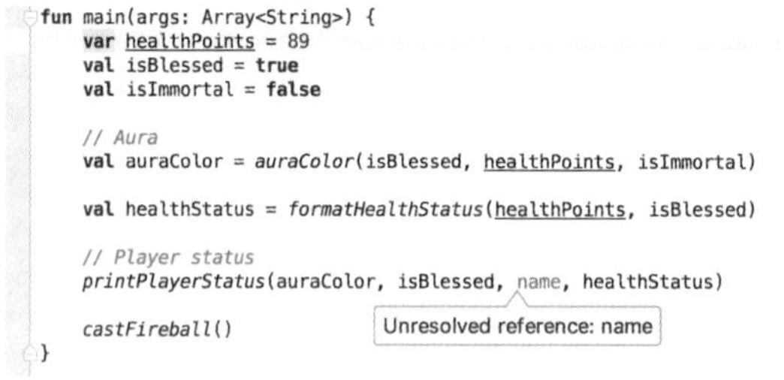

```
fun main(args: Array<String>) {
    var healthPoints = 89
    val isBlessed = true
    val isImmortal = false

    // Aura
    val auraColor = auraColor(isBlessed, healthPoints, isImmortal)

    val healthStatus = formatHealthStatus(healthPoints, isBlessed)

    // Player status
    printPlayerStatus(auraColor, isBlessed, name, healthStatus)

    castFireball()              Unresolved reference: name
}
```

図12-1：未解決リファレンスのエラー

いまでは name が Player のプロパティになっているのだから、それを Player クラスのインスタンスからアクセスできるように、printPlayerStatus を更新する必要がある。ドットの構文を使って、player 変数の name プロパティを printPlayerStatus に渡そう。

リスト12-7：Player の name プロパティを参照して解決する（Game.kt）

```
fun main(args: Array<String>) {
    ...

    // Player status
    printPlayerStatus(auraColor, isBlessed, player.name, healthStatus)
    }
...
```

Game.kt を実行しよう。プレイヤーの状態が、名前を含めて、前と同様にプリントされるが、いまでは main のローカル変数ではなく、Player クラスのインスタンスから name プロパティをアクセスしている。

クラスのインスタンスが構築されるときは、その全部のプロパティに値がなければいけない。つまり、他の変数と違って、クラスプロパティには、必ず初期値を代入する必要がある。たとえば次のコードは、nameの宣言に代入がないので無効である。

```
class Player {
    var name: String
}
```

クラスとプロパティ初期化に関する微妙な話は、第13章で探究する。

この章では、後ほどまたNyetHackのリファクタリングを進め、Playerクラスに属する他のデータを、そのクラスの定義に移す。

プロパティのゲッターとセッター

プロパティは、クラスのインスタンスそれぞれに固有な性質を作るためのモデルだ。また、クラスが追跡管理するデータと、他のエンティティとの間に、簡潔な構文で表現できるインターフェイスを提供するのもプロパティで、相互作用はゲッターとセッターを通じて行われる。

あなたが定義する個々のプロパティごとに、それぞれ1個の、**フィールド**（field）と、**ゲッター**（getter）と、もし必要ならば**セッター**（setter）が、Kotlinによって生成される。フィールドは、プロパティのデータが格納される場所だ。クラスのフィールドを直接定義することはできない。Kotlinがフィールドをカプセル化して、その中のデータを保護し、ゲッターとセッターを通じて公開する。プロパティのゲッターは、そのプロパティを読む方法を指定する。どのプロパティにもゲッターが生成される。セッターは、プロパティに値を代入する方法を定義するので、これが生成されるのは、書き込み可能なプロパティに限られる（つまり、そのプロパティがvarのときに生成される）。

たとえ話をしよう。あなたが食堂に入ったとする。メニューはスパゲティを誇示している。あなたはスパゲティを注文する。ウェイターが、スパゲティの仕上げにソースとチーズをかけてサービスする。あなたはキッチンに入れない。ウェイターは、すべての準備を舞台裏で行う。あなたが注文したスパゲティに、ソースとチーズをかける仕事も、舞台裏で行う。このウェイターが、いわばゲッターで、あなたは、それを呼び出す側だ。

あなたは客なのだから、スパゲティを注文するとき、湯を沸かす責任など果たしたくない。単純にスパゲティを注文し、それを持ってきてもらいたいだけだ。そして食堂は、あなたをキッチンに入れたくない。客に食材を見られたり、好き勝手な方法で食器を並べたりしてほしくない。ゆえに、カプセル化が実践される。

デフォルトのゲッターとセッターは、Kotlinによって自動的に提供されるが、もしデータを読み書きする方法を指定したければ、独自にカスタマイズしたゲッターやセッターを定義できる。これらは、デフォルトのゲッターやセッターを**オーバーライド**（override）するものだ。

ゲッターのオーバーライドが、どのように働くかを見るために、nameにゲッターを追加して、プロパティがアクセスされるとき、その値の文字列が必ずキャピタライズされるようにしよう。

リスト12-8：カスタムゲッターを定義する（Player.kt）

```
class Player {
    val name = "madrigal"
        get() = field.capitalize()

    fun castFireball(numFireballs: Int = 2) =
            println("A glass of Fireball springs into existence. (x$numFireballs)")
}
```

プロパティにカスタムゲッターを定義することによって、アクセス時のプロパティの働きが変更される。nameには固有名詞が入るので、参照するときは、常にキャピタライズしたいだろう。だから、このカスタムゲッターで、必ずそうなるようにしている。

Game.ktを実行して、プリントされるMadrigalが大文字の「M」で始まることを確認しよう。

ここでのfieldキーワードは、Kotlinが自動的に管理するプロパティ用バッキングフィールド（backing field）を指すものだ。バッキングフィールドは、ゲッターとセッターが読み出し、書き込むデータ、つまりプロパティを表現するデータだ。これは食堂のキッチンにある食材に似ている。呼び出し側がバッキングフィールドを直接見ることは決してなく、ただゲッターが提示するデータを見るだけである。事実、フィールドはゲッターとセッターを通じてしかアクセスできない。

nameをキャピタライズしたバージョンを返すときも、バッキングフィールドは変更されない。nameに代入された値は、キャピタライズされず、ゲッターが仕事を終えた後も小文字のまま残される。

反対に、あるプロパティに対して宣言されているセッターは、そのプロパティのバッキングフィールドを実際に書き換える。nameプロパティにセッターを追加しよう。これは、渡された値の先頭や末尾に空白があれば、trim関数を使って、それらを削除する。

リスト12-9：カスタムセッターを定義する（Player.kt）

```
class Player {
    val name = "madrigal"
        get() = field.capitalize()
        set(value) {
            field = value.trim()
        }

    fun castFireball(numFireballs: Int = 2) =
            println("A glass of Fireball springs into existence. (x$numFireballs)")
}
```

このプロパティにセッターを追加するには、1つ問題があることを、IntelliJが警告してくれる（図12-2）。

```
class Player {
    val name = "madrigal"
        get() = field.capitalize()
        private set(value) {
            field = value.trim()
        }
    A 'val'-property cannot have a setter
    fun castFireball(numFireballs: Int = 2) =
            println("A glass of fireball springs into existence. (x$numFireballs)")
}
```

図12-2：val プロパティはセッターを持てない

name プロパティは、val として定義したのでリードオンリーであり、たとえセッターがあったとしても書き換えは不可能だ。これによって val は、同意のない書き換えから保護される。

IntelliJ の警告は、セッターについて重要なポイントを示している。この警告は、プロパティの値がセットされるときにトリガされるのだ。val プロパティにセッターを定義することは、論理的ではない（事実、エラーである）。もし値がリードオンリーならば、セッターの仕事は決して実行できないのだから。

プレイヤーの名前は変更可能にしたいので、name プロパティを、val から var に変えよう（なお、リストに対する変更は、今後可能な限り、その行のなかで示すようにする）。

リスト12-10：name をミュータブルにする（Player.kt）

```
class Player {
    valvar name = "madrigal"
        get() = field.capitalize()
        set(value) {
            field = value.trim()
        }

    fun castFireball(numFireballs: Int = 2) =
            println("A glass of Fireball springs into existence. (x$numFireballs)")
}
```

Game.kt を実行しよう。これで name は、このカスタムセッターが決めるルールにしたがって変更できるようになり、その結果、IntelliJ の警告は消える。

プロパティのゲッターは、これまで見てきた他の変数と同じアクセス構文を使って呼び出すことができる。プロパティのセッターは、変数に値を代入するのに使ってきた代入演算子を使って、呼び出すことができる。Kotlin の REPL を開いて、プレイヤーの名前を Player クラスの外から変更できるか、実験してみよう。

リスト12-11：プレイヤーの名前を変更する （REPL）

```
val player = Player()
player.name = "estragon"
println(player.name + "TheBrave")
EstragonTheBrave
```

これによって、name に新しい値を設定するセッターと、それを取得するゲッターの、両方の効果を見ることができる。

クラスのプロパティに新しい値を代入すると、代入を受けたクラスの状態が変化する。もし name がまだ val だったら、いま REPL で試した例からは、次のようなエラーメッセージが出るだろう。

```
error: val cannot be reassigned
```

これを実際に試すときは、REPL の左側にある［Build and restart］のボタンをクリックして、REPL をリロードする必要がある。それによって、Player に対する変更が認識される。

プロパティの可視性

プロパティは、関数のなかでローカル定義される変数とは違う。プロパティの定義は、クラスのレベルで定義される。他のクラスからも、もし可視性が許すのならば、アクセス可能になる。可視性をゆるめすぎると、問題が生じるだろう。もし他のクラスが Player のデータをアクセスできるとしたら、あなたのアプリケーションにある、どのクラスからでも、Player の、そのインスタンスを、任意に変更できるようになってしまう。

このため、プロパティでは、ゲッターとセッターによって、データの読み出しと変更が厳密に制御されている。すべてのプロパティにゲッターがあり、すべての val プロパティにセッターがある。カスタムの振る舞いを定義しても、しなくても、そうなる。デフォルトにより、プロパティのゲッターとセッターの可視性は、そのプロパティの可視性と一致したものになる。だから、もしプロパティがパブリックならば、そのゲッターとセッターもパブリックになる。

プロパティへのアクセスは公開しても、セッターは公開したくないという場合は、どうするのだろうか。セッターの可視性を、別に定義することができる。name プロパティのセッターを、private にしよう。

リスト12-12：name のセッターを隠す（Player.kt）

```
class Player {
    var name = "madrigal"
    get() = field.capitalize()
    private set(value) {
        field = value.trim()
    }

    fun castFireball(numFireballs: Int = 2) =
        println("A glass of Fireball springs into existence. (x$numFireballs)")
}
```

name は NyetHack のどこからでもアクセスできるが、変更できるのは Player の中だけになる。この技法は、ある種のプロパティを、アプリケーションの他の部分から変更できるかを制御したいとき、とても便利なものだ。

ゲッターやセッターの可視性を、そのプロパティの可視性を超えて、ゆるめることはできない。ゲッターやセッターによって、プロパティへのアクセスを制限することは可能だが、プロパティの可視性を高めるのには使えない。

プロパティは、定義するときに設定する必要があることを思い出そう。このルールは、クラスにパブリックプロパティがあるとき、とくに重要だ。もし `Player` クラスのインスタンスが、あなたのコードベースの、どこか他の場所で参照されるのなら、その参照を行う側に、「`Player.name` を参照するときは `name` の値が存在する」ことが保証される。

算出プロパティ

前に、プロパティを定義するときは、そのプロパティでカプセル化される値を格納するためのフィールドが、必ず生成される、と述べた。概してそうなのだが、1つ例外的なケースがある。それが**算出プロパティ**（computed properties）だ。算出プロパティというのは、`get` または `set` の演算子（あるいは、その両方）のオーバーライドによって、フィールドが不要になっているプロパティを意味する。この場合、Kotlin はフィールドを生成しない。

REPL で、`rolledValue` という算出プロパティを持つ `Dice` クラスを作ろう。

リスト12-13：算出プロパティを定義する（REPL）

```
class Dice() {
    val rolledValue
        get() = (1..6).shuffled().first()
}
```

次に、このダイスを振ってみる。

リスト12-14：算出プロパティをアクセスする（REPL）

```
val myD6 = Dice()
myD6.rolledValue
6
myD6.rolledValue
1
myD6.rolledValue
4
```

値は、`rolledValue` プロパティをアクセスするたびに、異なったものになる。その理由は、変数がアクセスされるたびに値が算出されるからだ。これには初期値もデフォルト値もなく、値を入れておくバッキングフィールドもない。

`var` と `val` のプロパティが、どのように実装されるのか、それらを指定するとき、コンパイラが、どんなバイトコードを出すのかについては、この章の末尾近くにある「もっと知りたい？ var と val のプロパティを詳しく見る」というセクションで、もっと入念に調べる。

12.6 NyetHackをリファクタリングする

これまで、クラス関数、プロパティ、カプセル化について学んできた。また、これらのコンセプトをNyetHackに応用する仕事も、少し行った。ここで、その仕事を最後まで行って、NyetHackのコードを綺麗にまとめておこう。

これから行うのは、コードの塊を、あるファイルから別のファイルへと移し替える作業だが、それには2つのファイルを左右に並べて表示すると便利だ。幸いIntelliJでは、その機能が提供されている。

`Game.kt`を開いた状態で、エディタの上部にある`Player.kt`のタブを右クリックし、[Split Vertically]を選ぶ（図12-3）。

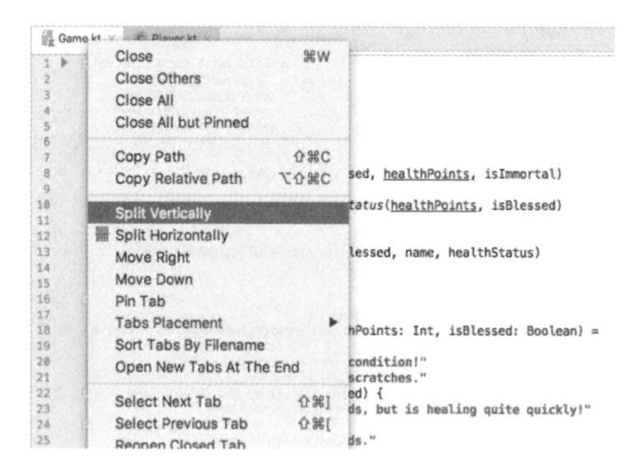

図12-3：エディタを垂直に分割する

すると、もう1つのエディタペインでも作業できるようになる（図12-4）。使い勝手を向上させるために、エディタペインの境界をドラッグで調整しよう（タブに関する項目は［Window］→［Editor Tabs］から設定できる）。

```
fun main(args: Array<String>) {
    val name = "Madrigal"
    var healthPoints = 89
    val isBlessed = true
    val isImmortal = false

    // Aura
    val auraColor = auraColor(isBlessed, healthPoints, isImmortal)

    val healthStatus = formatHealthStatus(healthPoints, isBlessed)

    // Player status
    printPlayerStatus(auraColor, isBlessed, name, healthStatus)

    castFireball()
}

private fun formatHealthStatus(healthPoints: Int, isBlessed: Boolean) =
        when (healthPoints) {
            100 -> "is in excellent condition!"
            in 90..99 -> "has a few scratches."
            in 75..89 -> if (isBlessed) {
                "has some minor wounds, but is healing quite quickly!"
            } else {
                "has some minor wounds."
            }
            in 15..74 -> "looks pretty hurt."
            else -> "is in awful condition!"
        }

private fun printPlayerStatus(auraColor: String,
                              isBlessed: Boolean,
                              name: String,
                              healthStatus: String) {
    println("(Aura: $auraColor) " +
            "(Blessed: ${if (isBlessed) "YES" else "NO"})")
    println("$name $healthStatus")
}

private fun auraColor(isBlessed: Boolean,
                      healthPoints: Int,
                      isImmortal: Boolean): String {
    val auraVisible = isBlessed && healthPoints > 50 || isImmortal
    val auraColor = if (auraVisible) "GREEN" else "NONE"
    return auraColor
}

private fun castFireball(numFireballs: Int = 2) =
        println("A glass of fireball springs into existence. (x$numFireballs)")
```

```
package com.bignerdranch.nyethack

class Player {
    var name = "madrigal"
        get() = field.capitalize()
        private set(value) {
            field = value.trim()
        }

    fun castFireball(numFireballs: Int = 2) =
            println("A glass of fireball springs into existence. (x$numFireballs)")
}
```

図12-4：2つのペイン

これから行うリファクタリングは、少し複雑な作業だが、このセクションを終了したら、Player は選択的に API を公開し、他のコンポーネントが知る必要のない実装の詳細をカプセル化しているだろう。要するに、この作業には十分な理由があるのだ。

まず、Game.kt の main 関数で宣言している変数のうち、Player のプロパティにするのが適切なものを選び出す。該当するのは、healthPoints、isBlessed、isImmortal だ。これらをリファクタリングして、Player のプロパティにしよう。

リスト12-15：main から変数を削除（Game.kt）

```
fun main(args: Array<String>) {
    var healthPoints = 89
    val isBlessed = true
    val isImmortal = false

    val player = Player()
    player.castFireball()
    ...
}
...
```

これらを Player.kt に追加する。すべての変数定義が Player クラスの本体に入るようにしよう。

リスト12-16：プロパティを Player に追加（Player.kt）

```
class Player {
    var name = "madrigal"
    get() = field.capitalize()
    private set(value) {
        field = value.trim()
    }

    var healthPoints = 89
    val isBlessed = true
    val isImmortal = false

    fun castFireball(numFireballs: Int = 2) =
            println("A glass of Fireball springs into existence. (x$numFireballs)")
}
```

その結果として、いくつものエラーが赤い文字として Game.kt に現れるが、しばらくの辛抱だ。リファクタリングが完了するまでに、すべてのエラーが対処される。

healthPoints と isBlessed は、Game.kt からアクセスされる。けれども isImmortal は、Player の外からアクセスされないから、isImmortal は private にするのが妥当だ。このプロパティをプライベートにするカプセル化によって、他のクラスからアクセスできないようにする。

リスト12-17：isImmortal を Player に入れてカプセル化する（`Player.kt`）

```
class Player {
    var name = "madrigal"
    get() = field.capitalize()
    private set(value) {
        field = value.trim()
    }

    var healthPoints = 89
    val isBlessed = true
    private val isImmortal = false

    fun castFireball(numFireballs: Int = 2) =
            println("A glass of Fireball springs into existence. (x$numFireballs)")
}
```

次に、`Game.kt` で宣言されている関数を検討しよう。`printPlayerStatus` は、ゲームのためにテキスト形式のインターフェイスを出力する関数だから、これを `Game.kt` で宣言するのは適切なことだ。けれども `auraColor` や `formatHealthStatus` と、直接の関係があるのは、ゲームプレイではなくプレイヤーだ。ゆえに、この 2 つの関数は、`main` ではなくクラス定義に属する。

`auraColor` と `formatHealthStatus` を `Player` に移そう。

リスト12-18：main から関数を削除する（`Game.kt`）

```
fun main(args: Array<String>) {
    ...
}

private fun formatHealthStatus(healthPoints: Int, isBlessed: Boolean) =
        when (healthPoints) {
            100 -> "is in excellent condition!"
            in 90..99 -> "has a few scratches."
            in 75..89 -> if (isBlessed) {
                "has some minor wounds, but is healing quite quickly!"
            } else {
                "has some minor wounds."
            }
            in 15..74 -> "looks pretty hurt."
            else -> "is in awful condition!"
        }

private fun printPlayerStatus(auraColor: String,
                              isBlessed: Boolean,
                              name: String,
                              healthStatus: String) {
    println("(Aura: $auraColor) " +
            "(Blessed: ${if (isBlessed) "YES" else "NO"})")
    println("$name $healthStatus")
}
```

```
private fun auraColor(isBlessed: Boolean,
                      healthPoints: Int,
                      isImmortal: Boolean): String {
    val auraVisible = isBlessed && healthPoints > 50 || isImmortal
    val auraColor = if (auraVisible) "GREEN" else "NONE"
    return auraColor
}
```

そして今回も、リファクタリングした関数がクラス本体に入るようにする。

リスト12-19：クラス関数を Player に追加する（`Player.kt`）

```
class Player {
    var name = "madrigal"
        get() = field.capitalize()
        private set(value) {
            field = value.trim()
        }

    var healthPoints = 89
    val isBlessed = true
    private val isImmortal = false

    private fun auraColor(isBlessed: Boolean,
                          healthPoints: Int,
                          isImmortal: Boolean): String {
        val auraVisible = isBlessed && healthPoints > 50 || isImmortal
        val auraColor = if (auraVisible) "GREEN" else "NONE"
        return auraColor
    }

    private fun formatHealthStatus(healthPoints: Int, isBlessed: Boolean) =
        when (healthPoints) {
            100 -> "is in excellent condition!"
            in 90..99 -> "has a few scratches."
            in 75..89 -> if (isBlessed) {
                "has some minor wounds, but is healing quite quickly!"
            } else {
                "has some minor wounds."
            }
            in 15..74 -> "looks pretty hurt."
            else -> "is in awful condition!"
        }

    fun castFireball(numFireballs: Int = 2) =
        println("A glass of Fireball springs into existence. (x$numFireballs)")
}
```

以上はカット&ペーストで片付いたが、まだ `Game.kt` と `Player.kt` の両方に、やるべき作業が残っている。まずは `Player` に注目しよう。

エディタを 2 分割していたら、それを元に戻すには、ペインで開いたファイルをクローズすればよい。ファイルをクローズするには、タブにある［×］をクリックするか（図12–5）、［⌘］-［W］（［Ctrl］-［F4］）を押す。

```
Close. Alt-click to close others
Game.kt ×   Player.kt ×
1  fun main(args: Array<String>) {
2      val player = Player()
3      player.castFireball()
4
```

図12–5：IntelliJ でタブをクローズする

Player.kt では、以前は Game.kt で宣言されていたのに Player に移された関数、auraColor と formatHealthStatus があり、それらは、いまは Player にある変数、isBlessed と healthPoints と isImmortal の値を受け取っている。これらの関数は、Game.kt で定義されたときには、Player クラスのスコープの外にあった。けれども、いまは Player のクラス関数になったので、Player で宣言されているプロパティを、すべてアクセスできる。

したがって、Player のクラス関数は、もう、どのパラメータも必要としていない。それらは、すべて Player クラスの内部からアクセス可能になっているのだから。

関数ヘッダを編集して、パラメータを削除しよう。

リスト12–20：クラス関数から不要になったパラメータを削除する（Player.kt）

```
class Player {
    var name = "madrigal"
        get() = field.capitalize()
        private set(value) {
            field = value.trim()
        }

    var healthPoints = 89
    val isBlessed = true
    private val isImmortal = false

    private fun auraColor(isBlessed: Boolean,
                          healthPoints: Int,
                          isImmortal: Boolean): String {
        val auraVisible = isBlessed && healthPoints > 50 || isImmortal
        val auraColor = if (auraVisible) "GREEN" else "NONE"
        return auraColor
    }

    private fun formatHealthStatus(healthPoints: Int, isBlessed: Boolean) =
            when (healthPoints) {
                100 -> "is in excellent condition!"
                in 90..99 -> "has a few scratches."
                in 75..89 -> if (isBlessed) {
                    "has some minor wounds, but is healing quite quickly!"
                } else {
```

```
                    "has some minor wounds."
                }
                in 15..74 -> "looks pretty hurt."
                else -> "is in awful condition!"
            }

    fun castFireball(numFireballs: Int = 2) =
        println("A glass of Fireball springs into existence. (x$numFireballs)")
}
```

この変更を行うまで、formatHealthStatus関数にあるhealthPointsへの参照は、formatHealthStatus関数のパラメータを参照していた（参照のスコープが関数だったから）。関数のスコープにhealthPointsという名前の変数がないとき、その次にもっともローカルなスコープはクラスレベルであり、そのレベルでhealthPointsプロパティが定義されている。

次に、2つのクラス関数がprivateとして定義されていることに注目しよう。このことは、アクセスする側と同じファイルにあったときは問題にならなかったが、いまはPlayerクラスのプライベート関数なので、他のクラスから見えなくなっている。これらの関数はカプセル化してはならない。外から見えるように、auraColorとformatHealthStatusからprivateキーワードを外そう。

リスト12-21：クラス関数をパブリックにする（Player.kt）

```
class Player {
    var name = "madrigal"
        get() = field.capitalize()
        private set(value) {
            field = value.trim()
        }

    var healthPoints = 89
    val isBlessed = true
    private val isImmortal = false

    private fun auraColor(): String {
        ...
    }

    private fun formatHealthStatus() = when (healthPoints) {
        ...
    }

    fun castFireball(numFireballs: Int = 2) =
            println("A glass of Fireball springs into existence. (x$numFireballs)")
}
```

これで、あなたのプロパティと関数は、正しい場所で宣言される。けれどもGame.ktで、それらを呼び出す構文は、次の3つの理由で、正しくなくなっている。

1. printPlayerStatus は、仕事を行うのに必要な変数をアクセスできなくなっている。それらの変数が、Player のプロパティになってしまったからだ。
2. auraColor のような関数は、Player で宣言されるクラス関数になったので、Player のインスタンスに対して呼び出す必要がある。
3. Player のクラス関数は、更新されたパラメータのないシグネチャで呼び出す必要がある。

printPlayerStatus をリファクタリングして、Player を引数として受け取り、必要なプロパティは、その引数を使ってアクセスする。また、auraColor と formatHealthStatus は、新しい、パラメータのないバージョンを呼び出すように変更する。

リスト12-22：クラス関数を呼び出す（Game.kt）

```
fun main(args: Array<String>) {
    val player = Player()
    player.castFireball()
    // Aura
    val auraColor = player.auraColor(isBlessed, healthPoints, isImmortal)

    // Player status
    val healthStatus = formatHealthStatus(healthPoints, isBlessed)

    printPlayerStatus(playerauraColor, isBlessed, player.name, healthStatus)

}

private fun printPlayerStatus(player: PlayerauraColor: String,
                                     isBlessed: Boolean,
                                     name: String,
                                     healthStatus: String) {
    println("(Aura: ${player.auraColor()}) " +
            "(Blessed: ${if (player.isBlessed) "YES" else "NO"})")
    println("$name $healthStatus")
    println("${player.name} ${player.formatHealthStatus()}")
}
```

このように printPlayerStatus のヘッダを更新することで、Player の実装の詳細から離れたクリーンなコードにしておける。次の 2 つのシグネチャを比較しよう。

```
printPlayerStatus(player: Player)

printPlayerStatus (auraColor: String,
                   isBlessed: Boolean,
                   name: String,
                   healthStatus: String)
```

どちらの呼び出しがクリーンだろうか？　後者では、呼び出し側に、Player の実装の詳細に関する多くの知識が要求される。前者は、ただ Player のインスタンスを必要とするだけだ。ここに、オブジェクト指向プログラミングの利点の 1 つが現れている。データは Player クラスの一部になったので、それを参照するのに、関数から関数へと明示的に渡す必要はないのだ。

少し距離を置いて、このリファクタリング全体で何が達成されたのかを評価しよう。いまの Player クラスは、このゲームでプレイヤーのエンティティに固有なデータと振る舞いのすべてを所有している。このクラスは、3 つのプロパティと 3 つの関数を選択的に公開し、その他の実装の詳細は、Player クラスだけにアクセスを許すべきプライベートな関心事としてカプセル化している。これらの関数は、プレイヤーの能力を告げている（プレイヤーは、ヘルスステータスを提供でき、オーラの色なども知らせることができる）。

アプリケーションのスケールが増大するにしたがって、スコープを管理可能なものにしておくことが極めて重要になる。あなたはオブジェクト指向プログラミングを受け入れて、「どのオブジェクトも自分自身の責任を守り、他の関数やクラスに見せるべきプロパティと関数だけを公開すべきだ」というアイデアに同意した。いま Player が公開している情報は、「NyetHack のプレイヤーとは何か」ということであり、Game.kt では、ずっと読みやすくなった main の中にゲームループが入っている。

Game.kt を実行して、すべてが前と同じに動作することを確認しよう。そしてリファクタリングの完成を祝って、成果を称賛しよう。この後の章では、NyetHack で実現した強固な基盤の上に、そのオブジェクト指向パラダイムに依存する複雑さと機能とを加えていく。

次の章では、初期化について学びながら、Player を実体化する他の方法を追加する。けれども、あなたのアプリケーションが、これ以上大きくなる前に、パッケージについて学んでおこう。

12.7 パッケージを使う

パッケージは、同種の要素を入れるフォルダのようなもので、あなたのプロジェクトのファイルを論理的に分類するのに役立つ。たとえば kotlin.collections パッケージには、リストや集合を作成・管理するためのクラスが含まれている。パッケージを使うと、次第に複雑化するプロジェクトを組織化でき、名前の衝突も避けられる。

パッケージを作ろう。[src] ディレクトリを右クリックして、[New] → [Package] を選択する。プロンプトが出たら、パッケージ名を、com.bignerdranch.nyethack と入力する（パッケージには、何でも好きな名前を付けられるが、私たちの好みは、この「逆 DNS」スタイルだ。これなら、あなたが書くアプリケーションの数が多くなっても対応できる）。

いま作った com.bignerdranch.nyethack は、NyetHack 用のトップレベルのパッケージだ。あなたのファイルをトップレベルのパッケージのなかに入れることで、あなたが定義する型や、（たとえば外部のライブラリやモジュールなど）他のどこかで定義された型との、名前の衝突を避けられる。もっと多くのファイルを追加するときには、ファイルを組織するために、追加のパッケージを作ることができる。

新しい com.bignerdranch.nyethack パッケージ（フォルダに似たもの）が、プロジェクトツールウィンドウに表示されることに注目しよう。あなたのソースファイル（Game.kt、Player.kt、SwordJuggler.kt、Tavern.kt）を、このパッケージにドラッグ&ドロップして、新しいパッケージに移そう（図12-6）。

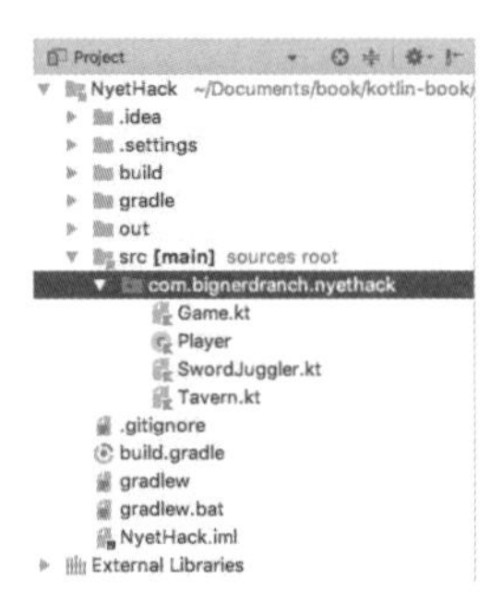

図12-6：com.bignerdranch.nyethack パッケージ

クラス、ファイル、パッケージを使ってコードを組織化すれば、アプリケーションがもっと複雑になってもコードをクリアにしておく役に立つだろう。

12.8　もっと知りたい？　var と val のプロパティを詳しく見る

クラスのプロパティを指定するときに、var と val のキーワードを使うことを、この章で学んだ。var は書き込み可能なプロパティ、val はリードオンリーのプロパティに使う。

Kotlin のクラスプロパティは、舞台裏で、JVM をターゲットとするとき、どのような仕組みで働くのだろうか。

クラスプロパティの実装方法を理解するには、逆コンパイルした JVM バイトコードを見るのが良い。具体的には、あるプロパティのために生成されるバイトコードが、var と val とで、どう違うのかを比較することだ。Student.kt という新しいファイルを作ろう（このファイルは、この課題を終えたら消去する）。

最初に、var プロパティを持つ生徒クラスを定義する（こうすれば、そのプロパティへには読み書きの両方が許される）。

リスト12-23：Student クラスを定義する（Student.kt）

```
class Student(var name: String)
```

この例の name プロパティは、Student のプライマリコンストラクタで定義されている。コンストラクタについては第13章で詳しく学ぶが、いまのところ「コンストラクタは、クラスの構築方法をカスタマイズする方法を提供する」と考えよう。この場合、コンストラクタは生徒の名前を指定する方法を提供する。

では、逆コンパイルした結果のバイトコードを見るために、[Tools] → [Kotlin] → [Show Kotlin

Bytecode］を選択し、［Decompile］しよう。

```
public final class Student {
  @NotNull
  private String name;

  @NotNull
  public final String getName() {
     return this.name;
  }

  public final void setName(@NotNull String var1) {
    Intrinsics.checkParameterIsNotNull(var1, "<set-?>");
    this.name = var1;
  }

  public Student(@NotNull String name) {
    Intrinsics.checkParameterIsNotNull(name, "name");
    super();
    this.name = name;
  }
}
```

このクラスで name var を定義したときにバイトコードでは、Student クラスに 4 つの要素が生成されている。name フィールドは、name のデータが格納される場所だ。それからゲッターとセッターのメソッドがある。最後に、フィールドに代入するコンストラクタがあり、そこで name フィールドは、コンストラクタの name 引数によって初期化される。

では、プロパティを var から val に変更しよう。

リスト12-24：var を val に変更する（Student.kt）

class Student(~~var~~**val** name: String)

そして、バイトコードを逆コンパイルしよう（ここでは行の打ち消しによって、消えた部分を強調する）。

```
public final class Student {
  @NotNull
  private String name;

  @NotNull
  public final String getName() {
     return this.name;
  }
```

```
    public final void setName(@NotNull String var1) {
      Intrinsics.checkParameterIsNotNull(var1, "<set-?>");
      this.name = var1;
    }

    public Student(@NotNull String name) {
      Intrinsics.checkParameterIsNotNull(name, "name");
      super();
      this.name = name;
    }
  }
```

var キーワードと val キーワードの、どちらをプロパティに使うかで、val ではセッターが存在しないという違いが出る。

また、この章では、プロパティにカスタムのゲッターとセッターを定義できることも学んだ。カスタムゲッターで算出プロパティを定義する場合、データを保存するフィールドがなくなるはずだが、バイトコードは、どうなるのだろう？ それも、いま定義した生徒クラスで実験しよう。

リスト12-25：name を算出プロパティにする（Student.kt）

```
class Student(val name: String) {
    val name: String
        get() = "Madrigal"
}
```

そしてバイトコードを逆コンパイルする。

```
public final class Student {
    @NotNull
    private String name;

    @NotNull
    public final String getName() {
      return this.name;
      return "Madrigal"
    }

    public final void setName(@NotNull String var1) {
      Intrinsics.checkParameterIsNotNull(var1, "<set-?>");
      this.name = var1;
    }

    public Student(@NotNull String name) {
      Intrinsics.checkParameterIsNotNull(name, "name");
      super();
      this.name = name;
    }
}
```

今回、バイトコードで生成された要素は、ただ1つ、ゲッターだけだ。フィールドを使うデータの読み書きがないので、コンパイラはフィールドが不要だと判断できたのだ。

このように、プロパティには、フィールドの状態を読む代わりに値を算出するという特別な機能がある。それも、私たちが「変更可能」／「変更不能」の代わりに、「書き込み可能」／「リードオンリー」という用語を使う理由の1つだ。ここで、以前にREPLで定義したDiceクラスを、もう一度見よう。

```
class Dice() {
    val rolledValue
    get() = (1..6).shuffled().first()
}
```

Diceのrolledvalueプロパティを読むと、その結果は、1から6までを範囲とするランダムな値になる。プロパティをアクセスするたびに値が変わるのだから、このプロパティを「変更不能」(immutable) だというのは、ほとんど意味がない。

バイトコードを見終わったら、Student.ktをクローズして削除しよう。それには、プロジェクトツールウィンドウで、削除したいファイル名を［Control］-クリック（右クリック）し、［Delete...］を選択する。

12.9　もっと知りたい？　競合状態に対する防御を固める

クラスプロパティが、もしnull許容で、しかも変更可能ならば、参照する前にnullではないことを確認する必要が生じる。たとえば次のコードでは、プレイヤーが武器（weapon）を持っているかチェックする（プレイヤーは武装解除されたり、武器を落としてしまったかもしれない）。そして、もし武器を持っていれば、その名前をプリントする。

```
class Weapon(val name: String)
class Player {
    var weapon: Weapon? = Weapon("Ebony Kris")

    fun printWeaponName() {
        if (weapon != null) {
            println(weapon.name)
        }
    }
}

fun main(args: Array<String>) {
    Player().printWeaponName()
}
```

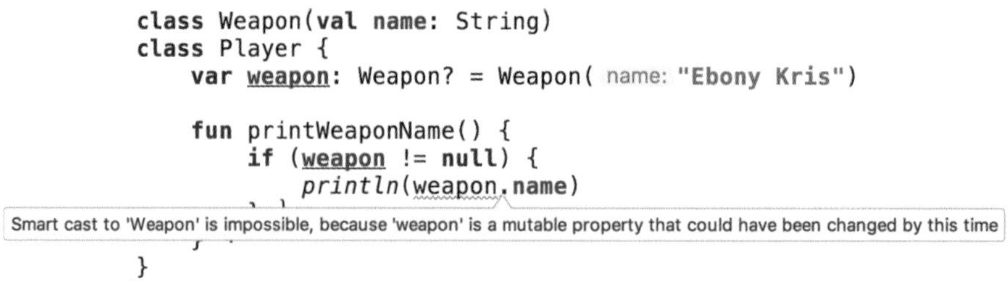

```
class Weapon(val name: String)
class Player {
    var weapon: Weapon? = Weapon( name: "Ebony Kris")

    fun printWeaponName() {
        if (weapon != null) {
            println(weapon.name)
        }
    }
}
```

Smart cast to 'Weapon' is impossible, because 'weapon' is a mutable property that could have been changed by this time

図12-7：Weapon へのスマートキャストは不可能です

このコードがコンパイルを通らないことを知って、読者は驚くかもしれない。なぜそうなるのか、エラーを調べよう（図 12-7）。

このコードのコンパイルをコンパイラが許さないのは、いわゆる競合状態（race condition）の可能性があるからだ。**競合状態**というのは、あなたのプログラムの、どこか他の場所で、あなたのコードの状態を書き換える可能性があるので、結果を予測できないという状態だ。

ここでコンパイラは「武器の値が `null` かをチェックしても、そのチェックをパスしたときから武器の名前をプリントするときまでに、`Player` の武器プロパティが書き換えられる可能性がある」ということを認識している。

したがって、通常ならば武器の null チェックで（第 6 章で見た）スマートキャストを使えるのに、この場合コンパイラは、武器が `null` にならないことを保証できないのだ。

この問題を解決する方法の 1 つは、（第 9 章で学んだ）`also` のような標準関数を使って、`null` から守ることだ。

```
class Player {
    var weapon: Weapon? = Weapon("Ebony Kris")

    fun printWeaponName() {
        weapon?.also {
            println(it.name)
        }
    }
}
```

このコードは、標準関数 `also` のおかげで、コンパイルできる。クラスプロパティを参照する代わりに使った、`also` への引数（`it`）は、この無名関数のスコープにだけ存在するローカル変数だ。このため、`it` 変数は、プログラムの他の部分によって書き換えられないと保証される。このコードは null 許容プロパティを扱う代わりに、リードオンリーで null を許容しないローカル変数を使っているのだ。そして、`weapon?.also` で `also` が呼び出されるのは、セーフコール演算子の呼び出しよりも後のことなので、スマートキャストの問題は完全に回避される。

12.10 もっと知りたい？ パッケージプライベート

この章では、パブリックとプライベートの可視性レベルについて述べた。そこで学んだように、Kotlin ではクラスも関数もプロパティも、デフォルトでは（可視性修飾子がなければ）パブリックになる。つまり、そのプロジェクトの他のどのクラス／関数／プロパティからでも、使えるようになる。

Java に親しんでいる読者は、そのデフォルトアクセスレベルが Kotlin と違うことに気がついたかもしれない。デフォルトとして Java が使う可視性は、パッケージプライベート（package private）である。つまり、可視性修飾子のない Java のメソッド／フィールド／クラスは、同じパッケージに属するクラスだけが使用できる。Kotlin がパッケージプライベートの可視性をサポートしないと決めたのは、それによって達成されるものが少ないからだ。この制限は、そのためのパッケージを作成してクラスを追加することによって、容易に回避できる。

いっぽう、Kotlin が提供し、Java が提供していない可視性が、インターナル（`internal`）可視性レベルだ。インターナルという可視性は、関数／クラス／プロパティを、**同じモジュール**に入っている他の関数／クラス／プロパティに対して公開する。モジュールは、独立して実行／テスト／デバッグすることのできる、明確に分離された機能の単位だ。

モジュールには、ソースコード、ビルドスクリプト、単体テスト、DD（deployment descriptor）などが含まれる。NyetHack は、あなたのプロジェクトのなかにある 1 個のモジュールであり、IntelliJ のプロジェクトは複数のモジュールを含むことができる。モジュールは、ソースファイルとリソースのために、他のモジュールに依存することもできる。

インターナル可視性は、モジュールでクラスを共有しながら、他のモジュールからのアクセスを禁止するのに便利であり、Kotlin でライブラリを構築するには、ぴったりな選択肢だ。

第13章 初期化

前章では、クラスを使って、実体のある「もの」(オブジェクト)を表現する方法を見た。NyetHackのプレイヤーは、一部はプロパティで定義され、一部は振る舞いによって定義されている。プロパティと関数を使うクラス表現の複雑さを思えば、これまでに見てきた「クラスを実体化する方法」は、ずいぶん僅かなものだ。

前章で、どのように Player を定義していたかを思い出そう。

```
class Player {
    ...
}
```

Player のクラスヘッダは、とても単純なので、Player の実体化も単純だった。

```
fun main(args: Array<String>) {
    val player = Player()
    ...
}
```

クラスのコンストラクタを呼び出すと、そのクラスのインスタンス(実体)が作られる。これが**実体化**(instantiation)と呼ばれるプロセスだ。この章では、クラスと、そのプロパティを**初期化**(initialize)するさまざまな方法を説明する。変数や、プロパティや、クラスのインスタンスの初期化は、初期値を代入することによって、それらを利用できる状態にする。この章で、あなたは他のコンストラクタの存在を知り、プロパティの初期化について学び、lateinit や遅延初期化によって「初期化の規則」を曲げる方法さえも学習することになる。

用語について、断っておこう。厳密に言えば、オブジェクトが実体化されるのは、そのためにメモリが割り当てられるときであり、初期化されるのは、値が代入されるときだ。けれども実際には、これらの用語が少し違う意味で使われることが多い。**初期化**は、しばしば「変数やプロパティやクラスのインスタンスを利用できるようにするのに必要なことの全部」を意味し、**実体化**は、「クラスのインスタンスを作ること」に限定される傾向がある。本書は、後者の、より典型的な用法に従っている。

13.1 コンストラクタ

現在の `Player` は、あなたが定義した振る舞いとプロパティを含んでいる。たとえば `isImmortal` プロパティの指定がある（これがもし `true` ならば、プレイヤーは不死身だ）。

```
val isImmortal = false
```

ここで `val` を使ったのは、いったん作成されたプレイヤーの「不死身性」に、別の値を代入することを許したくないからだ。けれども、このプロパティ宣言を見ると、この時点では、どのプレイヤーも不死身になれないことになる。いまのところ、`isImmortal` を `false` 以外の値で初期化する方法は、1つもない。

そこで、**プライマリコンストラクタ**（primary constructor）の出番となる。コンストラクタを呼び出すときは、そのクラスのインスタンスを構築するのに必要な初期値を指定できる。それらの値は、クラスの内部で定義しているプロパティへの代入に使われる。

プライマリコンストラクタ

関数と同じく、コンストラクタの定義でも、引数として提供されるべきパラメータを要求できる。`Player` のインスタンスが正しく動作するのに必要なものを指定するために、これから `Player` のヘッダでプライマリコンストラクタを定義しよう。`Player.kt` を更新し、`Player` の個々のプロパティに、まずは一時的な変数（temporary variable）を使って初期値を提供する。

リスト13-1：プライマリコンストラクタを定義する（`Player.kt`）

```
class Player(_name: String,
             _healthPoints: Int,
             _isBlessed: Boolean,
             _isImmortal: Boolean) {
    var name = "madrigal" _name
        get() = field.capitalize()
        private set(value) {
            field = value.trim()
        }

    var healthPoints = 89 _healthPoints
    val isBlessed = true _isBlessed
    private val isImmortal = false _isImmortal
    ...
}
```

ところで、変数名の頭にアンダースコアを付けているのには、理由がある。一時的な変数は（何度も参照する必要のないパラメータも含めて）使い捨てという意味をこめて、アンダースコアで始まる名前を付けることが多いのだ。

Player のインスタンスを作るために、いまコンストラクタに追加したパラメータとマッチする引数を提供しよう。たとえばプレイヤーの name プロパティを固定コーディングする代わりに、Player のプライマリコンストラクタに引数を渡す。main にある Player のコンストラクタの呼び出しを、そのように変更しよう。

リスト13-2：プライマリコンストラクタを呼び出す（Game.kt）

```
fun main(args: Array<String>) {
    val player = Player("Madrigal", 89, true, false)
    ...
}
```

このプライマリコンストラクタによって、どれほどの機能が Player に加わったかを考えてみよう。これまで NyetHack のプレイヤーは、常に Madrigal という名前で、決して不死ではなく、祝福されることもなかった。いまではプレイヤーは任意の名前を持つことができ、不死への扉も開かれている。Player のデータは、どれも固定コーディングされていない。

Game.kt を実行して、出力が変わっていないことを確認しよう。

プライマリコンストラクタのなかでプロパティを定義する

Player のコンストラクタにあるパラメータと、そのクラスのプロパティが、1 対 1 対応の関係にあることに注意しよう。プレイヤーの構築時に指定すべき個々のプロパティに対応するものが、パラメータとクラスプロパティの両方に存在する。

Kotlin では、「既定のセッターとゲッターを使うプロパティ」ならば、両方を 1 度の定義で指定できる。つまり、一時的な変数を使って代入する必要がない。name はカスタムのゲッターとセッターを使っているので、その恩恵を受けられないが、Player の他のプロパティには利用できる。

Player クラスを更新して、それらのプロパティ（healthPoints と isBlessed と isImmortal）の定義を、Player のプライマリコンストラクタで行うようにしよう（そのとき、変数名の前にあるアンダースコアも、削除する必要がある）。

リスト13-3：プロパティをプライマリコンストラクタで定義する（Player.kt）

```
class Player(_name: String,
             var _healthPoints: Int,
             val _isBlessed: Boolean,
             private val _isImmortal: Boolean) {
    var name = _name
        get() = field.capitalize()
        private set(value) {
            field = value.trim()
        }

    var healthPoints = _healthPoints
```

```
    val isBlessed = _isBlessed
    private val isImmortal = _isImmortal
    ...
}
```

コンストラクタの各パラメータについて、書き込み可能かリードオンリーかを指定する。コンストラクタで val または var を指定すれば、そのクラスのパラメータが定義される。それによって、val プロパティか var プロパティかが決定され、コンストラクタが期待するパラメータ群も決定される。また、引数として渡された値を、各プロパティに暗黙のうちに代入することにもなる。

コードに重複があると変更が難しくなるから、クラスのプロパティは、一般に、この方法で定義するのが好ましい。そうすれば、重複を減らすことになる。この構文を name に使うことができなかったのは、そのゲッターとセッターがカスタムだからだが、その他の場合は、プロパティの定義をプライマリコンストラクタで行うのが、しばしばもっとも単純明快な選択肢となる。

セカンダリコンストラクタ

コンストラクタには、プライマリ（1次）とセカンダリ（2次）の2種類がある。プライマリコンストラクタの指定は「このクラスのインスタンスは、どれも、これらのパラメータを必要とする」という意味だ。セカンダリコンストラクタの指定は、そのクラスを構築する別の方法を提供する（その場合もプライマリコンストラクタの要求を満たす必要がある）。

セカンダリコンストラクタ（secondary constructor）は、必ずプライマリコンストラクタを呼び出し、必要となる全引数を提供するか、あるいは別のセカンダリコンストラクタ（これも同じ規則に従う）を呼び出すかの、どちらかでなければならない。たとえばプレイヤーが、ヘルスポイント100、祝福なし、不死身なしの状態でゲームを始めるとわかっているのなら、その構成を提供するセカンダリコンストラクタを定義できる。Player にセカンダリコンストラクタを追加しよう。

リスト13-4：セカンダリコンストラクタを定義する（Player.kt）

```
class Player(_name: String,
             var healthPoints: Int
             val isBlessed: Boolean
             private val isImmortal: Boolean) {
    var name = _name
        get() = field.capitalize()
        private set(value) {
            field = value.trim()
        }

    constructor(name: String) : this(name,
            healthPoints = 100,
            isBlessed = true,
            isImmortal = false)
    ...
}
```

パラメータの組み合わせが異なる複数のセカンダリコンストラクタを定義することもできる。このセカンダリコンストラクタは、ある一定のパラメータ群でプライマリコンストラクタを呼び出している。ここで this キーワードは、このコンストラクタが定義されているクラスのインスタンスを参照するものだ。具体的に言うと、this の呼び出しは、このクラスで定義されている、もう 1 つのコンストラクタ、すなわちプライマリコンストラクタを呼び出す。

このセカンダリコンストラクタは、healthPoints と isBlessed と isImmortal にデフォルト値を提供するので、呼び出すときには、その 3 つのパラメータに引数を渡す必要がない。Game.kt から、Player のセカンダリコンストラクタを、プライマリコンストラクタの代わりに呼び出そう。

リスト13-5：セカンダリコンストラクタを呼び出す（Game.kt）

```
fun main(args: Array<String>) {
    val player = Player("Madrigal", 89, true, false)
    ...
}
```

セカンダリコンストラクタを使って、初期化のロジック（クラスが実体化されるときに実行されるコード）を定義することも可能だ。その例として、もしプレイヤーの名前が Kar ならば、そのプレイヤーのヘルスポイントの値を 40 に減らすような式を追加しよう。

リスト13-6：セカンダリコンストラクタにロジックを追加する（Player.kt）

```
class Player(_name: String,
             var healthPoints: Int
             val isBlessed: Boolean
             private val isImmortal: Boolean) {
    var name = _name
        get() = field.capitalize()
        private set(value) {
            field = value.trim()
        }

    constructor(name: String) : this(name,
             healthPoints = 100,
             isBlessed = true,
             isImmortal = false) {
        if (name.toLowerCase() == "kar") healthPoints = 40
    }
    ...
}
```

セカンダリコンストラクタは、実体化を行う別のロジックを定義するのには便利だが、プライマリコンストラクタと違って、プロパティを定義するために使うことはできない。クラスのプロパティは、必ずプライマリコンストラクタで、あるいはそのクラスのレベルで、定義しなければならない。

Game.kt を実行して、いまも Madrigal が祝福され、ヘルスポイントを持っていることを確認しよう。それは、Game.kt から Player のセカンダリコンストラクタが呼び出されたことを示す。

デフォルトの引数

コンストラクタを定義するときは、デフォルト値も指定できる。これは、ある特定のパラメータに引数が提供されない場合に代入すべき値だ。このようなデフォルト値は、これまで関数の文脈で見てきたが、プライマリコンストラクタでもセカンダリコンストラクタでも、同様に使える。たとえば healthPoints のデフォルト値を、プライマリコンストラクタのデフォルトパラメータを 100 にすることで、設定しよう。

リスト13-7：コンストラクタでデフォルト引数を定義する（Player.kt）

```
class Player(_name: String,
             var healthPoints: Int = 100,
             val isBlessed: Boolean,
             private val isImmortal: Boolean) {
    var name = _name
        get() = field.capitalize()
        private set(value) {
            field = value.trim()
        }

    constructor(name: String) : this(name,
            healthPoints = 100,
            isBlessed = true,
            isImmortal = false) {
        if (name.toLowerCase() == "kar") healthPoints = 40
    }
...
}
```

プライマリコンストラクタに healthPoints パラメータのデフォルト値を追加したので、Player のセカンダリコンストラクタから、そのプライマリコンストラクタに渡す healthPoints 引数は削除した。これによって、Player を実体化する別の方法ができた。healthPoints のために引数を渡すのと、渡さないのと、どちらかを選べる。

```
// プライマリコンストラクタを使って、HP 64 で Player が構築される
Player("Madrigal", 64, true, false)

// プライマリコンストラクタを使って、HP 100 で Player が構築される
Player("Madrigal", true, false)

// セカンダリコンストラクタを使って、HP 100 で Player が構築される
Player("Madrigal")
```

名前付き引数

使用するデフォルト引数が多ければ多いほど、コンストラクタを呼び出す方法の選択肢が増える。選択肢が多いと、あいまいさを招く扉も開けてしまうから、Kotlin は、関数コールで使う名前付き

引数と同様に、コンストラクタでも名前付き引数を使えるようにしている。

Player のインスタンスを構築する、次の 2 つの選択肢を比較しよう。

```
val player = Player (name = "Madrigal",
        healthPoints = 100,
        isBlessed = true,
        isImmortal = false)

val player = Player("Madrigal", 100, true, false)
```

意味を読み取りやすいのは、どちらの書き方だろうか。もし前者だと思うのなら、あなたの判断に、私たちも同意する。

名前付き引数の構文では、それぞれの引数にパラメータ名が入るので、読みやすくなる。このことは、とくに同じ型のパラメータが複数あるときに便利だ。Player のコンストラクタに、true と false の両方が渡されるのを見るとき、名前付き引数があれば、どの値がどのパラメータに対応するのかを容易に判断できる。他にも利点がある。名前付き引数ならば、関数またはコンストラクタへの引数を、どんな順番で渡すことも可能なのだ。もしパラメータに名前がなければ、その順序を知るために、コンストラクタのコードを見る必要が生じる。

いま Player のために名前付き引数を使って書いたセカンダリコンストラクタは、実は第 4 章で見たものと同様だ。

```
constructor(name: String) : this(name,
        healthPoints = 100,
        isBlessed = true,
        isImmortal = false)
```

コンストラクタまたは関数に提供する引数の数が 2 個や 3 個で収まらないときには、名前付きパラメータを使うことを、お勧めする。そうすれば、コードを読む人は、どの引数がどのパラメータに渡されるのかを把握しやすくなる。

13.2 初期化ブロック

Kotlin では、プライマリコンストラクタとセカンダリコンストラクタを使えるほか、クラスに**初期化ブロック**（initializer block）を指定することもできる。初期化ブロック（init ブロック）では、変数や値を設定できるだけでなく、たとえばコンストラクタへの引数が有効かどうかの検証なども実行できる。クラスが構築されるとき、ブロックの中のコードが実行されるのだ。

たとえばプレイヤーに、いくつか必須の要件があるとしよう。プレイヤーはゲームの最初で、少なくとも 1 の値のヘルスポイントを持っていなければならない。また、プレイヤーの名前は、ブランクではいけない。

これらの要件を強制するため、init キーワードで識別される初期化ブロックを使って、プレイヤーに前提条件を付けよう。

リスト13-8：初期化ブロックを定義する（Player.kt）

```
class Player(_name: String,
             var healthPoints: Int = 100,
             val isBlessed: Boolean,
             private val isImmortal: Boolean) {
    var name = _name
        get() = field.capitalize()
        private set(value) {
            field = value.trim()
        }

    init {
        require(healthPoints > 0, { "healthPoints must be greater than zero." })
        require(name.isNotBlank(), { "Player must have a name." })
    }

    constructor(name: String) : this(name,
             isBlessed = true,
             isImmortal = false) {
        if (name.toLowerCase() == "kar") healthPoints = 40
    }
    ...
}
```

これらの前提条件のどれかが満たされなければ、`IllegalArgumentException`が送出される（それをテストするには、Kotlin REPLで`Player`に、さまざまに異なるパラメータを渡してみればよい）。

これらの条件を、コンストラクタやプロパティ宣言のなかにカプセル化するのは難しいだろう。クラスを構築するために呼び出すコンストラクタがプライマリでもセカンダリでも、初期化ブロック内のコードは、クラスが初期化されるときに必ず呼び出される。

13.3　プロパティの初期化

これまでプロパティの初期化を、2つの方法で行ってきた。引数として渡された値を代入するか、プライマリコンストラクタのなかでプロパティを**インライン**（inline）定義するかである。

プロパティは、その型の、どんな値を使っても（関数の戻り値を含めて）初期化することが可能である（そうでなければならない）。まず例を見よう。

我らの主人公は、NyetHack世界の、どんな辺境の地からも、やってくる。プレイヤーの生まれた町の名を入れられるように、`hometown`という新しい`String`プロパティを定義しよう。

リスト13-9：hometown プロパティを定義する（Player.kt）

```
class Player(_name: String,
            var healthPoints: Int = 100
            val isBlessed: Boolean
            private val isImmortal: Boolean) {
    var name = _name
        get() = field.capitalize()
        private set(value) {
            field = value.trim()
        }

    val hometown: String

    init {
        require(healthPoints > 0, { "healthPoints must be greater than zero." })
        require(name.isNotBlank(), { "Player must have a name" })
    }
    ...
}
```

hometown を定義しただけでは、Kotlin コンパイラは満足してくれない。プロパティの名前と型を定義するだけでは不足であり、プロパティを定義するときには初期値を代入する必要があるのだ。なぜだろうか？ それは、Kotlin に「null 安全」（null safety）というルールがあるからだ。初期値がなければ、プロパティは null になるかもしれない。もしプロパティが null 非許容型であれば、null は違反になる。

この問題の対策としては、hometown を空文字列で初期化するという方法もあるだろう。

```
val hometown = ""
```

これならコンパイルできるが、理想的な解決策とは言えない。NyetHack に「」という町は、ないからだ。代わりに、selectHometown という新しい関数を追加しよう。これは町の名前を含むファイルからランダムに選んだホームタウンの値を返す。この関数を使って、hometown に初期値を代入しよう。

リスト13-10：selectHometown 関数を定義する（Player.kt）

```
import java.io.File

class Player(_name: String,
        var healthPoints: Int = 100
        val isBlessed: Boolean
        private val isImmortal: Boolean) {
    var name = _name
        get() = field.capitalize()
        private set(value) {
            field = value.trim()
        }
```

```
    val hometown: String = selectHometown()
    ...
    private fun selectHometown() = File("data/towns.txt")
            .readText()
            .split("\n")  // Windows では、.split("\r\n")
            .shuffled()
            .first()
}
```

File クラスをアクセスするため、java.io.File を Player.kt にインポートする必要があることに注意しよう。

町の名前を読むには、前に作った data ディレクトリに、「タウンリスト」を入れた towns.txt というファイルを追加する必要がある。ファイルはオンラインで入手できる（https://bignerdranch.com/solutions/towns.txt）。hometown プロパティを、name プロパティのゲッターから使ってテストしたい。我らの主人公を、他の町の Madrigal たちと区別できるように、これから主人公をホームタウン付きの名前で呼ぶことにしよう。

リスト13-11：hometown プロパティ（Player.kt）

```
class Player(_name: String,
        var healthPoints: Int = 100
        val isBlessed: Boolean
        private val isImmortal: Boolean) {
    var name = _name
        get() = "${field.capitalize()} of $hometown"
        private set(value) {
            field = value.trim()
        }

    val hometown = selectHometown()
    ...
    private fun selectHometown() = File("data/towns.txt")
            .readText()
            .split("\n")  // Windows では.split("\r\n")
            .shuffled()
            .first()
}
```

Game.kt を実行しよう。これから主人公が名前で参照されるときはいつでも、そのホームタウンによって区別される。

```
A glass of Fireball springs into existence. Delicious! (x2)
(Aura: GREEN) (Blessed: YES)
Madrigal of Tampa is in excellent condition!
```

もしあなたのプロパティの初期化に（たとえば複数の式など）複雑なロジックが必要ならば、初期化のロジックを関数か初期化ブロックに入れることを検討しよう。

プロパティには宣言時に代入が必要だというルールは、たとえば関数など、もっと小さなスコープの変数には当てはまらない。たとえば、

```
class JazzPlayer {
    fun acquireMusicalInstrument() {
        val instrumentName: String
        instrumentName = "Oboe"
    }
}
```

instrumentName には、参照される前に値が代入されるので、このコードはコンパイルを通る。

初期化のルールがプロパティで厳密な理由は、もしパブリックなら他のクラスからもアクセスされる可能性があるからだ。いっぽう、関数ローカルの変数は、それを定義した関数をスコープとするので、外側からはアクセスできない。

13.4　初期化の順序

これまで、プロパティを初期化する方法や、プロパティの初期化にロジックを追加する方法を見てきた。プライマリコンストラクタでインラインに書く方法、宣言時の初期化、セカンダリコンストラクタでの初期化、あるいは初期化ブロックでの初期化と、さまざまな方法がある。同じプロパティを、複数の初期化処理から参照することは可能なので、どの順番で実行されるかは重要なことだ。

詳しく見るため、Java のバイトコードを逆コンパイルした結果から、フィールドの初期化の順序とメソッド呼び出しを調べよう。次の例は、Player クラスを定義して、そのインスタンスを構築する。

```
class Player(_name: String, val health: Int) {

    val race = "DWARF"
    var town = "Bavaria"
    val name = _name
    val alignment: String
    private var age = 0

    init {
        println("initializing player")
        alignment = "GOOD"
    }

    constructor(_name: String) : this(_name, 100) {
        town = "The Shire"
    }

}
```

```
fun main(args: Array<String>) {
    Player("Madrigal")
}
```

この Player クラスは、Player("Madrigal") の呼び出しによって構築される。これはセカンダリコンストラクタだ。

図 13-1 で、この Player クラスを左側に示す。右側の、逆コンパイルした Java バイトコード（抜粋）を見ると、結果として初期化が行われる順序がわかる。

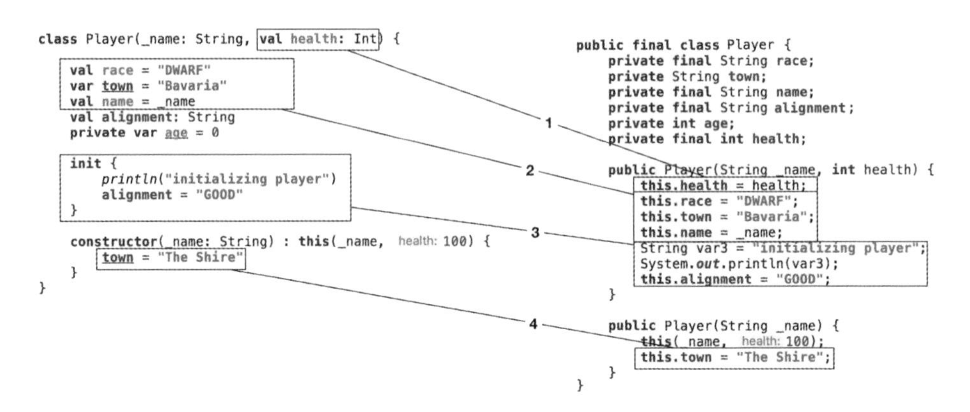

図13-1：Player クラスの初期化の順序（逆コンパイルしたバイトコード）

初期化は、次の順序で実行される。

1. プライマリコンストラクタのインラインプロパティ
   val health: Int
2. クラスレベルで要求されたプロパティの代入
   val race = "DWARF", var town = "Bavaria", val name = _name
3. init ブロックでのプロパティ代入と関数コール
   println 関数, alignment = "GOOD"
4. セカンダリコンストラクタでのプロパティ代入と関数コール
   town = "The Shire"

init ブロック（3.）と、クラスレベルのプロパティ代入（2.）で初期化が行われる順序は、指定される順序に依存する。もし init ブロックの定義が、クラスプロパティ代入の前に行われたら、前者が第 2 番となり、その次にクラスプロパティ代入が行われる。

あるプロパティ（age）は、クラスプロパティのレベルでは代入されるのに、コンストラクタでは代入されないことに注意しよう。なぜなら、その値は0（Javaプリミティブのデフォルト値）なので、代入は不要であり、コンパイラが、代入をスキップすることで初期化を最適化するからだ。

13.5 初期化の遅延

いつ宣言されるにしても、クラスプロパティは、そのクラスのインスタンスが構築されるとき必ず初期化するというルールがある。この規則は、Kotlinの「null安全システム」で重要な部分だ。それは、クラスの「null非許容」パラメータが、そのクラスのコンストラクタが呼び出されるときに、すべて`null`ではない値で初期化される、という意味になるからだ。オブジェクトが実体化されたら、そのオブジェクトプロパティは、どれも、クラスの中からでも外からでも、即座に参照することができるのだ。

それほど重要なルールを、実は曲げることができる。そうする理由は、コンストラクタが、いつ、どのように呼び出されるかを、必ずしも制御できない場合があるからだ。その一例が、Androidフレームワークである。

lateinit

Androidでは、`Activity`と呼ばれるクラスが、あなたのアプリケーションの画面を表現する。あなたの`Activity`のコンストラクタが、いつ呼び出されるかを、あなたは制御できない。もっとも早期にコードを実行できるポイントは、`onCreate`という関数だ。もし実体化のときにプロパティを初期化できないとしたら、いつできるのだろうか?

このシナリオで重要なのが、`lateinit`（late initialize：あとで初期化）という手法だ。これは、ただKotlinの初期化ルールを単純に曲げるだけではない。

どのような`var`プロパティ宣言にも、`lateinit`キーワードを付加することができ、そうするとKotlinコンパイラは、そのプロパティの初期化を、あなたが実際に代入するときまで待ってくれる。

```
class Player {
    lateinit var alignment: String

    fun determineFate() {
        alignment = "Good"
    }

    fun proclaimFate() {
        if (::alignment.isInitialized) println(alignment)
    }
}
```

これは便利だが、注意を払う必要のある機能だ。もしあなたが、「あとで初期化する変数」を、実際にアクセスされる前に必ず初期化できるのなら、問題はない。けれども、「あとで初期化するプロパティ」を、まだ初期化されていないうちに参照したら、不愉快な`UninitializedPropertyAccessException`

(未初期化プロパティアクセス例外) を受けることになる。

このパターンは、代わりにnull許容型を使っても実装できるが、その場合はプロパティがnullになる可能性について、あなたのコードベース全体で対処しなければならないだろう。それは耐えがたい重荷だ。lateinit変数ならば、いったん代入すれば、他の変数と同じように使える。

lateinitキーワードは、あなたが自分自身と結ぶ契約である。「この変数は、アクセスされる前に、必ず私の責任で初期化します」ということだ。Kotlinは、「あとで初期化する変数」が初期化されたかどうかをチェックする方法ならば、提供する。それが、上の例で示したisInitializedのチェックだ。lateinit変数が初期化されたかどうかが不確実なときは、isInitializedをチェックしてUninitializedPropertyAccessExceptionを防ぐことができる。

けれども、isInitializedは、控えめに使うことだ。たとえば、すべてのlateinitに追加するのは避けよう。もしあなたが、isInitializedをいっぱい使っていたら、たぶんそれは、代わりにnull許容型を使った方が良いという目印だろう。

遅延初期化

lateinitによる「あとで初期化」だけが、初期化を遅らせる唯一の方法ではない。変数の初期化を、最初にアクセスされるときまで待たせることもできる。この概念は、**遅延初期化**（lazy initialization）と呼ばれるものだが、lazy（怠惰な）という名前に反して、実際には、あなたのコードの効率を高めることになる。

この章で初期化してきたプロパティのほとんどは、とても軽量な、1個のオブジェクトだった（たとえばString）。けれども多くのクラスは、もっと複雑で、複数のオブジェクトを実体化したり、初期値をファイルから読むなど大きなタスクの実行に、膨大な計算が必要なこともある。もしあなたのプロパティが、その種のタスクを大量にトリガしたり、あるいはクラスがプロパティへのアクセスをすぐには必要としないのならば、遅延初期化を選ぶべきかもしれない。

遅延初期化は、Kotlinでは**デリゲート**（delegate：委譲）という機構を使って実装される。デリゲートは、プロパティを初期化する手順を示すテンプレートの定義だ。デリゲートは、byキーワードを使って利用する。Kotlinの標準ライブラリには、すでに実装済みのデリゲートが、いくつかある。lazyは、その1つだ。遅延初期化のために、このデリゲートは1個のラムダを受け取る。あなたはそのラムダの中で、プロパティの初期化時に実行したいコードを、なんでも定義できる。

Playerのhometownプロパティは、初期化処理の一部として、ファイルからの読み込みを行う。即座にhometownをアクセスしないのなら、必要になるときまで初期化を遅らせるほうが、効率がよくなるだろう。Playerでhometownの遅延初期化をやってみよう（=を削除し、by lazyを追加し、selectHometown()を波カッコのペアで囲む）。

リスト13-12：hometown の遅延初期化（Player.kt）

```
class Player(_name: String,
        var healthPoints: Int = 100
        val isBlessed: Boolean
        private val isImmortal: Boolean) {
    var name = _name
        get() = "${field.capitalize()} of $hometown"
        private set(value) {
            field = value.trim()
        }

    val hometown = selectHometown()
    val hometown by lazy { selectHometown() }
    ...
    private fun selectHometown() = File("data/towns.txt")
            .readText()
            .split("\n")  // Windows では.split("\r\n")
            .shuffled()
            .first()
}
```

ラムダ内の selectHometown の結果が、暗黙のうちに返されて、hometown に代入される。

hometown は、最初に参照されるときまで初期化されないが、そのときが来たら、lazy のラムダに入っているコードが、すべて実行される。重要なポイントとして、そのコードは一度しか実行されないコードである。それは、委譲されたプロパティが最初にアクセスされるとき（ここでは hometown が name のゲッターでアクセスされるとき）である。その後で遅延初期化されたプロパティをアクセスしても、キャッシュされた結果が使われるだけで、膨大な計算を再び実行するわけではない。

遅延初期化は便利だが、少し冗長になる場合もある。だから、もっと大きな計算資源を必要とするタスクに使うのが適切だ。

以上で、Kotlin でオブジェクトを初期化するときに備えて知っておくべきものは、見たことになる。あなたが実際に経験するのは、おそらく単純明快なケースが多いだろう。コンストラクタを呼び出せば、クラスを実体化したインスタンスのリファレンスが手に入り、それを使って何でも実行できるだろう。とはいえ、Kotlin でオブジェクトを初期化する他の選択肢を理解していれば、クリーンで効率の良いコードを書く役に立つだろう。

次の章では、継承について学ぶ。このオブジェクト指向の機能を使うと、あなたのデータと振る舞いを、関連する複数のクラスで共有することが可能になる。

13.6　もっと知りたい？　初期化の落とし穴

この章で前述したように、初期化ブロックを使うときは順序が重要だ。初期化ブロック内で使うプロパティは、どれも、そのブロックを定義する前に必ず初期化しておく必要がある。次のコードで、その初期化ブロックの順序に関する問題を示そう。

```
class Player() {
    init {
        val healthBonus = health.times(3)
    }
    val health = 100
}

fun main(args: Array<String>) {
    Player()
}
```

このコードはコンパイルを通らないだろう。なぜなら health プロパティは、init ブロックで使う前に初期化されないからだ。前に述べたように、init ブロック内が使うプロパティは、アクセスする前に初期化されていなければならない。health を初期化ブロックよりも前に定義すれば、コードはコンパイルされる。

```
class Player() {
    val health = 100

    init {
        val healthBonus = health.times(3)
    }
}

fun main(args: Array<String>) {
    Player()
}
```

これと似たような、ただしもっと微妙なシナリオが、他にも 2 つあって、不注意なプログラマの足を躓かせる。たとえば次のコードでは、先に name プロパティが宣言され、その後に firstLetter 関数が、そのプロパティから最初の 1 文字を読み出す。

```
class Player() {
    val name: String

    private fun firstLetter() = name[0]

    init {
        println(firstLetter())
        name = "Madrigal"
    }
}

fun main(args: Array<String>) {
    Player()
}
```

このコードはコンパイルを通る。なぜならコンパイラは、name プロパティが init ブロックで初期化されるのを見て、それが初期値を代入する正当な場所だと認識するからだ。けれども、このコードを実行すると、null ポインタ例外が発生する。その理由は、init ブロックで name プロパティに初期値が代入される前に、その name プロパティを使う firstLetter 関数が呼び出されるからだ。

コンパイラは、プロパティが初期化されるときと、それを init ブロックで関数が使うときとのタイミングの順序を、比較して調べない。プロパティをアクセスする関数を呼び出す init ブロックを定義するときは、自分の責任で、関数が呼び出される前にプロパティの初期化が行われるようにする必要がある。もし firstLetter が呼び出される前に name への代入が行われれば、コードはコンパイルを通り、エラーなしに実行される。

```
class Player() {
    val name: String
    private fun firstLetter() = name[0]
    init {
        name = "Madrigal"
        println(firstLetter())
    }
}

fun main(args: Array<String>) {
    Player()
}
```

もう 1 つのトリッキーなシナリオを、次のコードに示す。ここでは 2 つのプロパティを初期化している。

```
class Player(_name: String) {
    val playerName: String = initPlayerName()
    val name: String = _name

    private fun initPlayerName() = name
}

fun main(args: Array<String>) {
    println(Player("Madrigal").playerName)
}
```

このコードもコンパイルを通る。コンパイラは、すべてのプロパティが、すでに初期化されていると認識するからだ。けれども、実際にコードを実行すると、出力が null になってしまう。

何が問題なのだろうか。playerName が initPlayerName 関数によって初期化されるときには、name の初期化が終わっているものと、コンパイラはみなしているのだが、その initPlayerName が呼び出されるとき、実は name は、まだ初期化されていないのだ。

このケースも、順番が問題である。2 つのプロパティを初期化する順序を、逆にしなければいけない。そうすれば、Player クラスはコンパイルを通り、null ではない値の name を返す。

```
class Player(_name: String) {
    val name: String = _name
    val playerName: String = initPlayerName()

    private fun initPlayerName() = name
}
fun main(args: Array<String>) {
    println(Player ("Madrigal").playerName)
}
```

13.7 チャレンジ！ エクスカリバーの謎

第12章で学んだように、プロパティのゲッターとセッターは、自分で指定することができる。プロパティと、そのクラスが、どのように初期化されるかを見たところで、1つ問題を出そう。

偉大な剣には必ず name がある。その真実を反映させるため、Kotlin REPL で、Sword というクラスを定義しよう。

リスト13-13：Sword を定義する（REPL）

```
class Sword(_name: String) {
    var name = _name
        get() = "The Legendary $field"
        set(value) {
            field = value.toLowerCase().reversed().capitalize()
        }
}
```

この Sword を実体化して name を参照したら、何が出力されるだろうか？ できれば REPL でチェックする前に、正解を出していただきたい。

リスト13-14：name を参照する（REPL）

```
val sword = Sword("Excalibur")
println(sword.name)
```

もう一度 name に代入したら、何が出力されるだろうか？

リスト13-15：再び name に代入する（REPL）

```
sword.name = "Gleipnir"
println(sword.name)
```

最後に、name への代入を行う初期化ブロックを、Sword に追加する。

リスト13-16：初期化ブロックを追加する（REPL）

```
class Sword(_name: String) {
    var name = _name
        get() = "The Legendary $field"
        set(value) {
            field = value.toLowerCase().reversed().capitalize()
        }

    init {
        name = _name
    }
}
```

Sword を初期化して name を参照すると、こんどは何が出力されるだろうか?

リスト13-17：もう一度 name を参照する（REPL）

```
val sword = Sword("Excalibur")
println(sword.name)
```

このチャレンジは、初期化と、カスタムのゲッター／セッターとの、両方に関するあなたの知識をテストするものだ。

第14章 継承

継承（inheritance）は、複数の型の間に階層的な関係を定義するオブジェクト指向の方法だ。この章では継承を使って、複数の関連するクラスの間でデータと振る舞いを共有する。

継承の概念を理解するために、プログラミングから離れた例を使おう。乗用車（Car）とトラック（Truck）には共通点が多い。どちらにも車輪（Wheel）やエンジン（Engine）がある。そして相違点もある。

継承を使うと、両者に共通するものを、共有クラス、Vehicle（乗り物）で定義できる。こうすれば、Car と Truck の両方で、Wheel や Engine を実装する必要がなくなる。Car と Truck は、これらの共有機能を継承してから、それぞれ独自の機能を定義することができるようになる。

NyetHack では、このゲームにおける `Player` とは何かを定義してきた。この章では、継承を利用して、NyetHack に一連の「ルーム」（人がいる空間）を追加することによって、プレイヤーが居場所を持てるようにする。

14.1 Room クラスを定義する

まず、`Room.kt` というファイルを NyetHack に作る。`Room.kt` には、`Room` という新しいクラスを入れる。このクラスは、NyetHack の座標平面で 1 個の区画を表現するものだ。その後、`Room` クラスから性質を継承して、各種のルームを定義することにしよう。

`Room` には、1 個のプロパティ（`name`）と、2 つの関数（`description` と `load`）を持たせる。`description` は、ルームを記述する `String` を返す。`load` は、プレイヤーがルームに入ったときコンソールに出力すべき `String` を返す。これらは、NyetHack のすべてのルームに持たせたい機能だ。

`Room` クラスの定義を、`Room.kt` に追加しよう。

リスト14-1：Room クラスを宣言する（`Room.kt`）

```
class Room(val name: String) {
    fun description() = "Room: $name"
```

```
    fun load() = "Nothing much to see here..."
}
```

この新しいRoomクラスをテストするため、ゲームがmainで始まるときに1個のRoomインスタンスを作り、そのdescriptionが返す結果を表示しよう。

リスト14-2：ルームの記述を表示する（Game.kt）

```
fun main(args: Array<String>) {
    val player = Player("Madrigal")
    player.castFireball()

    var currentRoom = Room("Foyer")
    println(currentRoom.description())
    println(currentRoom.load())
    ...

    // Player status
    printPlayerStatus(player)
}
...
```

Game.ktを実行しよう。次の出力がコンソールに現れるはずだ。

```
A glass of Fireball springs into existence. Delicious! (x2)
Room: Foyer
Nothing much to see here...
(Aura: GREEN) (Blessed: YES)
Madrigal of Tampa is in excellent condition!
```

とりあえず問題はないが、なんだか退屈そうだ。foyer（ホワイエ：休憩室、ロビーなど）を、ぶらついても面白くないだろう。Madrigal of Tampaが、あちこち訪問できるようにしたい。

14.2 サブクラスを作る

サブクラスは、継承元クラスに存在するすべてのプロパティを継承する。継承元のクラスを、一般に「親クラス」（parent class）または**スーパークラス**（superclass）と呼ぶ。

たとえばNyetHackの市民のために、タウンスクエア（広場）が要るだろう。タウンスクエアはRoomの一種で、これにはタウンスクエアだけが持つ特徴がある（たとえば、プレイヤーが入るときにロードされるメッセージがカスタマイズされる）。そのTownSquareクラスを作るには、共通の機能を持つRoomを親として、それを継承してから、TownSquareがRoomと違うところを記述する。

けれども、TownSquareクラスを定義する前に、Roomクラスに変更を加えて、サブクラスを作れるようにしておかなければならない。

あなたが作るクラスが、すべてクラス階層構造の一部になるわけではない。実際、クラスは、派生に関してオープンではなくクローズドになる（つまり、サブクラスを作れない）のがデフォルトなのだ。クラスからの派生を可能にするには、open キーワードでマークする必要がある。

サブクラスを作れるように、open キーワードを Room クラスに追加しよう。

リスト14-3：Room クラスをサブクラスの作れる open クラスにする（Room.kt）

```
open class Room(val name: String) {
    fun description() = "Room: $name"

    fun load() = "Nothing much to see here..."
}
```

これで Room にオープンのマークが付いたので、この Room クラスから派生するサブクラス、TownSquare を Room.kt のなかに作ろう。それには次のように、:演算子を使う。

リスト14-4：TownSquare クラスを宣言する（Room.kt）

```
open class Room(val name: String) {
    fun description() = "Room: $name"

    fun load() = "Nothing much to see here..."
}

class TownSquare : Room("Town Square")
```

TownSquare クラスの宣言では、:演算子の左側にクラス名があり、右側にコンストラクタの呼び出しがある。そのコンストラクタ呼び出しは、TownSquare の親として呼び出すべきコンストラクタと、それに渡す引数を示している。この場合、TownSquare は、「Town Square」という特別な名前を持つバージョンの Room である。

けれども、せっかくタウンスクエアを作ったのだから、名前を付けるだけでは物足りない。サブクラスを、その親クラスから区別する、もう 1 つの方法は、**オーバーライド**（overriding）である。第 12 章で見たように、クラスはデータをプロパティで表現し、振る舞いを関数で表現する。サブクラスは、どちらについても、スーパークラスの実装をオーバーライドする（くつがえす）、カスタムの実装を提供することができる。

Room には、description と load という 2 つの関数がある。TownSquare では、われわれの主人公がタウンスクエアに入るとき人々の歓喜を表現するような、load の独自の実装を持たせたい。

TownSquare で override キーワードを使って、load をオーバーライドしよう。

リスト14-5：TownSquare クラスを宣言する（Room.kt）

```
open class Room(val name: String) {
    fun description() = "Room: $name"

    fun load() = "Nothing much to see here..."
}
```

```
class TownSquare : Room("Town Square") {
    override fun load() = "The villagers rally and cheer as you enter!"
}
```

だが、load をオーバーライドしようとすると、IntelliJ は、そこでは override キーワードは使えないと言う。

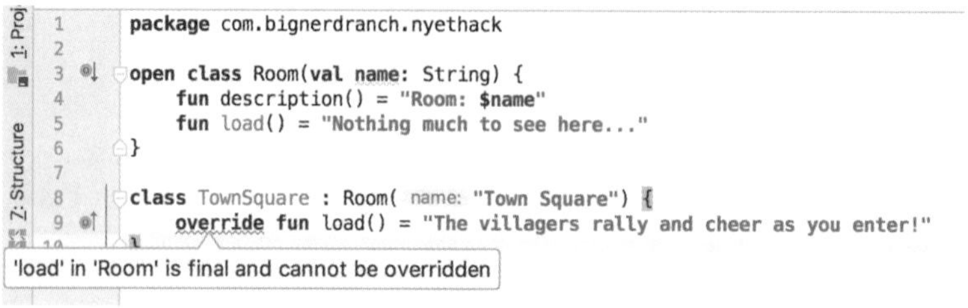

```
1   package com.bignerdranch.nyethack
2
3   open class Room(val name: String) {
4       fun description() = "Room: $name"
5       fun load() = "Nothing much to see here..."
6   }
7
8   class TownSquare : Room( name: "Town Square") {
9       override fun load() = "The villagers rally and cheer as you enter!"
```

'load' in 'Room' is final and cannot be overridden

図14-1：'Room' の'load' は final なのでオーバーライドできません

いつものように、IntelliJ は正しい。ここには問題がある。Room に「オープン」とマークするだけではなく、load も「オープン」とマークしなければ、オーバーライドできないのだ。

Room クラスの load 関数をオーバーライド可能にするため、open マークを付けよう。

リスト14-6：open 関数を宣言する（Room.kt）

```
open class Room(val name: String) {
    fun description() = "Room: $name"

    open fun load() = "Nothing much to see here..."
}

class TownSquare : Room("Town Square") {
    override fun load() = "The villagers rally and cheer as you enter!"
}
```

こうすると、主人公がタウンスクエアに入って load が呼び出されるとき、デフォルトの文句（Nothing much to see here...）が表示される代わりに、TownSquare のインスタンスによって群衆の歓声が表示される。

第12章で、プロパティや関数の可視性を、可視性修飾子によって制御する方法を学んだ。プロパティと関数は、デフォルトではパブリック（public）になる。けれども、可視性をプライベート（private）に設定して定義すれば、それらはクラスの中でだけ見えるようになる。

そしてプロテクテッド（protected）という第3の選択肢を使えば、それらを見ることのできるクラスは、プロパティや関数を定義したクラスか、そのクラスのサブクラスだけに制限される。

room に、dangerLevel という新しい protected プロパティを追加しよう。

リスト14-7：protected プロパティを宣言する（Room.kt）

```
open class Room(val name: String) {
    protected open val dangerLevel = 5

    fun description() = "Room: $name\n" +  // Windows では\r\n
            "Danger level: $dangerLevel"

    open fun load() = "Nothing much to see here..."
}

class TownSquare : Room("Town Square") {
    override fun load() = "The villagers rally and cheer as you enter!"
}
```

dangerLevel は、ルームの危険性を 1 から 10 までのレベルで表現する。これがコンソールに表示されるので、プレイヤーは各ルームにおけるサスペンスを予測できる。平均的な危険性のレベルは 5 なので、それが Room クラスに割り当てられる既定値だ。

Room のサブクラスは、dangerLevel を変更し、特定のルームの危険度（あるいは安全度）を上げ下げできる。ただし dangerLevel は、それ以外の方法では変更できないように、Room と、そのサブクラスの中にカプセル化されている。これには、protected キーワードが最適だ。プロテクテッドプロパティは、そのプロパティを定義したクラスと、そのサブクラスからしか見えないのだから。

TownSquare で dangerLevel プロパティをオーバーライドするには、以前に load 関数で使ったように、override キーワードを使う。

NyetHack のタウンスクエアの危険度は、平均よりも 3 レベル低い。このロジックを表現するには、平均的な危険度を持つ Room の値を参照する必要がある。スーパークラスを参照するには、super キーワードを使う。その後は、そのスーパークラスの、public または private なプロパティと関数を、どれでもアクセスできる（この場合の dangerLevel を含めて）。

TownSquare で dangerLevel をオーバーライドして、タウンスクエアの危険度を、ルームの平均よりも 3 レベル下の値で表現しよう。

リスト14-8：dangerLevel をオーバーライドする（Room.kt）

```
open class Room(val name: String) {
    protected open val dangerLevel = 5

    fun description() = "Room: $name\n" +  // Windows では\r\n
            "Danger level: $dangerLevel"
    open fun load() = "Nothing much to see here..."
}

class TownSquare : Room("Town Square") {
    override val dangerLevel = super.dangerLevel - 3

    override fun load() = "The villagers rally and cheer as you enter!"
}
```

サブクラスでは、スーパークラスのプロパティや関数をオーバーライドするだけでなく、独自のプロパティや関数を定義できる。

たとえばNyetHackのタウンスクエアは、このルームだけのユニークな特徴として、重要な事件を知らせるために鐘を鳴らす。そのために、鐘を鳴らすための ringBell という private 関数と、鐘の音を表す bellSound という private 変数を、TownSquare に追加しよう。bellSound には、鐘の音を表現する文字列を入れる。そして、load 関数のなかで呼び出される ringBell は、主人公がタウンスクエアに入ったことを告知する文字列を返す。

リスト14-9：独自のプロパティと関数をサブクラスに追加する（Room.kt）

```
open class Room(val name: String) {
    protected open val dangerLevel = 5

    fun description() = "Room: $name\n" +  // Windows では\r\n
            "Danger level: $dangerLevel"

    open fun load() = "Nothing much to see here..."
}

class TownSquare : Room("Town Square") {
    override val dangerLevel = super.dangerLevel - 3
    private var bellSound = "GWONG"

    override fun load() =             // Windows では\r\n
        "The villagers rally and cheer as you enter!\n${ringBell()}"

    private fun ringBell() = "The bell tower announces your arrival. $bellSound"
}
```

TownSquare に含まれるプロパティと関数には、TownSquare で定義したものと、Room で定義したものの、両方がある。けれども Room は、TownSquare で独自に宣言したプロパティと関数を、まったく含まないので、ringBell をアクセスできない。

load 関数をテストするために、Game.kt の currentRoom 変数を更新して、TownSquare のインスタンスを作ろう。

リスト14-10：サブクラスによる関数の実装を呼び出す（Game.kt）

```
fun main(args: Array<String>) {
    val player = Player("Madrigal")
    player.castFireball()

    var currentRoom: Room = Room("Foyer")TownSquare()
    println(currentRoom.description())
    println(currentRoom.load())

    ...
```

```
    // Player status
    printPlayerStatus(player)
}
...
```

Game.kt を実行しよう。次のような出力がコンソールに現れるはずだ。

```
A glass of Fireball springs into existence. Delicious! (x2)
Room: Town Square
Danger level: 2
The villagers rally and cheer as you enter!
The bell tower announces your arrival. GWONG
(Aura: GREEN) (Blessed: YES)
Madrigal of Tampa is in excellent condition!
```

Game.kt における currentRoom 変数の型は、いまでも Room だということに注目しよう。この変数は、いまでは TownSquare のインスタンスで、load 関数も Room の実装とは、ずいぶん違っているのに。ここでは currentRoom の型を明示的に Room と宣言しているので、currentRoom 変数には（TownSquare のコンストラクタを使っているにもかかわらず）、Room の型ならなんでも格納できる。

TownSquare は Room から派生したサブクラスだから、TownSquare は Room の一種だ。ゆえにこれは完全に有効な構文だ。

サブクラスから、さらにサブクラスを派生して、もっと深い階層構造を作ることもできる。もし TownSquare のサブクラスとして Piazza というクラスを作れば、その Piazza は TownSquare 型でもあり、Room 型でもある、という結果になる。サブクラスの階層構造の深さには、コードベースの構造として合理的である限り（そして、あなたの想像力が許す限り）、何の制限もない。

このように、呼び出されるクラスによって別のバージョンの load があることは、**多相性**（polymorphism）と呼ばれるオブジェクト指向プログラミングの概念の一例を示している。

多相性は、プログラムの構造を単純化する戦略だ。多相性を使うと、一群のクラスで共通の関数群（たとえばプレイヤーがルームに入ったときに何が起きるか）を再利用しながら、クラス固有のユニークな振る舞い（たとえば TownSquare では歓喜する群衆）をカスタマイズすることができる。Room のサブクラスとして TownSquare を定義するときには、load の新しい実装を定義して、Room のバージョンをオーバーライドした。これによって、今回 currentRoom の load 関数を呼び出したときに使われる load は、TownSquare のバージョンになった。そして、そのために Game.kt を変更する必要はなかった。

たとえば、次のような関数ヘッダについて、考えてみよう。

```
fun drawBlueprint(room: Room)
```

設計図を描く drawBlueprint 関数は、パラメータとして 1 個の Room を受け取る。これは、Room

のサブクラスであれば、何でも受け取ることができる。なぜなら、どのサブクラスも、少なくともRoomと同じ能力を持っているからだ。多相性のおかげで、クラスの実装を考慮することなく、クラスに何ができるかだけを考えて関数を書くことが可能になる。

関数をオープンしてオーバーライドを許すのは便利だが、副作用もある。Kotlinで関数をオーバーライドするとき、サブクラスでオーバーライドした関数は、デフォルトにより、それ自身もオープンされてオーバーライドを許すことになる（そのサブクラスにopenのマークがあれば）。

そうしたくない場合は、どうすればいいのだろうか。たとえばTownSquareの場合、TownSquareのサブクラスは、どれも記述をカスタマイズできるようにしたいが、記述をロードする方法は変えたくない。

ある関数をオーバーライドできないように指定するには、finalキーワードを使う。TownSquareをオープンにして、そのload関数をfinalにすることによって、プレイヤーがタウンスクエアに入ったら群衆が歓喜するという事実を、だれもオーバーライドできないようにしよう。

リスト14-11：関数をfinalと宣言する（Room.kt）

```
open class Room(val name: String) {
    protected open val dangerLevel = 5

    fun description() = "Room: $name\n" +  // Windows では\r\n
                        "Danger level: $dangerLevel"
    open fun load() = "Nothing much to see here..."
}

open class TownSquare : Room("Town Square") {
    override val dangerLevel = super.dangerLevel - 3
    private var bellSound = "GWONG"

    final override fun load() =        // Windows では\r\n
        "The villagers rally and cheer as you enter!\n${ringBell()}"

    private fun ringBell() = "The bell tower announces your arrival. $bellSound"
}
```

これで、TownSquareのサブクラスはどれも、description関数にオーバーライドを提供できるが、load関数だけは、finalキーワードのおかげで、オーバーライドできないようになった。

最初にloadをオーバーライドしようとしたときにわかったように、オープンクラスから継承しない限り、関数はデフォルトでfinalになる。継承した関数にfinalキーワードを加えると、たとえその関数を定義しているクラスがオープンでも、その関数はオーバーライドできなくなる。

クラスのデータと振る舞いは、これまで見てきたように継承によって共有することができる。また、何が共有でき、何が共有できないかのカスタマイズを、openとfinalとoverrideを使って制御する方法も見てきた。Kotlinでは、必要なときにopenとoverrideのキーワードを明示的に使って、意識して継承を選択する必要がある。これによって、もともと派生を望んでいないクラスを間違って公開してしまう危険性を減らし、オーバーライドが望まれない関数を、あなたが（あるいは他の誰かが）オーバーライドすることを防いでいる。

14.3　型チェック

NyetHackは、たいして複雑なプログラムではないが、製品のコードベースともなれば、多くのクラスやサブクラスを含むことになるだろう。できるだけ明確な名前を付けようと努力しても、ときには変数が実行時にどの型になるのか、はっきりしない場合もでてくる。そういうとき、オブジェクトが、ある型なのかどうかを問い合わせるには、isという便利な演算子を使える。

Kotlin REPLで使ってみよう。まずRoomを実体化する（それにはRoomをREPLにインポートする必要があるかもしれない）。

リスト14-12：Roomを実体化する（REPL）

```
var room = Room("Foyer")
```

次に、roomがRoomクラスのインスタンスかどうかを、is演算子を使って問い合わせる。

リスト14-13：roomがRoomの一種かどうかを調べる（REPL）

```
room is Room
true
```

is演算子は、左辺にあるオブジェクトの型が、右辺の型と同じかどうかを調べる。この式が返すのはBooleanで、もし型が一致すればtrueを、一致しなければfalseを返す。

もう1つ、問い合わせをやってみよう。roomがTownSquareクラスのインスタンスかどうかをチェックする。

リスト14-14：roomはTownSquareの一種か（REPL）

```
room is TownSquare
false
```

roomはRoom型である。そしてRoomはTownSquareの親クラスだ。けれどもroomはTownSquareの一種ではない。

もう1つ、こんどはTownSquare型の変数をチェックしよう。

リスト14-15：townSquareはTownSquareの一種か（REPL）

```
var townSquare = TownSquare()
townSquare is TownSquare
true
```

リスト14-16：townSquareはRoomの一種か（REPL）

```
townSquare is Room
true
```

townSquareは、TownSquare型でもあり、Room型でもある。この概念が、多相性を可能にするのだ。

ある変数の型を知る必要があるときには、型チェックを使うのが単純明快な方法だ。型チェックと条件を併用してロジックの分岐を積み上げることも可能だが、多相性がロジックにどう影響するのかを、はっきり意識する必要がある。

たとえば、変数の型によって Room または TownSquare を返す when 式を、Kotlin REPL で作ってみよう。

リスト14-17：分岐の条件としての型チェック（REPL）

```
var townSquare = TownSquare()
var className = when(townSquare) {
    is TownSquare -> "TownSquare"
    is Room -> "Room"
    else -> throw IllegalArgumentException()
}
print(className)
```

townSquare は TownSquare 型なのだから、この when 式の最初のブランチは真と評価される。そして townSquare は Room 型でもあるから、第 2 のブランチも真と評価されるわけだが、それはどうでもいいことだ。なぜなら第 1 のブランチの条件が、すでに満たされているのだから。

このコードを実行すると、コンソールには TownSquare と表示される。

では、ブランチの順序を逆にしよう。

リスト14-18：型チェックで条件を逆順にする（REPL）

```
var townSquare = TownSquare()
var className = when(townSquare) {
    is TownSquare -> "TownSquare"
    is Room -> "Room"
    is TownSquare -> "TownSquare"
    else -> throw IllegalArgumentException()
}
print(className)
```

このコードを実行すると、こんどはコンソールに Room と表示される。それが第 1 のブランチで真と評価されたからだ。

オブジェクトの型を条件として分岐するときは、このように順序が問題となる。

14.4　Kotlin における型階層

Kotlin のクラスは、どれも終局的には共通のスーパークラス Any から派生しているが、そのことをコードの中で明示する必要はない（図 14-2）。

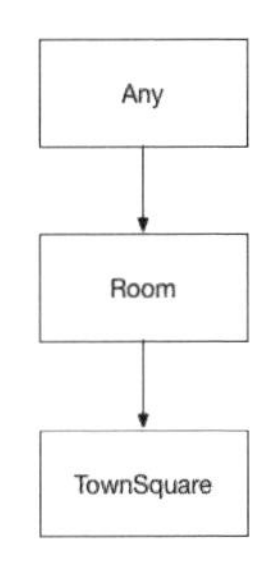

図14-2：TownSquare の型階層

たとえば Room 型も、Player 型も、暗黙的に Any 型の派生クラスである。だからこそ、どちらの型でもパラメータとして受け取れるような関数を定義することが可能なのだ。もしあなたに Java を使った経験があるのなら、これは Java のクラスが、どれも暗黙のうちに、java.lang.Object クラスの派生クラスであることと似ている。

次の例で示すのは、「祝福の源かどうかを出力する」関数、printIsSourceOfBlessings である。printIsSourceOfBlessings は Any 型の引数を受け取り、型チェックを使って、渡された引数の型を条件として分岐する。そして最後に、分岐の結果によって異なる文章を出力する。このコードには、今後 2 つのセクションで論じる新しい概念が含まれている。

```
fun printIsSourceOfBlessings(any: Any) {
    val isSourceOfBlessings = if (any is Player) {
        any.isBlessed
    } else {
        (any as Room).name == "Fount of Blessings"
    }

    println("$any is a source of blessings: $isSourceOfBlessings")
}
```

NyetHack で、「祝福の源」(source of blessings) となるものは 2 つしかない。それは「祝福されたプレイヤー」(a blessed player) と、「祝福の泉」(Fount of Blessings) という名前のルームである。

どのオブジェクトも Any の派生クラスなので、なんでも好きな型の引数を printIsSourceOfBlessings に渡すことができる。その柔軟性は便利だけれど、引数をそのまま使えないという短所もある。この例は、捉えにくい Any 型の引数を把握するために、**型キャスト** (type casting) を使っている。

型キャスト

型キャストで必ず有効な答えが得られるとは限らない。たとえば printIsSourceOfBlessings 関数の any パラメータは、渡される引数が Any 型になるという指定だ。しかし Any という型では、その引数で何ができるのかが特定されない。

型キャストを行うと、オブジェクトを、それとは別の型のインスタンスであるかのように扱うことができる。そうすれば、オブジェクトに対して、普通ならば特定の型のオブジェクトに対して行うこと（たとえば関数コール）を、なんでも実行できるようになるのだから、実に強力だ。

printIsSourceOfBlessings 関数では、条件式のなかで型チェックを使うことによって、any が Player 型かどうかをチェックしている。もしそうでなければ、else ブランチのコードが実行される。

その else ブランチでは、name 変数を参照する。

```
fun printIsSourceOfBlessings(any: Any) {
    val isSourceOfBlessings = if (any is Player) {
        any.isBlessed
    } else {
        (any as Room).name == "Fount of Blessings"
    }

    println("$any is a source of blessings: $isSourceOfBlessings")
}
```

ここにある as 演算子は、型キャストを意味する。このキャストは、「この式では、any を Room 型であるかのように扱う」という意味だ。この場合の式は、"Fount of Blessings"という文字列と比較するため、Room の name プロパティを参照する。

キャストは強力で、大きな責任を伴うから、安全に使う必要がある。安全なキャスト（safe cast）の一例は、Int を、Long のような、より精度の高い数値型に変換するものだ。

printIsSourceOfBlessings のキャストは、動作するが安全ではない。なぜだろうか。NyetHack にあるクラスは、Room と Player と TownSquare の 3 つだけだ。TownSquare も Room なのだから、もし any が Player でなければ、必ず Room 型だと考えて良いのではないか?

いまは、そうだろう。しかし、NyetHack に新しいクラスが追加されたら、どうなるだろうか。

もしキャスト先の型が、キャスト元の型と互換性のない型ならば、キャストは失敗する。たとえば String は Int と互換性がない型なので、もし String を Int にキャストしたら、ClassCastException という例外が発生してプログラムがクラッシュするだろう。キャストは変換とは違う。ある種の文字列は整数に変換できるが、どんな String も Int にキャストすることはできない。

どんな変数でも、あらゆる型にキャストする**試み**が可能である。けれどもそれには、キャスト元の型と、キャスト先の型について、あなたが確信を持つことが必要となる。もし安全ではないキャストを行う必要があるのなら、それを try/catch ブロックで囲むのも、良い考えだ。しかし、キャストが成功するという確信が持てないときは、キャストを避けるのがもっとも良い考えだ。

スマートキャスト

キャストが必ず成功するという確信を得るには、まずキャストされる変数の型をチェックするというのが 1 つの方法だ。printIsSourceOfBlessings の条件式で、最初のブランチを見よう。

```
fun printIsSourceOfBlessings(any: Any) {
    val isSourceOfBlessings = if (any is Player) {
        any.isBlessed
    } else {
        (any as Room).name == "Fount of Blessings"
    }

    println("$any is a source of blessings: $isSourceOfBlessings")
}
```

このブランチに入る条件は、any が Player 型であることだ。isBlessed は、Player に対して定義されているプロパティであって、Any のプロパティではない。そんなことを、キャストを使わずに、どうして実現できるのだろうか。

実は、ここでもある種のキャストが行われている。それは、スマートキャストだ。スマートキャストについては、第 6 章でも用例を見た。

Kotlin コンパイラは、十分にスマートなので、もしあるブランチについて any is Player の型チェックに成功したら、そのブランチでは any を Player として扱えるということを認識する。このブランチでは、any から Player へのキャストが常に成功するとコンパイラが知っているので、あなたがキャストの構文を省略して、Player のプロパティである isBlessed を、any のものとして参照しても、コンパイラは許してくれるのだ。

スマートキャストは、Kotlin コンパイラの知能によって、より簡潔な構文を利用できることの一例だ。

この章では、サブクラスを派生することによって、複数のクラスで振る舞いを共有する方法を学んだ。次の章では、NyetHack にゲームループを追加しながら、さらに他の種類のクラスを紹介する。それには、データクラスや、列挙や、Kotlin の「シングルインスタンス」クラスである object クラスが含まれる。

14.5　もっと知りたい？　Any

変数の値をコンソールに出力するときは、その値をコンソールにどう表示するかを決めるために、toString という関数が呼び出される。これは、一部の型では簡単なことだ。たとえば文字列の値であれば String の値を表現するのが当然だ。しかし、他の型では、それほど明らかではない。

Any は、toString などの一般的な関数に、抽象の定義を提供する。それを援助するのは、あなたのプロジェクトがターゲットとしているプラットフォームに存在する実装だ。

Any クラスのソースを見ると、次のようになっている。

```
/**
* The root of the Kotlin class hierarchy.
* Every Kotlin class has [Any] as a superclass.
*/
public open class Any {
    public open operator fun equals(other: Any?): Boolean
    public open fun hashCode(): Int
    public open fun toString(): String
}
```

このクラス定義には、toString 関数の定義が含まれていない。どこで定義されているのだろうか。そして、たとえば Player に対して toString 関数を呼び出したら、何が返されるのだろう。

printIsSourceOfBlessings の最後の行が、コンソールに出力していたことを思い出そう。

```
fun printIsSourceOfBlessings(any: Any) {
    val isSourceOfBlessings = if (any is Player) {
        any.isBlessed
    } else {
        (any as Room).name == "Fount of Blessings"
    }
    println("$any is a source of blessings: $isSourceOfBlessings")
}
```

printIsSourceOfBlessings を呼び出すときに、祝福を受けたプレイヤーを渡すと、その結果は次のようなものになる。

```
Player@71efa55d is a source of blessings: true
```

Player@71efa55d というのが、Any クラスに対して toString のデフォルトの実装を使った結果である。Kotlin は、JVM の java.lang.Object.toString という実装を使う。それは、あなたがターゲットを JVM としてコンパイルしているからだ。この toString を、あなたの Player クラスでオーバーライドすれば、もっと人間が読みやすい文字列を返すこともできる。

Any 型は、Kotlin のプラットフォーム独立性を実現している方法の 1 つだ。Any が提供するのはクラスの上位にあたる抽象で、(たとえば JVM など) 個々のプラットフォームに共通するスーパークラスを表現している。つまり、Any の toString の実装は、JVM をターゲットとするときは java.lang.Object.toString だが、JavaScript にコンパイルするときは、まったく別のものになる。この抽象性があるので、コードが実行される個々のプラットフォームについて、あなたは詳細を知る必要がなく、単純に Any に依存することができる。

第15章

オブジェクト

これまでクラス定義、初期化、継承という3つの章で、オブジェクト指向プログラミングの原則を利用してオブジェクト間に意味のある関係を構築する方法を学んできた。クラスを実体化するにはさまざまな方法を使えるが、これまでは、どれも同じ `class` キーワードを使ってクラスを宣言してきた。この章では、**オブジェクト宣言**（object declaration）を紹介するとともに、**ネストしたクラス**（nested class）、**データクラス**（data class）、**列挙クラス**（enum class）も紹介する。これから見ていくように、これらのクラスは、それぞれ宣言の構文が独自であり、性質にもユニークなものがある。

この章が終わるまでにゲームに加えていく新機能によって、あなたの主人公はNyetHackの世界を、ルームからルームへと訪ね回ることが可能になる。そして、あなたのプログラムは、今後の章で加える拡張をサポートできるように組織化される。

15.1 objectキーワード

第13章で、クラスの構築について学んだ。クラスのコンストラクタは、そのクラスのインスタンスを返す。コンストラクタを何度も呼び出すことによって、いくつでもインスタンスを作ることができる。

たとえばNyetHackには、プレイヤーを何人でも持たせることが可能だろう。`Player` のコンストラクタは、何回でも好きなだけ呼び出すことができる。そして、NyetHackの世界が複数のプレイヤーを使えるほど広大であれば、それは `Player` にとって妥当なことだ。

けれども、ゲームの状態を管理するのに `Game` クラスを使うとすれば、もし `Game` のインスタンスが複数あったら問題になる。それぞれ独自の状態を持てるのだから、矛盾が生じる可能性があるだろう。

インスタンスをただ1つに限定し、プログラムを実行している間、その状態を一貫させたいのなら、**シングルトン**（singleton）の定義を考慮すべきだ。クラスに `object` キーワードを使うと、そのクラスのインスタンスは、ただ1つに限定される。それがシングルトンだ。そのオブジェクトは、最初にアクセスするとき実体化される。そのインスタンスは、プログラムが実行されている限り永続し、その後のアクセスでは、元のインスタンスが返される。

`object` キーワードを使う方法は3つある。**オブジェクト宣言**（object declaration）と、**オブジェクト式**（object expression）と、**コンパニオンオブジェクト**（companion object）だ。今後の3つのセクションで、これらの使い方を説明していこう。

オブジェクト宣言

オブジェクト宣言が、とくに組織化と状態管理に便利なのは、プログラムの存続時間を通じて一貫する状態が欲しいときだ。まさにそれを行うために、これから `Game` オブジェクトを定義する。

オブジェクト宣言を使って `Game` クラスを定義すれば、ゲームループを定義するのに便利な場所ができるし、`Game.kt` の `main` 関数を整理することもできる。そうしてコードをクラスとオブジェクトの宣言に分割すれば、スケールが大きくなっても組織が崩れないコードベースを達成しやすくなる。

`Game.kt` で、オブジェクト宣言を使って `Game` オブジェクトを定義しよう。

リスト15-1：Game オブジェクトの宣言（`Game.kt`）

```
fun main(args: Array<String>) {
    ...
}

private fun printPlayerStatus(player: Player) {
    println("(Aura: ${player.auraColor()}) " +
            "(Blessed: ${if (player.isBlessed) "YES" else "NO"})")
    println("${player.name} ${player.formatHealthStatus()}")
}

object Game {

}
```

`Game.kt` の `main` 関数は、今後はゲームプレイの始動に専念する。ゲームのロジックは、すべて、ただ1つのインスタンスを持つ `Game` オブジェクトの中にカプセル化される。

オブジェクト宣言によって実体化が行われるのだから、初期化時に呼び出すべきコードを持つカスタムコンストラクタは、追加しない。オブジェクトの初期化時に呼び出したいコードがあれば、代わりに初期化ブロックが必要となる。`Game` オブジェクトに、実体化されたとき冒険者を歓迎する挨拶をコンソールに出力するような初期化ブロックを追加しよう。

リスト15-2：init ブロックを Game に追加する（`Game.kt`）

```
fun main(args: Array<String>) {
    ...
}
```

```
private fun printPlayerStatus(player: Player) {
    println("(Aura: ${player.auraColor()}) " +
            "(Blessed: ${if (player.isBlessed) "YES" else "NO"})")
    println("${player.name} ${player.formatHealthStatus()}")
}

object Game {
    init {
        println("Welcome, adventurer.")
    }
}
```

Game.kt を実行しよう。歓迎のメッセージが表示されないのは、まだ Game が初期化されていないからだ。そして、Game が初期化されない理由は、まだ参照されていないからである。

オブジェクト宣言は、そのプロパティまたは関数の 1 つから参照する。Game の初期化を促すために、play という関数を定義して呼び出そう。その play のなかに、NyetHack のゲームループを置く。

play を Game に追加して、main から呼び出そう。オブジェクト宣言のなかで定義した関数を呼び出すときは、その定義が入っているオブジェクトの名前を使う（他のクラス関数のように、クラスのインスタンスに対して呼び出すのではない）。

リスト15-3：オブジェクト宣言で定義した関数を、呼び出す（Game.kt）

```
fun main(args: Array<String>) {
    ...
    // Player status
    printPlayerStatus(player)

    Game.play()
}

private fun printPlayerStatus(player: Player) {
    println("(Aura: ${player.auraColor()}) " +
        "(Blessed: ${if (player.isBlessed) "YES" else "NO"})")
    println("${player.name} ${player.formatHealthStatus()}")
}

object Game {
    init {
        println("Welcome, adventurer.")
    }

    fun play() {
        while (true) {
            // Play NyetHack
        }
    }
}
```

Game オブジェクトは、ただゲームの状態をカプセル化するだけではない。ここにゲームループを入れて、プレイヤーが入力するコマンドを受け取る。while ループの形式を持つゲームループによって、NyetHack の対話処理を行うのだ。while ループの条件は、単純な true だ。これによってゲームループは、アプリケーションが実行されている限り、実行を続ける。

いまのところ、play は何もしない。将来は、NyetHack のゲームプレイを、ラウンドによって定義することになる。ラウンドごとに、プレイヤーの状態や、世界を記述する他の情報を、コンソールに出力する予定だ。そしてユーザー入力は、readLine 関数を経由して受け取ることになる。

いま main のなかにあるゲームのロジックを見て、それを Game のどこに入れるかを検討しよう。たとえば、毎回のラウンドの先頭で、新しい Player のインスタンスや、新しい currentRoom を作るようには、したくない。これらのゲームロジックは、play ではなく Game に属すべきものだ。player と currentRoom を、Game のプライベートプロパティとして宣言しよう。

次に、castFireball の呼び出しは、Game の初期化ブロックに移して、NyetHack のゲームを始めるたびに景気を付けるだけにしよう。printPlayerStatus の定義も、Game に移す。そして、この printPlayerStatus も、player や currentRoom と同じく private にして、Game のなかにカプセル化する。

リスト15-4：プロパティと関数を、オブジェクト宣言に入れてカプセル化する（Game.kt）

```
fun main(args: Array<String>) {
    val player = Player("Madrigal")
    player.castFireball()

    var currentRoom: Room = TownSquare()
    println(currentRoom.description())
    println(currentRoom.load())

    // Player status
    printPlayerStatus(player)

    Game.play()
}

private fun printPlayerStatus(player: Player) {
    println("(Aura: ${player.auraColor()}) " +
        "(Blessed: ${if (player.isBlessed) "YES" else "NO"})")
    println("${player.name} ${player.formatHealthStatus()}")
}

object Game {
    private val player = Player("Madrigal")
    private var currentRoom: Room = TownSquare()

    init {
        println("Welcome, adventurer.")
        player.castFireball()
    }
```

```
    fun play() {
        while (true) {
        // Play NyetHack
        }
    }

    private fun printPlayerStatus(player: Player) {
        println("(Aura: ${player.auraColor()}) " +
                "(Blessed: ${if (player.isBlessed) "YES" else "NO"})")
        println("${player.name} ${player.formatHealthStatus()}")
    }
}
```

Game.kt の main 関数にあったコードを、Game の play 関数に移すことで、ゲームループのセットアップに欠かせないコードが Game のなかにカプセル化された。

main に残っているのは何だろうか。ここでは、currentRoom の記述と、load ステートメントと、プレイヤーの状態という 3 つの情報を表示している。これらは、ゲームプレイの各ラウンドの先頭で表示すべきものだから、ゲームループに移そう。

リスト15-5：ゲームループで状態を表示する（Game.kt）

```
fun main(args: Array<String>) {
    println(currentRoom.description())
    println(currentRoom.load())

    // Player status
    printPlayerStatus(player)

    Game.play()
}

object Game {
    private val player = Player("Madrigal")
    private var currentRoom: Room = TownSquare()

    init {
        println("Welcome, adventurer.")
        player.castFireball()
    }

    fun play() {
        while (true) {
        // Play NyetHack
        println(currentRoom.description())
        println(currentRoom.load())

        // Player status
        printPlayerStatus(player)
        }
    }
```

```
    private fun printPlayerStatus(player: Player) {
        println("(Aura: ${player.auraColor()}) " +
                "(Blessed: ${if (player.isBlessed) "YES" else "NO"})")
        println("${player.name} ${player.formatHealthStatus()}")
    }
}
```

もしいま Game.kt を実行したら、無限ループするだろう。ループを停めるものが、何もないからだ。ゲームループの最後のステップでは、readLine 関数を使って、コンソールからのユーザー入力を受け取るようにしよう。readLine は、第 6 章でも使ったが、コンソールでユーザーが入力するまで実行を停止する。そして、いったん改行キャラクタを受け取ったら、実行を再開して、それまでに収集した入力を返す。

ゲームループに readLine の呼び出しを追加して、ユーザー入力を受け取ろう。

リスト15-6：ユーザーの入力を受け取る（Game.kt）

```
...
object Game {
    ...
    fun play() {
        while (true) {
            println(currentRoom.description())
            println(currentRoom.load())

            // Player status
            printPlayerStatus(player)

            print("> Enter your command: ")
            println("Last command: ${readLine()}")
        }
    }
    ...
}
```

では、Game.kt を実行して、なにかコマンドを入れてみよう。

```
Welcome, adventurer.
A glass of Fireball springs into existence. Delicious! (x2)
Room: Town Square
Danger level: 2
The villagers rally and cheer as you enter!
The bell tower announces your arrival. GWONG
(Aura: GREEN) (Blessed: YES)
Madrigal of Tampa is in excellent condition!
> Enter your command: fight
Last command: fight
Room: Town Square
Danger level: 2
The villagers rally and cheer as you enter!
The bell tower announces your arrival. GWONG
```

```
(Aura: GREEN) (Blessed: YES)
Madrigal of Tampa is in excellent condition!
> Enter your command:
```

あなたがコマンドとして入力したテキストが、そのまま表示されただろうか。それなら問題なし。新しい入力がゲームに入ったのだ。

オブジェクト式

class キーワードを使うクラス定義の長所は、それによって、あなたのコードベースに新しい概念が確立されることだ。Room というクラスを書くことによって、あなたは NyetHack にルームという概念が存在することを示す。そして Room のサブクラス、TownSquare を書くことによって、あなたは町の広場と呼ばれる特別なルームがあり得ることを、はっきりさせる。

けれども、新たに名前の付いたクラスを定義することが、常に必要とは限らない。たとえば既存のクラスのバリエーションを一度だけ使うためのインスタンスが欲しい、という場合もあるだろう。実際、本当に一時的な存在ならば、名前も要らないはずなのだ。

それが、object キーワードのもう 1 つの用途、すなわち、オブジェクト式である。次の例を見よう。

```
val abandonedTownSquare = object : TownSquare() {
    override fun load() = "You anticipate applause, but no one is here..."
}
```

このオブジェクト式は TownSquare のサブクラスだが、あなたが入場しても誰も歓声を上げてくれない、見捨てられた寂しい広場である。この宣言の本体では、TownSquare で定義されたプロパティと関数をオーバーライドすることも、新しいプロパティや関数を追加することもでき、それによって、この無名クラスのデータと振る舞いを定義できる。

このクラスは、同時に複数のインスタンスを作れないという意味で、object キーワードのルールにしたがっているが、名前付きのシングルトンと比べて、かなりスコープが狭い。その副作用として、オブジェクト式には、どこで宣言されるかに依存する性質がある。もしファイルレベルで宣言されれば、オブジェクト式は即座に初期化される。もし他のクラスの内側で宣言されれば、それを囲むクラスの初期化時に初期化される。

コンパニオンオブジェクト

オブジェクトの初期化とクラスのインスタンスを結び付けたい場合は、もう 1 つの選択肢がある。それが、コンパニオンオブジェクトだ。コンパニオンオブジェクトは、他のクラス宣言の内側で、companion 修飾子を使って宣言される。1 個のクラスが、複数のコンパニオンオブジェクトを持つことはできない。

コンパニオンオブジェクトは、2 つのケースで初期化される。第 1 に、コンパニオンオブジェクトは、それを囲むクラスが初期化されるときに、初期化される。だから、クラス定義と文脈的に関連するシングルトンデータを置くのに適している。第2に、コンパニオンオブジェクトは、そのプロパティまたは関数の1つが直接アクセスされたときに初期化される。

コンパニオンオブジェクトもオブジェクト宣言なので、そのなかで定義した関数やプロパティのどれかを使うのに、クラスのインスタンスは必要ない。次の例では、PremadeWorldMapというクラスの内側で、1個のコンパニオンオブジェクトを定義している。

```
class PremadeWorldMap {
    ...
    companion object {
        private const val MAPS_FILEPATH = "nyethack.maps"

        fun load() = File(MAPS_FILEPATH).readBytes()
    }
}
```

PremadeWorldMapが持つコンパニオンオブジェクトは、loadという関数だ。そのloadを、あなたのコードベースの、どこか他の場所から呼び出すとしたら、そのためにPremadeWorldMapのインスタンスを持つ必要はない（たとえば次のようにクラス名を使ってアクセスできる）。

```
PremadeWorldMap.load()
```

このコンパニオンオブジェクトの内容は、PremadeWorldMapが初期化されるときか、あるいはloadが呼び出されるときまで、ロードされない。そして、PremadeWorldMapを何度も実体化しても、そのコンパニオンオブジェクトのインスタンスは、常に1個だけとなる。

オブジェクト宣言、オブジェクト式、コンパニオンオブジェクトの違いを理解することが、それぞれを効果的に使える機会を知るための鍵となる。そして、これらを効果的に使うことが、良く組織化されてスケーリングが良好なコードを書くのに役立つ。

15.2　ネストしたクラス

他のクラスの内側で定義されるクラスが、すべて名前なしで宣言されるわけではない。classキーワードを使って、名前付きクラスを、他のクラスの内側に「ネストして」（入れ子にして）定義することもできるのだ。このセクションでは、Gameオブジェクトの中にネストした、新しいGameInputクラスを定義する。

もうゲームループは定義したのだから、次はゲームへのユーザー入力について、ある程度の制御を行いたい。NyetHackはテキスト形式のアドベンチャーゲームで、ユーザーがreadLine関数にコマンドを入力することによって駆動される。ユーザーのコマンドについては、確認すべきことが2つある。第1に、有効なコマンドでなければならない。そして第2に、複数の部分で構成される複合型のコマンド（たとえば「move east」）を、正しく処理する必要がある。つまり、まず「move」によって move 関数がトリガされ、その次の「east」が、move 関数に、移動すべき方角を提供する。

この 2 つの要件に、これから対処していくが、まずは複合型コマンドの切り分けから始めよう。コマンドと引数を記述するロジックを、GameInput クラスに入れる。

この抽象を提供するプライベートクラスを、Game オブジェクトの中に作成しよう。

リスト15-7：ネストしたクラスを定義する（Game.kt）

```
...
object Game {
    ..
    private class GameInput(arg: String?) {
        private val input = arg ?: ""
        val command = input.split(" ")[0]
        val argument = input.split(" ").getOrElse(1, { "" })
    }
}
```

なぜ GameInput を、Game の中にプライベートにネストするのだろうか。この GameInput クラスは、Game にだけ関連があるので、NyetHack の他のどこからもアクセスする必要がない。GameInput を、プライベートなネストしたクラスにすれば、GameInput は、Game の中では使えるが、あなたの API の他の部分にとって、まったく邪魔にならない存在になる。

GameInput クラスには、コマンド用と、引数用の、2 つのプロパティを定義する。そのために split を呼び出して、入力を空白文字で分割し、split の結果のリストに対して getOrElse を使って、第 2 の要素の取り出しを試みる。もし渡されたインデックスに対応する要素が存在しなければ、getOrElse はデフォルトとして空文字列を返す。

複合型コマンドを分割できたので、次はユーザーの入力が有効なコマンドかチェックを行おう。

ユーザー入力にフィルタをかけるため、when 式を使って、ゲームの有効なコマンドのホワイトリストを構築する。こういうときは、無効な入力の排除から始めるのが定石だ。入力が無効なときに出力すべき String（「何をしたいのかわかりません!」）を返す、commandNotFound という関数を、GameInput に追加しよう。

リスト15-8：ネストしたクラスの中に関数を定義する（Game.kt）

```
...
object Game {
    ...
    private class GameInput(arg: String?) {
        private val input = arg ?: ""
        val command = input.split(" ")[0]
        val argument = input.split(" ").getOrElse(1, { "" })

        private fun commandNotFound() =
                "I'm not quite sure what you're trying to do!"
    }
}
```

次に、もう 1 つ processCommand という関数を、GameInput に追加する。processCommand は、ユーザーが入力したコマンドによって分岐する when 式の結果を返すようにしよう。なお、入力されたコマンドは、toLowerCase の呼び出しによって、必ず小文字に統一しておこう。

リスト15-9：processCommand 関数を定義する（Game.kt）

```
...
object Game {
    ...
    private class GameInput(arg: String?) {
        private val input = arg ?: ""
        val command = input.split(" ")[0]
        val argument = input.split(" ").getOrElse(1, { "" })

        fun processCommand() = when (command.toLowerCase()) {
            else -> commandNotFound()
        }

        private fun commandNotFound() =
                "I'm not quite sure what you're trying to do!"
    }
}
```

では次に、GameInput を実際に使おう。これまで Game.play にあった readLine の呼び出しを、あなたの GameInput クラスを使うバージョンで置き換える。

リスト15-10：GameInput を使う（Game.kt）

```
...
object Game {
    ...
    fun play() {
        while (true) {
        println(currentRoom.description())
        println(currentRoom.load())

        // Player status
        printPlayerStatus(player)

        print("> Enter your command: ")
        println("Last command: ${readLine()}")
        println(GameInput(readLine()).processCommand())
        }
    }
    ...
}
```

Game.kt を実行しよう。すると、入力したものが何でも、commandNotFound という応答になる。

```
Welcome, adventurer.
A glass of Fireball springs into existence. Delicious! (x2)
```

```
Room: Town Square
Danger level: 2
The villagers rally and cheer as you enter!
The bell tower announces your arrival. GWONG
(Aura: GREEN) (Blessed: YES)
Madrigal of Tampa is in excellent condition!
> Enter your command: fight
I'm not quite sure what you're trying to do!
Room: Town Square
Danger level: 2
The villagers rally and cheer as you enter!
The bell tower announces your arrival. GWONG
(Aura: GREEN) (Blessed: YES)
Madrigal of Tampa is in excellent condition!
> Enter your command:
```

これでも進捗はあった。入力は、小規模な（いまのところ空の）ホワイトリストで指定したコマンドだけに限定されたのだ。あとで move コマンドを追加すれば、`GameInput` は、もう少し実用的になる。

けれども、私たちの主人公が NyetHack の世界を動き回るためには、まず 1 個の広場より多くのものを含む世界が必要だ。

15.3　データクラス

我らが主人公のために世界を構築する最初のステップは、歩き回るための座標系（coordinate system）を構築することだ。その座標系には、東西南北の方向（direction）と、方向転換を表現するための `Coordinate` というクラスを使う。

`Coordinate` は単純な型で、**データクラス**（data class）として定義するのに適している。データクラスは、その名が示すように、もっぱらデータを格納するために設計されていて、すぐ後で見るように、データ操作のための強力な機能を備えている。

`Navigation.kt` という新しいファイルを作り、`data` キーワードを使って `Coordinate` をデータクラスとして追加しよう。`Coordinate` には、次の 3 つのプロパティを持たせる。

- `x` は、x 座標を示す `Int val` で、プライマリコンストラクタのなかで定義する。
- `y` は、y 座標を示す `Int val` で、プライマリコンストラクタのなかで定義する。
- `isInBounds` は、座標値がどちらも正の値であるか否かを示す `Boolean val` である。

リスト15-11：データクラスを定義する（`Navigation.kt`）

```
data class Coordinate(val x: Int, val y: Int) {
    val isInBounds = x >= 0 && y >= 0
}
```

座標のxとyは、決して負の値であってはならない。だから座標クラスに、現在の位置が境界内かどうかを返すプロパティを追加している。あとでcurrentRoomを更新して、Coordinateが正しい移動方向か判断するとき、CoordinateのisInBoundsプロパティをチェックする。たとえば、もしプレイヤーが地図の上端にいて、そこから北に行こうとしたら、isInBoundsのチェックで、それを阻止する。

プレイヤーが世界地図のどこにいるのかを追跡管理するために、現在位置を示すcurrentPositionというプロパティを、Playerクラスに追加する。

リスト15-12：プレイヤーの位置を追跡管理する（Player.kt）

```
class Player(_name: String,
             var healthPoints: Int = 100,
             val isBlessed: Boolean,
             private val isImmortal: Boolean) {
    var name = _name
        get() = "${field.capitalize()} of $hometown"
        private set(value) {
            field = value.trim()
        }

    val hometown by lazy { selectHometown() }
    var currentPosition = Coordinate(0, 0)
    ...
}
```

第14章で学んだように、Kotlinではすべてのクラスが、Anyという同じクラスを継承する。どのインスタンスでも呼び出し可能な一連の関数が、そのAnyで定義されている。それらの関数には、toStringとequalsのほか、Mapを使うときにキーによって値を取り出す速度を高めるhashCodeが含まれる。

Anyは、これらすべての関数にデフォルトの実装を提供するが、これまで見たように、それらの実装は、あまり読みやすくないことが多い。データクラスが、これらの関数に提供する実装は、あなたのプロジェクトに、もっと適しているかもしれない。このセクションでは、それらのうち2つの関数について調べるとともに、あなたのコードベースでデータを表現するのにデータクラスを使うことで得られる、その他のメリットも、いくつか説明する。

toString

クラスにデフォルトで提供されるtoStringの実装は、あまり人間が読みやすいものではない。その例として、Coordinateを見よう。もしCoordinateを、通常のクラスとして定義するのだとしたら、Coordinateに対してtoStringを呼び出すと、次のようなものが返される。

```
Coordinate@3527c201
```

これは、Coordinateが割り当てられたメモリ空間へのリファレンスである。もしあなたが、どうして Coordinate のメモリ割り当てについて、そんな詳細を気にする必要があるのかと疑問に思ったら、それはもっともなことだ。大概の場合、気にする必要はない。

他のオープン関数と同じく、toString も、あなた自身の実装によってオーバーライドすることができる。ただしデータクラスは、自分自身のデフォルト実装を提供してくれるので、その労力は省略できる。Coordinate の場合、その実装は次のようなものだ。

```
Coordinate(x=1, y=0)
```

x と y は、Coordinate のプライマリコンストラクタで宣言されたプロパティなので、Coordinate のテキスト表現に使われる（isInBounds が含まれていない理由は、Coordinate のプライマリコンストラクタで定義されていないからだ）。データクラスによる toString の実装は、Any に対するデフォルトの実装よりも、かなり実用的なものだ。

equals

データクラスが実装を提供する、次の関数は equals だ。もし Coordinate を、通常のクラスとして定義したら、次の式の結果は、どうなるだろうか?

```
Coordinate(1, 0) == Coordinate(1, 0)
```

驚かれるかもしれないが、答えは false だ。どうしてだろう。

オブジェクトは、デフォルトでは参照によって比較される。その理由は、Any における equals のデフォルト実装が、そうなっているからだ。ところが 2 つの座標は別々のインスタンスなので、それぞれ異なる参照を持つ。その 2 つの参照は、等しくない。

もし 2 人のプレイヤーが同じ名前を持っていたら、その 2 人は等しいと判断できないだろうか。あなたのクラスで独自の等価性チェックを提供するには、equals をオーバーライドして、メモリ参照ではなくプロパティの比較によって等価性を判断すればよい。String のようなクラスでは、値をベースとして等価性をチェックすることによって、それを行っている。

これについても、データクラスは面倒を見てくれる。プライマリコンストラクタで宣言された全部のプロパティについての等価性をベースとする equals の実装を提供してくれるのだ。Coordinate をデータクラスとして定義すると、Coordinate(1, 0) == Coordinate(1, 0) の結果は、true になる。その理由は、2 つのインスタンスの x プロパティと y プロパティの値が、どちらも等しいからだ。

copy

データクラスは関数について、Any よりも実用的なデフォルトの実装を提供してくれるだけでなく、オブジェクトの新しいコピーを作りやすくする関数も提供してくれる。

たとえば Player クラスから、もう 1 人のプレイヤーと同じプロパティの値を持つ（ただし

isImmortal は例外とする)、新しいインスタンスを作りたいとしよう。もし Player がデータクラスなら、Player のインスタンスをコピーするのは簡単なことだ。ただ copy を呼び出して、変更したいプロパティがあれば、そのための引数を渡すだけでよい。

```
val mortalPlayer = player.copy(isImmortal = false)
```

データクラスでは、この copy 関数を自分で実装する手間が省略される。

分解宣言

データクラスには、クラスのデータを自動的に分解(destructure)できるという、もう1つの利点がある。

これまで分解については、split からのリスト出力に関する例を見てきた。分解宣言(destructuring declaration)は、舞台裏では component1、component2 などの名を持つ関数の宣言に依存している。これらは、分解して返したいデータの各部について宣言される関数だ。データクラスでは、プライマリコンストラクタで定義した各プロパティについて、これらの関数が自動的に追加される。

データクラスは、ただ、そのクラスを「分解可能」にするのに必要な処理を行うだけだ。どんなクラスでも、たとえば次のように「コンポーネント演算子」を追加することで、分解をサポートすることができる。

```
class PlayerScore(val experience: Int, val level:Int ){
    operator fun component1() = experience
    operator fun component2() = level
}

val (experience, level) = PlayerScore(1250, 5)
```

Coordinate をデータクラスとして宣言することによって、Coordinate のプライマリコンストラクタで定義したプロパティを、次のように取り出すことが可能になる。

```
val (x, y) = Coordinate(1, 0)
```

この例で、x の値が 1 になるのは、component1 が、Coordinate のプライマリコンストラクタで最初に宣言されたプロパティの値を返すからである。そして同様に、y の値が 0 になるのは、component2 が、Coordinate のプライマリコンストラクタで 2 番目に宣言されたプロパティの値を返すからである。

これらの機能をすべて得られるので、Coordinate のような、データを格納する単純なオブジェクトを表現するには、データクラスを使うのが好ましい。比較されたりコピーされたり内容が出力されたりすることの多いクラスは、とりわけデータクラス化に適している。

ただし、データクラスには、いくつかの制限と要件がある。

- データクラスは、少なくとも1個のパラメータを、プライマリコンストラクタに持つ必要がある。
- データクラスのプライマリコンストラクタでは、パラメータに val または var のマークを付ける必要がある。
- データクラスは、abstract、open、sealed、inner の、どれにもできない。

もしクラスが、toString 関数、copy 関数、equals 関数、hashCode 関数を必要としないのなら、それをデータクラスにすることにメリットはない。また、equals 関数をカスタマイズする必要があれば（たとえば、比較のために全部のプロパティを使うのではなく、その一部だけを使う場合）、データクラスは適切なツールではない。データクラスによって自動的に生成される equals 関数は、すべてのプロパティを含むからだ。

あなた自身の型で、equals や、その他の関数をオーバーライドすることについては、この章の「演算子の多重定義」というセクションで説明する。また、equals をオーバーライドするために IntelliJ が提供するショートカット機能については、「もっと知りたい？　構造的な比較を定義する」というセクションで説明する。

15.4 列挙クラス

列挙クラス（enumerated class）は、**列挙型**（enumerated type）と呼ばれる「定数のコレクション」を定義するのに便利な、特別な種類のクラスだ。これには「enum」という略称がある。

NyetHack で、プレイヤーが移動できる4つの方向（東西南北）を表現するのに、enum を使おう。Direction という名前の enum を、Navigation.kt に追加する。

リスト15-13：enum を定義する（Navigation.kt）

```
enum class Direction {
    NORTH,
    EAST,
    SOUTH,
    WEST
}

data class Coordinate(val x: Int, val y: Int) {
    val isInBounds = x >= 0 && y >= 0
}
```

enum は、文字列などの、他の定数型よりも、記述的である。列挙型は、その enum クラスの名前と、1個のドットと、その型の名前を使って、次のように参照できる。

```
Direction.EAST
```

そしてenumは、単純な定数による命名よりも多くのことを表現できる。NyetHackにおけるキャラクタの移動をDirectionによって表現するために、それぞれのDirection型を、その方向にプレイヤーが移動するときのCoordinateの変化に結び付けよう。

ゲームワールドを移動するには、プレイヤーのx/y位置を、移動の方向にしたがって更新する必要がある。たとえば、もしプレイヤーが東（east）に移動するのなら、x位置を1だけ変化させ、y位置の変化は0としなければならない。もしプレイヤーが南（south）に移動するのなら、x位置の変化は0として、y位置を1だけ変化させる。

Directionに、座標プロパティを定義するプライマリコンストラクタを追加しよう。enumのコンストラクタにパラメータを追加するのだから、そのコンストラクタは、Directionのそれぞれの列挙型を定義するときに、それぞれのCoordinateを提供して呼び出すことになる。

リスト15-14：enumのコンストラクタを定義する（Navigation.kt）

```
enum class Direction(private val coordinate: Coordinate) {
    NORTH(Coordinate(0, -1)),
    EAST(Coordinate(1, 0)),
    SOUTH(Coordinate(0, 1)),
    WEST(Coordinate(-1, 0))
}

data class Coordinate(val x: Int, val y: Int) {
    val isInBounds = x >= 0 && y >= 0
}
```

enumも、他のクラスと同じく、関数宣言を持つことができる。

プレイヤーの位置を、その移動によって変更できるように、updateCoordinateという関数をDirectionに追加しよう（列挙型の宣言と、関数宣言を分けるために、1個のセミコロンを入れる必要がある）。

リスト15-15：enumのなかで関数を定義する（Navigation.kt）

```
enum class Direction(private val coordinate: Coordinate) {
    NORTH(Coordinate(0, -1)),
    EAST(Coordinate(1, 0)),
    SOUTH(Coordinate(0, 1)),
    WEST(Coordinate(-1, 0));

    fun updateCoordinate(playerCoordinate: Coordinate) =
            Coordinate(playerCoordinate.x + coordinate.x,
                    playerCoordinate.y + coordinate.y)
}

data class Coordinate(val x: Int, val y: Int) {
    val isInBounds = x >= 0 && y >= 0
}
```

関数は、enumクラスそのものではなく、列挙型に対して呼び出すので、updateCoordinateの呼び出しは次のようになる。

```
Direction.EAST.updateCoordinate(Coordinate (1, 0))
```

15.5 演算子の多重定義

これまで見たように、Kotlinの組み込み型には広範囲な演算が用意されていて、一部の型では、表現されるデータに合わせて特化された演算が定義されている。equals関数と==演算子が、その例だ。これらは、ある数値型の2つのインスタンスが、同じ値を持っているかのチェックにも、2つの文字列が同じ文字シーケンスを格納しているかのチェックにも、データクラスの2つのインスタンスがプライマリコンストラクタにあるプロパティについて同じ値を持っているかのチェックにも、使われる。同じように、plus関数と+演算子は、2つの数値を加算するのにも、ある文字列を別の文字列の末尾に加えるのにも、あるリストの要素を別のリストに追加するのにも使われる。

あなたが自分で型を作るとき、Kotlinコンパイラは、組み込み演算子を適用する方法を、自動的に理解するわけはない。たとえば、あるPlayerが、もう1人のPlayerと等しいか、という質問に、どう答えれば良いのだろうか。組み込みの演算子を、あなたのカスタム型に使いたいときは、その演算子の関数を独自に定義して、あなたの型における実装方法をコンパイラに知らせる必要がある。それが、**演算子の多重定義**（operator overloading）と呼ばれるものだ。

演算子の多重定義は、コレクションに関する第10章、第11章で、さかんに使った。リストから要素を1つ取り出すには、getと呼ばれる関数を直接呼び出す代わりに、インデックスアクセス演算子の[]を使って、コレクションでのインデックスによって要素を参照することができた。Kotlinの簡潔な構文は、こういう小さな改善（たとえばspellList.get(3)ではなくspellList[3]と書けること）の積み重ねである。

Coordinateは、演算子の多重定義によって改善できそうだ。世界の中で主人公を移動させるには、2つのCoordinateインスタンスのプロパティを加算すれば良い。その仕事をDirectionのなかで定義する代わりに、Coordinateのplus演算子を多重定義することができる。

実際にNavigation.ktでやってみよう。関数宣言の頭にoperatorという修飾子を付ける。

リスト15-16：plus 演算子を多重定義する（Navigation.kt）

```
enum class Direction(private val coordinate: Coordinate) {
    NORTH(Coordinate(0, -1)),
    EAST(Coordinate(1, 0)),
    SOUTH(Coordinate(0, 1)),
    WEST(Coordinate(-1, 0));

    fun updateCoordinate(playerCoordinate: Coordinate) =
            Coordinate(playerCoordinate.x + coordinate.x,
                    playerCoordinate.y + coordinate.y)
}
```

```
data class Coordinate(val x: Int, val y: Int) {
    val isInBounds = x >= 0 && y >= 0

    operator fun plus(other: Coordinate) = Coordinate(x + other.x, y + other.y)
}
```

これによって、2つのCoordinateインスタンスは、単純に加算演算子（+）を使って足し算できるようになった。それをDirectionで、行おう。

リスト15-17：多重定義した演算子を使う（Navigation.kt）

```
enum class Direction(private val coordinate: Coordinate) {
    NORTH(Coordinate(0, -1)),
    EAST(Coordinate(1, 0)),
    SOUTH(Coordinate(0, 1)),
    WEST(Coordinate(-1, 0));

    fun updateCoordinate(playerCoordinate: Coordinate) =
            Coordinate(playerCoordinate.x + coordinate.x,
                    playerCoordinate.y + coordinate.y)
            coordinate + playerCoordinate
}

data class Coordinate(val x: Int, val y: Int) {
    val isInBounds = x >= 0 && y >= 0

    operator fun plus(other: Coordinate) = Coordinate(x + other.x, y + other.y)
}
```

表15-1に、多重定義が可能な演算子として、よく使われるものをあげる。

表15-1：一般的な演算子

演算子	関数名	用途
+	plus	オブジェクトに、別のオブジェクトを加える。
+=	plusAssign	オブジェクトに、第2のオブジェクトを加えた結果を、オブジェクトに代入する。
==	equals	もし2つのオブジェクトが等しければtrue、そうでなければfalseを返す。
>	compareTo	もし左辺のオブジェクトが右辺のオブジェクトよりも大きければtrue、そうでなければfalseを返す。
[]	get	コレクションで、与えられたインデックスの位置にある要素を返す。
..	rangeTo	範囲オブジェクトを作る。
in	contains	コレクションにオブジェクトが含まれていればtrueを返す。

これらの演算子は、どのクラスでも多重定義することが可能だが、本当にそうする意味があるときに限って行うべきだ。Playerクラスで加算の演算子にロジックを割り当てることは不可能ではないが、プレイヤーにプレイヤーを足すことの意味は何だろう。演算子を多重定義する前に、どう

いう意味があるのかを、自問自答すべきである。

ところで、もし equals の多重定義を行うのなら、hashCode という関数にも多重定義が必要になる。この 2 つの関数を、IntelliJ のコマンドによるショートカットを利用してオーバーライドする方法を、この章の末尾に近い「もっと知りたい？　構造的な比較を定義する」というセクションで示す。なぜ、どうやって hashCode をオーバーライドすべきなのかを示すことは、本書で扱う範囲を超えるが、もし興味があれば、Kotlin の公式ドキュメント（https://kotlinlang.org/api/latest/jvm/stdlib/kotlin/-any/hash-code.html）を読んでいただきたい[1]。

15.6　NyetHack ワールドを踏査する

すでにゲームループを構築し、座標平面と方角を定義できたのだから、これまでに得た知識を実際に使って、NyetHack の世界を探索できるように、もっと多くのルームを追加しよう。

ワールドマップを設定するには、すべてのルームを格納するリストが必要だ。実際、プレイヤーは 2 次元で移動できるのだから、「ルームのリスト 2 つ」を含むリストが必要になる。第 1 のルームリストは、プレイヤーの出発地点となる町の広場（Town Square）と、タバーン（Tavern）と、「奥の部屋」（Back Room）を含む（西から東への順で）。第 2 のルームリストには、「長い廊下」（Long Corridor）と「総称的なルーム」（Generic Room）が入る。そして、この 2 つのリストを格納して y 座標によってアクセス可能にする第 3 のリストが、worldMap である。

worldMap プロパティを、Game に追加して、主人公が探索できる一連のルームを設定しよう。

リスト15-18：NyetHack のワールドマップを定義する（Game.kt）

```
...
object Game {
    private val player = Player("Madrigal")
    private var currentRoom: Room = TownSquare()

    private var worldMap = listOf(
            listOf(currentRoom, Room("Tavern"), Room("Back Room")),
            listOf(Room("Long Corridor"), Room("Generic Room")))
    ...
}
```

図 15-1 に、NyetHack で探索できるルームの配置を示す。

[1] **訳注**：hashCode には「2 つのオブジェクトが等しいのなら、同じハッシュコードを返さなければならない」という規約がある。詳しくは、『Kotlin イン・アクション』の「ハッシュの入れ物：hashCode()」を参照。

Town Square	Tavern	Back Room
Long Corridor	Generic Room	

図15-1：NyetHack のワールドマップ

ルームを配置したら、次は「move」コマンドを追加し、神秘的な NyetHack の地を探索する能力をプレイヤーに与えよう。方向の入力を 1 個の `String` として受け取る、`move` という関数を追加する。この `move` は、いろいろなことを行うので、あなたがそのコードを入力し終わってから、説明しよう。

リスト15-19：move 関数を定義する（`Game.kt`）

```
...
object Game {
    private var currentRoom: Room = TownSquare()
    private val player = Player("Madrigal")

    private var worldMap = listOf(
            listOf(currentRoom, Room("Tavern"), Room("Back Room")),
            listOf(Room("Long Corridor"), Room("Generic Room")))
    ...
    private fun move(directionInput: String) =
        try {
            val direction = Direction.valueOf(directionInput.toUpperCase())
            val newPosition = direction.updateCoordinate(player.currentPosition)
            if (!newPosition.isInBounds) {
                throw IllegalStateException("$direction is out of bounds.")
            }

            val newRoom = worldMap[newPosition.y][newPosition.x]
            player.currentPosition = newPosition
            currentRoom = newRoom
            "OK, you move $direction to the ${newRoom.name}.\n${newRoom.load()}"
        } catch (e: Exception) {
            "Invalid direction: $directionInput."
        }
}
```

`move` は、`try/catch` 式の結果に基づいた `String` を返す。その `try` ブロックでは、`valueOf` 関数を使って、ユーザー入力とのマッチングを行う。`valueOf` は、すべての enum クラスで利用できる関数で、渡された `String` の値と一致する名前を持つ列挙型を返す。もし `Direction.valueOf("EAST")` を呼び出したら、`Direction.EAST` が返される。もし渡した文字列値が、どの列挙型の名前とも一致しなければ、IllegalArgumentException が送出される。

その例外は、catch ブロックで捕捉される（実際には、try ブロックで送出された例外ならば、どの型であってもキャッチされる）。

もし valueOf の呼び出しの次まで実行が継続されたら、プレイヤーが境界内にいるか確認するチェックを行う。もし境界外ならば IllegalStateException を送出し、これも catch ブロックで捕捉される。

もしプレイヤーが有効な方向に動くのであれば、次のステップは、その新しい位置にあるルームを worldMap で問い合わせる。コレクションをインデックスで参照する方法は第 10 章で見たが、ここではそれを 2 回行う。1 回目のインデックス参照、worldMap[newPosition.y] が返すのは、worldMap という「リストのリスト」から選択したリストだ。第 2 のインデックス参照、[newPosition.x] が返すのは、第 1 のインデックス参照で返されたリストにある Room の 1 つである。もし問い合わせた座標位置にルームが存在しなければ、ArrayIndexOutOfBoundsException が送出され、やはり catch ブロックで捕捉される。

以上のコードが例外の送出なしに全部実行されたら、プレイヤーの currentPosition プロパティが更新され、NyetHack のテキストインターフェイスの一部として出力すべきテキストが返される。

この move 関数は、プレイヤーが move コマンドを入力したときに呼び出す。次は、そのコマンド処理を、この章で先に書いた GameInput クラスに実装する。

リスト15-20：processCommand 関数を定義する（Game.kt）

```
...
object Game {
    ...
    private class GameInput(arg: String?) {
        private val input = arg ?: ""
        val command = input.split(" ")[0]
        val argument = input.split(" ").getOrElse(1, { "" })

        fun processCommand() = when (command.toLowerCase()) {
            "move" -> move(argument)
            else -> commandNotFound()
        }

        private fun commandNotFound() =
                "I'm not quite sure what you're trying to do!"
    }
}
```

Game.kt を実行して、世界を歩き回ってみよう。次のような出力が得られるはずだ。

```
Welcome, adventurer.
A glass of Fireball springs into existence. Delicious! (x2)
Room: Town Square
Danger level: 2
```

```
The villagers rally and cheer as you enter!
The bell tower announces your arrival. GWONG
(Aura: GREEN) (Blessed: YES)
Madrigal of Tampa is in excellent condition!
> Enter your command: move east
OK, you move EAST to the Tavern.
Nothing much to see here...
Room: Tavern
Danger level: 5
Nothing much to see here...
(Aura: GREEN) (Blessed: YES)
Madrigal of Tampa is in excellent condition!
> Enter your command:
```

素晴らしい。あなたはもう、NyetHackの世界を歩き回れるのだ。

この章では、クラスのバリエーションを、いくつか見て、それらの使い方を学んだ。classキーワードを使う方法の他にも、オブジェクト宣言や、データクラス、enumクラスを使ってデータを表現することができる。コードの性質に合った方法を使うことによって、オブジェクト間の関係を、より率直に表現できる。

次の章では、インターフェイスと抽象クラスについて学習する。これらは、あなたのクラスが従うべきプロトコルを定義するための機構だ。そしてNyetHackには、手に汗握る戦闘が加わる。

15.7 もっと知りたい？ 構造的な比較を定義する

武器の名前と型をプロパティとするWeaponクラスを考えてみよう。

```
open class Weapon(val name: String, val type: String)
```

武器のインスタンスが2つあるとき、両者の名前と型の値が等しければ構造的に等価であることを、構造等価演算子（==）を使って評価したい。この章で前述したように、==で評価される等価性は、デフォルトではオブジェクトの参照（リファレンス）なので、次の式はfalseと評価されてしまう。

```
open class Weapon(val name: String, val type: String)
println(Weapon ("ebony kris", "dagger") == Weapon("ebony kris", "dagger")) // False
```

この章で学んだように、データクラスを使えば、この問題を解決できる。つまり、プライマリコンストラクタで宣言されている全部のプロパティの等価性を基準にするequalsの実装が得られる。けれどもWeaponはデータクラスではなく、データクラスにできない。なぜなら、これはさまざまな武器クラスを派生する基底クラスにしたいからだ（そのためにopenキーワードを使っている）。データクラスをスーパークラスにすることは許されない。

けれども、「演算子の多重定義」というセクションで述べたように、equals と hashCode に独自の実装を提供すれば、このクラスのインスタンスを構造的に比較する方法を指定できる。

このニーズは、とても一般的なので、IntelliJ には関数の多重定義を追加するための［Generate］タスクが用意されている。［Code］→［Generate］というコマンドによって、［Generate］ダイアログが表示される（図 15-2）。

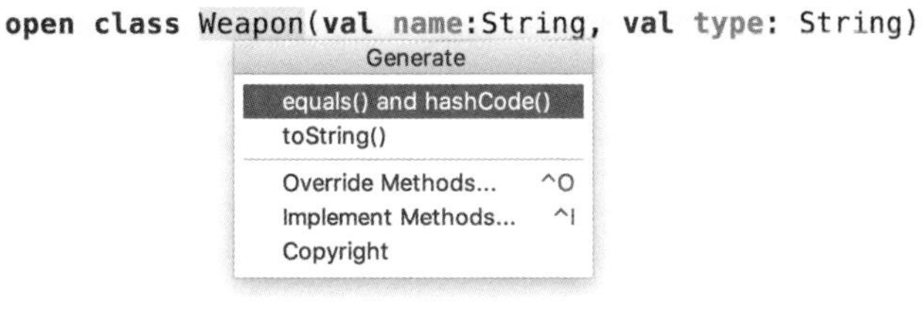

```
open class Weapon(val name:String, val type: String)
```

Generate
equals() and hashCode()
toString()
Override Methods...　^O
Implement Methods...　^I
Copyright

図15-2：［Generate］ダイアログ

equals と hashCode の多重定義を生成するときは、あなたのオブジェクトの 2 つのインスタンスを構造的に比較するときに使うべきプロパティを選択できる（図 15-3）。

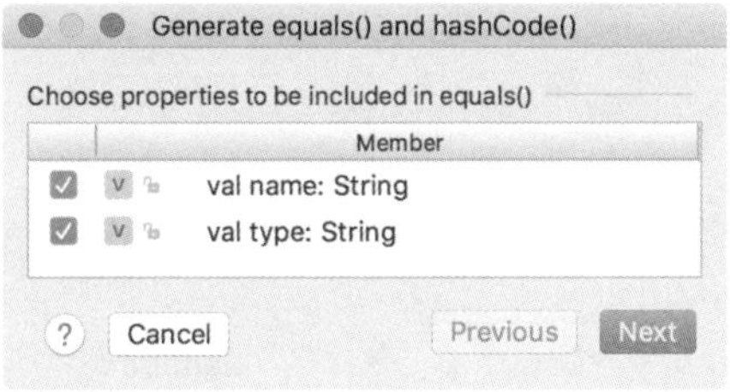

Generate equals() and hashCode()
Choose properties to be included in equals()
Member
val name: String
val type: String
? Cancel Previous Next

図15-3：equals と hashCode の多重定義を生成する

その選択に基づいて、IntelliJ は、equals と hashCode の関数をクラスに追加する。

```
open class Weapon(val name:String, val type: String) {
    override fun equals(other: Any?): Boolean {
        if (this === other) return true
        if (javaClass != other?.javaClass) return false

        other as Weapon

        if (name != other.name) return false
        if (type != other.type) return false

            return true
    }
```

```
    override fun hashCode(): Int {
        var result = name.hashCode()
        result = 31 * result + type.hashCode()
        return result
    }
}
```

このように多重定義してあれば、2つの武器を比較するとき、名前と型が同じならば結果は true になる。

```
println(Weapon("ebony kris", "dagger") == Weapon("ebony kris", "dagger")) // True
```

こうして生成された equals 関数の多重定義は、[Generate] コマンドで選択したプロパティの間に構造的な比較を設定する。

```
...
if (name != other.name) return false
if (type != other.type) return false
return true
...
```

もしプロパティのどれかが構造的に等価でなければ、比較の結果は false になる。すべてのプロパティが構造的に等価であれば、true が返される。

前述したように、構造的な比較を定義するときには、hashCode の定義も提供する必要がある。hashCode によって性能が改善される（たとえば Map 型を使う際に、キーによって値を取り出す速さが向上する）。そしてハッシュコードは、クラスのインスタンスをユニークに識別する処理に結び付いている。

15.8　もっと知りたい？　代数的データ型

代数的データ型 (Algebraic data types : ADT) は、その型に割り当て可能なサブタイプ (subtype) の閉集合を表現できる複合型だ。列挙クラスは、シンプルな形式の ADT である。

学生を表現する Student クラスに、未入学、在学中、卒業の3つの状態を割り当て可能だと考えてみよう。すなわち、NOT_ENROLLED、ACTIVE、GRADUATED である。

enum クラスを使うと、Student クラスの3つの状態を、次のように設計できるだろう。

```
enum class StudentStatus {
    NOT_ENROLLED,
    ACTIVE,
    GRADUATED
}
```

```
class Student(var status: StudentStatus)

fun main(args: Array<String>) {
    val student = Student(StudentStatus.NOT_ENROLLED)
}
```

そして、学生の状態を使って学生に向けたメッセージを生成する関数を、次のように書くことができるだろう。

```
fun studentMessage(status: StudentStatus): String {
    return when (status) {
        StudentStatus.NOT_ENROLLED -> "Please choose a course."
    }
}
```

enum や、その他の ADT が持つ長所の 1 つは、すべての可能性を処理しているかどうかをコンパイラがチェックできることだ（ADT は、可能な型の閉集合なのだから）。`studentMessage` の実装は、`ACTIVE` 型と `GRADUATED` 型を処理していないので、コンパイラはエラーを出すだろう。

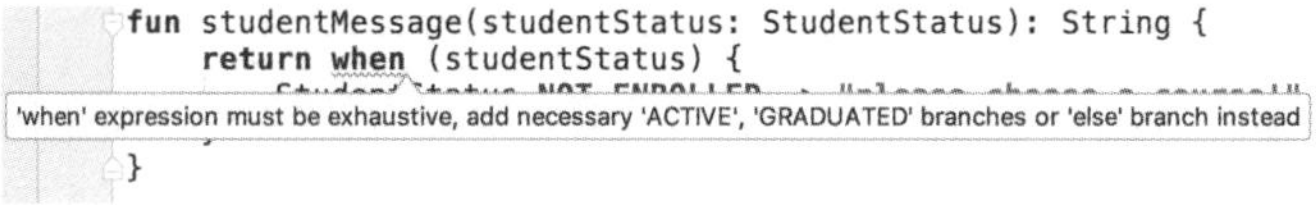

```
fun studentMessage(studentStatus: StudentStatus): String {
    return when (studentStatus) {
'when' expression must be exhaustive, add necessary 'ACTIVE', 'GRADUATED' branches or 'else' branch instead
}
```

図15-4：必要なブランチを追加する必要がある

すべての型について、明示的に（あるいは `else` ブランチで）対処すれば、コンパイラは満足する。

```
fun studentMessage(status: StudentStatus): String {
    return when (studentStatus) {
        StudentStatus.NOT_ENROLLED -> "Please choose a course."
        StudentStatus.ACTIVE -> "Welcome, student!"
        StudentStatus.GRADUATED -> "Congratulations!"
    }
}
```

Kotlin の**シールドクラス**（sealed class）を使うと、もっと複雑な ADT で、洗練された定義を実装できる。シールドクラスならば、列挙クラスと同様な方法で ADT を指定できるだけでなく、個々のサブタイプについて、enum よりも高度な制御が可能となる

たとえば、もし学生が在学中ならば、その学生にはコース ID も割り当てる必要があるとしよう。コース ID プロパティを enum の定義に追加することも可能だが、それを使うのは学生が `ACTIVE` の場合だけなので、不要な null の状態が 2 つ、プロパティに生じてしまうだろう。

```
enum class StudentStatus {
    NOT_ENROLLED,
    ACTIVE,
    GRADUATED;
    var courseId: String? = null // これは ACTIVE だけに使われる
}
```

より良い解決策は、学生の3つの状態を、次のようにシールドクラスを使って表現することだ。

```
sealed class StudentStatus {
    object NotEnrolled : StudentStatus()
    class Active(val courseId: String) : StudentStatus()
    object Graduated : StudentStatus()
}
```

シールドクラスのStudentStatusは、決められた数のサブクラスを持つ。それらはStudentStatusを定義したのと同じファイルのなかで定義しなければならない（そうでなければサブクラスになれない）。可能な状態を表現するのに、enumではなくシールドクラスを定義すると、StudentStatusesの限定された集合を指定することで（enumと同様に）whenでの漏れをコンパイラがチェックできるだけでなく、サブクラスの宣言に関する制御の幅が広がる。

コースIDを必要としない2つのクラスにobjectキーワードを使っているのは、それらのインスタンスにバリエーションが生じないからである。ACTIVEクラスにclassキーワードを使っているのは、さまざまなインスタンスが発生するからだ（コースIDは、学生によって変化するのだから）。

whenで、この新しいシールドクラスを使えば、ACTIVEクラスからcourceIdを読み出せるようになり、それをスマートキャストを通じてアクセスできる。

```
fun main(args: Array<String>) {
    val student = Student(StudentStatus.Active("Kotlin101"))
    studentMessage(student.status)
}

fun studentMessage(status: StudentStatus): String {
    return when (status) {
        is StudentStatus.NotEnrolled -> "Please choose a course!"
        is StudentStatus.Active -> "You are enrolled in: $status.courseId"
        is StudentStatus.Graduated -> "Congratulations!"
    }
}
```

15.9　チャレンジ！　quit コマンド

プレイヤーは、まず間違いなく、いつかは NyetHack をやめたくなるだろう。そして現在の NyetHack は、そのための方法を提供していない。この問題を修正するのが、あなたへのチャレンジだ。ユーザーが「quit」または「exit」と入力したら、NyetHack は「冒険者への別れのメッセージ」(farewell message to the adventurer) を表示して終了すべきである。

ヒント：現在の `while` ループは、永久に実行を続けるものだ。パズルを解く鍵は、主として、そのループを条件によって終了させることにある。

15.10　チャレンジ！　ワールドマップを実装する

私たちが、NyetHack はみごとな ASCII アートを持たないと書いたのを、読者は覚えているだろうか。しかし、このチャレンジを完成させれば、いにしえのキャラクタグラフィックスが復活する!

ときにプレイヤーは、広大な NyetHack の世界で迷子になってしまうが、幸いなことに、あなたには「王国の魔法の地図」をプレイヤーに与える能力がある。ゲームワールドと、プレイヤーの現在の位置を表示するような、「map」コマンドを実装しよう。プレイヤーが現在タバーンにいるとき、ゲームとの対話は、およそ次のようになるだろう。

```
> Enter your command: map
O X O
O O
```

ここで X は、プレイヤーが現在いるルームを表す。

15.11　チャレンジ！　鐘を鳴らす

NyetHack に「ring」コマンドを追加して、町の広場にいるときは、何回でも好きなだけ鐘を鳴らせるようにしよう。

ヒント：`ringBell` 関数を `public` にする必要があるだろう。

第 16 章

インターフェイスと抽象クラス

この章では、Kotlin の**インターフェイス**（interface）と**抽象クラス**（abstract class）を定義して使う方法を見ていく。

インターフェイスを使うと、プログラムに含まれる一部のクラスに共通するプロパティと振る舞いを、（実装方法を指定することなく、単にサポートすべきものとして）指定することができる。「何を」は指定するが「どうやって」は指定しない、この手法は、プログラムに含まれるクラスの関係を、継承では正しく表現できないときに便利なものだ。インターフェイスを使うクラス群は、共通のプロパティや関数を持つが、スーパークラスを共有したり、互いに派生したりはしない。

また、抽象クラスと呼ばれる種類のクラスも扱うことになる。これはインターフェイスとクラスの機能を、掛け合わせたようなものだ。抽象クラスは、「どうやって」は指定せずに「何を」を指定できるという点ではインターフェイスと同じだが、コンストラクタを定義でき、スーパークラスとして使えるという点が異なっている。

これらの新しい概念を使って、NyetHack にエキサイティングな機能を導入しよう。歩き回れるようになった主人公が邪悪な者どもと遭遇したとき、対処できるように戦闘システムを追加するのだ。

16.1 インターフェイスを定義する

まずは戦闘を行う方法を定義するために、ゲームで戦闘に使われる関数とプロパティを指定する「戦闘可能」（fightable）インターフェイスを作る。プレイヤーはゴブリンに立ち向かうのだけれど、これから定義する戦闘システムは、ゴブリンに限らず、どんな種類の生き物（creature）にも適用できる。

`Creature.kt` という名前の新しいファイルを、`com.bignerdranch.nyethack` パッケージに作ろう（このパターンを使うのは名前の衝突を避けるためだ）。そして、`Fightable` インターフェイスを、`interface` キーワードを使って定義する。

リスト16-1：インターフェイスを定義する（Creature.kt）

```
interface Fightable {
    var healthPoints: Int
    val diceCount: Int
    val diceSides: Int
    val damageRoll: Int

    fun attack(opponent: Fightable): Int
}
```

このインターフェイス宣言は、NyetHackで戦闘が可能なものに共通する事項を定義している。戦闘可能な生き物は、サイコロの数（diceCount）と、個々のサイコロが持つ面の数（diceSides）と、サイコロを転がして出た目数の合計によるダメージの量（damageRoll）を使って、敵に与えるダメージを決定する。また、戦闘可能な生き物には、healthPointsと、attack関数の実装が必要である。

Fightableインターフェイスの4つのプロパティには、初期化子がない。そしてattack関数には関数本体がない。インターフェイスは、プロパティの初期化や関数の本体には関わらない。インターフェイスは「何を」を定義するだけで、「どうやって」は定義しないのだ。

そしてFightableインターフェイスは、attack関数が受け取る対戦相手（opponent）パラメータの型でもある。パラメータの型としてクラスを使えるのと同様に、インターフェイスもパラメータの型として使うことができる。

関数がパラメータの型を指定するとき、その関数が問うのは「その引数に何ができるか」であって、振る舞いの実装方法は問わない。これもインターフェイスの強力なところで、ほかに何の共通点も持たない一群のクラスに共通する要件の集合を、作成できるのだ。

16.2 インターフェイスを実装する

インターフェイスを使うクラスは、そのインターフェイスを実装（implement）する。これには2つの部分がある。第1に、クラスはインターフェイスを実装することを宣言する。第2に、そのクラスが、インターフェイスで指定されたプロパティと関数のすべてに実装を提供する。

PlayerでFightableインターフェイスを実装するには、次のように:演算子を使う。

リスト16-2：インターフェイスを実装する（Player.kt）

```
class Player(_name: String,
        override var healthPoints: Int = 100,
        var isBlessed: Boolean = false,
        private var isImmortal: Boolean) : Fightable {
    ...
}
```

FightableインターフェイスをPlayerに追加するとき、IntelliJは、関数とプロパティがないと指摘するだろう。Playerに実装されていないプロパティと関数があるという、この警告は、あなたが Fightable のルールに従うための援助となる。しかも IntelliJ は、インターフェイスに要求されるものを、あなたがすべて実装するのを援助してくれる。

エディタで Player を右クリックして、[Generate...] → [Implement Methods...] を選択しよう。表示される [Implement Members] ダイアログ（図 16-1）から、diceCount と、diceSides と、attack を選択していく（damageRoll は、次のセクションで対処する）[1]。

図16-1：Fightable のメンバを実装する

これによって、次のようなコードが Player クラスに追加される。

```
class Player (_name: String,
        override var healthPoints: Int = 100,
        var isBlessed: Boolean = false,
        private var isImmortal: Boolean)  : Fightable {

    override val diceCount: Int
        get() = TODO("not implemented")
        //To change initializer of created properties
        //use File | Settings | File Templates.

    override val diceSides: Int
        get() = TODO("not implemented")
        //To change initializer of created properties
        //use File | Settings | File Templates.

    override fun attack(opponent: Fightable): Int {
        TODO("not implemented")
        //To change body of created functions
        //use File | Settings | File Templates.
    }
    ...
}
```

Player に追加された関数の実装は、単なるスタブにすぎない。次には、もっと現実的な実装を、あなたが提供していく。TODO 関数については、第 4 章で Nothing 型を説明するときに言及した。

[1] **訳注**：Windows 版で確認したところ、選択すべき項目にカーソルを置いて [OK] をクリックすると、その項目の override が追加される。これを繰り返す（選択できる項目は減っていく）。

ここでは、それが実際に使われている（TODOは、実際に何かを行うのではなく、ただ期待するだけだ）。

これらのプロパティと関数を実装すると、PlayerはFightableインターフェイスの要件を満たして、戦闘に参加できるようになる。

プロパティと関数の実装が、すべてoverrideキーワードを使うことに注目しよう。これには驚いたかもしれない。Fightableの実装によるプロパティや関数を置き換えるのではないのだから。けれども、インターフェイスのプロパティと関数の実装には、どれもoverrideとマークする必要がある[2]。

いっぽう、インターフェイスの関数宣言に、openキーワードは必要とされない。あなたがインターフェイスに追加する全部のプロパティと関数は、暗黙のうちにオープンされるからだ（そうしなければ目的を果たせない）。結局インターフェイスは「何を」の概要を示すだけであって、「どうやって」は、それを実装するクラスが提供しなければならない。

では、適切な値と機能によって、diceCountとdiceSidesとattackに生成されたTODOコールを置き換えよう。

リスト16-3：インターフェイス実装のスタブを置き換える（Player.kt）

```
class Player(_name: String,
        override var healthPoints: Int = 100,
        var isBlessed: Boolean = false,
        private var isImmortal: Boolean) : Fightable {

    override val diceCount: Int = 3
        get() = TODO("not implemented")
        //To change initializer of created properties use
        //File | Settings | File Templates.

    override val diceSides: Int = 6
        get() = TODO("not implemented")
        //To change initializer of created properties use
        //File | Settings | File Templates.

    override fun attack(opponent: Fightable): Int {
        TODO("not implemented")
        //To change body of created functions use
        //File | Settings | File Templates.
        val damageDealt = if (isBlessed) {
            damageRoll * 2
        } else {
            damageRoll
        }
```

[2] **訳注**：overrideが必須となった理由については『Kotlin イン・アクション』の「4.1.1 Kotlinのインターフェイス」に説明がある。Kotlinではoverride修飾子が必須なので、あなたが自分の実装を書いた後で追加されたメソッドが、偶然それと同じ名前だとしても、知らないうちにオーバーライドしてしまう事態が防止される。

```
        opponent.healthPoints -= damageDealt
        return damageDealt
    }
    ...
}
```

diceCount と diceSides は整数によって実装する。Player の attack 関数は、（まだ肉付けしていない）damageRoll の値を取り、もしプレイヤーが祝福されていたら、それを 2 倍にする。そうして求めたダメージの値を、相手の healthPoints プロパティから差し引く。相手のクラスが何であろうと、Fightable を実装する限り、必ず healthPoints を持っていることが保証される。そこがインターフェイスの美しさだ。

16.3 デフォルトの実装

これまで何度も強調したように、インターフェイスの要点は「どうやって」ではなく「何を」にある。それでも、インターフェイスのプロパティゲッターと関数には、デフォルトの実装を提供できる。その場合、インターフェイスを実装するクラスでは、デフォルトを使うか、それとも自分で実装を定義するかを、選ぶことができる。

Fightable の damageRoll にデフォルトのゲッターを提供しよう。このゲッターは、1 ラウンドの戦闘で与えるダメージの量を決めるために、サイコロの出目の合計を返す。

リスト16-4：ゲッターのデフォルトの実装を定義する（Creature.kt）

```
...
import java.util.Random
...

interface Fightable {
    var healthPoints: Int
    val diceCount: Int
    val diceSides: Int
    val damageRoll: Int
        get() = (0 until diceCount).map {
            Random().nextInt(diceSides + 1)
        }.sum()

    fun attack(opponent: Fightable): Int
}
```

これで damageRoll にデフォルトのゲッターができたので、Fightable を実装するクラスでは、damageRoll プロパティに値を提供する実装を、書かずにすますことを選択できる。そうすると、プロパティにはデフォルトの実装による値が代入される。

あらゆるクラスで、すべてのプロパティと関数に、ユニークな実装が必要なわけではない。だから、デフォルトの実装を提供するのは、コードの重複を減らす優れた方法となる。

16.4 抽象クラス

抽象クラスは、あなたのクラス群を構造化する、もう1つの手段だ。抽象クラスは、決して実体化されない。その目的は、実体化されるサブクラスに、関数の実装を継承によって提供することだ。

抽象クラスは、クラス定義の頭に abstract キーワードを付けて定義する。関数の実装のほか、抽象クラスは**抽象関数**（abstract function）を含むことができる。これは関数の宣言であって、実装を持たない。

そろそろ NyetHack のプレイヤーに、戦闘の相手を与えたいところだ。Monster という抽象クラスを、Creature.kt に追加しよう。Monster は Fightable インターフェイスを実装するので、healthPoints プロパティと attack 関数が必要だ（その他の Fightable プロパティは、どうするのか？ それは、もうすぐ後で説明する）。

リスト16-5：抽象クラスを定義する（Creature.kt）

```
interface Fightable {
    var healthPoints: Int
    val diceCount: Int
    val diceSides: Int
    val damageRoll: Int
        get() = (0 until diceCount).map {
            Random().nextInt(diceSides + 1)
        }.sum()

    fun attack(opponent: Fightable): Int
}

abstract class Monster(val name: String,
                       val description: String,
                       override var healthPoints: Int) : Fightable {

    override fun attack(opponent: Fightable): Int {
        val damageDealt = damageRoll
        opponent.healthPoints -= damageDealt
        return damageDealt
    }
}
```

この Monster を抽象クラスとして定義するのは、これからゲームに追加する生き物の基礎にしたいからだ。Monster のインスタンスは作成しない（それは不可能だ）。その代わりに、Monster サブクラスのインスタンスを作成する。それらが、各種のモンスターだ。つまり「抽象的なモンスターの具体的なバージョン」として、ゴブリン、亡霊、ドラゴンなどを作ることになる。

Monster を抽象クラスとして定義することにより「NyetHack のモンスターとは、どういうものか」を示す、テンプレートができる。モンスターは名前（name）と記述（description）を持つ必要があり、Fightable インターフェイスの要件を満たさなければならない。

では、Monster 抽象クラスの最初の具体的なバージョンとして、Goblin サブクラスを、Creature.kt

に作ろう。

リスト16-6：抽象クラスのサブクラスを作る（Creature.kt）

```
interface Fightable {
    ...
}

abstract class Monster(val name: String,
                       val description: String,
                       override var healthPoints: Int) : Fightable {

    override fun attack(opponent: Fightable): Int {
        val damageDealt = damageRoll
        opponent.healthPoints -= damageDealt
        return damageDealt
    }
}

class Goblin(name: String = "Goblin",
             description: String = "A nasty-looking goblin",
             healthPoints: Int = 30) : Monster(name, description, healthPoints) {
}
```

Goblin は Monster のサブクラスなので、Monster が持つプロパティと関数は、すべて持っている。

この時点でコードをコンパイルしようとしても、失敗するだろう。diceCount と diceSides は、どちらも Fightable インターフェイスの要件として指定されているのに、これらは Monster で実装されていないし、デフォルトの実装もないからだ。

Monster は、Fightable インターフェイスを実装するのだが、そのインターフェイスの要件をすべて含んではいない。なぜなら抽象クラスなので、決して実体化されないからだ。けれども、そのサブクラスは Fightable の要件を、Monster から継承するか自分で提供するかして、すべて実装しなければならない。

Fightable インターフェイスで定義された要件を、Goblin に追加して、すべて満たそう。

リスト16-7：抽象クラスのサブクラスでプロパティを実装する（Creature.kt）

```
interface Fightable {
    ...
}

abstract class Monster(val name: String,
                       val description: String,
                       override var healthPoints: Int) : Fightable {
    ...
}
```

```
class Goblin(name: String = "Goblin",
             description: String = "A nasty-looking goblin",
             healthPoints: Int = 30) : Monster(name, description, healthPoints) {

    override val diceCount = 2
    override val diceSides = 8
}
```

サブクラスは、そのスーパークラスの全機能をデフォルトで継承する。このことは、スーパークラスが、どんな種類のクラスであっても真実だ。もしクラスがインターフェイスを実装するのなら、そのサブクラスも、そのインターフェイスの要件を満たさなければならない。

読者はたぶん、抽象クラスとインターフェイスに類似点があることに気がついただろう。どちらも、関数とプロパティを定義できるが、その実装を要求されない。では、この2つの相違点は何だろうか。

第1に、インターフェイスはコンストラクタを指定できない。第2に、クラスが拡張（あるいは派生）できる抽象クラスは、ただ1つに限られるが、インターフェイスならば複数を実装できる。経験則を示そう。複数のオブジェクトに共通する「振る舞いやプロパティのカテゴリ」が必要で、しかも継承を使うのが不適切なときは、インターフェイスを使うべきだ。逆に、もし継承が適切ならば（ただし具体的な親クラスを作りたくなければ）抽象クラスが適切だ。そして、もし親クラスを構築できるようにしたいのならば、やはり通常のクラスを使うのがベストだろう。

16.5 NyetHackでの戦い

NyetHackに戦闘シーンを追加するために、これまでオブジェクト指向プログラミングについて学んできた事項のすべてを投入しよう。

NyetHackでは、どのルームにも1匹のモンスターがいる。私たちの主人公は、もっとも徹底した手段で、そいつを負かそうとする。つまり、nullにしてしまうのだ。

nullを許容する`Monster?`型のプロパティを1つ、`Room`クラスに追加し、`Goblin`を代入することによって初期化しよう。そして`Room`の記述を更新して、ルームに闘って負かすべきモンスターがいるかどうかを、プレイヤーに知らせるようにする。

リスト16-8：各ルームに1匹のモンスターを追加する（`Room.kt`）

```
open class Room(val name: String) {
    protected open val dangerLevel = 5
    var monster: Monster? = Goblin()

    fun description() = "Room: $name\n" +
        "Danger level: $dangerLevel\n" +
        "Creature: ${monster?.description ?: "none."}"

    open fun load() = "Nothing much to see here..."
}
```

もし Room の monster が null なら、そいつはもう負けている。そうでなければ、我らの主人公には、まだ打ち負かすべき敵がいる。Monster?型のプロパティである monster は、Goblin 型のオブジェクトで初期化した。ルームには、Monster 型のサブクラスなら何でも入れることができ、Goblin は Monster のサブクラスだ。これは多相性の実例だ。もし Monster から派生する他のサブクラスを作ったら、それも NyetHack のルームで使うことができる。

では、Room の新しい monster プロパティを使うために、「fight」コマンドを追加しよう。fight というプライベート関数を、Game に追加する。

リスト16-9：fight 関数を定義する（Game.kt）

```
...
object Game {
    ...
    private fun move(directionInput: String) = ...
    private fun fight() = currentRoom.monster?.let {
            while (player.healthPoints > 0 && it.healthPoints > 0) {
                Thread.sleep(1000)
            }

            "Combat complete."
        } ?: "There's nothing here to fight."

    private class GameInput(arg: String?) {
        ...
    }
}
```

fight は、まず現在のルームの monster が null かどうかをチェックする。もしそうならば、戦う相手がないので、それに合わせたメッセージを返す。戦えるモンスターがいれば、プレイヤーとモンスターに、少なくとも 1 のヘルスポイントがある限り、戦闘の 1 ラウンドを実行する。

戦闘のラウンドは、次に追加するプライベート関数 slay で表現する。その slay は、モンスターとプレイヤーの両方に attack 関数を呼び出す。Monster と Player は、どちらも Fightable インターフェイスを実装しているので、同じ attack 関数を、両者に対して呼び出すことが可能だ。

リスト16-10：slay 関数を定義する（Game.kt）

```
...
object Game {
    ...
    private fun fight() = ...
    private fun slay(monster: Monster) {
        println("${monster.name} did ${monster.attack(player)} damage!")
        println("${player.name} did ${player.attack(monster)} damage!")

        if (player.healthPoints <= 0) {
            println(">>>> You have been defeated! Thanks for playing. <<<<")
            exitProcess(0)
        }
```

```
        if (monster.healthPoints <= 0) {
            println(">>>> ${monster.name} has been defeated! <<<<")
            currentRoom.monster = null
        }
    }

    private class GameInput(arg: String?) {
        ...
    }
}
```

fight で while ループの条件として指定したように、戦闘ラウンドは、プレイヤーまたはモンスターのどちらかがヘルスポイントを使い尽くすまで繰り返される。

もしプレイヤーの healthPoints 値が 0 に達したら、ゲームは終了する。これは exitProcess を呼び出すことで達成される。exitProcess は、実行中の JVM インスタンスを終了させる Kotlin 標準ライブラリ関数だ。この関数を呼び出すために、kotlin.system.exitProcess をインポートする必要があるはずだ。

もしモンスターの healthPoints 値が 0 に達したら、そのモンスターはメッセージとともに、null にされる。

slay を fight から呼び出そう。

リスト16-11：slay 関数を呼び出す（Game.kt）

```
...
object Game {
    ...
    private fun move(directionInput: String) = ...

    private fun fight() = currentRoom.monster?.let {
            while (player.healthPoints > 0 && it.healthPoints > 0) {
                slay(it)
                Thread.sleep(1000)
            }

            "Combat complete."
        } ?: "There's nothing here to fight."

    private fun slay(monster: Monster) {
        ...
    }

    private class GameInput(arg: String?) {
        ...
    }
}
```

1 ラウンドの戦闘を終えたら、1 秒間だけ Thread.sleep を呼び出す。この Thread.sleep は、まことに無器用な関数で、できることは、与えられた時間（この場合は 1,000 ミリ秒、すなわち 1

秒）実行を停止することだけだ。製品のコードベースで Thread.sleep をむやみに使うことは推奨しないが、この場合、NyetHack の戦闘ラウンドの間に時間を作るのには便利な方法だ。

while ループの条件が満たされなくなったら、コンソールに出力すべき"Combat complete."というメッセージを返す。

新しい戦闘システムをテストできるように、fight 関数を呼び出す「fight」コマンドを、GameInput に追加しよう。

リスト16-12：fight コマンドを追加する（Game.kt）

```
...
object Game {
    ...
    private class GameInput(arg: String?) {
        private val input = arg ?: ""
        val command = input.split(" ")[0]
        val argument = input.split(" ").getOrElse(1, { "" })

        fun processCommand() = when (command.toLowerCase()) {
            "fight" -> fight()
            "move" -> move(argument)
            else -> commandNotFound()
        }

        private fun commandNotFound() =
            "I'm not quite sure what you're trying to do!"
    }
}
```

Game.kt を実行して、ルームからルームへの移動を試み、いろいろなルームで「fight」コマンドを使ってみよう。Fightable インターフェイスの damageRoll プロパティで使った乱数のおかげで、新しいルームに入り、戦闘を行うたびに、異なる経験が得られるはずだ。

```
Welcome, adventurer.
A glass of Fireball springs into existence. Delicious! (x2)
Room: Town Square
Danger level: 2
Creature: A nasty-looking goblin
(Aura: GREEN) (Blessed: YES)
Madrigal of Tampa is in excellent condition!
> Enter your command: fight
Goblin did 11 damage!
Madrigal of Tampa did 14 damage!
Goblin did 8 damage!
Madrigal of Tampa did 14 damage!
Goblin did 7 damage!
Madrigal of Tampa did 10 damage!
>>>> Goblin has been defeated! <<<<
Combat complete.
Room: Town Square
Danger level: 2
```

```
Creature: none.
(Aura: GREEN) (Blessed: YES)
Madrigal of Tampa looks pretty hurt.
> Enter your command:
```

この章では、インターフェイスを利用して、生き物が戦闘に参加するのに必要なものを定義し、抽象クラスを使って、NyetHack 世界のすべてのモンスターのための基底クラスを作った。これらのツールは、「クラスに何ができるのか」に焦点を絞って（「どうやって」は無視して）クラスの関係を作るのに役立つ。

これまでの章で学んできたオブジェクト指向的概念の多くは、どれも共通の目的に適うものだ。「Kotlin フレームワークのツールを活用して、必要なものだけを公開し、その他のものはカプセル化する、スケーラブルなコードベースを作ること」。

次の章では、ジェネリクスについて学ぶ。それによって、多くの型を扱えるクラスを指定できる。

第 17 章

ジェネリクス

第 10 章で学んだように、リストには、どんな型でも格納できる — 整数でも、文字列でも、あなたが定義した新しい型でも。

```
val listOfInts: List<Int> = listOf(1,2,3)
val listOfStrings: List<String> = listOf("string one", "string two")
val listOfRooms: List<Room> = listOf(Room(), TownSquare())
```

このように、どんな型でもリストに入れられるのは、**ジェネリクス**（generics：ジェネリックプログラミング機構）のおかげである。型システムが持つ、この機能によって、関数と型は、誰も知らない型まで扱うことができる。ジェネリクスによって、クラス定義の再利用性は、大きく広がる。あなたの型定義は、多くの型を扱えるようになるのだ。

この章では、ジェネリック（汎用的）な型パラメータを使う「ジェネリックなクラスと関数」を自作する方法を学ぶ。ここでは Sandbox プロジェクトで、汎用的な `LootBox`（宝箱）クラスを作る。これには、どんな種類の仮想アイテムでも入れておくことができるのだ[1]。

17.1　ジェネリック型を定義する

ジェネリック型（generic type）は、どんな型でも入力として受け取るコンストラクタを持つ型だ。まずは独自のジェネリック型を定義することから始めよう。

Sandbox プロジェクトを開いて、`Generics.kt` という新しいファイルを作り、`LootBox` クラスを定義する。このクラスの内容は、**ジェネリック型パラメータ**（generic type parameter）で指定され、そのアイテムは、`loot` という名前のプライベートプロパティに代入される。

---

[1] **訳注**：ルート (loot) は、戦利品、略奪品、宝物などを意味する。ルートボックス (loot box) は、それらを入れる宝箱。ゲームでは一般に、報酬のように受け取ったり消費したりできる「仮想アイテム」の容器という意味で使われる。

リスト17-1：ジェネリック型を作成する（Generics.kt）

```
class LootBox<T>(item: T) {
    private var loot: T = item
}
```

LootBoxクラスを定義して汎用化するために、このクラスで使うジェネリック型パラメータを指定する。これはTと書くことができ、他の型パラメータと同様に、山カッコ（< >）で囲んで指定できる。ジェネリック型パラメータ、Tは、そのアイテムの型の代用となるものだ。

LootBoxクラスは、どの型のアイテムでもプライマリコンストラクタの値として受け取る（item: T)。そして、その値をプライベートプロパティのlootに代入するが、このプロパティもT型だ。

ところで、ジェネリック型パラメータは通常、「type」を略したTという1文字で表現されるが、実は、どんな文字でもワードでも、代わりに使うことができる。ただし、普通はTを使うのが良い。ジェネリックスをサポートする他の言語で一般に使われているので、いちばん読みやすいからだ。

このLootBoxクラスをテストしよう。main関数を追加して、2種類のloot（宝）を定義し、その2種類の新しいアイテムのインスタンスを作って、それぞれ専用の宝箱に入れる。

リスト17-2：宝箱を定義する（Generics.kt）

```
class LootBox<T>(item: T) {
    private var loot: T = item
}

class Fedora(val name: String, val value: Int)

class Coin(val value: Int)

fun main(args: Array<String>) {
    val lootBoxOne: LootBox<Fedora> = LootBox(Fedora("a generic-looking fedora", 15))
    val lootBoxTwo: LootBox<Coin> = LootBox(Coin(15))
}
```

ここでは2種類の宝を作った（フェドーラ帽[2]とコインだが、どちらも仮想アイテムとして高い価値がある)。そして、それらを格納する2種類のルートボックス（宝箱）も作った。

LootBoxクラスはジェネリックなので、ただ1種類のクラス定義によって各種の宝箱をサポートできる（フェドーラを入れる宝箱、コインを入れる宝箱、など)。

それぞれのLootBox変数で使われている型のシグネチャに注目しよう。

```
val lootBoxOne: LootBox<Fedora> = LootBox(Fedora("a generic-looking fedora", 15))
val lootBoxTwo: LootBox<Coin> = LootBox(Coin(15))
```

[2] **訳注**：フェドーラ（fedora）は、ボルサリーノなどの、いわゆるソフト帽。ハンフリー・ボガートなどの映画で有名。「インディ・ジョーンズ」の帽子も、形は違うがフェドーラと呼ばれる。宝箱に入るのは、そういう大物から奪った戦利品だろう。

これらの変数の山カッコのペアで囲んだ型シグネチャは、ある特定の LootBox インスタンスについて、格納できる宝の種類を示すものだ。

ジェネリック型は、Kotlin の他の型と同じく、型推論をサポートする。ここでは説明のために型を明示したが、それぞれの変数を値によって初期化しているのだから、型情報は省略できる。自分でコードを書くときは、不要な場合は型情報を省略するのが普通だろう。ここでも、もしそうしたければ削除してよい。

17.2 ジェネリック関数

ジェネリック型パラメータは、関数にも使える。これは朗報だ。なぜなら、いまのところ、プレイヤーが宝箱から宝を取り出す方法が存在しないのだから。

それを修正しよう。もし宝箱が開いていたらプレイヤーがアイテムを取り出せる fetch 関数と、箱の開閉を管理するための open プロパティを、宝箱に追加する。

リスト17-3：fetch 関数を追加する（Generics.kt）

```
class LootBox<T>(item: T) {
    var open = false
    private var loot: T = item

    fun fetch(): T? {
        return loot.takeIf { open }
    }
}
```

ここでは、<T>を返すジェネリック関数、fetch を定義した。<T>は、この LootBox クラスに指定されたジェネリック型パラメータであり、アイテムの型の代わりになる。

もし fetch を LootBox の外で定義したとすれば、型<T>は利用できない。<T>は、LootBox のクラス定義に結びついているからだ。けれども、クラスがジェネリック型パラメータを使うことを、関数が要求するわけではない（それは次のセクションを読むとわかる）。

では main 関数の中で新しい fetch 関数を使って、まずは宝箱が閉じたままの状態で、lootBoxOne の内容をフェッチしてみよう。

リスト17-4：ジェネリックな fetch 関数をテストする（Generics.kt）

```
...
fun main(args: Array<String>) {
    val lootBoxOne: LootBox<Fedora> = LootBox(Fedora("a generic-looking fedora", 15))
    val lootBoxTwo: LootBox<Coin> = LootBox(Coin(15))

    lootBoxOne.fetch()?.run {
        println("You retrieve $name from the box!")
    }
}
```

ここでは標準関数の run を使って、lootBoxOne の内容の名前を（もし null でなければ）出力する。

第 9 章で学んだように、run は、自分が呼び出されたレシーバのインスタンス（this）を、自分が受け取ったラムダの中にあるもの全部のスコープとする。だから$name でアクセスされるのは、Fedora の name プロパティである。

Generics.kt を実行しよう。何も出力されないはずだ。宝箱が閉じているので、宝を取り出せなかった。では宝箱を開けて、もう一度 Generics.kt を実行しよう。

リスト17-5：宝箱を開く（Generics.kt）

```
...

fun main(args: Array<String>) {
    val lootBoxOne: LootBox<Fedora> = LootBox(Fedora("a generic-looking fedora", 15))
    val lootBoxTwo: LootBox<Coin> = LootBox(Coin(15))

    lootBoxOne.open = true
    lootBoxOne.fetch()?.run {
        println("You retrieve a $name from the box!")
    }
}
```

こうして Generics.kt を実行すると、見つかった宝の名前が出てくる。

```
You retrieve a generic-looking fedora from the box!
```

17.3　複数のジェネリック型パラメータ

ジェネリックな関数や型は、複数のジェネリック型パラメータもサポートできる。たとえば第 2 の fetch 関数として、「宝物変換」（loot-modification）関数を受け取るバージョンが欲しいとしよう。これは、箱の中の宝を、何か別の新しい型に（たぶんコインに）変換したものを、取り出すことができるのだ。返されるコインの値は、もとの宝の値に依存する。そして、fetch に渡す高階関数の lootModFunction が、その値を決める。

「宝物変換」関数を受け取る、新しい fetch 関数を、LootBox に追加しよう。

リスト17-6：複数のジェネリック型パラメータを使う（Generics.kt）

```
class LootBox<T>(item: T) {
    var open = false
    private var loot: T = item

    fun fetch(): T? {
        return loot.takeIf { open }
    }
```

```
    fun <R> fetch(lootModFunction: (T) -> R): R? {
        return lootModFunction(loot).takeIf { open }
    }
}
...
```

この関数に、新しいジェネリック型パラメータ、R（"return"の略）を追加したのは、fetch の戻り値の型に、このジェネリック型パラメータを使うつもりだからだ。このジェネリック型パラメータは、関数名の直前に置き、山カッコで囲んで、fun <R> fetch と書く。fetch が返すのは、R?型の値で、この型は R の null 許容バージョンだ。

また、変換関数 lootModFunction が T 型の引数を取り、R 型の結果を返すことを、この関数の型宣言（(T) -> R）によって指定する。いま定義した新しい fetch 関数をテストしよう（今回は、変換関数を引数として渡す）。

リスト17-7：変換関数を引数として渡す（Generics.kt）

```
...
fun main(args: Array<String>) {
    val lootBoxOne: LootBox<Fedora> = LootBox(Fedora("a generic-looking fedora", 15))
    val lootBoxTwo: LootBox<Coin> = LootBox(Coin(15))

    lootBoxOne.open = true
    lootBoxOne.fetch()?.run {
        println("You retrieve $name from the box!")
    }

    val coin = lootBoxOne.fetch() {
        Coin(it.value * 3)
    }
    coin?.let { println(it.value) }
}
```

いま定義した新しいバージョンの fetch 関数は、あなたが提供するラムダの型、R を返す。そのラムダが返すのは Coin?なので、この場合、R の型は Coin?だ。けれども fetch の新しいバージョンは、いつでもコインを返すのではなく、もっと柔軟なものだ。R の型は、無名関数から何が返されるかに依存するのだから、ラムダが返すものが何でも、この fetch 関数は、それと同じ型を返すのだ。

lootBoxOne は、Fedora 型のアイテムを格納している。けれども、あなたの新しい fetch 関数が返すのは、Fedora?ではなく、Coin?だ。これを実現できたのは、あなたが追加した新しいジェネリック型パラメータ、R のおかげである。

ここで fetch に渡している lootModFunction は、宝箱にある宝の値を見て、それに 3 を掛けることによって、コインの値を計算するラムダである。

Generics.kt を実行しよう。今回表示されるのは、見つかった宝物の名前だけでなく、宝箱から返されたコインの値も表示される。それは、もとのアイテム（フェドーラ帽）の値を 3 倍した値だ。

```
You retrieve a generic-looking fedora from the box!
45
```

17.4　ジェネリック型の制約

「宝箱には、宝（loot）だけを入れたい。他の物は絶対に入らないようにしたい」という場合は、どうすればいいだろう。ジェネリック型に制約（constraint）を指定すれば、まさにそれが可能になる。

まずは、Coin クラスと Fedora クラスを、Loot という新しいトップレベルのクラスのサブクラスに変更しよう。

リスト17-8：スーパークラスを追加する（Generics.kt）

```
class LootBox<T>(item: T) {
    var open = false
    private var loot: T = item

    fun fetch(): T? {
        return loot.takeIf { open }
    }

    fun <R> fetch(lootModFunction: (T) -> R): R? {
        return lootModFunction(loot).takeIf { open }
    }
}

open class Loot(val value: Int)

class Fedora(val name: String, val value: Int) : Loot(value)

class Coin(val value: Int) : Loot(value)
...
```

そして、LootBox のジェネリック型パラメータにジェネリック型の制約を加えて、Loot クラスの子孫（派生クラス）でなければ LootBox を使えないようにする。

リスト17-9：ジェネリック型パラメータを Loot のみに制約する（Generics.kt）

```
class LootBox<T : Loot>(item: T) {
    ...
}
...
```

ここでは：　Loot の指定によって、ジェネリック型 T に制約を加えた。これで、宝箱に追加できるのは Loot クラスの子孫だけになった。

読者は疑問に思ったかもしれない、「どうして、まだ T が、ここに必要なのだろう。Loot という型を指定すればいいのではないか」と。T を使えば LootBox の内容は、Loot という特別な種類の型に限定されず、どの Loot 派生型でも許されるようになる。だから LootBox には、Loot だけが入るのではなく、Fedora も入れることができる。そして Fedora の特別な型が、T によって把握される。

型として Loot を指定しても、LootBox は Loot の子孫だけを受け付けるように制約されるが、宝箱に入った宝が Fedora だという型情報が失われてしまう。型に Loot を使うと、たとえば次のコードはコンパイルできなくなる（型の不一致）。

```
val lootBox: LootBox<Loot> = LootBox(Fedora("a dazzling fuschia fedora", 15))
val fedora: Fedora = lootBox.item // Type mismatch - Required: Fedora, Found: Loot
```

宝箱に各種の Loot 型が入っても、どれも同じ Loot で、違いが見えなくなってしまうのだ。ジェネリック型の制約を使えば、内容を Loot のみに制約しながら、箱のなかの個々の宝のサブタイプ（subtype：サブクラスの型）も保存される。

17.5 vararg と get

現在の LootBox は、どの種類の Loot でも入れることができるが、同時に複数のアイテムを入れることができない。もし LootBox に、Loot をいくつも格納したいとしたら、どうすればいいだろうか。

そのために、LootBox のプライマリコンストラクタを、vararg キーワードを使うように変更しよう。これによって、コンストラクタに可変数の引数を渡すことが可能になる。

リスト17-10：vararg を追加する（Generics.kt）

```
class LootBox<T : Loot>(vararg item: T) {
    ...
}
...
```

LootBox に vararg キーワードを追加することによって、初期化時の item 変数は、1 個の要素ではなく、要素の Array として扱われるようになり、LootBox のコンストラクタに複数の要素を渡せるようになった（Array がコレクション型であることは、第 10 章で学んだ）。

この変更に対応して、loot 変数と fetch 関数を、loot 配列をインデックス参照するように更新しよう。

リスト17-11：loot 配列をインデックス参照する（Generics.kt）

```
class LootBox<T : Loot>(vararg item: T) {
    var open = false
    private var loot: TArray<out T> = item
```

```
    fun fetch(item: Int): T? {
        return loot[item].takeIf { open }
    }

    fun <R> fetch(item: Int, lootModFunction: (T) -> R): R? {
        return lootModFunction(loot[item]).takeIf { open }
    }
}
...
```

loot 変数の新しい型シグネチャに、out というキーワードを追加したことに注意しよう。この out キーワードが必要になったのは、「vararg としてマークされた変数は、どれも戻り値の型の一部として out を含む」という規則があるからだ。この out キーワードと、その相棒である in については、もう少し後で説明しよう。

この新しい、改良された LootBox を、試しに main で使ってみよう。宝箱に、もう 1 個のフェドーラを渡すのだ（第 2 のフェドーラの名前は、お好きなように[3]）。そして、lootBoxOne から 2 つのアイテムを、1 回の fetch で 1 個ずつ、取り出そう。

リスト17-12：新しい LootBox をテストする（Generics.kt）

```
...
fun main(args: Array<String>) {
    val lootBoxOne: LootBox<Fedora> =
            LootBox(Fedora("a generic-looking fedora", 15),
            Fedora("a dazzling magenta fedora", 25))
    val lootBoxTwo: LootBox<Coin> = LootBox(Coin(15))

    lootBoxOne.open = true
    lootBoxOne.fetch(1)?.run {
        println("You retrieve $name from the box!")
    }

    val coin = lootBoxOne.fetch(0) {
        Coin(it.value * 3)
    }
    coin?.let { println(it.value) }
}
```

もう一度、Generics.kt を実行しよう。こんどは lootBoxOne の第 2 のアイテムの名前と、第 1 のアイテムの値（の 3 倍）が表示される。

```
You retrieve a dazzling magenta fedora from the box!
45
```

loot 配列へのインデックス参照を提供するには、LootBox に演算子関数の実装を持たせるとい

[3] **訳注**：「鮮やかなマゼンタの fedora」は、Linux ディストリビュータの Red Hat を連想させる。

う方法もある。つまり get 関数で、[] 演算子を使えるようにするのだ（演算子の多重定義については第 15 章で学んだ）。

LootBox を更新して、get 演算子の実装を入れよう。

リスト17-13：get 演算子を LootBox に追加する（Generics.kt）

```
class LootBox<T : Loot>(vararg item: T) {
    var open = false
    private var loot: Array<out T> = item

    operator fun get(index: Int): T? = loot[index].takeIf { open }

    fun fetch(item: Int): T? {
        return loot[item].takeIf { open }
    }

    fun <R> fetch(item: Int, lootModFunction: (T) -> R): R? {
        return lootModFunction(loot[item]).takeIf { open }
    }
}
...
```

そして、main 関数のなかで、新しい get 演算子を使う。

リスト17-14：get を使う（Generics.kt）

```
...
fun main(args: Array<String>) {
    ...
    coin?.let { println(it.value) }

    val fedora = lootBoxOne[1]
    fedora?.let { println(it.name) }
}
```

get によって、特定のインデックス位置から宝を取り出す簡便な方法ができた。もう一度、Generics.kt を実行しよう。前回と同じ出力の後に、こんどは lootBoxOne の第 2 のフェドーラの名前が表示される。

```
You retrieve a dazzling magenta fedora from the box!
45
a dazzling magenta fedora
```

17.6　in と out

ジェネリック型パラメータを、もっとカスタマイズできるように、Kotlin はキーワードの in と out を提供している。その仕組みを見るために、Variance.kt という新しいファイルの中で、単純なジェネリッククラス、Barrel（樽）を作ろう。

リスト17-15：Barrelを定義する（variance.kt）

```
class Barrel<T>(var item: T)
```

このBarrelを使って実験を行うため、main関数を追加する。そのmainの中で、Fedoraを入れるBarrelと、もう1つ、Lootを入れるBarrelを定義する。

リスト17-16：mainで2つのBarrelを定義する（variance.kt）

```
class Barrel<T>(var item: T)

fun main(args: Array<String>) {
    var fedoraBarrel: Barrel<Fedora> =
            Barrel(Fedora("a generic-looking fedora", 15))
    var lootBarrel: Barrel<Loot> = Barrel(Coin(15))
}
```

Barrel<Loot>には、どんな種類の宝でも入れられるが、ここで定義した特定のインスタンスには、たまたまCoinを入れている（これもLootのサブクラスだった）。

ここで、fedoraBarrelをlootBarrelに代入してみよう。

リスト17-17：lootBarrelへの再代入を試みる（variance.kt）

```
class Barrel<T>(var item: T)

fun main(args: Array<String>) {
    var fedoraBarrel: Barrel<Fedora> =
            Barrel(Fedora("a generic-looking fedora", 15))
    var lootBarrel: Barrel<Loot> = Barrel(Coin(15))

    lootBarrel = fedoraBarrel
}
```

すると、この代入をコンパイラが許さないことが判明する（図17-1）。

```
lootBarrel = fedoraBarrel
             Type mismatch.
             Required: Barrel<Loot>
             Found:    Barrel<Fedora>
```

図17-1：型が一致しません

この代入は可能と思われたかもしれない。Fedoraも、Lootの子孫には違いない。そして、Loot型の変数に、Fedoraのインスタンスを代入することは可能だ。

```
var loot: Loot = Fedora("a generic-looking fedora", 15) // エラーなし
```

なぜ代入に失敗するのかを理解するために、もし成功したらどうなるかを考えてみよう。

もしコンパイラが、fedoraBarrel のインスタンスを lootBarrel 変数に代入するのを許したとしたら、lootBarrel は、fedoraBarrel へのポインタを持つことになり、fedoraBarrel のアイテムを、Fedora ではなく Loot として扱うことが、可能になってしまうだろう（なにしろ lootBarrel の型が、Barrel<Loot>なのだから）。

たとえばコインは有効な Loot だ。したがって、（fedoraBarrel へのポインタを持っている）lootBarrel.item にコインを代入することは可能だろう。それを variance.kt で、やってみる。

リスト17-18：コインを lootBarrel.item に代入する（variance.kt）

```
class Barrel<T>(var item: T)

fun main(args: Array<String>) {
    var fedoraBarrel: Barrel<Fedora> = Barrel(Fedora("a generic-looking fedora", 15))
    var lootBarrel: Barrel<Loot> = Barrel(Coin(15))

    lootBarrel = fedoraBarrel
    lootBarrel.item = Coin(15)
}
```

ここで、あなたがフェドーラを期待して、fedoraBarrel.item のアクセスを試みたとする。

リスト17-19：fedoraBarrel.item をアクセスする（variance.kt）

```
class Barrel<T>(var item: T)

fun main(args: Array<String>) {
    var fedoraBarrel: Barrel<Fedora> =
            Barrel(Fedora("a generic-looking fedora", 15))
    var lootBarrel: Barrel<Loot> = Barrel(Coin(15))

    lootBarrel = fedoraBarrel
    lootBarrel.item = Coin(15)
    val myFedora: Fedora = fedoraBarrel.item
}
```

するとコンパイラは、型の不一致に直面する。fedoraBarrel.item は Fedora ではなく、Coin だ。そしてあなたは、ClassCastException に直面する。この問題が生じるので、コンパイラが代入を許さなかったのだ。

in と out のキーワードが存在する理由も、これである。

Barrel クラスの定義に out キーワードを加え、item を var から val に変更しよう。

リスト17-20：out を追加する（variance.kt）

```
class Barrel<out T>(varval item: T)
    ...
```

次に、Coin を item に代入した行を削除し（item が val になったのだから、それはもう許されない)、myFedora に fedoraBarrel.item を代入する代わりに、lootBarrel.item を代入する。

リスト17-21：代入を変更する（variance.kt）

```
class Barrel<out T>(val item: T)

fun main(args: Array<String>) {
    var fedoraBarrel: Barrel<Fedora> =
            Barrel(Fedora("a generic-looking fedora", 15))
    var lootBarrel: Barrel<Loot> = Barrel(Coin(15))

    lootBarrel = fedoraBarrel
    lootBarrel.item = Coin(15)
    val myFedora: Fedora = fedoraBarrel.itemlootBarrel.item
}
```

すべてのエラーが解消した。いったい、何が変わったのだろう?

ジェネリックパラメータに割り当てられる役割は、**生産者**（producer）か、**消費者**（consumer）かの、どちらかだ。生産者という役割は、そのジェネリックパラメータが読み出し可能だが書き込みはできないことを意味する。そして消費者は、ジェネリックパラメータが書き込み可能だが、読むのは不可能だという意味だ。

Barrel<out T>に追加した out キーワードは、そのジェネリックに生産者の役割を与える。つまり、読むことはできるが書くことはできないようにする。したがって、var キーワードを持つ item の定義は、もう許されなくなる。そうしなければ、パラメータは Fedora の単なる生産者ではなくなり、書き込みも可能になって、Fedora の消費もサポートすることになるからだ。

ジェネリックを生産者にしたので、コンパイラが指摘していたジレンマの可能性は、完全になくなった。このジェネリックパラメータは、消費者ではなく、生産者なので、item 変数が変わることは決してない。fedoraBarrel を lootBarrel に代入するのを、いま Kotlin が許しているのは、そうしても安全だからだ。lootBarrel の item は、いまでは Loot 型ではなく Fedora 型で、しかも変更できない。

myFedora 変数への代入を、IntelliJ で詳しく調べよう。lootBarrel に緑色のシェードがかかっているのは、スマートキャストが行われるという意味で、それはマウスポインタを置くことで確認できる（図 17-2）。

```
val myFedora: Fedora = lootBarrel.item
```

Smart cast to Barrel<Fedora>

図17-2：Barrel<Fedora>にスマートキャストされる

コンパイラが Barrel<Loot>を Barrel<Fedora>にスマートキャストできるのは、item が決して変わらないからだ（これは生産者であって、消費者ではない）。

ところで、List も生産者である。Kotlin による List の定義では、ジェネリック型パラメータに out キーワードのマークが付いている。

```
public interface List<out E> : Collection<E>
```

Barrel のジェネリック型パラメータに、もし in のマークを付けたら、Barrel の再代入に対して、反対の効果が生じる。つまり、fedoraBarrel を lootBarrel に代入するのを許す代わりに、lootBarrel を fedoraBarrel に代入することが許され、その逆は許されない。

Barrel を更新して、out の代わりに in のキーワードを付けてみよう。すると Barrel は、item に付けた val キーワードを外すことを要求する。もしそうしなければ item を生産することになり、消費者の役割に反するからだ。

リスト17-22：Barrel に in でマークする（variance.kt）

```
class Barrel<inout T>(val item: T)
...
```

こうすると、main にある lootBarrel = fedoraBarrel という代入はエラーとなって、また「Type mismatch」の警告が出る。代入を逆転させてみよう。

リスト17-23：代入を逆転させる（variance.kt）

```
...
fun main(args: Array<String>) {
    var fedoraBarrel: Barrel<Fedora> =
            Barrel(Fedora("a generic-looking fedora", 15))
    var lootBarrel: Barrel<Loot> = Barrel(Coin(15))

    lootBarrel = fedoraBarrel
    fedoraBarrel = lootBarrel
    val myFedora: Fedora = lootBarrel.item
}
```

反対方向の代入が可能なのは、Fedora が入っている Barrel から Loot を生産することが — それなら、クラスのキャストで例外が発生する可能性がある — もう絶対にないとコンパイラが確信できるからだ。

val キーワードを Barrel から外したのは、Barrel が消費者になったからだ。樽は、値を受け取るが、値を生産することはない。だから、item の参照も削除した。コンパイラは、これを理由として、あなたが行う代入が安全だという判断を下すことができる。

ところで、あなたは out と in の説明で、**共変**（covariance）と**反変**（contravariance）という用語が使われるのを、見聞きした経験があるかもしれない[4]。これらの用語には、in と out のような、誰にでも感覚的に理解できる明快さがないと思うので、私たちは使うのを避けた。ここで言及したのは、どこかで遭遇するかもしれないから、いまお教えしておこうと考えたからである。「共変」というのは「out」のことで、「反変」というのは「in」のことだと考えよう。

[4] **訳注**：たとえば『Kotlin イン・アクション』の 9.3 節に、詳細な説明がある。

この章では、Kotlin のクラスが持つ能力を拡げるために、ジェネリクスを使う方法を学んだ。また、型の制約や、ジェネリックパラメータの生産者・消費者としての役割を `in` と `out` のキーワードを使って定義する方法も見た。

次の章では、エクステンションについて学ぶ。これも継承を使わずに関数とプロパティを共有する手段だ。それらを使って、NyetHack のコードベースを改良していく。

17.7 もっと知りたい？　reified キーワード

ジェネリックパラメータとして使われた型でも、個別的な型名がわかると便利なことがある。`reified` キーワードを使うと、ジェネリックパラメータの型をチェックすることができる。

さまざまな種類の宝（たとえば `Coin` と `Fedora`）のリストから宝を取り出したいとしよう。ただし、ランダムに選択された宝の型が、もし望ましくなければ、その代替（バックアップ）となる型の宝を提供するが、さもなければ選択された宝を返すのだ。このロジックを実装しようとする `randomOrBackupLoot` 関数を、次に示す。

```
fun <T> randomOrBackupLoot(backupLoot: () -> T): T {
    val items = listOf(Coin(14), Fedora("a fedora of the ages", 150))
    val randomLoot: Loot = items.shuffled().first()
    return if (randomLoot is T)
        randomLoot
    } else {
        backupLoot()
    }
}

fun main(args: Array<String>) {
    randomOrBackupLoot {
        Fedora("a backup fedora", 15)
    }.run {
        // バックアップまたは"fedora og the ages"を出力する
        println(name)
    }
}
```

もしこのコードを打ち込んでも、使えないことがわかるだろう。IntelliJ は、型パラメータの `T` にエラーのフラグを立てる（図 17-3）。

```
return if (randomLoot is T) {
    randomL
} else {      Cannot check for instance of erased type: T
    backupLoot()
}
```

図17-3：消去された型：T のインスタンスをチェックできません

Kotlin は通常、あなたが `T` に対して行おうとする型チェックを許可しない。なぜならジェネリック型は**型消去**（type erasure）されるからだ。これは、`T`の型情報を実行時に利用できないという意味で、Javaにも同じルールがある。

もし`randomOrBackupLoot`関数のバイトコードを調べたら、`randomLoot is T`という式に、型消去の影響が覗えるだろう。

```
return (randomLoot != null ? randomLoot instanceof Object : true)
? randomLoot : backupLoot.invoke();
```

あなたが`T`を使った場所で、代わりに`Object`が使われている。コンパイルしたコードが実行されるときには、もう`T`の型がわからなくなるからだ。そういうわけで、通常の方法で定義されたジェネリックを型チェックすることは不可能となる。

けれども、Javaと違ってKotlinは、`reified`キーワードを提供する。これを使えば型情報を実行時に保存することができるのだ。

`reified`は、次のようにインライン関数に使う[5]。

```
inline fun <reified T> randomOrBackupLoot(backupLoot: () -> T): T
    val items = listOf(Coin(14), Fedora("a fedora of the ages", 150))
    val first: Loot = items.shuffled().first()
    return if (first is T) {
        first
    } else {
        backupLoot()
    }
}
```

これで型情報が「具象化」（reify）されたので、`first is T`という型チェックが可能になる。通常ならば消されてしまうジェネリック型情報が保存されるので、コンパイラは、ジェネリックパラメータの型をチェックできるのだ。

更新した`randomOrBackupLoot`のバイトコードを見ると、`Object`ではなく、`T`の実際の型情報が保たれている。

```
randomLoot$iv instanceof Fedora
? randomLoot$iv : new Fedora("a backup fedora", 15);
```

`reified`キーワードを使うことによって、ジェネリックパラメータの型を、リフレクションの必要なしに調べることが可能になる（リフレクションは、実行時にプロパティまたは関数の名前または型を突き止める処理で、一般にコストの高い演算である）。

[5] **訳注**：`inline`宣言された関数は、その関数本体がインライン化される（どこか1箇所に置かれてコールされるのではなく、呼び出した側で個別に展開される）。

第18章 エクスタンション

エクスタンション（extension：拡張）は、型の定義を直接変更しないで、型に機能を加える。エクスタンションは、自作の型にも、あなたの制御がおよばない型にも（たとえば List や String のような Kotlin 標準ライブラリの型にも）使うことができる。

エクスタンションは、継承に代わって振る舞いを共有する手段となる。型のクラス定義を制御できない場合や、クラスに open キーワードのマークがなくて継承できない場合、型に機能を追加するにはエクスタンションが適している。

Kotlin 標準ライブラリではエクスタンションが頻繁に使われている。たとえば第 9 章で学んだ標準関数は、エクスタンションとして定義されている（それらの宣言も、いくつか見ることになる）。

この章では、まず Sandbox を使って作業し、そこで学んだことを NyetHack のコードベースに応用する。まずは、Sandbox プロジェクトを開き、Extensions.kt という新しいファイルを作ろう。

18.1 拡張関数を定義する

最初に作るエクスタンションは、任意の String に感嘆符を指定した数だけ加える関数だ。その拡張関数、addEnthusiasm を Extensions.kt に作ろう。

リスト18-1：String にエクスタンションを追加する（Extensions.kt）

```
fun String.addEnthusiasm(amount: Int = 1) = this + "!".repeat(amount)
```

拡張関数（extension function）の定義は、他の関数と同様だが、1 つ大きな違いがある。拡張関数を指定するときは、機能を追加する相手の型を指定する。これは**レシーバ型**（receiver type）と呼ばれている（第 9 章で、エクスタンションの対象を「レシーバ」と呼んだのを思い出そう）。この addEnthusiasm 関数の場合は、レシーバ型として String を指定している。

addEnthusiasm の関数本体は、新しい文字列を返す単一式の関数だ。それは this の内容に 1 個以上の感嘆符を加えた文字列を作るもので、感嘆符の数は amount に引数で渡される（デフォルトの値が使われると、1 個になる）。this キーワードは、拡張関数が呼び出されたレシーバのインスタンス（この場合は、Stringのインスタンス）を参照する。

addEnthusiasm関数は、Stringのあらゆるインスタンスに対して呼び出すことができる。試してみよう。main関数で文字列を定義して、それに対して拡張関数addEnthusiasmを呼び出し、その結果をプリントする。

リスト18-2：String型のレシーバインスタンスで拡張関数を呼び出す（Extensions.kt）

```
fun String.addEnthusiasm(amount: Int = 1) = this + "!".repeat(amount)

fun main(args: Array<String>) {
    println("Madrigal has left the building".addEnthusiasm())
}
```

Extensions.ktを実行すると、拡張関数が期待通り文字列に感嘆符を追加するはずだ。

この機能をStringのインスタンスに追加するのに、Stringのサブクラスを作るという方法は可能だろうか？ IntelliJで、Stringのソース定義を見よう。それには［Shift］キーを2度押して［Search Everywhere］ダイアログを開き、「String.kt」というファイルを探す。そのヘッダは、次のようなものだ。

```
public class String : Comparable<String>, CharSequence {
    ...
}
```

Stringクラスの定義にはopenキーワードがないので、Stringのサブクラスを作って、継承を通じて機能を追加することはできない。前述したように、エクステンションは、あなたの制御がおよばないクラスや、サブクラスを作れないクラスに機能を追加したい場合に適したオプションである。

スーパークラスに対してエクステンションを定義する

エクステンションは継承に依存しないが、継承と組み合わせて守備範囲を広げることは可能だ。それを、Extensions.ktで試してみよう。easyPrintという、Anyのエクステンションを定義する。Anyの拡張関数は、すべての型について直接呼び出すことができる。mainにあるprintln関数の呼び出しを書き換えて、Stringに対して新しい拡張関数easyPrintを直接呼び出すように変更しよう。

リスト18-3：Anyを拡張する（Extensions.kt）

```
fun String.addEnthusiasm(amount: Int = 1) = this + "!".repeat(amount)

fun Any.easyPrint() = println(this)

fun main(args: Array<String>) {
    println("Madrigal has left the building".addEnthusiasm()).easyPrint()
}
```

Extensions.kt を実行して、出力に変化がないことを確認しよう。

Any 型のエクステンションは、他のサブタイプにも使える。String の後に、Int に対しても、このエクステンションを呼び出そう。

リスト18-4：easyPrint はすべてのサブタイプで利用できる（Extensions.kt）

```
fun String.addEnthusiasm(amount: Int = 1) = this + "!".repeat(amount)

fun Any.easyPrint() = println(this)

fun main(args: Array<String>) {
    "Madrigal has left the building".addEnthusiasm().easyPrint()
    42.easyPrint()
}
```

18.2 ジェネリックな拡張関数

この「Madrigal has left the building」[1]という文字列を、addEnthusiasm を呼び出す前の状態と、呼び出した後の状態を、両方プリントしたいとしたら、どうすればいいだろう。

まずは、easyPrint 関数で連鎖（chain）をサポートする必要がありそうだ。関数コールの連鎖は、すでに見ている。関数が連鎖をサポートするには、次の関数も同様に呼び出せるように、自分のレシーバまたは他のオブジェクトを返す必要がある。

easyPrint を更新して、連鎖できるようにしよう。

リスト18-5：easyPrint を連鎖可能にする（Extensions.kt）

```
fun String.addEnthusiasm(amount: Int = 1) = this + "!".repeat(amount)

fun Any.easyPrint()= println(this): Any {
    println(this)
    return this
}
...
```

そして easyPrint 関数を、addEnthusiasm の前後で 2 回、呼び出してみよう。

リスト18-6：easyPrint を 2 回呼び出す（Extensions.kt）

```
fun String.addEnthusiasm(amount: Int = 1) = this + "!".repeat(amount)

fun Any.easyPrint(): Any {
    println(this)
    return this
}
```

[1] **訳注**：むかしエルヴィス・プレスリーが出演した後の会場で、いつまでも騒いでいるファンに向けてアナウンスされたという「エルヴィスは、もうこのビルから出ました」というフレーズを、もじっている。

```
fun main(args: Array<String>) {
    "Madrigal has left the building".easyPrint().addEnthusiasm().easyPrint()
    42.easyPrint()
}
```

ところが、このコードはコンパイルできない。最初の easyPrint コールは許可されるが、addEnthusiasm の呼び出しが、許されないのだ。その理由を理解するために、型情報を見よう。最初の easyPrint をクリックして、[Control] - [Shift] - [P]（[Ctrl] - [P]）を押すとポップアップする式のリストから、最初の式（"Madrigal has left the building".easyPrint()"）を選択する（図18-1）。

"Madrigal has left the building".easyPrint().addEnthusiasm().easyPrint()

図18-1：連鎖は可能だが感嘆符を追加する型が間違っている

easyPrint 関数は、自分が呼び出された String を返すはずなのに、それを Any で表現している。

addEnthusiasm は、String にしか使えない。だから easyPrint が返す Any に対して呼び出すことができないのだ。

この問題を解決するには、エクステンションをジェネリックにするという方法がある。拡張関数 easyPrint を更新して、レシーバーとして Any ではなくジェネリック型を使おう。

リスト18-7：easyPrint をジェネリックにする（Extensions.kt）

```
fun String.addEnthusiasm(amount: Int = 1) = this + "!".repeat(amount)

fun <T> ~~Any~~T.easyPrint(): ~~Any~~T
    println(this)
    return this
}
...
```

エクステンションは、レシーバーにジェネリック型パラメータ T を使い、Any ではなく T を返すようになった。これで、レシーバの型情報が、関数の連鎖で次に渡されるようになる（図18-2）。

String

"Madrigal has left the building".easyPrint().addEnthusiasm().easyPrint()

図18-2：連鎖された関数が、利用できる型を返している

Extensions.kt を実行しよう。今度は文字列が2回、次のようにプリントされる。

```
Madrigal has left the building
Madrigal has left the building!
42
```

ジェネリックな拡張関数は、どの型にも使えるだけでなく、型情報を維持する。エクステンションとともにジェネリック型を使えば、あなたのプログラムのさまざまな型に、広く応用できる関数を書くことができる。

ジェネリック型に対する拡張は、Kotlin 標準ライブラリ全体に見られる。たとえば `let` 関数の定義を見よう。

```
public inline fun <T, R> T.let(block: (T) -> R): R {
    return block(this)
}
```

`let` はジェネリックな拡張関数として定義されているので、すべての型を扱うことができる。`let` に渡すラムダは、引数（T）としてレシーバを受け取る。`let` は、ラムダが返す何らかの新しい型、R を返す。

第 5 章で学んだ `inline` キーワードが使われていることに注意しよう。前に述べたガイドラインが、この場合にも当てはまる。ラムダを受け取る拡張関数のインライン化は、それに必要なメモリのオーバーヘッドを減らすことになる。

18.3 拡張プロパティ

エクステンションは、関数の指定によって型に機能を追加するだけでなく、**拡張プロパティ**（extension properties）を指定することもできる。`Extensions.kt` で、`String` に、もう 1 つのエクステンションを加えよう。今回は、文字列の母音の数を表す拡張プロパティだ。

リスト18-8：拡張プロパティを追加する（`Extensions.kt`）

```
val String.numVowels
    get() = count { "aeiouy".contains(it) }

    fun String.addEnthusiasm(amount: Int = 1) = this + "!".repeat(amount)
...
```

この新しい拡張プロパティをテストするために、`main` で `numVowels` エクステンションを出力しよう。

リスト18-9：拡張プロパティを使う（`Extensions.kt`）

```
val String.numVowels
    get() = count { "aeiouy".contains(it) }
```

```
fun String.addEnthusiasm(amount: Int = 1) = this + "!".repeat(amount)

fun <T> T.easyPrint(): T {
    println(this)
    return this
}

fun main(args: Array<String>) {
    "Madrigal has left the building".easyPrint().addEnthusiasm().easyPrint()
    42.easyPrint()
    "How many vowels?".numVowels.easyPrint()
}
```

Extensions.kt を実行しよう。次のように、新しい numVowels プロパティが表示される。

```
Madrigal has left the building
Madrigal has left the building!
42
5
```

第 12 章で学んだように、クラスのプロパティにはバッキングフィールドがあって、そこにデータが保存されるが、算出プロパティは例外である。そしてプロパティにはゲッターと、必要ならばセッターが、自動的に割り当てられる。拡張プロパティは、算出プロパティと同様に、バッキングフィールドを持たない。したがって、プロパティが正しい値を返すように、値を算出する get 演算子（と、または set 演算子）を定義する必要がある。

たとえば、次のような書き方は許されない。

```
var String.preferredCharacters = 10
error: extension property cannot be initialized because it has no backing field
（エラー：拡張プロパティにはバッキングフィールドがないので初期化できません」）
```

代わりに、preferredCharacters val のゲッターを定義することで、有効な拡張プロパティ preferredCharacters を定義できるだろう。

18.4 null 許容型のエクステンション

エクステンションは、null 許容型で使うようにも定義できる。null 許容型に対する拡張関数の定義では、その値が呼び出し側ではなく拡張関数本体のなかで null になる可能性にも対処できる。

Extensions.kt で、null を許容する String にエクステンションを追加し、それを main 関数のなかでテストしよう。

リスト18-10：null 許容型にエクステンションを追加する（Extensions.kt）

```
...
infix fun String?.printWithDefault(default: String) = print(this ?: default)

fun main(args: Array<String>) {
    "Madrigal has left the building".easyPrint().addEnthusiasm().easyPrint()
    42.easyPrint()
    "How many vowels?".numVowels.easyPrint()

    val nullableString: String? = null
    nullableString printWithDefault "Default string"
}
```

infix キーワードは、エクステンションにもクラス関数にも使える。infix を使う形式では、1 個の引数を持つ関数コールを、簡潔な構文で書ける。もし関数が infix を付けて定義されていたら、レシーバと関数コールの間のドットを省略することができ、さらに引数を囲む丸カッコも省略できる。

次に、printWithDefault の呼び出しを、infix ありと infix なしの、2 つの形式で示す。

```
null printWithDefault "Default string" // infix あり
null.printWithDefault("Default string") // infix なし
```

関数を infix にすると、その関数の呼び出しを簡潔に書ける。1 個の引数を期待する拡張関数またはクラス関数は、これによって改善できるかもしれない。

Extensions.kt を実行すると、「Default string」が表示される。nullableString の値は null だったので、printWithDefault は、その値ではなく、あなたが提供したデフォルトを使った。

18.5 エクステンションの舞台裏

拡張関数や拡張プロパティは、通常の関数やプロパティと同じ形式で呼び出すことができるが、それが拡張する相手のクラスで直接定義されるわけではないし、継承に頼って機能を追加するのでもない。エクステンションは、JVM で、どのように実装されているのだろう?

JVM におけるエクステンションの仕組みを調べるには、エクステンションを定義して Java に変換するとき、Kotlin コンパイラが生成するバイトコードを見るのが良い。

Kotlin バイトコードウィンドウを開こう。メニューから［Tools］→［Kotlin］→［Show Kotlin Bytecode］と選択するか、［Shift］キーを 2 度押すと開く［Search Everywhere］ダイアログで、「Show Kotlin Bytecode」を探す。

Kotlin バイトコードウィンドウで、左上にある［Decompile］ボタンをクリックすると、新しいタブで、バイトコードの Java 表現が表示される。それが、Extensions.kt から生成されたコードだ。あなたが String のために定義した addEnthusiasm という拡張関数に対応するコードを見つけよう。

```
public static final String addEnthusiasm(@NotNull String $receiver, int amount) {
    Intrinsics.checkParameterIsNotNull($receiver, "$receiver");
    return $receiver + StringsKt.repeat((CharSequence)"!", amount);
}
```

Kotlinのエクステンションを JVM用にコンパイルした、バイトコードのJavaバージョンを見ると、その関数は、拡張すべきものを引数で受け取るstaticメソッドになっている。コンパイラはエクステンションを、addEnthusiasm関数の呼び出しで置き換えたのだ。

18.6 エクステンションへの抽出

これまでに学んだことを応用して、NyetHackを改善しよう。プロジェクトを切り替えて、Tavern.ktファイルを開く。

Tavern.ktのmainでは、いくつかのコレクションに対して、shuffled().first()というロジックの連鎖を何度も繰り返して使っている。

```
    ...
    (0..9).forEach {
        val first = patronList.shuffled().first()
        val last = lastName.shuffled().first()
    }

    uniquePatrons.forEach {
        patronGold[it] = 6.0
    }

    var orderCount = 0
    while (orderCount <= 9) {
        placeOrder(uniquePatrons.shuffled().first(),
        menuList.shuffled().first())
        orderCount++
    ...
```

これを改善するため、重複しているロジックを抽出して再利用可能なエクステンションにしよう。

Tavern.ktで、main関数より前の位置に、randomという名前の新しい拡張関数を定義する。

リスト18-11：プライベートなrandomエクステンションを追加する（Tavern.kt）

```
...
val patronGold = mutableMapOf<String, Double>()

private fun <T> Iterable<T>.random(): T = this.shuffled().first()

fun main(args: Array<String>) {
    ...
}
...
```

shuffled と first の組み合わせは、リスト（menuList）とセット（uniquePatrons）の両方に使われている。エクステンションを、その両方の型で使えるようにするため、それらのスーパータイプ（supertype）である Iterable を、レシーバ型として定義する。

では次に、shuffled().first() に対する従来の呼び出しを、新しい拡張関数 random の呼び出しで置き換えよう（検索と置換を自動化するには、[⌘] - [R]（[Ctrl] - [R]）で［search and replace］バーを開けば良い。ただし、エクステンションの定義にある shuffled().first() の呼び出しまで置換しないように注意が必要だ[2]）。

リスト18-12：random エクステンションを使う（Tavern.kt）

```
...
private fun <T> Iterable<T>.random(): T = this.shuffled().first()

fun main(args: Array<String>) {
    ...
    (0..9).forEach {
        val first = patronList.shuffled().first()random()
        val last = lastName.shuffled().first()random()
    }

    uniquePatrons.forEach {
        patronGold[it] = 6.0
    }

    var orderCount = 0
    while (orderCount <= 9) {
        placeOrder(uniquePatrons.shuffled().first()random(),
                   menuList.shuffled().first()random())
        orderCount++
    }

    displayPatronBalances()
}
...
```

18.7 エクステンションをファイルで定義する

あなたの random エクステンションには、private という可視性拡張子のマークがある。

```
private fun <T> Iterable<T>.random(): T = this.shuffled().first()
```

[2] **訳注**：操作方法は、「IntelliJ IDEA ヘルプ」の「ファイル内のテキストの検索と置換」（https://pleiades.io/help/idea/finding-and-replacing-text-in-file.html）を参照。検索する文字列と置換する文字列を入力した後、上下矢印のボタンで最初の候補を選ぶ。［Replace］ボタンで置換すると次の候補に進む。

エクステンションをプライベートとマークすると、そのエクステンションを、定義したファイルの外で使うことができない。いまのところ、このエクステンションは Tavern.kt だけで使っているのだから、private でアクセスを制限するのは理に適っている。エクステンションの経験則も関数と同じだ。他の場所で使わないエクステンションは、private にすべきである。

とはいえ、あなたの random エクステンションは、どんな Iterable にも使えるように定義したのだ。あなたのコードで、Tavern.kt の他にも、これを使える場所はないだろうか。実は、1つある。

Player.kt を見ると、これと同じランダム化のコードが、Player のホームタウンを選択するのに使われている。

```
...
private fun selectHometown() = File("data/towns.txt")
                                    .readText()
                                    .split("\n") // Windows では\r\n を使う
                                    .shuffled()
                                    .first()
...
```

ここでも、あなたの random エクステンションを使えるようにしたら、良いだろう。

random エクステンションを複数のファイルで使うのなら、もう private は不適切だし、そもそも Tavern.kt に入れておくのも適切ではない。複数のファイルで使うエクステンションは、独自のファイルに入れたい。それどころか、独自のパッケージに入れるべきである。

com.bignerdranch.nyethack パッケージを［Control］クリック（右クリック）して、［New］→［Package］を選ぼう。パッケージ名を extensions として、そのパッケージに IterableExt.kt というファイルを追加する（図18–3）。エクステンションだけを含むファイルには、そのエクステンションを適用する型に Ext を付けた名前を付けるのが典型的だ。

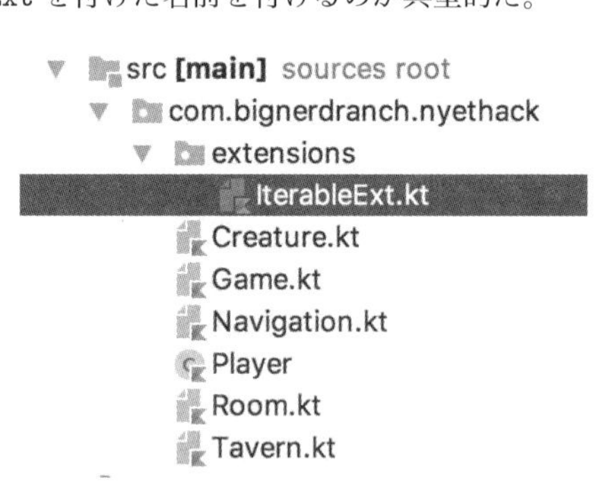

図18–3：エクステンションのパッケージとファイルを追加する

random エクステンションを IterableExt.kt に移して、Tavern.kt からは削除する。また、IterableExt.kt に移動したエクステンションから、private キーワードを削除する。

リスト18-13：Tavern.kt から random エクステンションを削除（Tavern.kt）

```
...
private fun <T> Iterable<T>.random(): T = this.shuffled().first()

fun main(args: Array<String>) {
    ...
}
...
```

リスト18-14：random エクステンションを IterableExt.kt に追加（IterableExt.kt）

```
package com.bignerdranch.nyethack.extensions

fun <T> Iterable<T>.random(): T = this.shuffled().first()
```

エクステンションを独自のファイルに移動してパブリックにしたのだから、これは Tavern.kt でも Player.kt でも使うことができる。ただし、Tavern.kt でエラーが出た。エクステンションが別のパッケージで定義されているときは、それを使うファイルのそれぞれで、そのエクステンションをインポートする必要があるのだ。Tavern.kt と Player.kt の両方のファイルの先頭に、random エクステンションの import 文を置こう。

```
import com.bignerdranch.nyethack.extensions.random
```

では次に、Player.kt ファイルにある selectHometown 関数を更新して、古いランダム化のコードの代わりに、拡張関数 random を使おう。

リスト18-15：selectHometown で random を使う（Player.kt）

```
...
private fun selectHometown() = File("data/towns.txt")
    .readText()
    .split("\n")    // Windows では\r\n を使う
    .random()
    .shuffled()
    .first()
...
```

18.8　エクステンションを改名する

ときには、エクステンションやインポートしたクラスの名前を、その名前のまま使うのが理想的ではないという場合もある。たとえば覚えにくい略語になっていたり、同じ名前のクラスを、そのファイルで使っていたりする場合だ。インポートする関数やクラスの機能は欲しいが名前が良くないという場合は、as 演算子を使って、そのファイルの中で使いたい別の名前を割り当てることができる。

たとえばPlayer.ktで、インポートするrandom関数を、randomizerという名前で使うことができる。

リスト18-16：as演算子を使う（Player.kt）

```
import com.bignerdranch.nyethack.extensions.random as randomizer
...
private fun selectHometown() = File("data/towns.txt")
    .readText()
    .split("\n") // Windowsでは\r\nを使う
    .random()
    .randomizer()
...
```

以上で、NyetHackプロジェクトでの作業は完了だ。おめでとう！　あなたは、これまでに、ずいぶん多くのことを達成した。条件や関数の基礎を学び、この世界でオブジェクトを表現できるクラスを自作し、プレイヤーから入力を受け取るゲームループを作り、あちこちでモンスターと闘う世界地図さえ構築した。そして、その間、Kotlin言語の機能を使って、オブジェクト指向プログラミングのパラダイムを利用してきた。

18.9　Kotlin標準ライブラリにおけるエクステンション

Kotlin標準ライブラリの機能のうち、かなり大きな部分が、拡張関数と拡張プロパティを介して定義されている。

たとえば、Strings.ktというソースファイルのコードを見よう。それには、[Shift]キーを2度押して[Search Everywhere]ダイアログを開き、「Strings.kt」と入力する（StringではなくStringsであることに注意）。

```
public inline fun CharSequence.trim(predicate: (Char) -> Boolean): CharSequence {
    var startIndex = 0
    var endIndex = length - 1
    var startFound = false
    while (startIndex <= endIndex) {
        val index = if (!startFound) startIndex else endIndex
        val match = predicate(this[index])
        if (!startFound) {
            if (!match)
                startFound = true
            else
                startIndex += 1
        }
        else {
            if (!match)
                break
            else
                endIndex -= 1
```

```
        }
    }
    return subSequence(startIndex, endIndex + 1)
}
```

この標準ライブラリファイルを閲覧すると、String 型に対するエクステンションで構成されていることがわかる。たとえば上に抜き出した部分は、文字列から一部の文字を取り除く trim という拡張関数の定義だ。

Strings.kt というファイル名の件だが、標準ライブラリで、ある型に対するエクステンションを含むファイルは、しばしば、このように命名されている（型名の後に s が付いている）。標準ライブラリでファイルを見ていると、この命名規約にマッチした他のファイルが見つかる。Sequences.kt、Ranges.kt、Maps.kt なども、それぞれ対応する型に拡張機能を追加しているのだ。

Kotlin 標準ライブラリが、小さいながら（～930k）機能を満載している理由の 1 つは、コアな API 機能にエクステンションを活用しているからだ。エクステンションは 1 個の定義で数多くの型に機能を提供できるので、利用空間が節約される。

この章では、継承以外の方法で振る舞いを共有する手段となるエクステンションの仕組みについて学んだ。次の章では、関数型プログラミングの魅惑的な世界を調べる。

18.10 もっと知りたい？ レシーバ付きの関数リテラル

関数リテラル（function literal：無名関数やラムダ式）をエクステンションの構文で使うと強力な効果が得られる。「レシーバ付きの関数リテラル」（function literals with receivers）とは何かを理解するために、第 9 章で紹介した apply 関数の定義を見よう。

```
public inline fun <T> T.apply(block: T.() -> Unit): T {
    block()
    return this
}
```

apply に何ができるのかを思い出そう。あなたが引数として渡すラムダの中で、特定のレシーバインスタンスのプロパティを設定できる。その例が、これだった。

```
val menuFile = File("menu-file.txt").apply {
    setReadable(true)
    setWritable(true)
    setExecutable(false)
}
```

個々の変数を menuFile 変数に対して明示的に呼び出すのを、これによって省略できる（ラムダでの呼び出しでは、menuFile が暗黙のうちにレシーバとして使われる）。この apply の魔法は、レシーバ付きで関数リテラルを定義することによって達成されている。

もう一度、applyの定義を見よう。blockという関数パラメータを、どのように指定しているだろうか?

```
public inline fun <T> T.apply(block: T.() -> Unit): T {
    block()
    return this
}
```

blockという関数パラメータは、単なるラムダではなく、ジェネリック型のエクステンション(: T.() -> Unit)としても指定されている。だからこそ、あなたが定義するラムダが、レシーバインスタンスのプロパティと関数を、暗黙的にアクセスできるのだ。

エクステンションとして指定されたラムダのレシーバは、applyが呼び出されたインスタンスでもある。だから、その本体であるラムダの中から、レシーバインスタンスの関数とプロパティをアクセスすることが許される。

この形式を使うと、いわゆる「ドメイン固有言語」(domain-specific language:DSL)を書くことができる。つまり、あなたが設定するレシーバコンテクストの関数と機能をアクセスする方法として、あなたが定義するラムダ式を公開するという形式のAPIだ。たとえばJetBrainsのExposedというフレームワーク(https://github.com/JetBrains/Exposed)は、APIにこのDSL形式を広く使うことで、あなたがSQLクエリを定義できるようにしている。

これと同じ形式を使う関数をNyetHackに追加すれば、ルームに「穴ゴブリン」を設定できるだろう(その気になったら、実験としてNyetHackプロジェクトに追加してみよう)。

```
fun Room.configurePitGoblin(block: Room.(Goblin) -> Goblin): Room {
    val goblin = block(Goblin("Pit Goblin", description = "An Evil Pit Goblin"))
    monster = goblin
    return this
}
```

これはRoomに対するエクステンションで、Roomをレシーバとするラムダを受け取るものだ。その結果、Roomのプロパティを、あなたが定義するラムダの中からアクセスできるので、Roomレシーバのプロパティを使ってゴブリンを設定できる。

```
currentRoom.configurePitGoblin { goblin ->
    goblin.healthPoints = dangerLevel * 3
    goblin
}
```

実際にdangerLevelプロパティをアクセスできるようにするには、RoomでdangerLevelの可視性を変更する必要があるだろう。

18.11 チャレンジ！ toDragonSpeak エクステンション

このチャレンジでは、再び Tavern.kt に手を加える。あなたが書いた toDragonSpeak 関数を、Tavern.kt の中のプライベート拡張関数に変換しよう。

18.12 チャレンジ！ 額縁エクステンション

次に示す小さなプログラムは、任意の長さの文字列を、印刷して壁に飾れるような、美しい ASCII アートのフレーム（額縁）に入れて表示するものだ。

```
fun frame(name: String, padding: Int, formatChar: String = "*"): String {
    val greeting = "$name!"
    val middle = formatChar.padEnd(padding)
            .plus(greeting)
            .plus(formatChar.padStart(padding))
    val end = (0 until middle.length).joinToString("")  formatChar
    return "$end\n$middle\n$end"  // Windows では\r\n を使う
}
```

このチャレンジでは、エクステンションについて学んだ知識を応用して、上記の frame 関数を、どんな String にも利用できるエクステンションへとリファクタリングする。新しいバージョンは、たとえば次のように呼び出せる。

```
print("Welcome, Madrigal".frame(5))

*****************************
*     Welcome, Madrigal     *
*****************************
```

第 19 章 関数型プログラミングの基礎

これまで数章をかけて、オブジェクト指向プログラミングのパラダイムを学び、使ってきた。もう 1 つの傑出したパラダイムとして、**関数型プログラミング**（functional programming）がある。1950 年代に数理的抽象であるラムダ計算をベースとして開発された関数型プログラミングは、商用ソフトウェアよりも概して学会で使われることが多かったが、そのアプローチの原則は、どの言語にも有効だ。

関数型プログラミングのスタイルは、とくにコレクションを扱えるように設計された少数の高階関数（他の関数を受け取ったり返したりする関数）が返すデータに依存するもので、単純な関数で作る演算の連鎖によって、より複雑な振る舞いを組み立てるのが好ましい。本書でも、すでに（パラメータとして関数を受け取り、結果として関数を返す）高階関数と、（関数を値として定義できる）関数型を、使ってきた。

Kotlin は複数のプログラミングスタイルをサポートするから、解決すべき問題の性質に合わせて、オブジェクト指向と関数型プログラミングのスタイルを混ぜることができる。この章では、Kotlin が提供する関数型プログラミングの機能を、いくつか REPL で探究しながら、関数型プログラミングというパラダイムの背後にあるアイデアについて学んでいく。

19.1 関数のカテゴリー

関数型プログラミングを構成する関数には、大きく分けて 3 つのカテゴリーがある。**変換**（transform）と、**フィルタ**（filter）と、**結合**（combine）だ。どのカテゴリーの関数も、「コレクション」データ構造に作用して最終的な結果を出すように設計されている。しかも関数型プログラミングにおける関数は、「組み合わせ可能」（composable）な設計だから、単純な関数を組み合わせることによって、複雑な振る舞いを構築できる。

変換（transform）

関数型プログラミングにおける関数の、第1のカテゴリーが「変換」だ。transform関数は、引数として渡されたtransformer関数をコレクションの各要素に適用することで、コレクションの内容を変換する。そしてtransform関数は、書き換えたコレクションのコピーを返して、次の関数に制御を渡す。

よく使われる変換の2つが、`map`と`flatMap`だ。`map`というtransform関数は、呼び出されたコレクションを反復処理して、それぞれの要素にtransformer関数を適用する。その結果は、入力側のコレクションと同じ要素数を持つコレクションになる。一例として、次のコードをKotlinのREPLに入力しよう。

リスト19-1：動物のリストをシッポのある「赤ちゃん」に変換する（REPL）

```
val animals = listOf("zebra", "giraffe", "elephant", "rat")
val babies = animals
    .map{ animal -> "A baby $animal" }
    .map{ baby -> "$baby, with the cutest little tail ever!"}
println(babies)
```

関数型プログラミングは、「組み合わせ可能な関数」に重点を置いている。そういう関数は、データに対していくつも直列に並べて使うことができる。ここでは、第1の関数`map`が、transformer関数、{`animal -> "A baby $animal"` }を、それぞれの動物に適用して「動物の赤ちゃん」に変換し（というか、名前の前に「baby」を付け）、変換したリストのコピーを、連鎖している次の関数に渡す。

この例で、次の関数は、やはり`map`だ。これも同じ一連の処理によって、それぞれの「動物の赤ちゃん」に「可愛いシッポ」を加える。関数の連鎖の終端に達すると、最終的なコレクションとして、個々の要素に両方のマップ演算を適用した結果が出る。

```
A baby zebra, with the cutest little tail ever!
A baby giraffe, with the cutest little tail ever!
A baby elephant, with the cutest little tail ever!
A baby rat, with the cutest little tail ever!
```

前述したように、transform関数が返すのはコレクションを変更したコピーであって、元のコレクションを直接書き換えるのではない。REPLで、元のリストである`animals`の値をプリントして、書き換えられていないことを確認しよう。

リスト19-2：元のコレクションは変更されていない（REPL）

```
print(animals)
"zebra", "giraffe", "elephant", "rat"
```

元の`animals`コレクションは、まったく変更されていない。`map`は、元のコレクションの新しいコピーを返し、その要素に、あなたが定義したtranformerが適用されている。

こうすることによって、変数の経時的な変化が防止される。実際、関数型プログラミングでは、より好ましい「データのイミュータブル（書き換え不可能）なコピー」を、連鎖の次の関数に渡すのだ。その背後にあるのは、「ミュータブル（書き換え可能）なデータを使うプログラムは、デバッグするのもロジックを追うのも難しい」という考えである。状態に依存する割合が増えてしまうのは好ましくないのだ。

前述したように、`map` が返すコレクションは、入力側コレクションと同数の要素を持つ（ただし、次のセクションで見るように、すべての変換関数でそうなるわけではない）。入力と同じ型の要素を返す必要はない。次のコードを REPL に入力してみよう。

リスト19-3：マッピングの前後で要素数は同じだが型が異なる（REPL）

```
val tenDollarWords = listOf("auspicious", "avuncular", "obviate")
val tenDollarWordLengths = tenDollarWords.map { it.length }
print(tenDollarWordLengths)
[10, 9, 7]
tenDollarWords.size
3
tenDollarWordLengths.size
3
```

`size` は、コレクションで利用できるプロパティで、これにはリストやセットの要素数や、マップに含まれるキーと値のペアの数が格納される。

この例で `map` は、左辺から 3 個のアイテムを受け取り、右辺に 3 個のアイテムを返している。変換するのはデータの型だ。`tenDollarWords` というコレクションは、`List<String>`だったが、`map` 関数によって生成されたリストは、`List<Int>`である。

`map` 関数のシグネチャを見よう。

```
<T, R> Iterable<T>.map(transform: (T) -> R): List<R>
```

このように関数型プログラミングを利用できるのは、おもに Kotlin が高階関数をサポートしているおかげだ。`map` は、シグネチャが示すように関数型（function type）を受け取る。高階型（higher-order type）を定義する能力がなければ、transformer 関数を `map` に渡すことは不可能だろうし、`map` にジェネリックな型パラメータがなくても、やはり役に立たないだろう。

もう 1 つの一般的な transform 関数が、`flatMap` だ。この関数は、「コレクションのコレクション」を受け取って、1 個の「平坦化した」コレクションを返す（それには、入力側コレクションにあった、すべての要素が含まれる）。

一例を見るために、次のコードを Kotlin REPL に入力しよう。

リスト19-4：2 つのリストを平坦化する（REPL）

```
listOf(listOf(1, 2, 3), listOf(4, 5, 6)).flatMap { it }
[1, 2, 3, 4, 5, 6]
```

結果は、新しい1個のリストで、元の2つの部分リストにあった全部の要素が入っている。元のコレクションにあった要素の数（部分リスト2つだから、2）と、出力側コレクションにある要素の数（6）が同じではないことに注意しよう。

次のセクションでは、flatMapを、別のカテゴリーの関数と組み合わせる。

フィルタ（Filter）

関数型プログラミングにおける関数の、第2のカテゴリーが**フィルタ**（filter）だ。filter関数は、断言（predicate）関数を受け取る。断言は、コレクションに含まれる個々の要素を、ある条件でチェックし、真か偽かを返す。断言が真を返した要素は、フィルタが返す新しいコレクションに追加される。断言が偽を返した要素は、新しいコレクションから除外される。

フィルタ関数の1つは、まさにfilterという名前だ。まずは、そのfilterをflatMapと組み合わせる例を見よう。次のコードをREPLに入力する。

リスト19-5：フィルタリングと平坦化（REPL）

```
val itemsOfManyColors = listOf(listOf("red apple", "green apple", "blue apple"),
listOf("red fish", "blue fish"), listOf("yellow banana", "teal banana"))

val redItems = itemsOfManyColors.flatMap { it.filter { it.contains("red") } }
print(redItems)
[red apple, red fish]
```

ここではflatMapが受け取るtransform関数がfilterなので、それぞれの部分リストを、平坦化の前に処理することができる。

そのfilterが受け取る断言関数は、{ it.contains("red") }だ。入力側リストの全要素をflatMapが反復処理する間に、filterで個々の要素を、この断言の条件についてチェックし、断言が真となる要素だけを、新しいコレクションに入れて返す。

そして最後にflatMapが、変換後の部分リストにある要素を組み合わせて1個の新しいリストにする。

このように、関数を直列に並べるのが関数型プログラミングの典型だ。もう1つ例を見るために、次のコードをKotlin REPLに入力しよう。

リスト19-6：素数以外をフィルタで除外する（REPL）

```
val numbers = listOf(7, 4, 8, 4, 3, 22, 18, 11)
val primes = numbers.filter { number ->
    (2 until number).map { number % it }
        .none { it == 0 }
    }
print(primes)
```

わずかな数の単純な関数を組み合わせることで、ずいぶん複雑な問題の解を実装している。これが関数型プログラミングの特徴だ。単純な演算を組み合わせることで、より複雑な結果を生み出すのだ。

この filter 関数の断言条件は、もう 1 つの関数、map の結果である。numbers に含まれる個々の要素について、map は、その数を 2 からその数に至る範囲のそれぞれの値で割った剰余を返す。次の none は、もし返された剰余の中に 0 と等しいものがなければ、真を返す。もしそうなら、断言条件は真なので、チェックした数は素数である（1 と、その数自身を除けば、どの数でも割りきれないのだから）。

結合（combine）

関数型プログラミングで使われる関数の、第 3 のカテゴリーが**結合**（combine）だ。**結合関数**（combining finction）は、いくつかの異なるコレクションを受け取って、1 つの新しいコレクションへとマージする（他のコレクションを含むコレクションに対して呼び出される flatMap とは異なる）。次のコードを Kotlin REPL に入力しよう。

リスト19-7：2 つのコレクションを組み合わせる関数型の形式（REPL）

```
val employees = listOf("Denny", "Claudette", "Peter")
val shirtSize = listOf("large", "x-large", "medium")
val employeeShirtSizes = employees.zip(shirtSize).toMap()
println(employeeShirtSizes["Denny"])
```

ここでは、結合関数 zip を使って、従業員のリストと、その人たちに対応するシャツのサイズのリストという、2 つのリストを結合する。zip が返す新しいリストは、ペア（Pair）のコレクションである。そのリストに対して呼び出す toMap は、Pair のリストに対して呼び出せる関数で、これが返すマップをキーを使って参照すると、この場合は従業員の名前が得られる。

値を組み合わせるのに便利な、もう 1 つの関数が fold だ。fold はアキュミュレータの初期値を受け取る。個々の要素について呼び出す無名関数の結果によって、アキュミュレータを更新する。そうして更新されたアキュミュレータの値が、次の無名関数に渡される。次の例では、fold 関数を使って、数のリストに 3 を掛けた値を累積している。

```
val foldedValue = listOf(1, 2, 3, 4).fold(0) { accumulator, number ->
    println("Accumulated value: $accumulator")
    accumulator + (number * 3)
}

println("Final value: $foldedValue")
```

このコードを実行すると、次の結果を得ることができる。

```
Accumulated value: 0
Accumulated value: 3
Accumulated value: 9
Accumulated value: 18
```

```
Final value: 30
```

アキュミュレータの初期値として、0が無名関数に渡され、その結果によって `Accumulated value: 0` がプリントされる。その値、0が、リストの最初の要素である1の計算に渡され、その結果によって `Accumulated value: 3` がプリントされる（`0 + (1 * 3)` の結果だ）。その次の計算では、アキュミュレータの値3が、(2 * 3) に加算され、その結果によって `Accumulated value: 9` がプリントされる（以下同様）。すべての要素を巡回し終えたときのアキュミュレータの値が、最終的な結果となる。

19.2 なぜ関数型プログラミングなのか

リスト19–7に示した `zip` の用例に、話を戻したい。これと同じ仕事を、オブジェクト指向のパラダイムを使って（あるいは、より広い概念である**命令型プログラミング**を使って）実装したら、どうなるだろうか。たとえばJavaでは、次のようになるだろう。

```
List<String> employees = Arrays.asList("Denny", "Claudette", "Peter");
List<String> shirtSizes = Arrays.asList("large", "x-large", "medium");
Map<String, String> employeeShirtSizes = new HashMap<>();
for (int i = 0; i < employees.size; i++) {
    employeeShirtSizes.put(employees.get(i), shirtSizes.get(i));
}
```

一見すると、この命令型バージョンも、同じ仕事を、リスト19–7の関数型バージョンと同じくらいの行数で、こなしているように思える。けれども詳しく見ると、関数型のアプローチには、主に次のような長所がある。

1. 「アキュミュレータ」変数（たとえば `employeeShirtSizes`）が暗黙のうちに定義されるので、状態を持ち追跡管理が必要な変数の数を、減らすことができる。
2. 関数型では演算の結果がアキュミュレータ変数に自動的に加算されるので、バグが入り込むリスクが減る。
3. 関数の連鎖に新しい演算を加えるのが比較的簡単である。コレクションの反復処理には、どの関数型演算子でも加えて使うことができる。

最初の2つの長所について考えよう。命令型プログラミングで新しい演算を導入すると、普通は状態を保存するために、より多くの変数を作ることになる（たとえばループの結果を保存するため、`for` ループの外側に `employeeShirtSizes` コレクションが必要になる）。

そして、ループのたびに結果を `employeeShirtSizes` に加算する命令を、自分で書く必要がある。値をコレクションに加算するのを、もし忘れたら（そういうステップは見過ごしやすいものだ）プログラムの他の部分は正しく動作しない。ステップを加えるたびに、この種のミスが起きる可能性が増えてしまう。

一方、関数型の実装では、チェインで行う演算ごとに新しいコレクションが暗黙のうちに累積されるので、新たにアキュミュレータ変数を定義する必要がない。

```
val formattedSwagOrders = employees.zip(shirtSize).toMap()
```

値を新しいコレクションに累積する処理は、関数連鎖機構の一部として暗黙のうちに行われるから、関数型でミスが発生する可能性は低い。

第3の長所について言えば、すべての関数的演算は、イテラブル（反復処理が可能なコレクション）を扱えるように設計されているので、関数のチェインに1ステップを加えるのは容易なことだ。たとえば employeeShirtSizes というマップを構築した後、注文書にするため整形する必要が生じたとき、命令型では、次のようなコードを加える必要があるだろう。

```
List<String> formattedSwagOrders = new ArrayList<>();
for (Map.Entry<String, String> shirtSize : employeeShirtSizes.entrySet()) {
    formattedSwagOrders.add (String.format("%s, shirt size: %s",
            it.getKey(), it.getValue());
}
```

アキュミュレータの値が1つ増え、そのアキュミュレータに結果を記入する for ループが、また1つ増える。エンティティが増え、状態が増え、管理すべきものが増える。

関数型なら、チェインの後に演算を加えるのは簡単で、状態を増やす必要がない。同じプログラムを、関数型の実装であれば、次のようにシンプルな追加によって実装できる。

```
.map  "${it.key, shirt size: $it.value" }
```

19.3 シーケンス

第10章と第11章で、List、Set、Map という3種類のコレクションを紹介した。これらは、どれも**先行評価コレクション**（eager collections）と呼ばれるコレクションだ。これらの型では、インスタンスの作成時に、値のすべてがコレクションに追加され、すぐにアクセス可能になる。

それとは別に、**遅延評価コレクション**（lazy collections）というのがある。最初にアクセスされるときまで変数が初期化されない「遅延初期化」は、第13章で学んだ。遅延評価コレクションも、他の型で行われる遅延初期化と同じく、必要なときにだけ値が生成されるから、（とくに大きなコレクションを使う場合は）より良い性能が得られる。

Kotlin は、組み込みの遅延評価コレクションの1つとして、シーケンス型（Sequence）を提供する。Sequence の内容はインデックス参照されず、サイズは追跡管理されない。事実、シーケンスを扱うときは、値の無限なシーケンスが存在する可能性がある。生産可能なアイテムの数に上限がないからだ。

シーケンスには、新しい値が要求されるたびに参照される関数を定義する。それを**イテレータ関数**（iterator function）と呼ぶ。シーケンスとイテレータを定義する方法の 1 つは、Kotlin が提供するシーケンス構築関数、generateSequence を使うことだ。generateSequence は、シードの初期値を受け取る。それが、シーケンスの開始位置だ。シーケンスに対して関数を使うとき、generateSequence が、あなたが指定したイテレータを呼び出すことによって、次に生成すべき値を決定する。たとえば次のように。

```
generateSequence(0) { it + 1 }
        .onEach { println("The Count says: $it, ah ah ah!") }
```

もしこのコード断片を実行したら、onEach 関数は永遠に実行されるだろう。

遅延評価コレクションは、何に適しているのだろう。何がリストより優れているのだろう。それを知るために、リスト 19-6 の素数を見つける例に話を戻し、応用問題として、最初の N 個の素数を生成することにしよう。仮に、N を 1000 とする。はじめに試みる実装は、次のようになるかもしれない。

```
// 数が素数かどうかを決める、Int への拡張
fun Int.isPrime(): Boolean {
    (2 until this).map {
        if (this % it == 0) {
            return false // 素数ではない!
        }
    }
    return true
}
val toList = (1..5000).toList().filter { it.isPrime() }.take(1000)
```

この実装の問題点は、1000 個の素数を求めるのに、いくつの数をチェックすればいいのかわからないということだ。この実装では、当てずっぽうに 5000 と書いているが、それでは足りない（669 個の素数しか見つけられない）。

こういうときは、関数のチェインで先行評価ではなく、遅延評価のコレクションを使う。この場合に遅延評価コレクションが理想的なのは、シーケンスでチェックする項目の数に上限を定める必要がないからである。

```
val oneThousandPrimes = generateSequence(3) { value ->
    value + 1
}.filter  it.isPrime() .take(1000)
```

このソリューションでは、generateSequence が新しい値を、1 個ずつ生成する。最初の値（シー

ド）は3で、それを毎回、インクリメントする。それからエクステンションの isPrime によって、値をフィルタリングする。これを、1000個の要素が生成されるまで繰り返す。候補となる数を、いくつチェックすればいいのか、事前に知る方法がないのだから、take 関数が満足するまで新しい値を遅延評価によって生成するのが理想的なのだ。

たいがいの場合、あなたが使うコレクションは、1000個も要素を持たない小さなものだろう。そういう場合に、シーケンスを使うか、それとも固定数の要素を持つリストを使うかは、あまり大きな問題にはならない。なぜなら2種類のコレクションで生じる性能の差が、まったく無視できる程度（数ナノ秒のオーダー）に収まるからだ。けれども、ずっと大きなコレクションで、要素数が何十万個にもなると、コレクションの型による性能の違いが顕著になる。そういう場合に、リストをシーケンスに切り替えるのは、とても簡単なことだ。

```
val listOfNumbers = (0 until 10000000).toList()
val sequenceOfNumbers = listOfNumbers.asSequence()
```

関数型プログラミングのパラダイムでは、新しいコレクションの作成を頻繁に求められるかもしれないが、シーケンスを使えば、巨大なコレクションを扱えるスケーラブルな機構が提供される。

この章では、map、flatMap、filter といった基本的な関数型プログラミングのツールを使って、データ処理を効率よく行う方法を見た。また、シーケンスを使って、巨大化するデータを効率よく扱う方法も見た。

次の章では、Java コードを呼び出す Kotlin コードや、その逆のコードを書いて、Kotlin のコードが Java コードと、どのように相互作用するのかを学ぶ。

19.4　もっと知りたい？　プロファイリング

実行速度への配慮が重要なときのために、Kotlin はコードの性能をプロファイリングするためのユーティリティ関数として、measureNanoTime と measureTimeInMillis を提供している。どちらの関数も、1個のラムダを引数とし、そのラムダに含まれるコードの実行速度を計測する。measureNanoTime はナノ秒単位、measureTimeInMillis はミリ秒単位で測った時間を返す。

計測したい関数を、どちらかのユーティリティ関数で、次のようにラップする。

```
val listInNanos = measureNanoTime {
    // リストの関数チェインを、ここに書く
}

val sequenceInNanos = measureNanoTime {
    // シーケンスの関数チェインを、ここに書く
}

println("List completed in $listInNanos ns")
println("Sequence completed in $sequenceInNanos ns")
```

実験として、さきほどの素数を求める例で、リストを使うバージョンと、シーケンスを使うバージョンの性能をプロファイリングしてみよう（リストの際は、1000 個の素数を見つけるために 7919 までの数をチェックすること）。リストからシーケンスに切り替えたら、性能に対する影響は、どのくらいあるだろうか?

19.5　もっと知りたい?　Arrow.kt

この章では、map、flatMap、filter など、Kotlin 標準ライブラリに含まれている関数型プログラミングのツールを、いくつか見てきた。

Kotlin は「マルチパラダイム」言語である。つまり、オブジェクト指向と、命令型と、関数型プログラミングのスタイルが混じっている。あなたが、たとえば Haskell など、厳密な関数型プログラミング言語を使ったことがあるのなら、御存じと思うが、Haskell は Kotlin に含まれている基礎よりも進んだ、関数型プログラミングの便利なアイデアを提供している。

たとえば Haskell には、Maybe 型がある。これは「何か、またはエラー」に対するサポートを含む型で、ある型を使うとエラーになるような演算が許される。Maybe 型を使うと、たとえば数値の解析ミスなどの例外を、例外の送出なしに表現できるので、コードの中で try/catch のロジックを使う必要がなくなる。

try/catch のロジックを使わずに例外を表現できるのは、良いことだ。try/catch は GOTO 文のようだと言う人もいる。これらはしばしば、読むのも保守するのも困難なコードを作り出す。

Haskell に見られる関数型プログラミングの機能は、多くが Arrow.kt（http://arrow-kt.io/）のようなライブラリを経由して、Kotlin に移植されている。

たとえば Arrow.kt ライブラリには、Haskell の Maybe 型に似た Either が含まれている。これを使うと、例外の送出と try/catch のロジックに頼ることなく、結果として失敗する可能性のある演算を表現できる。

ユーザー入力を解析して、文字列から Int を取り出すような関数を考えてみよう。もし値が数ならば、Int として解析すべきだが、数値として無効ならエラーとして表現すべきである。

Either を使って書いたロジックは、次のようになる。

```
fun parse(s: String): Either<NumberFormatException, Int> =
    if (s.matches(Regex("-?[0-9]+"))) {
        Either.Right(s.toInt())
    } else {
        Either.Left(NumberFormatException("$s is not a valid integer."))
    }

val x = parse("123")

val value = when(x) {
    is Either.Left -> when (x.a) {
        is NumberFormatException -> "Not a number!"
        else -> "Unknown error"
```

```
    }
    is Either.Right -> "Number that was parsed: $x.b"
}
```

ここには、例外も、try/catch ブロックもない。読み取りやすいロジックがあるだけだ。

19.6 チャレンジ！ Map のキーと値の関係を逆転させる

この章で学んだテクニックを使って、マップにあるキーと値を逆転させる flipValues 関数を書こう。たとえば次のように使う。

```
val gradesByStudent = mapOf("Josh" to 4.0, "Alex" to 2.0, "Jane" to 3.0)
Josh=4.0, Alex=2.0, Jane=3.0

flipValues(gradesByStudent)
4.0=Josh, 2.0=Alex, 3.0=Jane
```

19.7 チャレンジ！ 関数型プログラミングを Tavern.kt に応用

Tavern.kt を、この章で学んだ関数型プログラミング機能のいくつかを使って改善できるかもしれない。

ユニークな顧客名を生成するのに使った forEach ループについて考えてみよう。

```
val uniquePatrons = mutableSetOf<String>()

    fun main(args: Array<String>) {
        ...
        (0..9).forEach {
            val first = patronList.random()
            val last = lastName.random()
            val name = "$first $last"
            uniquePatrons += name
        }
        ...
    }
```

このループは、繰り返すたびに uniquePatrons 集合の状態を変更する。これでも動作するが、関数型プログラミングのアプローチを使えば、もっとうまくできるはずだ。uniquePatrons セットは、次のように表現できるだろう。

```
val uniquePatrons: Set<String> = generateSequence {
    val first = patronList.random()
    val last = lastName.random()
    "$first $last"
}.take(10).toSet()
```

こうすれば変更可能な集合は不要になり、コレクションをリードオンリーにできるので、前のバージョンよりも優れたものになる。

uniquePatrons の数が、現在は偶然によって変化することに注意しよう。そこで最初のチャレンジは、generateSequence 関数を使って、必ず 9 人分の顧客名を生成することだ（この章で、正確に 1000 個の素数を生成した例が、ヒントになるだろう）。

第 2 のチャレンジとして、この章で学んだことを応用して、Tavern.kt のコードで、顧客の財布に金額の初期値を記入するところを改善しよう（リスト 11–5）。

```
fun main(args: Array<String>) {
    ...
    uniquePatrons.forEach {
        patronGold[it] = 6.0
    }
    ...
}
```

新しいバージョンでは、patronGold 集合の設定を、main 関数ではなく、変数を定義する場所で行う。

19.8　チャレンジ！　スライディングウィンドウ

この高度なチャレンジは、加算すべき値のリストから始まる。

```
val valuesToAdd = listOf(1, 18, 73, 3, 44, 6, 1, 33, 2, 22, 5, 7)
```

関数型プログラミングのアプローチを使って、下記の演算を valuesToAdd リストに対して実行しよう。

1. 5 に満たない数を除外する。
2. 数を 2 つずつのペアにする。
3. それぞれのペアで、2 つの数を掛け合わせる。
4. それらの積の和を求めて最終的な数を出す。

結果の正解は、2339 だ。ステップに沿って、データは次のように遷移する。

```
Step 1: 1, 18, 73, 3, 44, 6, 1, 33, 2, 22, 5, 7
Step 2: 18, 73, 44, 6, 33, 22, 5, 7
Step 3: [18*73], [44*6], [33*22], [5*7]
Step 4: 1314 + 264 + 726 + 35 = 2339
```

step 3 は、リストを、それぞれ 2 個の要素を持つサブリストにグループ化するが、これは一般に「スライディングウィンドウ」（sliding window）と呼ばれるアルゴリズムの一種である。このトリッキーなチャレンジを解くには、Kotlin のドキュメントを参照する必要があるだろう。とくに「Package kotlin.clloctions」（`https://kotlinlang.org/api/latest/jvm/stdlib/kotlin.collections/index.html`）を読むと良い。幸運を祈る！[1]

[1] **訳注**：このリファレンスに載っている `windowed` 関数（`https://kotlinlang.org/api/latest/jvm/stdlib/kotlin.collections/windowed.html`）について調べよう。

第20章

Javaとの相互運用性

あなたは本書の随所でKotlinプログラミング言語の基礎を学んできた。もし既存のJavaプロジェクトがあるとしたら、Kotlinを使って改善したくなったかもしれない。どこから着手すればいいのだろう。

KotlinがJavaバイトコードにコンパイルされることは、すでに見ている。これは、KotlinにJavaとの相互運用性があること、つまりJavaコードと同じように機能して互いに協力できるということだ。

これは、たぶんKotlinプログラミング言語のもっとも重要な特徴だろう。Javaとの完全な相互運用性があるから、同じプロジェクトの中に、KotlinとJavaのファイルを共存させておける。JavaのメソッドをKotlinから呼び出すことも、JavaからKotlinの関数を呼び出すこともできる。既存のJavaライブラリをKotlinから呼び出すことも可能で、それにはAndroidフレームワークも含まれる。

完全な相互運用性があるのだから、JavaからKotlinへと、徐々にコードベースを遷移させることも可能だ。たとえプロジェクト全体をKotlinで再構築するチャンスがなくても、新機能の開発をKotlinに移行することができる。あるいは、あなたのアプリケーションのうち、Kotlinに移植することでもっとも大きな利益が得られるJavaファイルだけを、変換したいかもしれない。モデルオブジェクトやユニットテストを、Kotlinに変換したらどうだろうか。

この章では、JavaとKotlinのファイルが、どのように相互運用されるのかを示し、相互運用されるコードを書くときに考慮すべき事項を論じる。

20.1 Javaクラスとの相互運用

この章のために、Interopという新しいプロジェクトをIntelliJに作ろう。Interopには、2つのファイルを入れる。1つは`Hero.kt`で、NyetHackの主人公（我らのヒーロー）を表現するKotlinのファイル、もう1つは`Jhava.java`で、他の王国から来た怪物（モンスター）を表現するJavaクラスだ。この2つのファイルも作っておこう。

この章では、Kotlinコードと Javaコードの両方を書く。もしあなたに Javaコードを書いた経験がなくても、恐れることはない。サンプルの Javaコードは、Kotlinで経験を積んだあなたには、直感的に理解できるはずだ。

まずは Jhavaクラスを宣言し、それに utterGreeting という名前の、String を返すメソッドを入れる。これで怪物が、挨拶らしきものを口にする。

リスト20-1：Javaでクラスとメソッドを宣言する（Jhava.java）

```
public class Jhava {
    public String utterGreeting() {
        return "BLARGH";
    }
}
```

次は Hero.kt で main 関数を作り、その中に Jhava クラスのインスタンスである val adversary を宣言する（adversaryは、相手とか敵とか対戦者を意味する）。

リスト20-2：main関数と Jhava という相手を Kotlin で宣言する（Hero.kt）

```
fun main(args: Array<String>) {
    val adversary = Jhava()
}
```

たったこれだけで、あなたは Javaオブジェクトを実体化する Kotlinのコードを書き、1行のコードで、2つの言語のギャップをまたぐ橋をかけたのだ。Kotlinと Javaとの相互運用は、本当に、これほど簡単なのだ。

けれども、まだまだ見せたいことがあるから先に進もう。テストとして、Jhava という相手が口にする挨拶をプリントする。

リスト20-3：Kotlinで Javaメソッドを呼び出す（Hero.kt）

```
fun main(args: Array<String>) {
    val adversary = Jhava()
    println(adversary.utterGreeting())
}
```

あなたは Javaオブジェクトを1つ実体化し、それに対して Javaメソッドを呼び出した。それらはすべて、Kotlinから行っている。Hero.kt を実行しよう。すると怪物の BLARGH という挨拶が、コンソールにプリントされる。

Kotlinは、Javaとシームレスに相互運用できるように設計されている。また、いくつもの点で Javaを改善するように作られている。相互運用性のために、改善をあきらめる必要は、まったくない。この2つの言語の違いを、ある程度意識し、双方で利用できるアノテーション（annotation：注釈）の助けを借りれば、Kotlinの利点を大いに活用できる。

20.2　相互運用性と null

もう 1 つ、友情のレベルを判断する determineFriendshipLevel というメソッドを、Jhava に追加しよう。この determineFriendshipLevel は、String 型の値を返すはずだが、なにしろ怪物は友情を理解しないので、null の値が返される。

リスト20-4：Java メソッドが null を返す（Jhava.java）

```
public class Jhava {
    public String utterGreeting() {
        return "BLARGH";
    }

    public String determineFriendshipLevel() {
        return null;
    }
}
```

この新しいメソッドを、Hero.kt から呼び出して、友情のレベルを val に格納する。その値をコンソールにプリントするのだが、怪物は大文字で挨拶を返すのだから、友情のレベルは小文字に変換してからプリントするのがよさそうだ。

リスト20-5：友情のレベルを表示する（Hero.kt）

```
fun main(args: Array<String>) {
    val adversary = Jhava()
    println(adversary.utterGreeting())

    val friendshipLevel = adversary.determineFriendshipLevel()
    println(friendshipLevel.toLowerCase())
}
```

Hero.kt を実行しよう。コンパイラは、とくに問題を指摘しなかったのに、このプログラムは実行時にクラッシュする。

```
Exception in thread "main"
java.lang.IllegalStateException: friendshipLevel must not be null
```

第 6 章で見たように、Java では、どのオブジェクトにも null の可能性がある。determineFriendshipLevel のような Java メソッドを呼び出すとき、その API は「このメソッドは String を返しますよ」と知らせてくれるが、それは、戻り値が null に関する Kotlin のルールに従うという意味ではないのだ。

Java では、すべてのオブジェクトに null の可能性があるのだから、とくに指定しない値は null を許容すると想定する方が安全だ。その想定は安全ではあるけれど、結果として、ずいぶん冗長なコードになってしまう。そして、あなたが参照する Java 変数で、いちいち漏れなく null 許容を処理しなければならない。

Hero.ktで、[⌘]([Ctrl])キーを押しながら、マウスをprintlnの行のfriendshipLevelの上に持って行こう。IntelliJは、この変数がString!だと報告してくれる。最後に付いている感嘆符は、値がStringまたはString?になることを意味する。Kotlinコンパイラは、Javaから返される文字列の値が、nullになるかどうかは知らない。

この両義的（あいまい）な戻り値の型は、**プラットフォーム型**（platform type）と呼ばれる。プラットフォーム型は、構文的な意味があるわけではなく、IDEの表示や、その他のドキュメントで使われるだけだ。

幸いなことに、Javaコードを書く側は、Kotlinに優しいコードを書くことができる。つまり、nullの有無（nullability）を示す注釈を使って、nullになる可能性を、はっきり伝えることができるのだ。determineFriendshipLevelがnullの値を返すことがあることを明示的に宣言するには、このメソッドのヘッダ部に、@Nullable（nullあり）というアノテーションを追加する。

リスト20-6：戻り値がnullになる可能性を示す（Jhava.java）

```
public class Jhava {
    public String utterGreeting() {
        return "BLARGH";
    }

    @Nullable
    public String determineFriendshipLevel() {
        return null;
    }
}
```

org.jetbrains.annotations.NullableをインポートするLEる必要があるが、それはIntelliJが援助してくれる[1]。

@Nullableは、このAPIの消費者に対し、このメソッドがnullを返す可能性がある、と警告する（必ずnullを返すわけではない）。Kotlinコンパイラは、このアノテーションを認識する。Hero.ktを見ると、今度はintelliJが、String?に対してtoLowerCaseを直接呼び出していることについて、警告を出している[2]。

この直接呼び出しを、セーフコールで置き換えよう。

リスト20-7：セーフコール演算子でnull許容処理（Hero.kt）

[1] **訳注**：訳者の環境では、org.jetbrains.annotations.Nullableを、最初はIntelliJで解決できなかった。[File] -> [Settings] -> [Build, Execution, Deployment] ／ [Compiler] ／ [Nullable/NotNull Configuration] ダイアログで、「org.jetbrains.annotations.Nullable」の左側に緑色の矢印があることを確認した。ヘルプの「@Nullableおよび@NotNull」(https://pleiades.io/help/idea/nullable-and-notnull-annotations.html)にあるように、エディタで、@Nullableのそばに出る電球のメニューから[Add 'annotaions' to classpath]を選択する。[Download Library from Maven Repository] ダイアログが出るので、そのまま [OK] をクリックしたら、解決した。

[2] **訳注**：コンパイルを強行するとエラーとなり、「@Nullable String?型のnullableレシーバには、セーフコール（?.）または非null表明（!!.）コールしか使えません」という意味のメッセージが出る。

```
fun main(args: Array<String>) {
    val adversary = Jhava()
    println(adversary.utterGreeting())

    val friendshipLevel = adversary.determineFriendshipLevel()
    println(friendshipLevel?.toLowerCase())
}
```

Hero.kt を実行すると、null がコンソールに表示されるはずだ。

friendshipLevel が null なので、デフォルトの友情レベルを提供したいかもしれない。friendshipLevel が null のときに使うためのデフォルトを提供するには、null 合体演算子（エルヴィス演算子）を使う。

リスト20-8：エルヴィス演算子でデフォルト値を提供する（Hero.kt）

```
fun main(args: Array<String>) {
    val adversary = Jhava()
    println(adversary.utterGreeting())

    val friendshipLevel = adversary.determineFriendshipLevel()
    println(friendshipLevel?.toLowerCase() ?: "It's complicated.")
}
```

Hero.kt を実行すると、It's complicated と出力されるはずだ。

メソッドが null を返す可能性を示すために、@Nullable を使った。逆に、値が決して null にならないことを示すのには、@NotNull（null なし）というアノテーションを使う。こちらは嬉しいアノテーションで、「この API の消費者は、返される値が null になる可能性を心配する必要がありませんよ」という意味なのだ。Jhava の怪物が返す挨拶は、null にならないから、utterGreeting メソッドのヘッダに、@NotNull アノテーションを追加しよう。

リスト20-9：戻り値が null にならないことを表明する（Jhava.java）

```
public class Jhava {

    @NotNull    <-太字
    public String utterGreeting() {
        return "BLARGH";
    }

    @Nullable
    public String determineFriendshipLevel() {
        return null;
    }
}
```

アノテーションのインポートを忘れずに。

null の有無を示すアノテーションは、戻り値に限らず、パラメータやフィールドに使って文脈を追加することが可能だ。

null に対処するため Kotlin が提供するさまざまなツールのなかには、通常の型が null になるのを禁止するのもある。もしあなたが Kotlin コードを書くのなら、相互運用性こそが、null のもっとも一般的なソースになる。Kotlin から Java コードを呼び出すときは、この点に注意が必要だ。

20.3　型のマッピング

Kotlin の型は、Java の型と一対一で対応することが多い。Kotlin の String は、コンパイルして Java のバイトコードにしても String だ。だから Kotlin では、Java メソッドから返される String と、Kotlin で明示的に宣言した String を、同じ方法で使うことができる。

ただし、Kotlin と Java の間で型のマッピングが一対一にならない場合もある。たとえば基本的なデータ型を考えてみよう。第 2 章の「もっと知りたい？　Kotlin における Java のプリミティブ型」というセクションで述べたように、Java 言語では基本的なデータ型を「プリミティブ型」として表現する。Java のプリミティブ型はオブジェクトではないが、Kotlin では、（基本的なデータ型を含めて）すべての型がオブジェクトだ。とはいえ、Kotlin コンパイラは、Java の各種プリミティブを、それぞれにもっとも近い Kotlin の型にマップする。

型がマッピングされる実例を見るために、hitPoints という整数を Jhava に加えよう。Kotlin では整数を、Int 型のオブジェクトで表現するが、Java では int 型のプリミティブである。

リスト20-10：Java で int を宣言する（Jhava.java）

```
public class Jhava {
    public int hitPoints = 52489112;

    @NotNull
    public String utterGreeting() {
        return "BLARGH";
    }

    @Nullable
    public String determineFriendshipLevel() {
        return null;
    }
}
```

次に Hero.kt で、hitPoints へのリファレンスを取得しよう。

リスト20-11：Java フィールドへのリファレンスを取得する（Hero.kt）

```
fun main(args: Array<String>) {
    val adversary = Jhava()
    println(adversary.utterGreeting())

    val friendshipLevel = adversary.determineFriendshipLevel()
println(friendshipLevel?.toLowerCase() ?: "It's complicated.")
```

```
    val adversaryHitPoints: Int = adversary.hitPoints
}
```

hitPoints は、Jhava クラスでは int として定義したが、ここでそれを Int として参照しても問題にはならない（ここで型推論を使わない理由は、ただ型のマッピングを説明するためだ。相互運用性のために明示的な型宣言が必要なわけではない。val adversaryHitPoints = adversary.hitPoints と書いても、同じように問題なく動作する)。

これで整数へのリファレンスができたので、それに対して関数を呼び出すことが可能だ。adversaryHitPoints に対して関数を呼び出して、その結果をプリントアウトしよう。

リスト20-12：Java フィールドを Kotlin から参照する（Hero.kt）

```
fun main(args: Array<String>) {
    ...
    val adversaryHitPoints: Int = adversary.hitPoints
    println(adversaryHitPoints.dec())
}
```

Hero.kt を実行して、相手のヒットポイントを 1 だけ減らした値をプリントアウトしよう。

Java では、プリミティブ型に対してメソッドを呼び出すことはできない。Kotlin では、整数の adversaryHitPoints は、Int 型のオブジェクトであり、その Int に対して関数を呼び出すことができる。

型のマッピングの、もう 1 つの例として、adversaryHitPoints をバッキングしている Java クラスの名前をプリントしよう。

リスト20-13：Java バッキングクラスの名前（Hero.kt）

```
fun main(args: Array<String>) {
    ...
    val adversaryHitPoints: Int = adversary.hitPoints
    println(adversaryHitPoints.dec())
    println(adversaryHitPoints.javaClass)
}
```

Hero.kt を実行すると、コンソールに int とプリントされる。adversaryHitPoints に対して Int の関数を呼び出せるのに、その変数は実行時にはプリミティブの int なのだ。第 2 章で学んだバイトコードの話を思い出そう。マップされた型は、どれも実行時に、それぞれ対応する Java の型へと逆にマップされる。Kotlin は、あなたがオブジェクトの威力を望むときに、オブジェクトを差し出してくれる。そして、プリミティブ型の性能が必要なときには、プリミティブ型を使ってくれるのだ。

20.4 ゲッター、セッターと相互運用性

Kotlin と Java では、クラスレベルの変数の扱いが、かなり違う。Java ではフィールドを使い、そのアクセスは、アクセサおよびミューテータのメソッドを介して行うように制限するのが典型的だ。Kotlin では、これまで見てきたようにプロパティを使って、バッキングフィールドへのアクセスを制限し、アクセサとミューテータは自動的に公開されることがある。

前節では、パブリックな `hitPoints` フィールドを `Jhava` に追加した。これは型のマッピングを説明する役割を果たしたが、カプセル化の原則に反するので、良いソリューションではない。Java では、フィールドをアクセスないし変更するのに、ゲッターおよびセッターと呼ばれるメソッドを使うべきだ。ゲッターはデータをアクセスするのに使う。セッターはデータを変更するのに使う。

`hitPoints` をプライベートにして、ゲッターメソッドを作ろう。そうすれば `hitPoints` をアクセスできるが、変更はできない。

リスト20-14：Java でフィールドを宣言する（`Jhava.java`）

```
public class Jhava {

    publicprivate int hitPoints = 52489112;

    @NotNull
    public String utterGreeting() {
        return "BLARGH";
    }

    @Nullable
    public String determineFriendshipLevel() {
        return null;
    }

    public int getHitPoints() {
        return hitPoints;
    }
}
```

`Hero.kt` に戻ろう。あなたのコードは、いまでもコンパイルを通る。第 12 章で学んだように、Kotlin ではゲッター／セッターの構文は必ずしも必要とされず、それらを迂回することが可能だ。つまり、カプセル化を保ちながら、フィールドあるいはプロパティを直接アクセスするかのような構文で書くことができる。そして `getHitPoints` という名は `get` というプリフィックスから始まっているから、Kotlin では、そのプリフィックスを落として、ただ `hitPoints` という名で呼ぶことができる。この Kotlin の機能は、Kotlin と Java の間にある障壁を飛び越えるジャンプ台だ。

セッターも同じことだ。いまでは我らのヒーローと `Jhava` の怪物は、互いに相手を知り合って、もっと話をしたいと思っている。ヒーローとしては、怪物のボキャブラリーが貧困なので（うなり声ではコミュニケーションできないので）、もっと語彙を増やしてやりたいと思っている。だから、怪物の挨拶（`greeting`）をフィールドに移して、ゲッターとセッターを追加し、ヒーローが怪物に

言葉を教えるため、挨拶を書き換えられるようにしよう。

リスト20-15：Javaで挨拶を公開する（`Jhava.java`）

```
public class Jhava {

    private int hitPoints = 52489112;
    private String greeting = "BLARGH";
    ...
    @NotNull
    public String utterGreeting() {
        return "BLARGH"greeting;
    }
    ...
    public String getGreeting() {
        return greeting;
    }

    public void setGreeting(String greeting) {
        this.greeting = greeting;
    }
}
```

`Hero.kt`の側で、`adversary.greeting`を書き換える。

リスト20-16：KotlinからJavaフィールドをセットする（`Hero.kt`）

```
fun main(args: Array<String>) {
    ...
    val adversaryHitPoints: Int = adversary.hitPoints
    println(adversaryHitPoints.dec())
    println(adversaryHitPoints.javaClass)

    adversary.greeting = "Hello, Hero."
    println(adversary.utterGreeting())
}
```

Javaフィールドを書き換えるには、割り当てられたセッターを呼び出す代わりに代入の構文を使える。Java APIが相手でも、Kotlinの便利な構文を使えるのだ。`Hero.kt`を実行すると、我らのヒーローが`Jhava`モンスターに言葉を教えている状況が見える。

20.5　クラスを超えて

Kotlinは、どんな形式でコードを書けるかに関して、より大きな柔軟性を開発者に与えている。Kotlinのファイルには、クラスも、関数も、変数も、どれも複数を、ファイルのトップレベルで、含めることができる。Javaでは、1個のファイルで必ず1個のクラスを表現する。では、Kotlinのファイルのトップレベルで宣言される関数は、Javaではどのように表現されるのだろうか。

異種生物間のコミュニケーションを、ヒーローの声明（proclamation）によって発展させるべきだ。makeProclamation という関数を、Hero.kt のなかで、いままで作業してきた main 関数の外で宣言しよう。

リスト20-17：Kotlin でトップレベルの関数を宣言する（Hero.kt）

```
fun main(args: Array<String>) {
    ...
}

fun makeProclamation() = "Greetings, beast!"
```

この関数を Java から呼び出す方法が必要になるので、Jhava に main メソッドを追加する。

リスト20-18：main メソッドを Java で定義する（Jhava.java）

```
public class Jhava {

    private int hitPoints = 52489112;
    private String greeting = "BLARGH";

    public static void main(String[] args) {

    }
    ...
}
```

main メソッドのなかで、makeProclamation が返す値をプリントアウトする。そのため、この関数を、クラス HeroKt の static メソッドとして参照する。

リスト20-19：Korlin のトップレベル関数を、Java から参照する（Jhava.java）

```
public class Jhava {
    ...
    public static void main(String[] args) {
        System.out.println(HeroKt.makeProclamation());
    }
    ...
}
```

Kotlin で定義されたトップレベルの関数が、Java では static メソッドとして表現され、呼び出される。makeProclamation は、Hero.kt のなかで定義されているので、Kotlin コンパイラが、HeroKt というクラスを作り、そこに static メソッドを割り当てている。

Hero.kt と Jhava.java との相互運用を、さらに円滑にしたければ、@JvmName アノテーションを使って、生成されるクラスの名前を変更できる。それを、Hero.kt の先頭で行おう。

リスト20-20：コンパイルされるクラスの名前を JvmName で指定する（Hero.kt）

```
@file:JvmName("Hero")
```

```
fun main(args: Array<String>) {
    ...
}

fun makeProclamation() = "Greetings, beast!"
```

Jhava から参照する makeProclamation 関数の名前が、これですっきりした。

リスト20-21：トップレベルの Kotlin 関数を新しい名前で Java から参照する（Jhava.java）

```
public class Jhava {
    ...
    public static void main(String[] args) {
        System.out.println(HeroKt.makeProclamation());
    }
    ...
}
```

Jhava.java を実行して、ヒーローの声明を読もう。@JvmName のような JVM アノテーションを使うと、あなたが Kotlin コードを書くときに、どんな Java コードを生成させたいかを直接制御することができる。

もう 1 つの重要な JVM アノテーションとして、@JvmOverloads がある。あなたの API でオプションを提供するための、冗長で繰り返しの多いメソッド多重定義を、Kotlin のデフォルトパラメータを利用した、より効率的なアプローチで置き換えることができる。具体的に、どうなるのかは、次の例で見ていただきたい。

handOverFood という新しい関数を、Hero.kt に加える。

リスト20-22：デフォルトパラメータを持つ関数を追加する（Hero.kt）

```
...
fun makeProclamation() = "Greetings, beast!"

fun handOverFood(leftHand: String = "berries", rightHand: String = "beef") {
    println("Mmmm... you hand over some delicious $leftHand and $rightHand.")
}
```

ヒーローは、handOverFood 関数によって何か食べ物を手渡すのだが、この関数を呼び出す側は、デフォルトパラメータに任せるというオプションを選べる。呼び出し側は、ヒーローは左手か右手（あるいは両方）で持つ食べ物を指定するか、さもなければ berries（ベリー）と beef（牛肉）というデフォルトのオプションを受け入れる。Kotlin では、あまりコードを複雑にしなくても、呼び出し側にオプションを与えることができる。

もしデフォルトパラメータのない Java で、この機構を実現しようとしたら、次のようにメソッドの多重定義を使うことになるだろう。

```
public static void handOverFood(String leftHand, String rightHand) {
    System.out.println ("Mmmm... you hand over some delicious " +
            leftHand + " and " + rightHand + ".") ;
}

public static void handOverFood(String leftHand) {
    handOverFood(leftHand, "beef");
}

public static void handOverFood() {
    handOverFood("berries", "beef");
}
```

Javaのメソッド多重定義には、Kotlinのデフォルトパラメータより、ずっと多くのコードが必要だ。それに、Kotlin関数にあるオプションの1つを、Javaでは再現できない。それは、第1パラメータの`leftHand`の値にはデフォルト値を使い、第2パラメータの`rightHand`には値を指定するというオプションだ。これがKotlinで可能なのは、名前付き引数を使えるからだ。もし`handOverFood(rightHand = "cookies")`と書けば、その結果は、`Mmmm... you hand over some delicious berries and cookies`となる。けれどもJavaは、メソッドコールの名前付き引数をサポートしないので、同数のパラメータを使う2種類のメソッドコールを区別する方法が存在しない（パラメータの型に違いがない限りは）。

もう少し後で見るように、`@JvmOverloads`アノテーションは、多重定義に対応する3つのJavaメソッドの生成をトリガするので、Java側のAPI消費者も、ほとんど救済される。

`Jhava`モンスターは、フルーツが大嫌いだ。ベリーなんかより、ピザかビーフを貰いたい。`Jhava`モンスターから`Hero`に向けて、食べ物を催促できるよう、`Jhava.java`に`offerFood`というメソッドを追加しよう。

リスト20-23：パラメータが1個のメソッドシグネチャ（`Jhava.java`）

```
public class Jhava {
    ...
    public void setGreeting(String greeting) {
        this.greeting = greeting;
    }

    public void offerFood() {
        Hero.handOverFood("pizza");
    }
}
```

この`handOverFood`の呼び出しは、コンパイルエラーになる。なぜならJavaには、デフォルトのメソッドパラメータという概念がないからだ。このため、パラメータが1個しかないバージョンの`handOverFood`はJavaに存在しない。確認のため、`handOverFood`のJavaバイトコードを逆コンパイルして見ておこう。

```
public static final void handOverFood(@NotNull String leftHand,
                                      @NotNull String rightHand) {
    Intrinsics.checkParameterIsNotNull(leftHand, "leftHand");
    Intrinsics.checkParameterIsNotNull(rightHand, "rightHand");
    String var2 = "Mmmm... you hand over some delicious " +
            leftHand + " and " + rightHand + '.';
    System.out.println(var2);
}
```

Kotlinにはメソッド多重定義を避けるオプションがあるのに、Java側には、そういう贅沢が与えられない。けれども@JvmOverloadsアノテーションを使えば、Java側のAPI消費者に、あなたのKotlin関数の多重定義バージョンを提供することが可能になる。Hero.ktで、handOverFoodに、そのアノテーションを加えよう。

リスト20-24：@JvmOverloadsを追加する（Hero.kt）

```
...
fun makeProclamation() = "Greetings, beast!"

@JvmOverloads
fun handOverFood(leftHand: String = "berries", rightHand: String = "beef") {
    println("Mmmm... you hand over some delicious $leftHand and $rightHand.")
}
```

これで、Jhava.offerFoodにおけるhandOverFoodの呼び出しは、エラーを出さなくなった。いまではJavaに存在するバージョンのhandOverFoodを呼び出しているからだ。これもまたJavaバイトコードを新たに逆コンパイルすることで確認できる。

```
@JvmOverloads
public static final void handOverFood(@NotNull String leftHand,
                                      @NotNull String rightHand) {
    Intrinsics.checkParameterIsNotNull(leftHand, "leftHand");
    Intrinsics.checkParameterIsNotNull(rightHand, "rightHand");
    String var2 = "Mmmm... you hand over some delicious " +
            leftHand + " and " + rightHand + '.';
    System.out.println(var2);
}

@JvmOverloads
public static final void handOverFood(@NotNull String leftHand) {
    handOverFood$default(leftHand, (String)null, 2, (Object)null);
}

@JvmOverloads
public static final void handOverFood() {
    handOverFood$default((String)null, (String)null, 3, (Object)null);
}
```

これを見ると、パラメータ1個のバージョンは、Kotlin関数の第1パラメータ、leftHandを指定している。このメソッドが呼び出されるとき、第2パラメータにはデフォルト値が使われる。

モンスターに食べ物を与えるテストのため、Hero.ktでofferFoodを呼び出そう。

リスト20-25：offerFoodをテストする（Hero.kt）

```
@file:JvmName("Hero")

fun main(args: Array<String>) {
    ...
    adversary.greeting = "Hello, Hero."
    println(adversary.utterGreeting())

    adversary.offerFood()
}

fun makeProclamation() = "Greetings, beast!"
...
```

Hero.ktを実行しよう。ヒーローがピザとビーフを手渡すはずだ。

もしあなたが設計するAPIがJava側の消費者に公開される可能性があれば、Kotlin開発者が使うのと、ほとんど同程度に堅牢なAPIを、Java開発者にも与えられるように、@JvmOverloadsを使うことを考慮しよう。

Javaコードと相互運用されるKotlinコードを書くときに考慮すべきJVMアノテーションが、あと2つある。どちらもクラスに関係するものだ。Hero.ktにはクラスの実装がないので、Spellbookという新しいクラスを追加しよう。Spellbook（魔術書）には、spells（呪文集）という1個のプロパティを与える。これは、文字列による呪文の名前のリストだ。

リスト20-26：Spellbookクラスを宣言する（Hero.kt）

```
...
@JvmOverloads
fun handOverFood(leftHand: String = "berries", rightHand: String = "beef") {
    println("Mmmm... you hand over some delicious $leftHand and $rightHand.")
}

class Spellbook {
    val spells = listOf("Magic Ms. L", "Lay on Hans")
}
```

KotlinとJavaでは、クラスレベルの変数を扱う方法が大きく違っていることを思い出そう。Javaにはフィールドがあって、ゲッターおよびセッターを使うが、Kotlinにはバッキングフィールドを持つプロパティがある。Javaではフィールドを直接アクセスできないので、（たとえKotlinとアクセスの構文が同じでも）アクセサを経由する必要がある。

したがって、Spellbookのプロパティであるspellsを参照するとき、Kotlinでは次のように書く。

```
val spellbook = Spellbook()
val spells = spellbook.spells
```

そしてJavaでは、次のように`spells`をアクセスする。

```
Spellbook spellbook = new Spellbook();
List<String> spells = spellbook.getSpells();
```

Javaで`getSpells`というゲッター呼び出しが必要なのは、`spells`フィールドを直接アクセスすることができないからだ。けれども、Kotlinのプロパティに`@JvmField`フィールドを適用すれば、そのバッキングフィールドがJava側の消費者に公開されるので、ゲッターメソッドを使う必要がなくなる。`spells`に`@JvmField`を適用して、`Jhava`に直接公開しよう。

リスト20-27：@JvmFieldアノテーションを適用する（`Hero.kt`）

```
...
@JvmOverloads
fun handOverFood(leftHand: String = "berries", rightHand: String = "beef") {
    println("Mmmm... you hand over some delicious $leftHand and $rightHand.")
}

class Spellbook {
    @JvmField
    val spells = listOf("Magic Ms. L", "Lay on Hans")
}
```

これで、`Jhava.java`の`main`メソッドから`spells`を直接アクセスして、個々の呪文をプリントアウトすることが可能になる。

リスト20-28：Javaで、Kotlinのフィールドを直接アクセスする（`Jhava.java`）

```
...
public static void main(String[] args) {
    System.out.println(Hero.makeProclamation());

    System.out.println("Spells:");
    Spellbook spellbook = new Spellbook();
    for (String spell : spellbook.spells) {
        System.out.println(spell);
    }
}

@NotNull
public String utterGreeting() {
    return greeting;
}
...
```

`Jhava.java`を実行して、魔術書の呪文がコンソールに表示されることを確認しよう。

また、@JvmFieldを使って、コンパニオンオブジェクト内の値を静的（static）に表現することもできる。第15章で学んだように、コンパニオンオブジェクトは、他のクラス宣言のなかで宣言され、外を囲むクラスが初期化されるときか、自分のプロパティまたは関数のどれかがアクセスされたときに初期化される。MAX_SPELL_COUNTという値を1つだけ含むコンパニオンオブジェクトを、Spellbookに追加しよう。

リスト20-29：コンパニオンオブジェクトをSpellbookに追加する（Hero.kt）

```
...
class Spellbook {
    @JvmField
    val spells = listOf("Magic Ms. L", "Lay on Hans")

    companion object {
        val MAX_SPELL_COUNT = 10
    }
}
```

このMAX_SPELL_COUNTを、Javaのmainメソッドから、Javaの静的アクセス構文を使ってアクセスしてみよう。

リスト20-30：Javaでstaticな値をアクセスする（Jhava.java）

```
public static void main(String[] args) {
    System.out.println(Hero.makeProclamation());

    System.out.println("Spells:");
    Spellbook spellbook = new Spellbook();
    for (String spell : spellbook.spells) {
        System.out.println(spell);
    }

    System.out.println("Max spell count: " + Spellbook.MAX_SPELL_COUNT);
}
...
```

このコードはコンパイルされない。何がいけないのか。Javaからコンパニオンオブジェクトのメンバを参照するときは、そのコンパニオンオブジェクトを、まずはゲッターを使ってアクセスする必要があるからだ。

```
System.out.println("Max spell count: " +
        Spellbook.Companion.getMAX_SPELL_COUNT());
```

@JvmFieldは、これらの面倒を、まとめて見てくれる。Spellbookのコンパニオンオブジェクトにある MAX_SPELL_COUNTに、@JvmFieldアノテーションを追加しよう。

リスト20-31：@JvmField アノテーションをコンパニオンオブジェクトのメンバに追加する（Hero.kt）

```
...
class Spellbook {
    @JvmField
    val spells = listOf("Magic Ms. L", "Lay on Hans")

    companion object {
        @JvmField
        val MAX_SPELL_COUNT = 10
    }
}
```

こうしてアノテーションを置くだけで、Jhava.java のコードはコンパイルを通るようになる。MAX_SPELL_COUNT を、Java の他の static 変数と同様にアクセスできるようになったのだ。Hero.kt を実行して、呪文の最大数がコンソールにプリントされるのを確認しよう。

Kotlin と Java では、フィールドのアクセス方法がデフォルトで異なっているが、便利な@JvmField を使ってフィールドを公開すれば、Java 側でも同等なアクセスが可能になる。

コンパニオンオブジェクトで定義された関数を、Java からアクセスするときも、同様な問題に遭遇する。そのコンパニオンオブジェクトへのリファレンスを介してアクセスしなければならないのだ。@JvmStatic アノテーションの仕組みは、@JvmField と似ていて、こちらはコンパニオンオブジェクトで定義された関数を直接アクセスするのに使える。Spellbook のコンパニオンオブジェクトに、getSpellbookGreeting という関数を定義しよう。getSpellbookGreeting は、この魔術書からの挨拶を返す。

リスト20-32：関数に対して@JvmStatic を使う（Hero.kt）

```
...
class Spellbook {
    @JvmField
    val spells = listOf("Magic Ms. L", "Lay on Hans")

    companion object {
        @JvmField
        val MAX_SPELL_COUNT = 10

        @JvmStatic
        fun getSpellbookGreeting() = println("I am the Great Grimoire!")
    }
}
```

Jhava.java で getSpellbookGreeting を呼び出してみよう。

リスト20-33：Java で static メソッドを呼び出す（Jhava.java）

```
...
public static void main(String[] args) {
    System.out.println(Hero.makeProclamation());
```

```
    System.out.println("Spells:");
    Spellbook spellbook = new Spellbook();
    for (String spell : spellbook.spells) {
        System.out.println(spell);
    }

    System.out.println("Max spell count: " + Spellbook.MAX_SPELL_COUNT);

    Spellbook.getSpellbookGreeting();
}
...
```

Jhava.java を実行して、魔術書からの挨拶がコンソールに出力されるのを確認しよう。

Kotlin には static が存在しないが、一般的に使われるパターンの多くが、static な変数やメソッドへとコンパイルされる。@JvmStatic アノテーションを採用することによって、Java 開発者から見た、あなたのコードとのインターフェイスを、より大きく制御することが可能になる。

20.6 例外と相互運用性

我らのヒーローは、Jhava モンスターに言葉を教えた。ついにモンスターは友情の芽生えを感じて彼に手をさしのべ……、ないかもしれない。ともかく、extendHandInFriendship というメソッドを Jhava.java に追加しよう。

リスト20-34：Java で例外を送出する（Jhava.java）

```
public class Jhava {
    ...
    public void offerFood() {
        Hero.handOverFood("pizza");
    }

    public void extendHandInFriendship() throws Exception {
        throw new Exception();
    }
}
```

このメソッドを Hero.kt で呼び出す。

リスト20-35：例外を送出するメソッドを呼び出す（Hero.kt）

```
@file:JvmName("Hero")

fun main(args: Array<String>) {
    ...
    adversary.offerFood()

    adversary.extendHandInFriendship()
}
```

```
fun makeProclamation() = "Greetings, beast!"
...
```

このコードを実行すると、実行時に例外が送出される。むやみにモンスターを信じてはいけない。

第6章で述べたように、Kotlin そのものは例外をチェックしない。この `extendHandInFriendship` は、「例外を送出するメソッド」だ。あなたは、いつそれを呼び出したのかを知っている。けれども、それがわからないケースもあるだろう。Kotlin からのインターフェイスでは、とくに注意深く Java API を理解する必要がある。

`extendHandInFriendship` メソッドの呼び出しを `try/catch` ブロックで囲んで、モンスターからの反撃に備えよう。

リスト20–36：try/catch を使って例外を処理する（`Hero.kt`）

```
@file:JvmName("Hero")

fun main(args: Array<String>) {
    ...
    adversary.offerFood()


    try {
        adversary.extendHandInFriendship()
    } catch (e: Exception) {
        println("Begone, foul beast!")
    }
}

fun makeProclamation() = "Greetings, beast!"
...
```

`Hero.kt` を実行すると、ヒーローはモンスターからの偽装攻撃を、みごとにかわすだろう。

Java から Kotlin の関数を呼び出す場合には、例外処理について、さらに理解が必要になる。前述したように、Kotlin では、すべての例外が「チェックされない例外」だ。Java では、そうではない。例外をチェックすることは可能で、それはクラッシュのリスクを背負って処理しなければならない。そのことが、Java から Kotlin 関数を呼び出すときに、どう影響するだろうか。

それを見るために、`acceptApology` という名前を付けた関数を `Hero.kt` に追加しよう。

リスト20–37：チェックされない例外を送出する（`Hero.kt`）

```
...
@JvmOverloads
fun handOverFood(leftHand: String = "berries", rightHand: String = "beef") {
    println("Mmmm... you hand over some delicious $leftHand and $rightHand.")
}

fun acceptApology() {
    throw IOException()
}
```

```
class Spellbook {
    ...
}
```

java.io.IOExceptionをインポートする必要があるだろう。

そしてacceptApologyを、Jhava.javaから呼び出す（こちらにも同じインポートが必要だ）

リスト20-38：Javaで例外を送出する（Jhava.java）

```
public class Jhava {
    ...
    public void apologize() {
        try {
            Hero.acceptApology();
        } catch (IOException e) {
            System.out.println("Caught!");
        }
    }
}
```

なかなか賢明なJhavaモンスターは、ヒーローからの偽装攻撃を疑って、acceptApologyの呼び出しをtry/catchブロックで囲んだ。けれどもJavaコンパイラは、そのtryブロックで（つまり、acceptApologyのなかで）、IOExceptionは送出されませんよ、と警告する(Exception 'java'io/IOException' is never thrown in the cxorresponding try block)。どうして？　acceptApologyは、明らかにIOExceptionを送出するではないか!

このシナリオを理解するには、逆コンパイルしたJavaバイトコードを見る必要があるだろう。

```
public static final void acceptApology() {
    throw (Throwable)(new IOException());
}
```

たしかに、この関数ではIOExceptionを送出する。けれども、この関数のシグネチャには、呼び出し側に対してIOExceptionをチェックすべきだと伝える情報が入っていない。acceptApologyをJavaから呼び出すときに、Javaコンパイラが、この関数はIOExceptionを送出しませんよ、と文句を言った理由が、それである。知りようがないのだ。

幸い、この問題も@Throwsというアノテーションで解決できる。@Throwsを使うときは、その関数が送出する例外についての情報を入れる。acceptApologyに@Throwsアノテーションを追加して、Javaバイトコードを補強しよう。

リスト20-39：@Throwsアノテーションを使う（Hero.kt）

```
...
@Throws(IOException::class)
fun acceptApology() {
    throw IOException()
```

```
}
class Spellbook {
    ...
}
```

この結果を、Java バイトコードを逆コンパイルして確認しよう。

```
public static final void acceptApology() throws IOException {
    throw (Throwable)(new IOException());
}
```

`@Throws` アノテーションによって、Java バージョンの `acceptApology` に、`throws` キーワードが追加されている。もう一度、`Jhava.java` を見ると、Java コンパイラからの警告は消えているはずだ。それは、`acceptApology` が、チェックを必要とする `IOException` を送出することを、コンパイラが認識できたからだ。

`@Throws` アノテーションは、例外チェックに関する Java と Kotlin の観念的な相違を、いくらか円滑化してくれる。もしあなたが書く Kotlin API が、Java 消費者に公開される可能性があるのなら、送出される例外を消費者側で正しく処理できるように、このアノテーションを使うことを考慮しよう。

20.7 Java における関数型

関数型（function type）と無名関数（匿名関数）は、コンポーネント間の通信に簡素化された構文を提供するよう、Kotlin プログラミング言語に組み込まれた新機構だ。その簡潔な構文は、`->`演算子によって利用できるのだが、Java ではラムダを、Java 8 より前のバージョンではサポートしていなかった。

これらの関数型は、Java から呼び出したとき、どう見えるのだろうか？　その答えは、びっくりするほど単純である。Java では、あなたの型が、`FunctionN` というような名前とのインターフェイスによって表現される。ここで `N` は、パラメータとして受け取る引数の数を意味する。

その実例を見るために、`translator` という名前の関数型を、`Hero.kt` に追加しよう。`translator` は、1 個の `String` を受け取り、最初の文字を大文字に、その他の文字は小文字に変換して、結果をプリントアウトする関数だ。

リスト20-40：translator 関数型を定義する（`Hero.kt`）

```
fun main(args: Array<String>) {
    ...
}

val translator = { utterance: String ->
    println(utterance.toLowerCase().capitalize())
}
```

```
fun makeProclamation() = "Greetings, beast!"
```

translatorは、第5章で見た多くの関数型と同じように定義されている。これは、(String) -> Unit型である。この関数型をJavaから見ると、どうなるだろうか。Jhavaで、translatorのインスタンスを変数に格納してみよう。

リスト20-41：Javaで関数型を変数に格納する（Jhava.java）

```
public class Jhava {
    ...
    public static void main(String[] args) {
        ...
        Spellbook.getSpellbookGreeting();

        Function1<String, Unit> translator = Hero.getTranslator();
    }
}
```

これには、kotlin.Unitをインポートする必要がある。必ずKotlin標準ライブラリから選択しよう。また、kotlin.jvm.functions.Function1もインポートする必要がある。

この関数型は、Function1<String, Unit>型である。ベースタイプがFunction1なのは、translatorのパラメータが1個だけだからだ。StringとUnitが型パラメータとして使われているのは、translatorのパラメータの型がStringで、戻り値がKotlinのUnit型だからだ。

このようなFunctionインターフェイスが、Function0からFunction22まで23種類ある。それらはどれも、invokeという1個の関数を含む。invokeは、関数型を呼び出すために使われるので、関数型を呼び出す必要があるときは、いつでも、それに対してinvokeをコールする。Jhavaでtranslatorを呼び出そう。

リスト20-42：Javaで関数型を呼び出す（Jhava.java）

```
public class Jhava {
    ...
    public static void main(String[] args) {
        ...
        Function1<String, Unit> translator = Hero.getTranslator();
        translator.invoke("TRUCE");
    }
}
```

Jhava.ktを実行して、コンソールにTruceとプリントされるのを確認しよう。

関数型はKotlinでは便利なものだが、Javaで、どう表現されるかに気をつけよう。Kotlinでの、簡潔で流れるような構文は、きっと読者も好ましく思うようになっただろうが、Javaから呼び出すときには、まったく違うものになる。もしあなたのコードを（たとえばAPIの一部として）Javaのクラスに見せるのならば、おそらく関数型を避けるのが賢明だろう。ただし、より饒舌な構文を我慢できるのなら、Kotlinの関数型をJavaで利用することは可能である。

Kotlin と Java との相互運用性は、Kotlin が誇る成長曲線の基礎である。これは Kotlin に、たとえば Android など、既存のフレームワークを活用する能力を与え、レガシーコードベースとのインターフェイスとなり、あなたのプロジェクトに Kotlin を徐々に導入する経路を作る。幸いなことに、Kotlin と Java との相互運用は、わずかな例外を除けば、単純明快だ。Java に優しい Kotlin のコードと、Kotlin に優しい Java のコードを書くスキルは、あなたが続ける Kotlin の旅路で、きっと報われることだろう。

次の章であなたは、Kotlin で最初の Android アプリを構築する。そして NyetHack では、新しいプレイヤーのために、開始時の属性を生成することになる。

第21章 Kotlinで作る最初のAndroidアプリ

Kotlin は、Android アプリケーション開発用の第一級言語として、Google から公式にサポートを受けている。この章では、Kotlin を使って最初の Android アプリケーションを書くことになる。そのアプリ（app）は、NyetHack の新しいプレイヤーに起動時の属性を割り当てるもので、Samodelkin という名前は 1950 年代に自分自身を組み立てた、ロシア漫画のアンドロイドの名誉を讃えている[1]。

21.1 Android Studio

Android プロジェクトを作るので、IntelliJ に代わって Android Studio IDE を使う。Android Studio は、IntelliJ をベースとして構築され、多くの共通点があるが、Android アプリの開発に必要な追加機能が含まれている。

Android Studio を、`https://developer.android.com/studio` からダウンロードしよう。いったんダウンロードが完了したら、インストールガイド（`https://developer.android.com/studio/install`）を見て、あなたのプラットフォームへのインストール手順に従えばよい。

この章は、Android Studio 3.1 と、Android 8.1(API 27) をベースとして書いた。より新しいバージョンの場合、詳細の一部が変わっているかもしれない[2]。

新しいプロジェクトを作成する前に、必要な Android SDK パッケージが、あなたのシステムにダウンロードされたことを確認しよう。それには、[Welcome to Android Studio] ダイアログで、[Configure] → [SDK Manager] を選択する（図 21-1）。

---

[1] **訳注**：1957 年に、Priklycheniya Samodelkina（サモデルキン）という 10 分間のカラーアニメ映画が、当時のソビエト連邦グルジアで作られた（同じロボットが活躍する続編もあるようだ）。

[2] **訳注**：本書では Android Studio 3.2.1（Windows/Mac）で動作を確認し、記述を補っている。

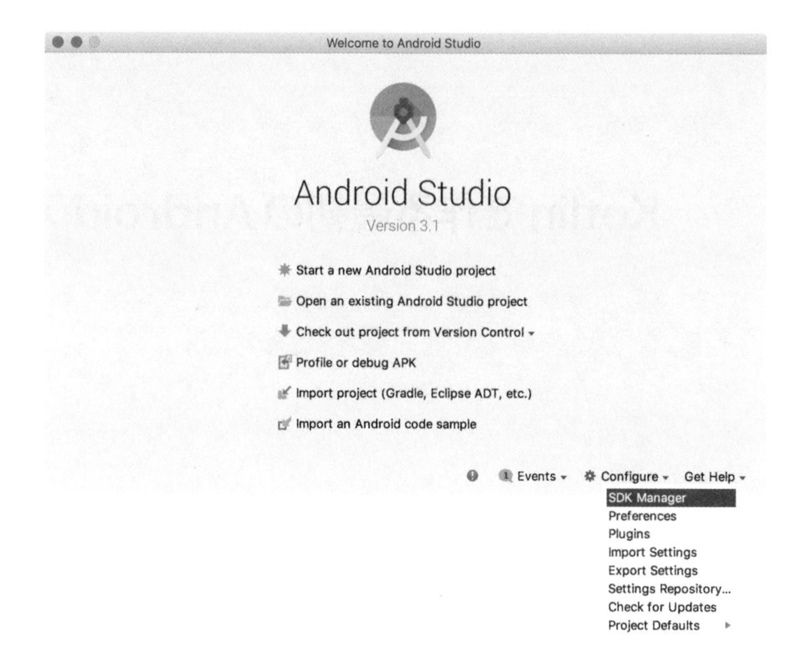

図21-1：SDK Manager を呼び出す

［Android SDK］ウィンドウで、Android 8.1(Oreo)(API 27) がチェックされ、Status 欄に Installed とマークされていることを確認する（図 21-2)。もしチェックがなければ、ボックスにチェックを入れて［OK］をクリックすれば、必要な API がダウンロードされる。もしインストール済みならば、［Cancel］をクリックして、［Welcome to Android Studio］ダイアログに戻る。

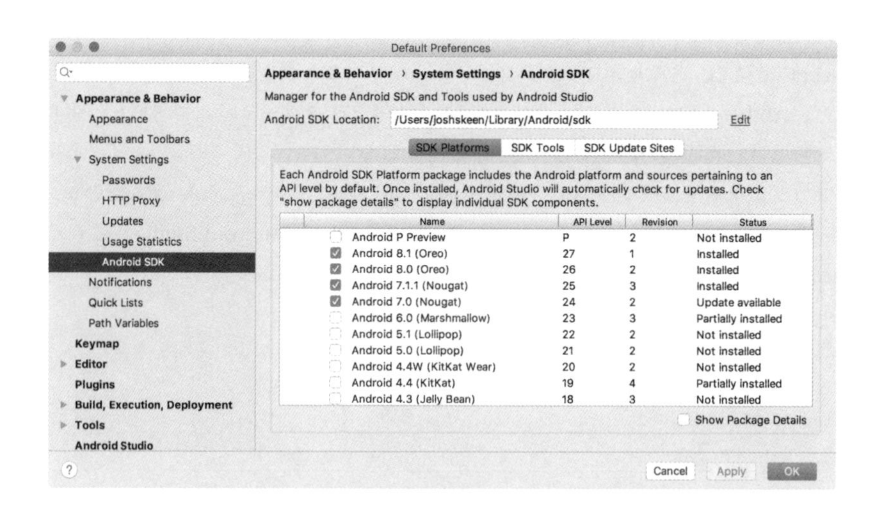

図21-2：API 27 がインストールされていることを確認する

［Welcome to Android Studio］ダイアログに戻ったら、［Start a new Android Studio project］をクリックする。

［Create Android Project］ダイアログで、［Application name］に「Samodelkin」と入力し、［Company domain］に「android.bignerdranch.com」と入力しよう。そして、忘れずに［Include Kotlin support］をチェックする（図 21–3）。

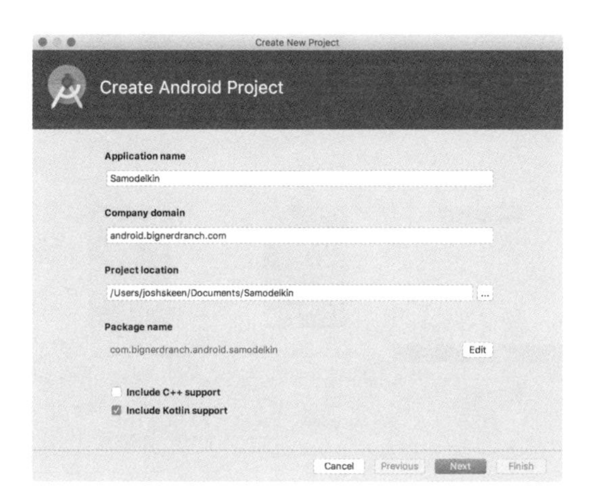

図21–3：Create Android Project ダイアログ

［Next］をクリックし、次の［Target Android Devices］ダイアログでは、［Phone and Tablet］にチェックが入っていることを確認する。その下の、API のドロップダウンは、デフォルトのままで良い（図 21–4。この画面と API が違っていても、デフォルトのままで大丈夫だ）。［Next］をクリックしよう。

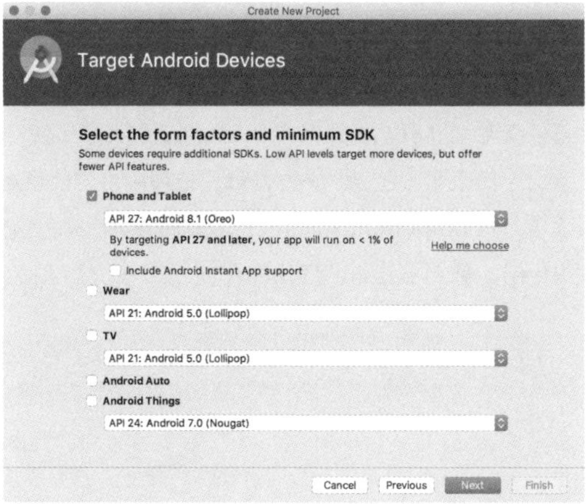

図21–4：Target Android Devices ダイアログ

［Add an Activity to Mobile］ダイアログでは、［Empty Activity］を選択して、［Next］をクリックする（図21-5）。

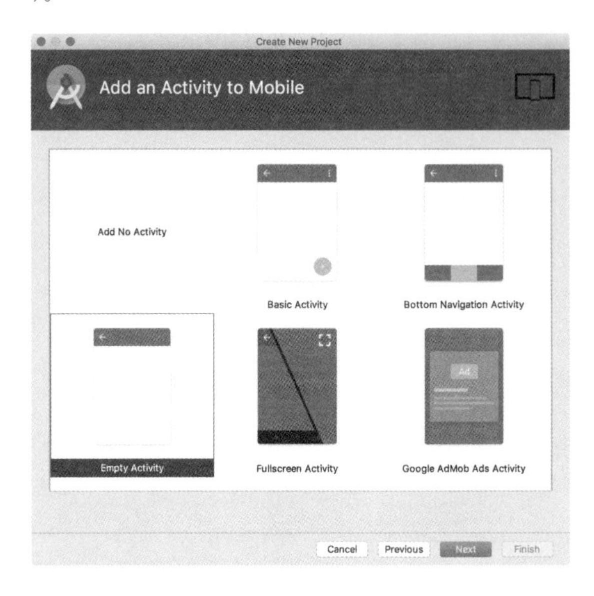

図21-5：Empty Activityを追加する

最後に、［Configure Activity］ダイアログが現れる。［Activity Name］に「NewCharacterActivity」と入力し、その他はデフォルトのままにしておこう。

このステップで、作成するアクティビティを`NewCharacterActivity`と指定した。アクティビティというのは、普通の英語の意味（活動、行動、働き）と同じことだ。アクティビティは、このアプリを使ってユーザーができることを意味する。たとえば電子メールを書いたり、連絡先をサーチしたり、Smodelkinの場合なら、新しいキャラクタを作ったり、これらはどれもアクティビティだ。

Androidでは、アクティビティが2つのパーツで構成される。ユーザーインターフェイスと、`Activity`クラスだ。ユーザーインターフェイス（UI）は、アプリのなかで、ユーザーが見て対話処理をする要素を定義する。そして`Activity`クラスは、UIを実際に使うのに必要なロジックを定義する。アプリケーションを構築するとき、あなたは、その両方の仕事をする。

［Next］をクリックしよう。［Component Installer］の画面になって、必要なコンポーネントがインストールされる（図21-6）。終わったら、［Finish］をクリックしよう。

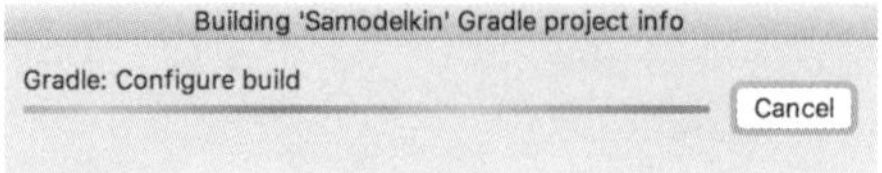

Building 'Samodelkin' Gradle project info
Gradle: Configure build
Cancel

図21-6：コンポーネントのインストール

数分すると、あなたの新しいプロジェクトが開く。

新しいプロジェクトのコンフィギュレーション、ディレクトリ構造、そしてアクティビティのクラス定義と UI のためのデフォルトの定義が生成され、あなたのプロジェクト追加された。概要を案内するクイックツアーを始めよう。

Gradle のコンフィギュレーション

まずは、あなたのプロジェクトのディレクトリ構造を、左側の「プロジェクトツールウィンドウ」で見ておこう。「プロジェクトツールウィンドウ」のドロップダウンで、［Android］が選択されていることを確認する（図 21–7）。

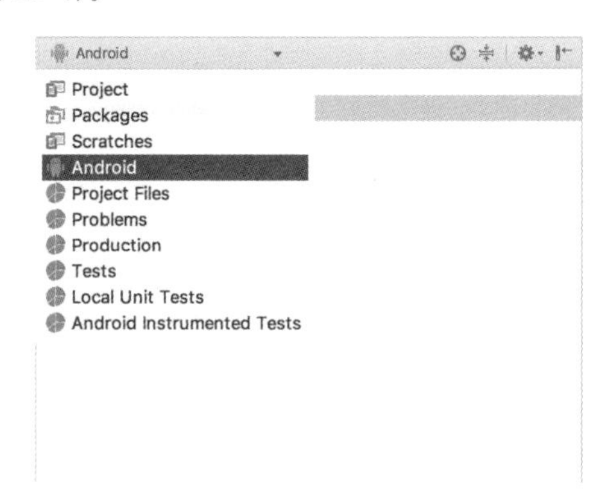

図21-7：Android のプロジェクトツールウィンドウを見る

それから、「プロジェクトツールウィンドウ」にある、［Gradle Scripts］というセクションを展開する（図 21–8）。

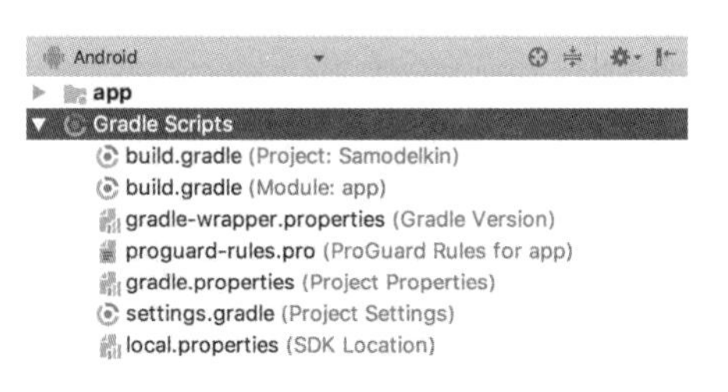

図21-8：Gradle Scripts

Android でアプリケーションの依存性とコンパイルを管理するには、Gradle という人気の高いビルド自動化ツールを使う。Grale のコンフィギュレーションは、軽量級の DSL を使って定義する。Android プロジェクトの Gradle 構成は、2 本の `build.gradle` ファイルを使って設定するが、これは Andoid プロジェクトの作成時に自動的に追加される。

Android Studio が面倒を見てくれる Gradle 設定のうち、いくつかは、あなたの Android プロジェクトを Kotlin で開発できるようにするステップだ。それを見ておこう。

1本目のProject: SamodelkinというGradleコンフィギュレーションファイルは、このプロジェクトのグローバル設定を定義する。build.gradle (Project: Samodelkin)をダブルクリックすると、Android Studioのメインウィンドウ領域にあるエディタに、このファイルが表示される。だいたい次のような内容が出てくるはずだ。

```
buildscript {
    ext.kotlin_version = '1.2.30'
    repositories {
        google()
        jcenter()
    }
    dependencies {
        classpath 'com.android.tools.build:gradle:3.1.0'
        classpath "org.jetbrains.kotlin:kotlin-gradle-plugin:$kotlin_version"
    }
}

allprojects {
    repositories {
        google()
        jcenter()
    }
}

task clean(type: Delete) {
    delete rootProject.buildDir
}
```

反転した行は、Kotlin Gradleプラグインのためにクラスパス（classpath）コンフィギュレーションを追加して、GradleがKotlinファイルをコンパイルできるようにしている。

次に、build.gradle (Module: app)というファイルを開こう。

```
apply plugin: 'com.android.application'
apply plugin: 'kotlin-android'
apply plugin: 'kotlin-android-extensions'

android {
    compileSdkVersion 27
    defaultConfig {
        applicationId "com.bignerdranch.android.samodelkin"
        minSdkVersion 19
        targetSdkVersion 27
        versionCode 1
        versionName "1.0"
        testInstrumentationRunner "android.support.test.runner.AndroidJUnitRunner"
    }
    buildTypes {
        release {
```

```
            minifyEnabled false
            proguardFiles getDefaultProguardFile('proguard-android.txt'),
            'proguard-rules.pro'
        }
    }
}

dependencies {
    implementation fileTree(dir: 'libs', include: ['*.jar'])
    implementation"org.jetbrains.kotlin:kotlin-stdlib-jdk7:$kotlin_version"
    implementation 'com.android.support:appcompat-v7:27.1.0'
    implementation 'com.android.support.constraint:constraint-layout:1.0.2'
    testImplementation 'junit:junit:4.12'
    androidTestImplementation 'com.android.support.test:runner:1.0.1'
    androidTestImplementation
        'com.android.support.test.espresso:espresso-core:3.0.1'
}
```

反転させた最初の2行は、あなたのプログラムに2つのプラグインを追加する。kotlin-android プラグインは、Android フレームワークに使われたとき、Kotlin コードが正しくコンパイルされるようにする。この行は、Kotlin で書く Android プロジェクトには必ず必要だ。

そして kotlin-android-extensions プラグインは、Android アプリを Kotlin で書くときに便利な、いくつもの拡張を追加する。あなたは、kotlin-android-extensions が提供する機能の1つを、もうすぐ使うことになる。

Gradle は、Android プロジェクトに必要なライブラリの依存性も管理する。app/build.gradle ファイルの後の方に、要求されたライブラリのリストが入るが、それらは Gradle ビルド管理ツールによって自動的にダウンロードされ、インクルードされる。

Gradle Android プロジェクトの依存関係は、app/build.gradle の dependencies ブロックで定義される。Kotlin 標準ライブラリが、この依存関係リストに入っていることに注目しよう（implementation"org.jetbrains.kotlin:kotlin-stdlib-jdk7:$kotlin_version"）。

プロジェクトの組織化

次は、「プロジェクトツールウィンドウ」で、app/src/main/java ディレクトリを展開しよう。そこには com.bignerdranch.android.samodelkin というパッケージと、その下の NewCharacterActivity.kt というファイルがあるはずだ（後者はプロジェクト作成時からエディタでオープンされていたかもしれない）。

あなたのプロジェクトのソースコードは、すべて com.bignerdranch.android.samodelkin パッケージに入る。ディレクトリ名に惑わされてはいけない。あなたのプロジェクトは Java ではなく Kotlin で書く。src ディレクトリのデフォルトの命名規約は、Java の時代から持ち越されたものだ。

最後に、「プロジェクトツールウィンドウ」で app/src/main/res ディレクトリを展開しよう。あなたのアプリのリソースにとって、ここがホームである。Android のリソースは、たとえば UI

のXMLファイル、画像、ローカライズされた文字列の定義、色の値などだ。

21.2 UIを定義する

Samodelkin開発の最初の仕事は、resディレクトリで行う。AndroidのUIレイアウトリソースはXMLファイルで、そこにユーザーが見て対話処理を行う要素が記述される。

res/layoutフォルダを開こう。そこには、プロジェクト設定プロセスで最初のアクティビティのために、あなたが指定した名前を使って作られたactivity_new_character.xmlというXMLファイルがある。

activity_new_character.xmlをダブルクリックしよう。そのファイルが、UIグラフィカルレイアウトツールで開かれる（図21-9）。

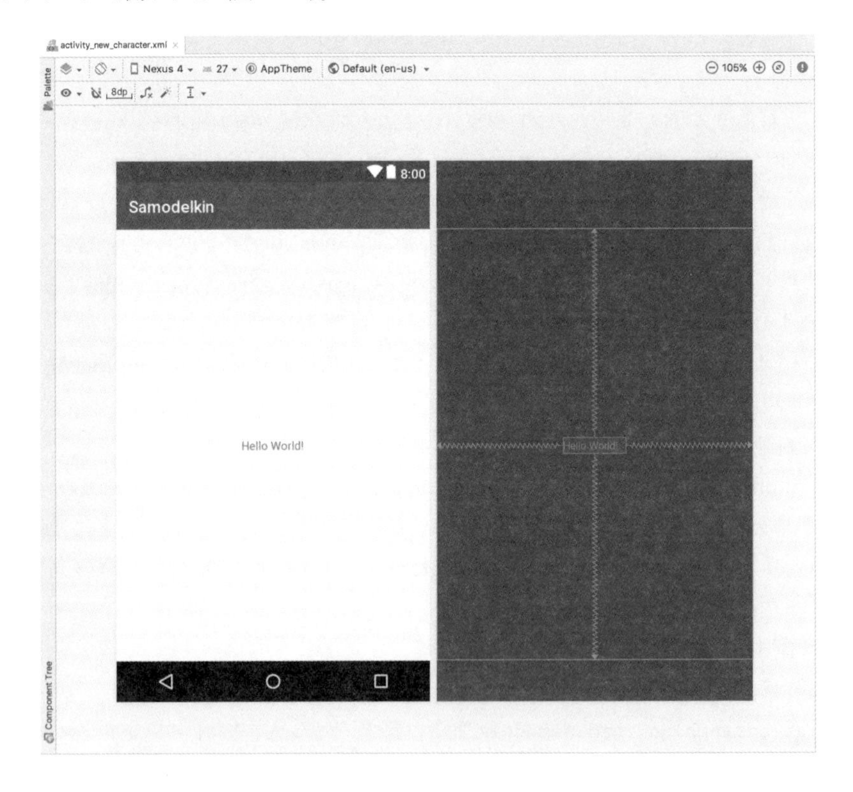

図21-9：UIグラフィカルレイアウトツール

SamodelkinのUIは、「新しいキャラクタ」の5つの属性（name、race、wisdom、strength、dexterity）を表示する。また、新キャラクタタ作成画面には、キャラクタのデータをランダムに生成するためのボタンもある。ユーザーは、別のキャラクタ構成を得るために、このボタンを使って状態の「サイコロの振り直し」（re-roll）ができる。

エディタの左下にある［Text］タブをクリックしよう。AndroidアプリのUIは、XMLで書く。

そのXMLのデフォルトは本書の守備範囲外であり、プロジェクト開発の焦点をKotlin関係に絞れるように、新しいキャラクタのUIに使うXMLを準備した（`https://bignerdranch.com/solutions/activity_new_character.xml`）。

ファイルのなかにあるXMLの内容を、上記リンクのXMLの内容で上書きする。そして［⌘］-［S］（［Ctrl］-［S］）でファイルを保存する。それから画面左下の［Design］タブをクリックする。このときUIは、図21-10のように見えるだろう。

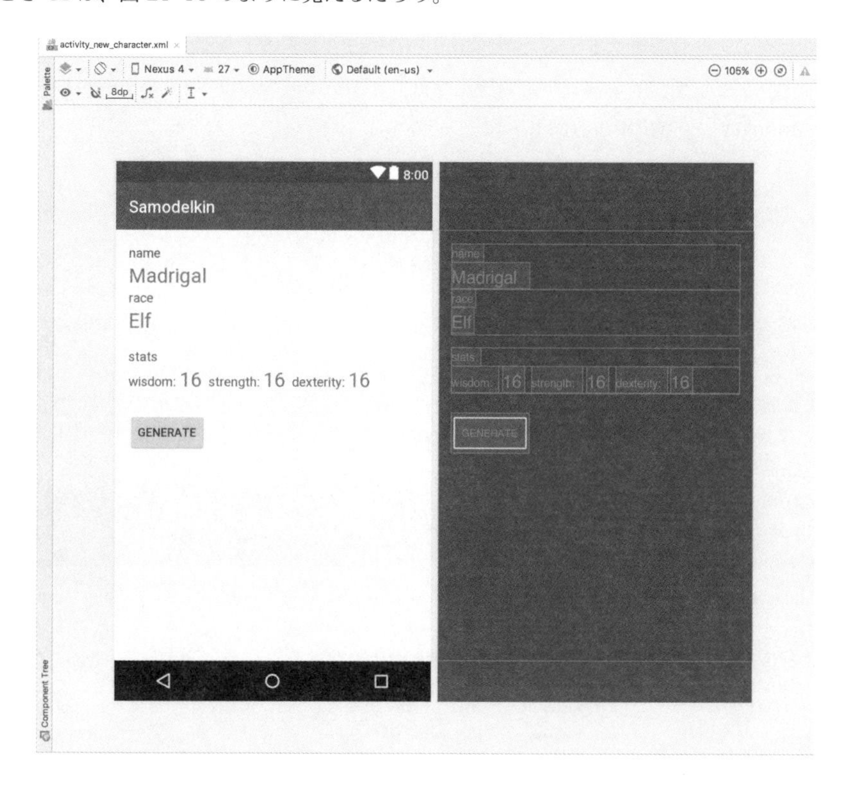

図21-10：新しいキャラクタのUI

［Text］タブに戻って、もっと詳しくXMLを見よう。［⌘］-［F］（［Ctrl］-［F］）キーを押して、ファイル内で「android:id」というテキストをサーチすると、このXMLには（最後のButtonを除いて）5個の`android:id`が見つかる。これらは、5つの属性（name、race、wis、str、dex）のそれぞれに、次のように対応している。

```
<TextView
  android:id="@+id/nameTextView"
  android:layout_width="wrap_content"
  android:layout_height="match_parent"
  android:textSize="24sp"
  tools:text="Madrigal" />
```

データの表示かユーザーとの対話処理に使う、それぞれのビュー要素について、id属性を指定する。id属性を定義したビュー要素（ウィジェット）は、あなたのKotlinコードからプログラムによってアクセスできる。これらのid属性は、後ほどアプリのロジックを、それぞれのUIに割り当てるときに使う。

21.3 アプリをエミュレータで実行する

次に、あなたのアプリをテストするため、Androidエミュレータに配置して実行する。

最初のステップとして、エミュレータの設定を行う。Android Studioのメニューから、[Tools] → [AVD Manager] を選択する（図21-11）。

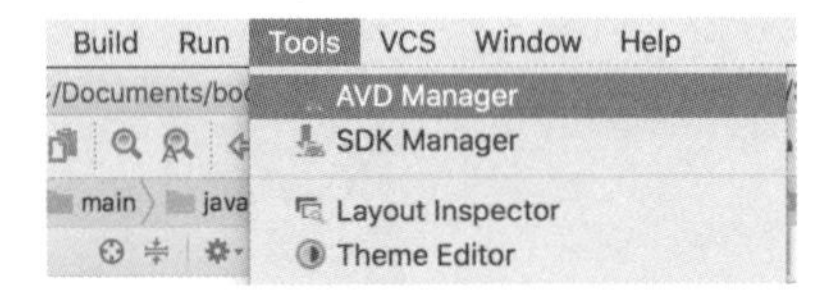

図21-11：AVD Managerを表示する

ウィンドウの下にある、[+ Create Virtual Device...] をクリックしよう（図21-12）。

Android Virtual Device Manager

Your Virtual Devices
Android Studio

Type	Name	Play Store	Resolution	API	Target	CPU/ABI	Size on Disk	Actions
	Nexus 5X API 19		1080 × 1920: 420dpi	19	Android 4.4 (Google APIs)	x86	1.6 GB	
	Pixel C API 25		2560 × 1800: xhdpi	25	Android 7.1.1 (Google APIs)	x86	2.6 GB	
	Pixel C API 19		2560 × 1800: xhdpi	19	Android 4.4 (Google APIs)	x86	4.5 GB	
	Pixel XL API 26		1440 × 2560: 560dpi	26	Android 8.0 (Google APIs)	x86	2.3 GB	
	Pixel XL API 25		1440 × 2560: 560dpi	25	Android 7.1.1 (Google APIs)	x86	1.7 GB	
	Nexus 9 API 25		2048 × 1536: xhdpi	25	Android 7.1.1 (Google APIs)	x86	2.2 GB	
	Nexus 4 API 19		768 × 1280: xhdpi	19	Android 4.4 (Google APIs)	x86	1.7 GB	
	Nexus 5X API 25 x86		1080 × 1920: 420dpi	25	Android 7.1.1 (Google APIs)	x86	3.1 GB	
	Pixel API 25		1080 × 1920: xxhdpi	25	Android 7.1.1 (Google APIs)	x86	2.7 GB	

? + Create Virtual Device...

図21-12：AVD（Android仮想デバイス）マネージャ

表示された [Select Hardware] ダイアログで、Phoneのモデルを選択し（デフォルトの選択でもよい）、[Next] をクリックする。次の [System Image] ダイアログでは、Oreo API Level 27のリリースを選択する（必要ならばダウンロードを行う）。必要なだけ [Next] か [Finish] をクリックしよう。最後に [Android Virtual Device (AVD)] ダイアログが現れたら、[Finish] をクリックする。そして［Android Virtual Device Manager］ウィンドウを閉じる。

メインの Android Studio ウィンドウに戻ったら、右上に並ぶボタンの列を見よう。ランボタン（▶）の左側に、ドロップダウンボックスがあるが、それに［app］とあるのを確認してから、ランボタンをクリックする（図 21–13）。これによって、［Select Deployment Target］ダイアログが開く。

図21–13：Samodelkin を実行する

さきほど設定した仮想デバイスを選択して、［OK］をクリックする。エミュレータが起動されて、new character activity の UI が、その現在の（記入されていない）データ（stats）とともに表示される（図 21–14）。

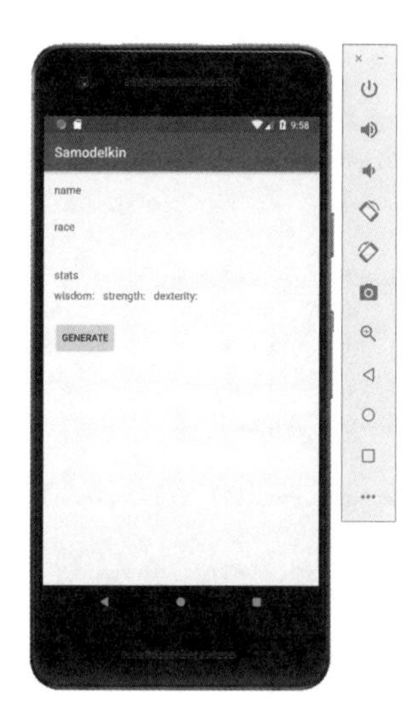

図21–14：Samodelkin が、エミュレータで実行される

この UI は、まだキャラクタのデータ値を何も示していない。次のセクションで、それを修正する。

21.4 キャラクタ生成

UIを定義できたので、新しいキャラクタシートを生成して表示しよう。この章の話題はAndroidとKotlinである。実装の詳細については、これまでの章で学んできたから、ここではCharacterGeneratorの実装について概略のみを説明しよう。プロジェクトに新しいファイルを追加するため、com.bignerdranch.android.samodelkinパッケージを右クリックして、［New］→［Kotlin File/Class］を選択する。

新たに作るファイルの名前をCharacterGenerator.ktとして、次のように記入する。

リスト21-1：CharacterGeneratorオブジェクト（CharacterGenerator.kt）

```
private fun <T> List<T>.rand() = shuffled().first()

private fun Int.roll() = (0 until this)
        .map { (1..6).toList().rand() }
        .sum()
        .toString()

private val firstName = listOf("Eli", "Alex", "Sophie")
private val lastName = listOf("Lightweaver", "Greatfoot", "Oakenfeld")

object CharacterGenerator {
    data class CharacterData(val name: String,
                             val race: String,
                             val dex: String,
                             val wis: String,
                             val str: String)

    private fun name() = "${firstName.rand()} ${lastName.rand()}"

    private fun race() = listOf("dwarf", "elf", "human", "halfling").rand()

    private fun dex() = 4.roll()

    private fun wis() = 3.roll()

    private fun str() = 5.roll()

    fun generate() = CharacterData(name = name(),
                                   race = race(),
                                   dex = dex(),
                                   wis = wis(),
                                   str = str())
}
```

あなたが定義するCharacterGeneratorオブジェクトは、generateというパブリック関数を1つ公開する。これはランダムに生成されたキャラクタを表現するデータをCharacterDataクラスにラップしたものを返す。また、エクステンションを2つ定義する。List<T>.randは、コレクションから1個の要素をランダムに選択するコードを短くする拡張関数、Int.rollは6面のサイコロを設定された回数だけランダムに振る拡張関数だ。

21.5 Activity クラス

NewCharacterActivity.kt は、すでにエディタのタブにあるかも知れない。まだ開いてなかったら、app/src/main/java/com.bignerdranch.android.samodelkin ディレクトリを展開して、NewCharacterActivity.kt をダブルクリックしよう。

初期状態のクラス定義がエディタに現れる。

```
class NewCharacterActivity : AppCompatActivity() {

    override fun onCreate(savedInstanceState: Bundle?) {
        super.onCreate(savedInstanceState)
        setContentView(R.layout.activity_new_character)
    }
}
```

これは、あなたのプロジェクトと同時に生成されたコードだ。NewCharacterActivity というのは、設定のプロセスで定義したアクティビティで、AppCompatActivity から派生したサブクラスである。

AppCompatActivity は、Android フレームワークの一部で、このアプリであなたが定義する NewCharacterActivity の基底クラスになる。

onCreate 関数をオーバーライドしていることに注目しよう。onCreate は、アクティビティが最初に作成されるとき、Android オペレーティングシステムによって呼び出される、Android の**ライフサイクル関数**（lifecycle function）だ[3]。

この onCreate 関数のなかで、UI XML からビュー要素を取り出し、ある特定のアクティビティのために対話処理のロジックを「配線」（ワイヤラップ）する。その定義を見よう。

```
class NewCharacterActivity : AppCompatActivity() {

    override fun onCreate(savedInstanceState: Bundle?) {
        super.onCreate(savedInstanceState)
        setContentView(R.layout.activity_new_character)
    }
}
```

onCreate のなかで setContentView 関数を、あなたが定義した XML ファイルの名前、activity_new_character を引数として呼び出している。setContentView は、レイアウトリソースを受け

[3] **訳注**：詳しくは、Android ドキュメント「開発の基礎」にある「アクティビティのライフサイクル」（https://developer.android.com/guide/topics/fundamentals?hl=ja#actlife）を参照。

取って、それを**インフレート**（inflate）する。つまり、この特定のアクティビティのために、Phoneかタブレットかエミュレータで表示するUIビューへと、XMLを変換する[4]。

21.6 ビューを「配線」する

キャラクタのデータをUIに表示するため、まずはテキストを表示する個々のビュー要素を取り出す。そのために使うのは、継承によってNewCharacterActivityで利用できる、findViewByIdという関数だ。このfindViewByIdは、ビュー要素のID（XMLで定義したandroid:id）を受け取って、マッチするものがあれば、そのビュー要素を返す。

NewCharacterActivity.ktのonCreateと、データを表示する個々のビュー要素を、そのidでルックアップしてローカル変数に代入するように更新しよう。

リスト21-2：ビュー要素をルックアップする（NewCharacterActivity.kt）

```
class NewCharacterActivity : AppCompatActivity() {
    override fun onCreate(savedInstanceState: Bundle?) {
        super.onCreate(savedInstanceState)
        setContentView(R.layout.activity_new_character)
        val nameTextView = findViewById<TextView>(R.id.nameTextView)
        val    raceTextView = findViewById<TextView>(R.id.raceTextView)
        val dexterityTextView = findViewById<TextView>(R.id.dexterityTextView)
        val wisdomTextView = findViewById<TextView>(R.id.wisdomTextView)
        val strengthTextView = findViewById<TextView>(R.id.strengthTextView)
        val generateButton = findViewById<Button>(R.id.generateButton)
    }
}
```

Android Studioは、TextViewとButtonの参照すべてに文句を付けるはずだ。これらのウィジェットを定義するクラスを、このファイルにインポートしなければ、プロパティをアクセスできないからである。赤く表示されている、最初のTextViewをクリックして、[Option] - [Return] を押そう。すると、ファイルの頭に、import android.widget.TextViewという行が現れ、エラーを示す赤い色とアンダーラインが消える。同じことを、Buttonについても繰り返そう。

次は、キャラクタのデータをNewCharacterActivityクラスのプロパティに代入する。

リスト21-3：characterDataプロパティを定義する（NewCharacterActivity.kt）

```
class NewCharacterActivity : AppCompatActivity() {
    private var characterData = CharacterGenerator.generate()

    override fun onCreate(savedInstanceState: Bundle?) {
        ...
    }
}
```

---

[4] **訳注**：詳しくは、Androidドキュメントで「レイアウト」（https://developer.android.com/guide/topics/ui/declaring-layout?hl=ja）を参照。

そして、onCreate 関数の末尾で、さきほどルックアップしたビューにデータを代入する。

リスト21-4：キャラクタのデータを表示する（NewCharacterActivity.kt）

```
class NewCharacterActivity : AppCompatActivity() {
    private var characterData = CharacterGenerator.generate()

    override fun onCreate(savedInstanceState: Bundle?) {
        ...
        characterData.run {
            nameTextView.text = name
            raceTextView.text = race
            dexterityTextView.text = dex
            wisdomTextView.text = wis
            strengthTextView.text = str
        }
    }
}
```

キャラクタのデータをテキストビューに代入するコードには、いくつか注目すべき詳細がある。まず、キャラクタのデータからビュー要素を設定するのに必要なコーディングを減らすために、標準関数の run を使っている。これによってプロパティがアクセスする各キャラクタデータのスコープが設定され、暗黙のうちに characterData を参照するようになる。

また、テキストの代入にプロパティ代入の構文を使って、次のように行っている。

```
nameTextView.text = name
```

これを Kotlin ではなく Java で行うとしたら、次のように書くことになる。

```
nameTextView.setText(name);
```

なぜ違いがあるのだろうか。Android は Java のフレームワークであり、Java でフィールドをアクセスするにはゲッターとセッターを使うのが標準だ。Kotlin を使って Android アプリを書くときは、AppCompatActivity も、TextView 要素も、Android プラットフォームのコンポーネントは、どれも実際には Java 言語で書かれていることを思い出そう。あなたは、Java コンポーネントとのインターフェイスを Kotlin で行うのだ。

nameTextView とのインターフェイスを、Java クラスから行う場合は、TextView にテキストを設定するために、Java 標準のセッター／ゲッター構文（setText と getText）を使うことになる。

しかし、あなたは Kotlin を使って Java クラスの TextView とのインターフェイスを行うのだ。Kotlin は、Java のゲッター／セッター規約を、それと等価な Kotlin の規約に変換する。それがプロパティアクセス構文だ。その変換のために、コードの追加や変更の必要はない。Kotlin は、Java のスタイルと Kotlin のスタイルを自動的に繋いでくれる。それは、Kotlin が Java とのシームレスな相互運用性を念頭に置いて設計されているからだ。

もう一度、Samodelkin をエミュレータで実行しよう。今回は、CharacterGenerator からロードされたキャラクタのデータが、UI に記入されるはずだ（図 21–15）。

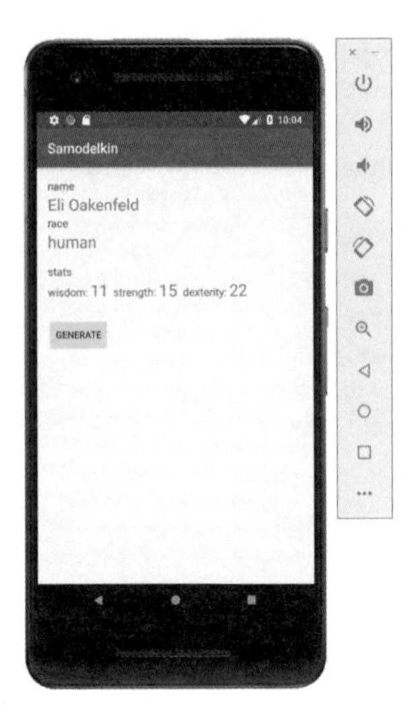

図21–15：Samodelkin がデータを表示する

21.7　「Kotlin の Android 拡張」の合成プロパティ

1 つ問題がある。あなたの onCreate 関数は、なんだか長くて、組織化されていないのだ（［GENERATE］ボタンが、まだ何もしていないということもあるが、その問題は後ほど解決する）。

コードを onCreate にどんどん詰め込んでいくと、何をやっているのか追いかけにくくなってしまう。もっと本格的なアプリでは、このような無秩序が大きな問題になるだろう。Samodelkin のように比較的シンプルなアプリでも、整理整頓するのが良いプラクティスだ。

なんでも onCreate に放り込むのをやめて、キャラクタのデータをビューに代入する部分を、別の関数に移動しよう。関数を使ってアクティビティを組織化しておけば、アクティビティのインターフェイスと機能が、今後さらに複雑化しても、冷静に対応できるだろう。

そのためには、onCreate でルックアップしたビューを使う方法が必要だ。ソリューションの 1 つは、findViewById で取り出したビュー要素を、NewCharacterActivity のプロパティにすることだ。そうすれば、onCreate 以外の関数からでもアクセスできるようになる。

けれども、さらに便利なソリューションがある。あなたのプロジェクトが kotlin-android-extensions プラグイン（Kotlin の Android 拡張）を含んでいるから利用できるのだが、**合成プロパティ**（synthetic property）を使って、ビュー要素を、それぞれの id プロパティを介して公開するのだ。これらの合成プロパティは、activity_new_character.xml という名前付きレイアウトファイルで定義された、すべてのウィジェットプロパティに対応する。

それがどういう意味かを理解するために、NewCharacterActivity を、displayCharacterData 関数を使うように更新しよう（characterData.run をカット&ペーストすれば、タイピングを節約できる）。

リスト21-5：displayCharacterData へのリファクタリング（NewCharacterActivity.kt）

```
import kotlinx.android.synthetic.main.activity_new_character.*

class NewCharacterActivity : AppCompatActivity() {
    private var characterData = CharacterGenerator.generate()

    override fun onCreate(savedInstanceState: Bundle?) {
        super.onCreate(savedInstanceState)
        setContentView(R.layout.activity_new_character)
        val nameTextView = findViewById<TextView>(R.id.nameTextView)
        val raceTextView = findViewById<TextView>(R.id.raceTextView)
        val dexterityTextView = findViewById<TextView>(R.id.dexterityTextView)
        val wisdomTextView = findViewById<TextView>(R.id.wisdomTextView)
        val strengthTextView = findViewById<TextView>(R.id.strengthTextView)
        val generateButton = findViewById<Button>(R.id.generateButton)

        characterData.run {
            nameTextView.text = name
            raceTextView.text = race
            dexterityTextView.text = dex
            wisdomTextView.text = wis
            strengthTextView.text = str
        }
        displayCharacterData()
    }

    private fun displayCharacterData() {
        characterData.run {
            nameTextView.text = name
            raceTextView.text = race
            dexterityTextView.text = dex
            wisdomTextView.text = wis
            strengthTextView.text = str
        }
    }
}
```

Kotlin Android Extensions は、Gradle を介して、あなたの新しいプロジェクトにデフォルトで組み込まれる一群のエクステンションだ。その kotlin-android-extensions によって有効になる、import kotlinx.android.synthetic.main.activity_new_character.*という行は、あなたの Activity に一連の拡張プロパティを追加する。ごらんのように、合成プロパティを使うと、ビューをルックアップするコードを大幅に単純化できる。もう findViewById は、要らないのだ。それぞれのビューを onCreate 関数のローカル変数にする代わりに、いまではレイアウトファイルで定義された各ビューの id に対応するプロパティがある。

そして、ビューを代入する処理は、displayCharacterDataという独自の関数になっている。

21.8　クリックリスナを設定する

キャラクタのデータを表示できるようになったが、まだユーザーには、別のキャラクタを生成する方法がない。[GENERATE] ボタンと、それが押されたときの処理の詳細とを、配線する必要がある。このボタンを押したら、キャラクタのデータプロパティを更新して、その結果を表示するようにしたい。

onCreateを更新して、この振る舞いを実装するために、**クリックリスナ**（click listener）を定義しよう（Androidでは、ボタンを「押す」のだけれど、リスナは「クリック」という名前だ）。

リスト21-6：クリックリスナを設定する（NewCharacterActivity.kt）

```
class NewCharacterActivity : AppCompatActivity() {
    private var characterData = CharacterGenerator.generate()

    override fun onCreate(savedInstanceState: Bundle?) {
        super.onCreate(savedInstanceState)
        setContentView(R.layout.activity_new_character)
        generateButton.setOnClickListener {
            characterData = CharacterGenerator.generate()
            displayCharacterData()
        }

        displayCharacterData()
    }
    ...
}
```

ここでは、ボタンが押されたとき何が起きるかを決めるクリックリスナの実装を定義している。もう一度、Samodelkinを実行して、[GENERATE] ボタンを何度か押してみよう。ボタンを押すたびに、新しいキャラクタシートがロードされるのが見えるだろう。

setOnClickListenerメソッドが期待する引数は、OnClickListenerインターフェイスの実装だ。もっと詳しく知りたい人は、ビューのリファレンス（https://developer.android.com/reference/android/view/View.hrml）を読もう。OnClickListenerインターフェイスには、ただ1つの抽象メソッドとして、onClickが定義されている。このような形式のインターフェイスパラメータは、**SAM型**（single abstract method types）と呼ばれる。

古いJavaのバージョンならば、クリックリスナインターフェイスの実装を、無名内部クラス（anonymous inner class）を使って提供するところだ。

```
generateButton.setOnClickListener(new View.OnClickListener() {
    @Override
    public void onClick(View view) {
        // Do stuff
    }
});
```

Kotlin には、**SAM 変換**（SAM conversions）という機能が含まれていて、無名内部クラスの代わりに関数リテラルを、有効な引数として使うことができる。SAM インターフェイスの実装が引数として要求される Java コードとのインターフェイスで、従来ならば無名内部クラスを使っていた箇所なら、どこでも、Kotlin のサポートによって関数リテラルを、代わりに使うことができる。

あなたが書いたクリックリスナのコードのバイトコードを見れば、実装を提供するために、上記の伝統的な Java コードと同じ、完全な無名内部クラスが使われていることがわかる。

21.9 保存されたインスタンス状態

あなたのキャラクタ属性アプリは、だいぶ整ってきた。［GENERATE］を押せば、キャラクタのデータを生成できる。けれども、まだ問題が残っている。それを見るために、エミュレータを実行し、表示の回転をシミュレートするために、エミュレータオプションウィンドウにある回転アイコンの 1 つをクリックしよう（図 21-16）。

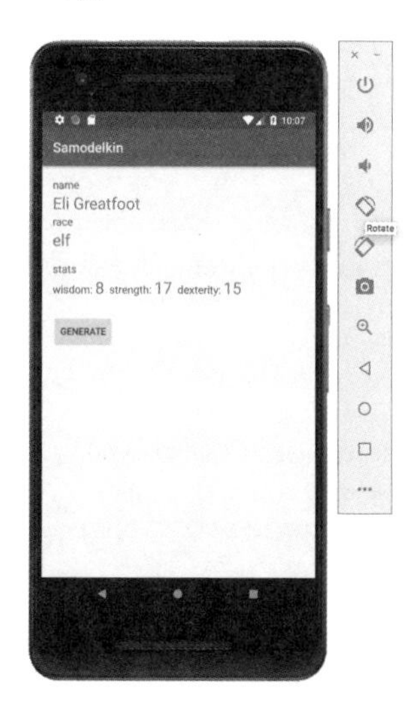

図21-16：エミュレータを回転

するとUIには、違うキャラクタのデータが表示される（図21-17）。

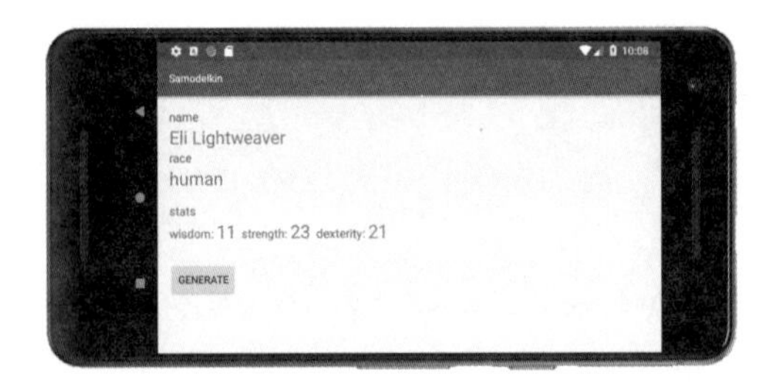

図21-17：回転すると別のキャラクタのデータになる

UIに表示されるデータが変化したのは、Androidアクティビティのライフサイクルの仕組みに原因がある。デバイスが回転するとき — これをAndroidでは**デバイス構成の変更**（device configuration change）と言うのだが — Androidは、そのアクティビティを、いったん破棄して再び作成する。そして、そのプロセスのなかでUIを作り直すために、`NewCharacterActivity`クラスの新しいインスタンスで`onCreate`を呼び出すのだ。

この問題を解決するには、表示したキャラクタデータを、アクティビティの**保存されたインスタンス状態**（saved instance state）に格納することによって、そのアクティビティの次のインスタンスに送り届けるという方法がある。「保存されたインスタンス状態」は、デバイス構成の変更が行われた後、アクティビティを作り直すときに、再利用したいデータを格納するために使われる。

まず、`NewCharacterActivity`クラスを更新して、キャラクタのデータを**シリアライズ**（serialize）する。

リスト21-7：characterDataをシリアライズする（`NewCharacterActivity.kt`）

```
private const val CHARACTER_DATA_KEY = "CHARACTER_DATA_KEY"

class NewCharacterActivity : AppCompatActivity() {
    private var characterData = CharacterGenerator.generate()

    override fun onSaveInstanceState(outState: Bundle) {
        super.onSaveInstanceState(outState)
        outState.putSerializable(CHARACTER_DATA_KEY, characterData)
    }
    ...
}
```

シリアライズというのは、オブジェクトを保存して永続化するプロセスのことだ。オブジェクトをシリアライズするときは、`String`や`Int`などの基本的なデータ型に分解する。`Bundle`に保存できるのは、シリアライズ可能（serializable）なオブジェクトだけだ。

ここで`characterData`にエラーが出る原因は、シリライズ可能ではないデータを`putSerializable`関数に渡そうとしたからである。これを修正するには、`CharacterData`クラスに`Serializable`インターフェイスを追加する必要がある。これで`CharacterData`がシリアライズ可能になる。

リスト21-8：CharacterData クラスを Serializable にする（`CharacterGenerator.kt`）

```
...
import java.io.Serializable
...
object CharacterGenerator {
    data class CharacterData(val name: String,
                             val race: String,
                             val dex: String,
                             val wis: String,
                             val str: String) : Serializable
    ...
}
```

`onSaveInstanceState` 関数は、アクティビティが破棄される前に一度、呼び出される。これが公開する `savedInstanceState` によって、アクティビティのインスタンス状態が永続化可能になる。

現在の `characterData` を、その `savedInstanceState` バンドルに追加するために、`putSerializable` メソッドを使う。このメソッドは、シリアライズ可能なクラスとキーを受け取る。キーは定数で、シリアライズしたデータをあとで取り出すときに使う。そのキーに対応する値が、いま更新して `Serializable` を実装した `CharacterData` クラスである。

保存されたインスタンス状態を読み込む

問題を解決するために、まずは `CharacterData` を、「保存されたインスタンス状態」にシリアライズした。あとは、それをデシリアライズ（deserialize：シリアライズの逆）して、前のデータによって UI を復元する必要がある。それを、`onCreate` 関数のなかで行う。

リスト21-9：シリアライズしたキャラクタデータをフェッチする（`NewCharacterActivity.kt`）

```
private const val CHARACTER_DATA_KEY = "CHARACTER_DATA_KEY"

class NewCharacterActivity : AppCompatActivity() {
    ...
    override fun onCreate(savedInstanceState: Bundle?) {
        super.onCreate(savedInstanceState)
        setContentView(R.layout.activity_new_character)

        characterData = savedInstanceState?.let {
            it.getSerializable(CHARACTER_DATA_KEY) as CharacterGenerator.CharacterData
        } ?: CharacterGenerator.generate()

        generateButton.setOnClickListener {
            characterData = CharacterGenerator.generate()
            displayCharacterData()
        }

        displayCharacterData()
    }
    ...
}
```

ここではシリアライズしたキャラクタデータを、保存したインスタンス状態のバンドルから読み出し、もし保存したインスタンス状態が`null`でなければ、それを`CharacterData`に書き戻す。もし保存したインスタンス状態が`null`ならば、null合体演算子（`?:`）により、新しいキャラクタデータを生成する。

どちらの場合も、式の結果（デシリアライズしたキャラクタデータか、新しいキャラクタデータ）が、`characterData`プロパティに代入される。

もう一度、Samodelkinを実行して、エミュレータを回転させよう。こんどは、バンドルから読み出したデータが、回転後に再び表示される。それはキャラクタデータを、「保存されたインスタンス状態」から設定するようにしたからだ。

21.10 拡張プロパティでリファクタリングする

保存したインスタンス状態のシリアライズとデシリアライズは、うまくいったが、コードにはまだ改善の余地がある。いまは、`CharacterData`を`savedInstanceState`バンドルにputしてgetするのに、キーとデータの型を自分で管理する手間がかかっている（`CharacterData`にキャストするコードを手書きしている）。

```
private const val CHARACTER_DATA_KEY = "CHARACTER_DATA_KEY"

class NewCharacterActivity : AppCompatActivity() {
    private var characterData = CharacterGenerator.generate()

    override fun onSaveInstanceState(outState: Bundle) {
        super.onSaveInstanceState(outState)
        outState.putSerializable(CHARACTER_DATA_KEY, characterData)
    }

    override fun onCreate(savedInstanceState: Bundle?) {
        super.onCreate(savedInstanceState)
        setContentView(R.layout.activity_new_character)

        characterData = savedInstanceState?.let {
            it.getSerializable(CHARACTER_DATA_KEY)
                    as CharacterGenerator.CharacterData
        } ?: CharacterGenerator.generate()
        ...
    }
    ...
}
```

この点を改善するため、拡張プロパティの定義を`NewCharacterActivity.kt`に追加しよう。

リスト21-10：characterData の拡張プロパティを定義する（NewCharacterActivity.kt）

```
private const val CHARACTER_DATA_KEY = "CHARACTER_DATA_KEY"

private var Bundle.characterData
    get() = getSerializable(CHARACTER_DATA_KEY) as CharacterGenerator.CharacterData
    set(value) = putSerializable(CHARACTER_DATA_KEY, value)

class NewCharacterActivity : AppCompatActivity() {
    ...
}
```

これで、保存したインスタンス状態のバンドルから、characterData をプロパティとしてアクセスできる。データの取り出しでキーの指定が不要となり、Serializable を CharacterData にキャストする必要もなくなった。

この拡張プロパティは、バンドルの API の上にクリーンな抽象を提供する。これによって、キャラクタデータをどのように保存するかの詳細を追跡する必要がなくなった（これまでは characterData を読み書きするとき必ずキーを使う必要があった）。

では、onSaveInstanceState 関数と onCreate 関数を、新しい拡張プロパティを使うように更新しよう。

リスト21-11：新しい拡張プロパティを使う（NewCharacterActivity.kt）

```
private const val CHARACTER_DATA_KEY = "CHARACTER_DATA_KEY"

class NewCharacterActivity : AppCompatActivity() {
    private var characterData = CharacterGenerator.generate()

    override fun onSaveInstanceState(outState: Bundle) {
        super.onSaveInstanceState(outState)
        outState.putSerializable(CHARACTER_DATA, characterData)
        outState.characterData = characterData
    }

    override fun onCreate(savedInstanceState: Bundle?) {
        super.onCreate(savedInstanceState)
        setContentView(R.layout.activity_new_character)

        characterData = savedInstanceState?.let {
          it.getSerializable(CHARACTER_DATA_KEY) as CharacterGenerator.CharacterData
        } ?: CharacterGenerator.generate()
        characterData = savedInstanceState?.characterData ?:
                CharacterGenerator.generate()

        generateButton.setOnClickListener {
            characterData = CharacterGenerator.generatw()
            displayCharacterData()
        }

        displayCharacterData()
```

```
    }
    ...
}
```

もう一度、Samodelkinを実行し、エミュレータを回転させてアプリケーションの動作を試しながら、［GENERATE］ボタンを何度も押してみよう。キャラクタデータは、以前のように正しく永続化されるはずだ。

おめでとう！ あなたはKotlinを使って最初のAndroidアプリケーションを作成した。Javaコードのために書かれたAndroidフレームワークをKotlinがサポートする方法を、いくつか学び、`kotlin-android-extensions`を使ってコーディングを容易にする例も見た。最後に、エクステンションや標準関数などのKotlinの機能を使って、Androidのコードを、もっとクリーンにする方法も見てきた。

次の章では、Kotlinのコルーチンについて学ぶ。これはバックグラウンドで行う仕事を指定するための、軽量級でエレガントなモデルを提供する機能だ。

21.11 もっと知りたい？ Android KTXとAnkoライブラリ

KotlinとAndroidを扱う開発を補強してくれる数多くのオープンソースライブラリが存在する。どういうことが可能になるのかを示すために、そのうち2つを、ここで紹介しよう。

Android KTX（`https://github.com/android/android-ktx`）は、Androidアプリ開発用に、便利なエクステンションを数多く提供する[5]。多くはAndroid Java APIよりもKotlin的なインターフェイスを可能にするものだ。

たとえば次のコードは、Androidの共有プリファレンス（shared preference）を使って、少量のデータを後で使うために永続化する。

```
sharedPrefs.edit()
    .putBoolean(true, USER_SIGNED_IN)
    .putString("Josh", USER_CALLSIGN)
    .apply()
```

Android KTXでは、表現を短縮して、もっと慣用的なKotlinのスタイルで書くことができる。

```
sharedPrefs.edit {
    putBoolean(true, USER_SIGNED_IN)
    putString("Josh", USER_CALLSIGN)
}
```

[5] **訳注**：原著ではAndroid KTXプロジェクトとして、このURLが紹介されているが、2018年11月13日に、このGitHubは活動を停止したようだ。ただし日本語のドキュメント（`https://developer.android.com/kotlin/ktx`）に記述がある。

Android KTX は、あなたが Kotlin で書く Android コードを、少しでも改善して、Java のスタイルではなく Kotlin のスタイルに近い形式で Android フレームワークを扱えるようにする。

Android 用として、もう 1 つの人気のある Kotlin プロジェクトを紹介しよう。Anko（`https://github.com/Kotlin/anko`）は、Android UI を定義する DSL や、Android のインテント（intent）とダイアログ、SQLite、その他、Android プロジェクトの数多くの側面を扱うためのヘルパー群といった、Kotlin Android 開発のためのさまざまな強化機能を提供する。

たとえば次に示す Anko のレイアウトコードは、垂直式の直線レイアウトをプログラムによって定義するものだ。これには、クリックするとトースト（toast：ポップアップメッセージ）を表示するボタンが含まれる。

```
verticalLayout {
    val username = editText()
    button("Greetings") {
        onClick { toast("Hello, ${username.text}!") }
    }
}
```

古典的な Java のプログラミングで、同じことを行おうとしたら、次のように大量のコードが必要になる。

```
    LayoutParams params = new LinearLayout.LayoutParams(
                    LayoutParams.FILL_PARENT,
                    LayoutParams.WRAP_CONTENT);
    LinearLayout layout = new LinearLayout(this);
    layout.setOrientation(LinearLayout.VERTICAL);
    EditText name = new EditText(this);
    name.setLayoutParams(params);
    layout.addView(name);
    Button greetings = new Button(this);
    greetings.setText("Greetings");
    greetings.setLayoutParams(params);
    layout.addView(greetings);
    LinearLayout.LayoutParams layoutParam = new LinearLayout.LayoutParams(
            LayoutParams.FILL_PARENT,
            LayoutParams.WRAP_CONTENT);
    this.addContentView(layout, layoutParam);
    greetings.setOnClickListener(new OnClickListener() { ※（に対応するカッコがない
    public void onClick(View v) {
        Toast.makeText(this, "Hello, " + name.getText(),
                Toast.LENGTH_SHORT).show();
        }
    }
```

Kotlin は、まだ比較的若い言語であり、便利なライブラリが毎日開発されている。この言語の開発に関する最新のニュースを知るため、`https://kotlinlang.org` に注目しよう。

第22章 コルーチンの紹介

Android アプリは、あらゆる機能を実行する。アプリでは、データのダウンロードも、データベースの問い合わせもするだろう。このように、Web API に要求を発行するのは有益な仕事だが、どれも完了までに相当な時間がかかる可能性がある。そういう処理が完了して、アプリを続けて使えるようになるまで、ユーザーを待たせたくはない。

コルーチン（coroutine）を使うと、アプリのバックグラウンドで非同期に行う処理を指定できる。そうすれば、仕事が完了するまでユーザーを待たせる必要がない。バックグラウンド処理が完了するまでの間も、ユーザーはアプリとの対話処理を続けられる。

コルーチンは、（たとえば本章でも言及する Java のスレッドなど）他のプログラミング言語が提供するいくつかのソリューションよりも、比較的リソースの消費が少なく、使いやすい。スレッド間で結果を渡す処理には複雑なコードが必要となるかもしれないし、スレッドの実行をブロックするのは、あまりにも容易なことだから、性能の問題に直面しやすい。

この章では、Android アプリの Samodelkin にコルーチンを追加して、Web API から新しいキャラクタデータを取得できるようにしよう。

22.1 キャラクタデータの解析

新しいキャラクタデータを配布する Web API は、`chargen-api.herokuapp.com` に存在する。この Web API は、Ktor ウェブフレームワーク（`https://github.com/ktorio/ktor`）を使って、Kotlin で書かれたものだ。もし興味があれば、この Web API のソースコードは、`https://github.com/bignerdranch/character-data-api` で調べることができる。

この Web API は、データを要求されると、新しいプレイヤーの属性（`race`、`name`、`dex`、`wis`、`str` の値）を、コンマで区切られたリストとして返す。`chargen-api.herokuapp.com` を訪問すると、次のような属性値集合を見ることができる。

```
halfling,Lars Kizzy,14,13,8
```

Web ブラウザを何度もリロードすれば、このサービスから、それぞれ異なる応答が得られる。

あなたの最初の仕事は、プレイヤーのキャラクタデータの表現として、Web API から返されるコンマで区切られた文字列を、UI 表示に使う `CharacterData` のインスタンスに変換することだ。

さっそく始めよう。Android Studio で `CharacterGenerator.kt` を開き、変換関数 `fromApiData` を定義する。

リスト22-1：fromApiData 関数を追加する（`CharacterGenerator.kt`）

```
...
object CharacterGenerator {
    data class CharacterData(val name: String,
                             val race: String,
                             val dex: String,
                             val wis: String,
                             val str: String) : Serializable
    ...
    fun fromApiData(apiData: String): CharacterData {
        val (race, name, dex, wis, str) =
            apiData.split(",")
        return CharacterData(name, race, dex, wis, str)
    }
}
...
```

`fromApiData` 関数は、コンマで区切られた文字列をキャラクタデータサービスから受け取り、コンマで分解した結果を、新しい `CharacterData` インスタンスに格納する。

`fromApiData` のテストとして、［GENERATE］ボタンが押されたら、これを呼び出すようにする。ただし、いまはダミーのデータを渡す。

リスト22-2：fromApiData 関数をテストする（`NewCharacterActivity.kt`）

```
...
class NewCharacterActivity : AppCompatActivity() {
    ...
    override fun onCreate(savedInstanceState: Bundle?) {
        super.onCreate(savedInstanceState)
        setContentView(R.layout.activity_new_character)

        characterData = savedInstanceState?.characterData ?:
                CharacterGenerator.generate()

        generateButton.setOnClickListener {
            characterData = CharacterGenerator.generate()
                    fromApiData("halfling,Lars Kizzy,14,13,8")
            displayCharacterData()
        }
        ...
    }
    ...
}
```

Samodelkinを実行してアプリケーションのビルドを確認し、エミュレータで［GENERATE］ボタンを押そう。変換関数に渡したテスト用のデータが、UIに表示されるはずだ（図22-1）。

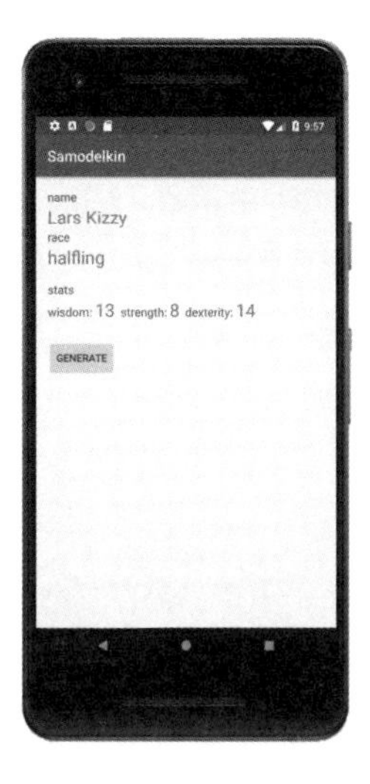

図22-1：テストデータを表示する

22.2 実際にデータをフェッチする

変換変数をテストできたので、いよいよキャラクタデータWeb APIから、実際にライブデータをフェッチしよう。

実装に取りかかる前に、Androidマニフェストにパーミッションを追加する必要がある。これらはネットワーク要求を発行するのに必要となるものだ。`src/main/AndroidManifest.xml`を探して、このマニフェストファイルを開き、次のようにパーミッションを追加する。

リスト22-3：必要なパーミッションを追加する（`AndroidManifest.xml`）

```
<?xml version="1.0" encoding="utf-8"?>
<manifest xmlns:android="http://schemas.android.com/apk/res/android"
    package="com.bignerdranch.android.samodelkin">

    <uses-permission android:name="android.permission.INTERNET" />
    <uses-permission android:name="android.permission.ACCESS_NETWORK_STATE" />

    <application
        android:allowBackup="true"
        android:icon="@mipmap/ic_launcher"
        android:label="@string/app_name"
        ...
    </application>
</manifest>
```

次に、Web API からのデータを要求する。単純に Web API のデータをフェッチするには、java.net.URL のインスタンスを使うという方法がある。Kotlin には、readText という URL の拡張関数があって、基本的な Web API エンドポイントに接続するための単純なサポートが提供される。データのバッファリングや、データを文字列に変換する処理を含むので、ここでのニーズは全部満たされる。

CharacterGenerator に、Web API エンドポイント用の新しい定数を定義するとともに、URL の readText 関数を使って Web API からデータを読み出す fetchCharacterData という新しい関数を定義する。ファイルの先頭で URL クラスをインポートしよう。

リスト22-4：fetchCharacterData 関数を追加する（CharacterGenerator.kt）

```
import java.io.Serializable
import java.net.URL

private const val CHARACTER_DATA_API = "https://chargen-api.herokuapp.com/"

private fun <T> List<T>.rand() = shuffled().first()

object CharacterGenerator {
    ...
}
fun fetchCharacterData(): CharacterGenerator.CharacterData {
    val apiData = URL(CHARACTER_DATA_API).readText()
    return CharacterGenerator.fromApiData(apiData)
}
```

この新しい関数を実際に使ってみよう。［GENERATE］ボタンのクリックリスナを、fetchCharacterData を呼び出すように更新する。

リスト22-5：fetchCharacterData を呼び出す（NewCharacterActivity.kt）

```
...
class NewCharacterActivity : AppCompatActivity() {
    ...
    override fun onCreate(savedInstanceState: Bundle?) {
    ...
    generateButton.setOnClickListener {
        characterData = CharacterGenerator.
                            fromApiData("halfling,Lars Kizzy,14,13,8")
                        fetchCharacterData()
        displayCharacterData()
    }

    displayCharacterData()
    }
    ...
}
```

再び Samodelkin を実行して、［GENERATE］ボタンを押そう。このときは新しいキャラクタ属

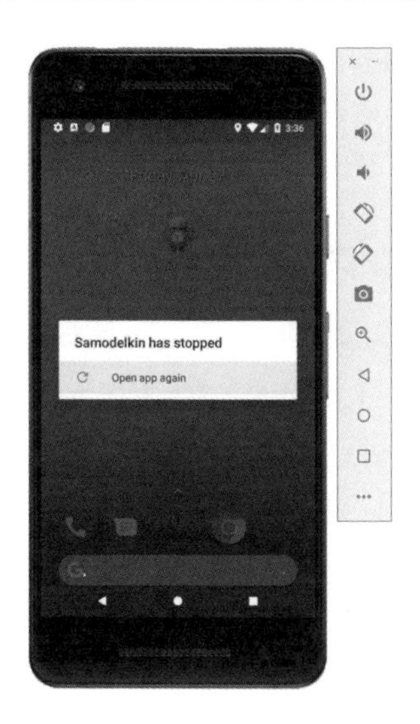

図22–2：Samodelkin が停止しました

性が出ずに、図 22–2 のようなダイアログが現れるはずだ。

Samodelkin がクラッシュした。なぜだろう？　原因を突き止めるために、Logcat 出力を見よう。そこに Android アプリケーションのログが表示されるのだ。Android Studio の画面下にある［Logcat］タブをクリックし、`FATAL EXCEPTION: main` から始まる赤いテキストまでスクロールアップする（図 22–3 の 3 行目以降に注目）。

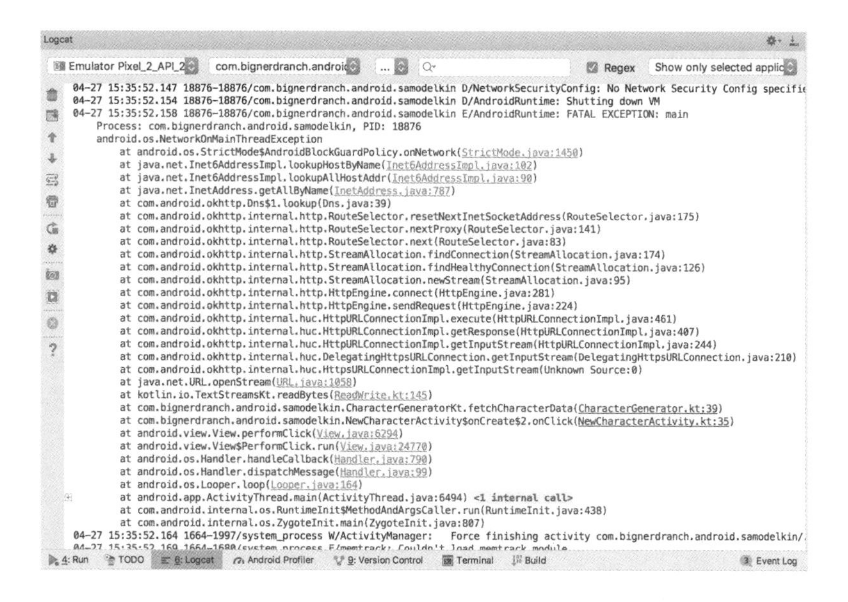

図22–3：Logcat 出力

ログには上記のFATAL EXCEPTIONから2行下に、エラーの原因が出ている。android.os.NetworkOnMainThreadExceptionだ。この例外が発生したのは、アプリケーションのメインスレッドでネットワーク要求を出そうとしたからで、この操作は許されていない。

22.3 Androidのメインスレッド

スレッド（thread）は、実行すべき命令シーケンスを処理するパイプラインである。Androidアプリケーションのメインスレッドは、UIの応答性を維持するのに必要な仕事（たとえばボタンの押下やスクロール時のレンダリング更新、文字が入ったときのテキストボックスの更新など）のために予約されている。だから、このスレッドは「UIスレッド」とも呼ばれる。

メインスレッドでWeb APIのデータを要求したら、その要求が完了するまでUIが応答しなくなる。このようにスレッドがブロックした状態になるのは、そのスレッドを次の処理に進める前に、まず現在の（長くかかるかもしれない）処理の完了を待つ必要があるからだ。Androidが、メインスレッドでネットワーキングを禁止しているのは、それではメインスレッドをいつまで待たせるか不明であり、その間はUIの応答性が失われるからだ。

22.4 コルーチンを有効にする

このクラッシュを解決するには、ネットワーク要求をメインスレッドから外してバックグラウンドスレッドに移す手段が必要だ。Kotlinでは、1.1以降のすべてのバージョンに、コルーチンAPIが含まれている。これを使えば、まさにその手段が提供される。

本書執筆の時点で、コルーチンは、まだexperimental（実験的）とみなされていた（やがてはKotlinの永久的な機能となることが期待されていた）。だから、このオプションを使うには有効にする手続きが必要だった[1]。Androidでコルーチンを使うには、コルーチンのライブラリクエステンション（kotlinx-coroutines-android）が必要となる。［Logcat］タブをクリックして隠し、app/build.gradleファイルを開こう。ここでコルーチンを有効にして、新しい依存関係を追加する[2]。

リスト22-6：コルーチンの依存関係を追加する（app/build.gradle）

```
...
kotlin {
    experimental {
        coroutines 'enable'
    }
}

dependencies {
```

[1] **訳注**：2018年10月にリリースされたKotlin 1.3で、コルーチンはexperimantalからstableに昇格した。

[2] **訳注**：原著のリストにあった「jre7」という旧式の記述は「jdk7」に直した（参考：https://stackoverflow.com/questions/50344635/kotlin-stdlib-jre7-is-deprecated-please-use-kotlin-stdlib-jdk7-instead）。

```
    implementation fileTree(dir: 'libs', include: ['*.jar'])
    implementation "org.jetbrains.kotlin:kotlin-stdlib-jdk7:$kotlin_version"
    implementation "org.jetbrains.kotlinx:kotlinx-coroutines-android:0.22.5"
    ...
}
```

app/build.gradle ファイルにエントリを追加したら、画面の右上に［Sync Now］ボタンが現れるので、これをクリックして Gradle ファイルを同期させる。

22.5 async でコルーチンを指定する

コルーチンを作るには、コルーチンライブラリで提供されている async 関数を使うという方法がある。この async 関数が要求する引数は、バックグラウンドで何を行いたいかを指定する 1 個のラムダだ。

fetchCharacterData のなかで、ブロックする readText 関数の呼び出しを入れたラムダを、async 関数に渡す。戻り値の型は、async の結果を示す、Deferred<CharacterGenerator.CharacterData>にする[3]。

リスト22-7：fetchCharacterData を非同期にする（CharacterGenerator.kt）

```
...
fun fetchCharacterData(): Deferred<CharacterGenerator.CharacterData> {
    return async {
        val apiData = URL(CHARACTER_DATA_API).readText()
        return CharacterGenerator.fromAPIData(apiData)
    }
}
```

これで fetchCharacterData 関数は、CharacterData を返す代わりに、Deferred<CharacterGenerator.CharacterData>を返すようになった。Deferred は、将来の結果を約束するだけなので、データは実際に要求するまで返されない。

NewCharacterActivity.kt に戻って、次の変更を加える。CharacterData に、遅延された（deferred）Web API の応答が変換されて入り、その結果が表示される（コードをあなたが打ち込んだ後で、順に説明しよう）。

リスト22-8：API の結果を await で待つ（NewCharacterActivity.kt）

```
...
class NewCharacterActivity : AppCompatActivity() {
    ...
    override fun onCreate(savedInstanceState: Bundle?) {
        ...
        generateButton.setOnClickListener {
```

[3] **訳注**：テストでは、kotlinx.coroutines.experimental.async と kotlinx.coroutines.experimental.Deferred のインポートを追加した。

```
            launch(UI) {
                characterData = fetchCharacterData().await()
                displayCharacterData()
            }
        }
        displayCharacterData()
    }
    ...
}
```

Android Studioは、launchとUIにインポートを促すだろう。どちらも必ずkotlinx.coroutines.experimentalのバージョンをインポートすること[4]。

こうして修正したアプリを実行して、[GENERATE] ボタンを押すと、Webサービスからフェッチしたデータが UI に表示される。実際に何が起きているのか、詳しく見ていこう。

まず最初に、launch関数の呼び出しで新しいコルーチンを作成した。launchは、コルーチンで指定した仕事を即座に開始する。

launchに渡す引数のUIは、コルーチンのコンテクスト（ラムダで指定する仕事を実行する場所）として、AndroidのUIスレッドを指定している。

なぜUIスレッドなのか？ displayCharacterDataの呼び出しをUIスレッドで実行する必要があるのは、その処理にUIを更新するコードが含まれているからだ。呼び出しが行われるのは、キャラクタのデータがダウンロードされた後なので、メインスレッドはブロックされない。

前述したように、メインスレッドでのネットワーキングは禁じられている。コルーチンコンテクストのデフォルトの引数はCommonPoolである。これはコルーチン実行用に利用できるバックグラウンドスレッドのプールだ。fetchCharacterDataにあるasync関数では、デフォルトにより、この引数が使われる。このため、awaitを呼び出したときに行われるWeb APIへの要求処理は、Androidのメインスレッドではなく、スレッドプールを使って実行される。

22.6 launchとasync/awaitの違い

リクエスト発行とUI更新に使った、asyncとlaunchという2つの関数は、**コルーチンビルダー**（coroutine builder）関数と呼ばれる。これらは、特定の仕事を行うようにコルーチンを設定する関数だ。launchは、あなたが直接指定する仕事を実行するようにコルーチンを構築する。この場合、その仕事とは、fetchCharacterDataを呼び出してUIを更新することだ。

asyncというコルーチンビルダーの仕組みがlaunchと異なるのは、Deferredを返すコルーチンを構築する点である。Deferredは、まだ完了していない仕事を表現する型で、即座に仕事を開始せず、いつか将来、仕事が完了することを約束する。

Deferred型が提供するawait関数は、次に行うべき仕事（UIの更新）を、Deferred型の仕

[4] **訳注**：テストでは、kotlinx.coroutines.experimental.launchとkotlinx.coroutines.experimental.android.UIのインポートを追加した。

事が完了するまでサスペンドする。つまり、displayCharacterData の呼び出しは、Web サービスから応答が返った後に行われる。Java の Future という概念を御存じなら、Deferred の仕組みも、それとよく似ている。

Web リクエストがバックグランドで実行されるにもかかわらず、Deferred に await があるおかげで、コードを命令的に構成できる。つまり await で結果を待ってから、UI 更新関数を呼び出す形になるのだ。コールバックインターフェイスのような、伝統的アプローチと比べると、Web サービスへの要求が同期的であるかのような形でコーディングできる。コルーチンでは、実行のサスペンドと再開を、いずれもスレッドをブロックせずに行うことができる。

22.7　関数コールのサスペンド

Android Studio では、await 関数を呼び出す行の左側に、右向き矢印を分断したようなアイコン（）が現れる。その行で**関数コールのサスペンド**（suspend function call）が行われることを、IDE が示しているのだ。いったい、どういう意味だろうか。

従来のスレッドが「ブロックする」と言われるのに対して、コルーチンは「サスペンド（停止）する」と言われる。この用語の違いは、コルーチンの性能がスレッドよりも優れている理由を、ほのめかしている。ブロックされたスレッドは、ブロックが解除されるまで何の仕事もできない。コルーチンもスレッドで実行されが（たとえば Android UI のスレッドや、共用のスレッドプールにあるスレッドが使われる）、コルーチンはスレッドの実行をブロックしない。その代わりに、「サスペンドする関数」（suspending function）を実行するスレッドを使って、他のコルーチンを実行できる。コルーチンの性能が、標準的なスレッドよりも、かなり高い理由が、そこにある。

舞台裏では、サスペンドする関数に suspend キーワードが付けられる。await 関数のシグネチャを、次に示す。

```
public suspend fun await(): T
```

この章では、Samodelkin アプリを作り上げ（達者でな、サモデルキン!）、Android のメインスレッドが UI イベント処理のために予約されていることを学んだ。コルーチンを利用するための基礎として、Android のメインスレッドをブロックせずに、コルーチンを使ってバックグラウンドで処理を行う方法も学んだ。

22.8　チャレンジ！　ライブデータ

現在、アプリで最初に表示されるデータは、CharacterGenerator オブジェクトからの静的なデータであり、［GENERATE］ボタンを押すと、それがライブデータで置換される。このチャレンジでは、その点を修正しよう。アプリで最初に表示されるデータも、Web サービスからのライブデータにできないだろうか?

22.9　チャレンジ！　最小限の強さ

強さ（`str`）の値が10未満のキャラクタでは、NyetHackでは何ラウンドも生き延びることができないだろう。このチャレンジでは、強さの値が10未満の応答を捨てるようにしたい。10以上の強さを持つ応答が得られるまで、新しい要求を繰り返し発行しよう。

第23章

終わりに

以上で、Kotlin プログラミング言語の基礎は学習できました。お疲れさま!

本当の仕事は、ここから始まります。

23.1 これから進むべき方向

Kotlin は、多くのコンテクストで利用できる言語です。バックエンドサーバーのコードを置き換えることも可能だし、ホットな Android アプリの駆動言語としても使えます。たぶんもう、新しい知識を使える場所について、見当が付いているのではないですか。とにかく使ってみることです。本書で学んだことを生かすためにも、Kotlin の書き方に慣れるためにも、実際にコーディングすることが鍵になります。

もしあなたが Kotlin の詳しいドキュメントを探しているのなら、私たちは https://kotlinlang.org を推奨します。参考書としては、『Kotlin in Action』（https://manning.com/books/kotlin-in-action）[1]を高く評価します。

なにも 1 人でコードを書く必要はありません。Kotlin のコミュニティは活気に満ちていて、この言語の将来に大きな希望を抱いています。Kotlin はオープンソースなので、その開発をリアルタイムで見たければ（それどころか、貢献もしたければ）、GitHub（https://github.com/jetbrains/kotlin）に参加しましょう。地元の Kotlin ユーザーグループにも行ってみることを勧めます（もしまだなければ、創設しましょう[2]）。

---

1 **訳注**：Kotlin 開発チームの Dmitry Jemorov と Svetlana Isakova による著書。日本語版は、『Kotlin イン・アクション』（監訳／長澤太、藤原聖、山本純平、yy_yank　刊／マイナビ出版、2017 年）。

2 **訳注**：日本 Kotlin ユーザーグループ（https://kotlin.connpass.com/）を参照。

23.2 ちょっと宣伝

もし著者をフォローしたくなったら、私たちはTwitterにいます。Joshは`@mutexkid`、Davidは`@drgreenhalgh`です。

私たちのBig Nerd Ranchについて知りたくなったら、`https://bignerdranch.com`を見てください。他にも優れたガイドを出しています。『Android Programming: The Big Nerd Ranch Guide』などは、いかがでしょう？ Kotklinについての新しい知識を生かすのに、Android開発は適しています。

私たちは集中的なトレーニングコースを提供し、顧客のためにアプリケーション開発を行います。素晴らしいコードの用途を思いついたら、Big Nerd Ranchが、お手伝いできます。

23.3 ありがとうございました

最後に、私たちは読者の皆様に感謝したいと思います。いま本書を読んでおられる、あなたがいなければ、私たちの本は、生まれなかったでしょう。

私たちが、この本の執筆を楽しんだように、本書を読むのを楽しんでいただけたら、幸いに思います。Kotlinで、次の偉大なアプリケーションを書いてください!

付録 A

もっとチャレンジ

この本を読み終えたあなたは、「よし、次は何だ?」と思っているかもしれません。このセクションは、そんなあなたのためにあります。

A.1 Exercismで腕を磨く

Exercism プロジェクト（https://exercism.io）が、Kotlin の（そして、他の 40 を超える数の言語の）腕を磨くのに良い練習を提供しています。Exercism は、コマンドラインインターフェイス（CLI）によって、手ごろなチャレンジやクイズを提供するほか、あなたのソリューションに対して、コミュニティからのコードレビューを受けられる場所です。

Exercism を開始するには、まず「Getting Started」（https://exercism.io/clients/cli）を読んで、あなたのプラットフォームに適したセットアップ手順に従います。Exercism には、ビルドツールとして Gradle も必要です。もしまだ Gradle をインストールしていなければ、「installation」（https://gradle.org/install）を読んで、あなたのプラットフォームのためのインストール手順に従いましょう[1]。最後に、Exercism へのログインには、GitHub アカウントが必要となります。まだ持っていなければ、https://github.com でアカウントを作りましょう。

CLI のインストールと設定を終えたら、挑戦したいチャレンジのフェッチを開始できます。言語ごとのトラック（track）から、チャレンジを順番に、あるいは名前によって、フェッチできます。たとえば Kotlin トラックで、次のチャレンジをフェッチするには、exercism fetch kotlin というコマンドを使います。もしあなたが、フェッチしたいエクササイズの名前（name）を知っていれば、それをコマンドの最後に指定します。

```
exercism fetch kotlin name
```

[1] **訳注**：「Gradle 日本語ドキュメント」（http://gradle.monochromeroad.com/docs/）に、「第 4 章 Gradle のインストール」（http://gradle.monochromeroad.com/docs/userguide/installation.html）があります。

「two-fer」というチャレンジを例にして、手順を示します。two-fer チャレンジを名前でフェッチするには：

```
exercism fetch kotlin two-fer
```

いったんチャレンジをフェッチしたら、そのチャレンジへのパスが返されます。

```
Not Submitted:   1 problem
kotlin (Two Fer) /Users/joshskeen/exercism/kotlin/two-fer
```

IntelliJ を開いて、[File] → [Import] を選択し、チャレンジへのパスを、[import] ダイアログに入力します。この例の場合なら、`/Users/joshskeen/exercism/kotlin/two-fer` と入力します（タイプする代わりに、右側の [...] ボタンを使ってパス文字列を選択することも可能です）。[import] ダイアログ（図 A–1）で、[Use gradle wrapper task configuration] が選択されていることを確認し、[OK] をクリックします。

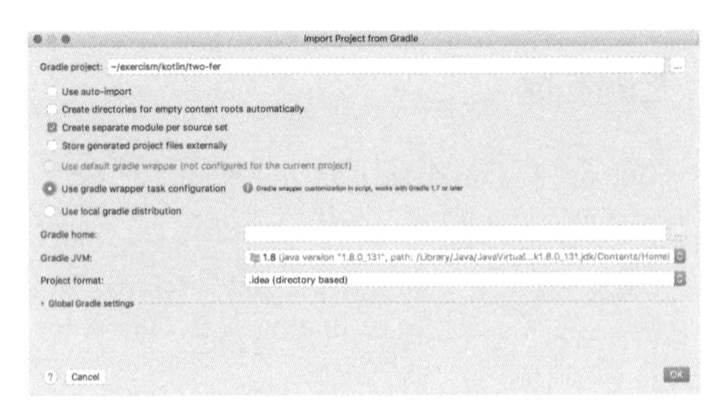

図A–1：two-fer チャレンジをインポートする

少し待つと、設定したチャレンジが開きます。そのプロジェクトのルートディレクトリから `README.md` ファイルを開き、問題の記述を読みましょう（図 A–2）。

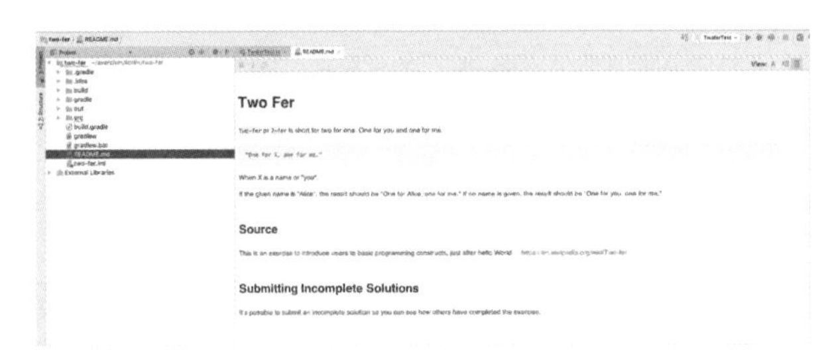

図A–2：問題の記述を読む

Exercism のチャレンジは、テストファイルとして提供されます。そのファイルで定義されているテストは、最初はどれも失敗します。あなたの目標は、それらを全部、合格するように変えることです。テストファイルの src/test/kotlin/TwoferTest.kt を開くと、テストが現在はエラーを含んでいることがわかります（図 A–3）。それは、まだソリューションファイルを定義していないからです。

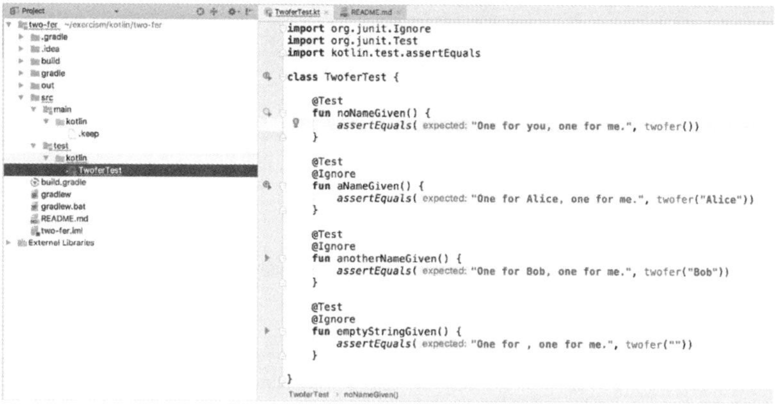

図A–3：テストファイルを調べる

ソリューションファイルを定義するために、src/main/kotlin を開き、Twofer.kt という新しいファイルを作ります。このファイルは、テストファイルと並べて分割したペインに表示すれば、どのテストを解決しているのか、わかりやすくなります。ペインを分割するには、エディタの上にあるタブのどちらかを右クリックして、［Split Vertically］を選びます（図 A–4）。

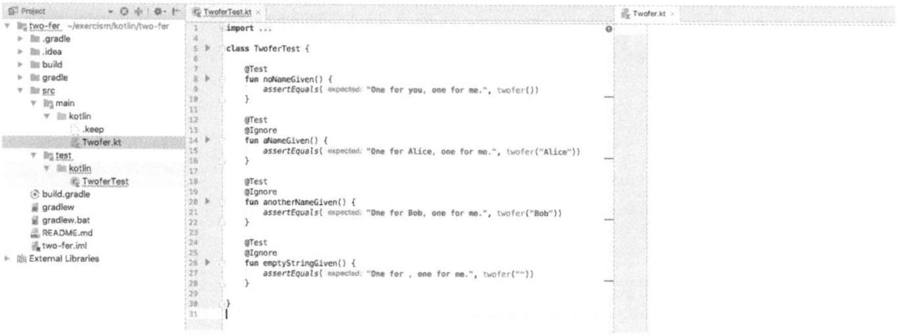

図A–4：ソリューションファイルを作る

テストファイルを見ると、ソリューションは twofer という名前の関数です。そして、twofer 関数には、2 つのバージョンが必要なようです。1 つは引数なし、もう 1 つは文字列を引数とするバージョンです。両方のバージョンを、実装の代わりとなるダミーの TODO を使って、次のように定義しましょう。

リストA–1：2 つの twofer 関数を定義する（Twofer.kt）

```
fun twofer(): String {
    TODO()
}

fun twofer(name: String): String {
    TODO()
}
```

これでテストファイルの実行が可能になりました。テストを実行してみましょう。TwoferTest.kt を実行するには、クラス名の隣にある丸印をクリックして、[Run 'TwoferTest'] を選択します（図 A–5）。

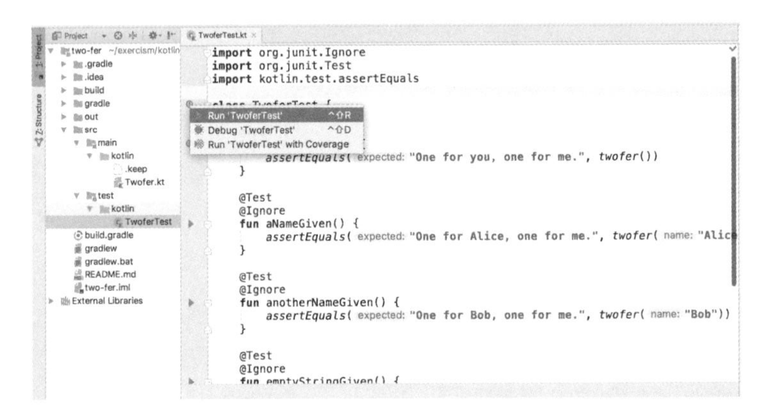

図A–5：テストを実行する

次の出力になるのは、まだソリューションで TODO 関数を使っているからです。

```
kotlin.NotImplementedError: An operation is not implemented.

    at TwoferKt.twofer (Twofer.kt:2)
    at TwoferTest.noNameGiven (TwoferTest.kt:9)
```

そろそろ第 1 のテストを合格させましょう。第 1 のテストで、次のアサートは何を期待しているでしょうか。

```
@Test
fun noNameGiven() {
    assertEquals ("One for you, one for me.", twofer())
}
...
```

twofer の呼び出しで期待されるのは、「One for you, one for me.」という文字列です。ソリューションファイルで twofer 関数を更新して、この文字列を返しましょう。

リストA-2：第 1 のテストのためのソリューションを実装する（`Twofer.kt`）

```
fun twofer(): String {
    TODO()
    return "One for you, one for me."
}
...
```

もう一度テストファイルを実行すると、左側のランペインで、第 1 のテスト `noNameGiven` の左に緑色のチェックマークが現れます（図 A-6）。

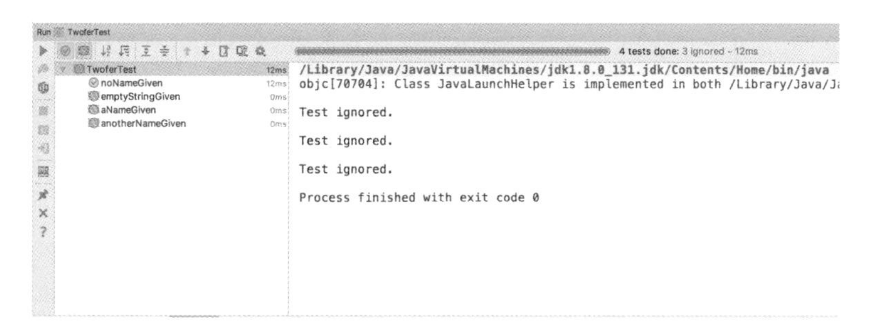

図A-6：noNameGiven は合格

次のテストに進むには、まずテストファイルにある`@Ignore` アノテーションを削除します。

リストA-3：@Ignore を削除する（`TwoferTest.kt`）

```
...
@Test
@Ignore
fun aNameGiven() {
    assertEquals("One for Alice, one for me.", twofer("Alice"))
}
...
```

もう一度テストファイルを実行すると、こんどは第 2 のテストが失敗します。ソリューションファイルを更新して、第 2 のテストを合格させます。このように、ファイルにある全部のテストについて、1 つずつ合格させていくわけです。

ソリューションが完成したら、仲間にレビューしてもらえるように、コマンドラインで提出しましょう。

```
exercism submit path_to_solution/file.kt
```

コマンドが完了すると、同じエクササイズに対する他のソリューションをレビューできる場所の URL が表示されます。他の人のソリューションをレビューできるだけでなく、あなたのソリューションにコミュニティからの入力が得られるのだから、Kotlin で新しいテクニックを習得するのに適しています。

執筆の時点で、Kotlinのエクササイズは61個、用意されていました。これらは、`exercism.io/languages/kotlin/exercises`で見ることができます。とくに私たちが好きなものを、難易度のレートとともに、表A-1にまとめました[2]。

表A-1：Exercismのチャレンジ

チャレンジ	レート： 1 = 易しい 5 = 難解	テスト項目
kotlin two-fer	1	条件、文字列
bob	1.5	ブール値、条件、文字列
robot-name	1.5	パターンマッチング、乱数、正規表現、文字列
sum-of-multiples	2	配列、条件、整数、ループ、数学
nucleotide-count	2	条件、例外処理、整数、マップ、解析
pig-latin	3	配列、リスト、文字列、変換
isogram	2.5	条件、ループ、解析、文字列
triangle	2.5	条件、例外処理、整数、再帰
sieve	2.5	アルゴリズム、整数、リスト、ループ、数学
secret-handshake	2.5	ビット演算、条件、暗号、列挙
binary search	3	配列、ジェネリクス、再帰、サーチ
collatz-conjecture	3	条件、例外処理、整数、再帰、数学
diamond	3	配列、リスト、ループ、文字列、テキスト整形
bracket-push	3	スタック、文字列
roman-numerals	IV	整数、ロジック、ループ、マップ、文字列
saddle-points	5	配列、条件、例外処理、整数、ループ
spiral-matrix	5	条件、整数、ループ、行列

ところで、Joshによるソリューションは、`exercism.io/mutexkid`にあります。

[2] **訳注**：本書では、テスト項目を加えています。

付録 B

用語集

【数字】

2 重感嘆符演算子（double-bang operator）

⇒非 null 表明演算子

【アルファベット】

ADT（algebraic data type）

⇒代数的データ型

filter 関数（filter function）

コレクションの内容に断言（predicate）関数を適用し、その条件を満たすかどうかを個々の要素についてチェックする関数。断言関数が真を返す要素は、filter 関数が返す新しいコレクションに追加される。

Kotlin REPL

IntelliJ IDEA のツールで、ファイルを作ったり完全なプログラムを実行することなしに、コードをテストできるもの（インタラクティブシェル）。

Kotlin 標準ライブラリ関数（Kotlin standard library functions）

どの Kotlin 型にも使える拡張関数の集合。

lateinit（late initialize）

変数の初期化を、値が代入されるまで遅らせる。

⇒遅延初期化

null（null：ナル）

存在しない。

null 合体演算子（null coalescing operator）

⇒エルヴィス演算子

null 許容（nullable）

null の値を代入できる。

null 許容度（nullability）

null 許容性の区別。

null 非許容（non-nullable）

null の値を代入できない。

transform 関数（transform function）

関数型プログラミングで、transformer 関数を使ってコレクションの各要素を変換する関数。対象のコレクションを変換したコピーを返す。

⇒関数型プログラミング

transformer 関数（transformer function）

関数型プログラミングで、transform 関数に渡される無名関数。対象とするコレクションの各要素に対して実行すべきアクションを指定する。

⇒関数型プログラミング

Unicode 文字（Unicode character）

Unicode システムで定義されている文字。

【あ】

アプリケーションのエントリポイント（application entry point）

プログラムの開始地点。Kotlin では、main 関数。

暗黙的に呼び出される（implicitly called on）

レシーバが、明示的な指定なしにスコープによって呼び出される。

⇒相対スコープ

暗黙の戻り値（implicit return）

明示的な return 文なしで返されるデータ。

委譲する（delegate）

⇒デリゲート

イテラブル（iterable）

反復処理が可能なオブジェクト（コレクション）。

イテレータ関数（iterator function）

遅延評価コレクションから値が要求されるたびに参照される関数。

イベントログツールウィンドウ（event log tool window）

IntelliJ IDEA ウィンドウのペインで、プログラムの実行を準備するために IntelliJ が行った処理についての情報が表示される。

イミュータブル（immutable）

書き換え不可能な。

⇒リードオンリー

インクリメント演算子（increment operator）：++

要素の値に 1 を加算する演算子。

インスタンス（instance）

オブジェクトの特定の実体。

インスタンス化

⇒実体化

インターフェイス（interface）

継承関係のない一群のオブジェクトに共通する機能を作る抽象関数とプロパティの集合。

インデックス（index：添え字）

連なっている要素の位置に対応する整数。

インデックスアクセス演算子（indexed access operator）：[]

コレクションから、特定のインデックスにある要素を取得する。

インラインプロパティ（inline property）

プライマリコンストラクタの中で定義されるクラスプロパティ。

エクステンション（extension：拡張）

継承なしにオブジェクトに追加される、プロパティまたは関数。

エスケープ文字（escape character）：\

コンパイラにとって特別な意味のある文字に、本来の意味を持たせる記号。

エディタ（editor）

コードの入力や編集を行うことができる、IntelliJ IDEA ウィンドウの主な領域。

エルヴィス演算子（Elvis operator）：?:

左辺の要素が non-null ならば、その値を返すが、もし null ならば右辺の要素を返す。

⇒ null 合体演算子

演算子の多重定義（operator overloading）

カスタム型のために定義する演算子関数の実装。

オーバーライド（override）

継承した関数またはプロパティにカスタムの実装を提供すること。

オブジェクト式（object expression）

object キーワードを付けて作る、名前のないシングルトン。

⇒コンパニオンオブジェクト、オブジェクト宣言、シングルトン

オブジェクト宣言（object declaration）

object キーワードを付けて作る、名前付きのシングルトン。

⇒コンパニオンオブジェクト、オブジェクト式、シングルトン

親クラス（Parent class）

⇒スーパークラス

【か】

拡張（extention）

⇒エクステンション

拡張関数（extension function）

ある特定の型に機能を追加する関数。

拡張する（extend）

継承またはインターフェイスの実装を通じて、機能を獲得する。

拡張プロパティ（extension property）

プロパティの追加によって行う、型のエクステンション。

加算代入演算子（addition and assignment operator）：+=

右辺値を左辺の要素に加算または追加する。

可視性（visibility）

ある要素を、コードの他の要素からアクセスできるかどうか。

可視性修飾子（visibility modifier）

関数またはプロパティの宣言に追加して可視性を設定する修飾子。

型（type）

データの分類。変数の型は、それに格納できる値の性質を決定する。

型キャスト（type casting）

オブジェクトを、あたかも別の型のインスタンスであるかのように扱う。

型消去（type erasure）

ジェネリクスの型情報が実行時に失われること。

型推論（type inference）

コンパイラが、変数に代入される値に基づいて、その変数の型を認識すること。

型チェック（type checking）

変数に代入される値の型が正しいことをコンパイラが確認すること。

型パラメータ（type parameter）

⇒パラメータ化された型

カプセル化（encapsulation）

オブジェクトの関数とプロパティを、他のオブジェクトからは必要最小限しか見えないようにする原則。また、可視性修飾子を使って、関数とプロパティの実装を隠すプロセスのこと。

関数（function）

コードの一部で、特定の仕事を達成する、再利用可能なパーツ。

関数型（function type）

無名関数の型。入力と出力とパラメータ群によって定義される。

関数型プログラミング（functional programming）

高階関数に依存し、コレクションを扱えるように設計され、連鎖によって複雑な振る舞いを作成できる、プログラミングの様式。

関数コール（function call）

関数のトリガとなり、必要な引数を渡す、1行のコード。

関数のインライン化（function inlining）

コンパイラの最適化で、無名関数を引数として受け取る関数におけるメモリのオーバーヘッドを削減する目的で主に使われる技法。

関数の多重定義（function overloading）

ある関数の、名前とスコープは同じだがパラメータの異なる実装を、2つ以上定義すること。

関数ヘッダ（function header）

関数定義の一部で、可視性修飾子、関数宣言キーワード、名前、パラメータ、戻り値の型を含む部分。

関数本体（function body）

関数定義のうち、波カッコで囲まれ、振る舞いの定義と戻り値の型を含む部分。

関数リテラル（function literal）

宣言されるのではなく、式として即座に渡される関数（ラムダ式と無名関数）。

関数リファレンス（function reference）

名前付き関数を、引数として渡すことができる値に変換したもの。

競合状態（race condition）

ある状態が、プログラムの2つ以上の要素によって同時に変更されるときの状態。

共変（covariance）

ジェネリックパラメータを、生産者としてマークする。

組み合わせ可能な関数（composable function）

他の関数と組み合わせ可能な関数。

クラス（class）

コードのなかでオブジェクトのカテゴリー定義を表現するもの。

クラス関数（class function）

クラスの内側で定義されたクラス。

クラス属性（class property）

オブジェクトの状態または性質を表現するのに必要な属性。

クラス本体（class body）

クラス定義のうち、波カッコで囲まれ、振る舞いとデータの定義を含む部分。

クロージャ（closure）

Kotlinの無名関数の別名。Kotlinの無名関数が、その外側のスコープで定義されたローカル変数を参照できるのは、参照するローカル変数を閉じ込めて存続させるから。

⇒無名関数

継承（inheritance）

オブジェクト指向プログラミングの原則のひとつ。クラスの振る舞いとプロパティを、サブクラスと共有させる機構。

結合関数（combining finction）

複数のコレクションを受け取って、それらを1個の新しいコレクションに結合する関数。

ゲッター（getter）

プロパティの読み出し方法を定義する関数。

高階関数（higher-order function）

もう 1 つの関数を引数として受け取る関数。

構造等価演算子（structural equality operator）：==

左辺の値が、右辺の値と等しいかを評価する。

⇒構造等値

構造等値（structural equality）

2 つの変数が、同じ値を持っている。

⇒参照等値

コメント（code comment）

コードのなかのメモ書き。コンパイラはコメントを無視する。

コルーチン（coroutine）

バックグラウンド処理を可能にする、Kotlin の experimental 機能（Kotlin 1.3 から stable になった）。

コレクション型（collection types）

リストなど、データ要素のグループを表現するデータ型の総称。

コンストラクタ（constructor）

クラスを利用できるよう実体化する際に使われる、特殊な関数。

コンソール（console）

IntelliJ IDEA のウィンドウにあるペインで、プログラムの実行で何が起きたかに関する情報が、そのプログラムからの出力とともに表示される。ランツールウィンドウとも呼ばれる。

コンパイラ（compiler）

コンパイルを行うプログラム。

⇒コンパイル

コンパイラ言語（compiled language）

実行前にコンパイラによって機械語命令に翻訳される言語。

⇒コンパイル、コンパイラ

コンパイル（compilation）

ソースコードを、より低いレベルの言語に翻訳して、実行可能なプログラムを作ること。

コンパイル時（compile time）

⇒コンパイル

コンパイル時エラー（compile-time error）

コンパイル中に発生するエラー。

⇒コンパイル

コンパイル時定数（compile-time constant）

`const` 修飾子で指定された定数。

コンパニオンオブジェクト（companion object）

クラスの中で定義され、companion 修飾子でマークされたオブジェクト。そのメンバーは、外側のクラス名を参照するだけでアクセスできる。

⇒オブジェクト宣言、オブジェクト式、シングルトン

【さ】

サブクラス（subclass）

他のクラスから属性を継承するように定義されたクラス（派生クラス）。

サブタイプ（subtype）

サブクラスとして定義されている型（派生型）。

算出プロパティ（computed property）

アクセスされるたびに値を計算するように定義されたプロパティ。

参照等価演算子（referential equality operator）：===

左辺が参照する変数が、右辺の値と同じ型インスタンスかを評価する。

⇒参照等値

参照等値（referential equality）

2 つの変数が、同じ型インスタンス（オブジェクト）を参照している。

⇒構造等値

シールドクラス（sealed class）

サブタイプ集合の定義を持つクラス。これによってコンパイラは、when 式が網羅的な分岐の集合を含んでいるかをチェックできる。列挙クラスと比べると、シールドクラスは継承を許し、そのサブクラスは別の状態を含むことも複数のインスタンスを持つこともできる。

⇒列挙クラス

ジェネリクス（generics）

関数や型が知らない型でも扱えるようにする、型システムの機能。

ジェネリック型（generic type）

包括的な（型を問わない）入力を受け取るクラス。

ジェネリック型パラメータ（generic type parameter）

ジェネリック型を指定するパラメータ（<T>など）。

式（expression）

値と演算子と関数の組み合わせで、もうひとつの値を作るもの。

事前条件関数（precondition function）

ある種のコードが実行される前に満たす必要のある条件を定義する、Kotlin 標準ライブラリ関数。

実行時（runtime）

プログラムが実行されるとき。

実行時エラー（runtime error）

コンパイルされた後で、プログラムの実行中に発生するエラー。

実体化（instantiate）

インスタンスを作ること。

条件式（conditional expression）

あとで使えるように値を代入する条件文。

消費者（consumer）

書き込みは可能だが読み出しは不可能なジェネリックパラメータ。

剰余演算子（remainder operator）

⇒モジュロ演算子

初期化（initialization）

変数、プロパティ、クラスインスタンスを、使用できるように準備すること。

初期化ブロック（initializer block）

`init` キーワードをプリフィックスとするコードブロックで、インスタンスの初期化時に実行される。

シングルトン（singleton）

object キーワード付きで宣言されるオブジェクト。シングルトンのインスタンスは、プログラムの実行を通じて1個だけに制限される。

スーパークラス（superclass）

サブクラスが継承するクラス（親クラス）。

スーパータイプ（supertype）

サブタイプが継承する型。

スコープ（scope）

プログラムのうち、変数などのエントリを名前で参照できる部分。

スマートキャスト（smart casting）

コンパイラが、コード分岐のためにチェックした情報（たとえば、ある変数が null の値を持っているか）を把握していること。

正規表現（regular expression, regex）

定義済みの文字探索パターン。

制御の流れ（control flow）

いつコードを実行するかを決める規則。

生産者（producer）

読み出し可能だが書き込みできないジェネリックパラメータ。

静的な型システム（static type system）

型チェックのため、コンパイラがソースコードに型情報のラベルを付けるシステム。

静的な型チェック（static type checking）

コードが入力または編集されるときに実行される型チェック。

セーフコール演算子（safe call operator）：?

関数呼び出しを、非 null の要素にだけ実行する演算子。

セカンダリコンストラクタ（secondary constructor）

クラスを構築する別の方法を提供する（最終的にはプライマリコンストラクタを呼び出す）。

セッター（setter）

プロパティ値の設定方法を定義する関数。

ゼロをインデックスとする（zero-indexed）

（シリーズまたはコレクションで）最初のインデックスに 0 の値を使う。

先行評価コレクション（eager collection）

実体化されたときに値をアクセスできるコレクション。

⇒遅延評価コレクション

相互運用（interoperate）

他のプログラミング言語と、ネイティブにやりとりすること。

（例外を）送出する（throw）

例外を生成する。

相対スコープ（relative scoping）

ラムダ内の標準関数コールのスコープ。ラムダ呼び出しのレシーバがスコープになる。

⇒暗黙的に呼び出される

添え字（index）

⇒インデックス

【た】

ターゲットにする（target a platform）

プログラムを、あるプラットフォームで実行するために設計する。

代数的データ型（algebraic data type）

作成可能なサブタイプの閉集合を表現できる型（列挙クラスなど）。

⇒ 列挙クラス、シールドクラス

代入演算子（assignment operator）：=

右辺値を左辺の要素に代入する演算子。

多相性（polymorphism）

同じ名前のエンティティ（たとえば関数）を使って、異なる結果を生成できること。ポリモーフィズム。

単一式関数（single-expression function）

ただ 1 個の式を持つ関数。

⇒式

断言（predicate）

処理の実行方法を決めるためにラムダ式として関数に提供される、真か偽かの条件。

チェックされない例外（unchecked exception）

コードによって生成される例外で、try/catch 文で囲まれていないもの。

遅延初期化（lazy initialization）

変数の初期化が、最初にアクセスされる時まで遅延されること。

⇒ lateinit

遅延評価コレクション（lazy collection）

必要になったときに、はじめて値が生成されるコレクション。

⇒先行評価コレクション、イテレータ関数

抽象関数（abstract function）

抽象クラスの中で、実装なしに宣言される関数。

⇒抽象クラス

抽象クラス（abstract class）

サブクラスに共通する機能を作るために使われる、実体化されないクラス。

定数（constant）

変更できない値を持つ要素。

データクラス（data class）

データ管理機能を持つクラス。

デフォルト引数（default argument）

呼び出し側が値を提供しないときに、関数の引数に代入されて使われる値。

デリゲート（delegate）

プロパティの初期化手順を定義するテンプレート。

ドット構文（dot syntax）

2つの要素を1個のドット（.）で連結する構文。ある型について定義されている関数を呼び出すときや、クラスのプロパティを参照するときに使う。

【な】

名前付き関数（named function）

名前を付けて定義された関数。

⇒無名関数

名前付き引数（named argument）

関数の呼び出し側が使える名前を割り当てられている引数。

ネストしたクラス（nested class）

ほかのクラスの内側で定義されている、名前付きクラス。

【は】

バイトコード（bytecode）

JVM（Java Virtual Machine）が使う、低いレベルの言語。

派生（subclassing）

サブクラスを作ること。

⇒サブクラス

パラメータ（parameter）

関数が要求する入力。

パラメータ化された型（parameterized type）

コレクションの内容を定義する型（型パラメータ）。

範囲（range）

値または文字の連続するシーケンス。

反復処理（iteration）

特定範囲内の（またはコレクションの）要素に対する処理の繰り返し。

反変（contravariance）

ジェネリックパラメータを消費者としてマークすること。

比較演算子（comparison operator）

左辺と右辺の要素同士を比較する演算子。

引数（argument）

関数に与える入力。

引数を渡す（pass an argument）

関数に入力を提供する。

非 null 表明演算子（non-null assertion operator）：!!

null を許容する要素に対して関数を呼び出すが、もし要素が null ならば例外を返す演算子。

⇒ 2 重感嘆符演算子

ファイルレベルの変数（file-level variable）

関数にもクラスにも含まれない、それらの外側で定義される変数。

フィールド（field）

プロパティに割り当てられるデータ用ストレージ。

符号付き数値型（signed numeric type）

正負の両方の値を含む数値型。

浮動小数点（floating point）

有効桁数に基いて任意の場所に置くことができる小数（を使って表現される数）。

プライマリコンストラクタ（primary constructor）

クラスのヘッダで定義される、そのクラスのコンストラクタ。

プラットフォーム型（platform type）

Java コードから Kotlin に返される両義的な（null 許容かもしれず、nul 非許容かもしれない）型。

ブランチ（branch：分岐）

条件次第で実行されるコード集合。

プロジェクト（project）

1 個のプログラムのための、すべてのソースコードと、依存性および構成に関する情報。

プロジェクトツールウィンドウ（project tool window）

IntelliJ IDEA ウィンドウの左側にあるペイン。プロジェクトの構造とファイルを表示する。

文（statement）

コードにある1個の命令。

分解（destructuring）

1個の式の中で、複数の変数を宣言し、それらに代入すること。

変数（variable）

1個の値を格納する要素。リードオンリーな変数も、ミュータブルな変数もある。

ポリモーフィズム（polymorphism）

⇒多相性

【ま】

未処理例外（unhandled exception）

コードベースによって管理されていない例外。

ミュータブル（mutable）

書き換え可能な。

ミューテータ関数（mutator function）

ミュータブルなコレクションの内容を変更する関数。

無名関数（anonymous function）

名前なしで定義された関数。他の関数への引数として使われることが多い。

⇒名前付き関数、ラムダ

命令型プログラミング（imperative programming）

プログラミングの様式で、オブジェクト指向プログラミングを含むもの。

メソッド（method）

Java の用語で、関数のこと。

⇒関数

モジュール（module）

独立して実行/テスト/デバッグできるように分離された機能ユニット。

モジュロ演算子（modulus operator）：%

ある数を別の数で割ったときの余りを求める。剰余演算子。

文字列（string）

キャラクタのシーケンス。

文字列結合（string concatenation）

2つ以上の文字列をつないで1個の出力にすること。

文字列テンプレート（string template）

変数名を、文字列に入れて、その値に置き換えることのできる構文。

文字列補間（string interpolation）

文字列テンプレートを使うこと。

戻り値の型（return type）

関数が処理を完了した後で返す出力データの型。

【や】

矢印演算子（arrow operator）：->

ラムダ式ではパラメータと関数本体を分け、when 式では条件と結果を分け、関数の型定義ではパラメータ型と結果型を分ける演算子。

予約キーワード（reserved keyword）

関数名として使うことができないワード。

【ら】

ラムダ（lambda）

⇒無名関数

ラムダ式（lambda expression）

無名関数の定義。

⇒無名関数

ラムダの結果（lambda result）

無名関数の戻り値。

⇒無名関数

ランタイム（runtime）

⇒実行時

ランタイムエラー（runtime error）

⇒実行時エラー

ランツールウィンドウ（run tool window）

IntelliJ IDEA ウィンドウのペインで、プログラムの実行時に何が起きたかに関する情報を、そのプログラムからの出力とともに表示する。コンソールとも呼ばれる。

リードオンリー（read-only）

読むことはできるが、変更できない。読み出し専用の。

⇒イミュータブル

リファクタリング（refactor）

コードの表現や置き場所を、機能を変えることなく変更すること。

リフレクション（reflection）

プロパティの名前または型を、実行時に取得すること。

⇒型消去

例外（exception）

プログラムの実行中に発する異常事態。一種のエラー。

レシーバ（receiver）

拡張関数の対象。

レシーバ型（receiver type）

拡張関数（エクステンション）が機能を追加する型。

列挙型（enumerated type）

列挙クラスの要素のひとつとして定義される型。

⇒列挙クラス

列挙クラス（enumerated class）

列挙型定数のコレクションを定義するクラス。インスタンスは、定義された型のひとつである。シールドクラスと比べると、列挙クラスでは継承が禁止され、そのサブクラスは、異なる状態を含むことも、複数のインスタンスを持つこともできない。

⇒ シールドクラス、列挙型

連鎖可能な関数コール（chainable function call）

続く関数を、それに対して呼び出せるように、レシーバまたは他のオブジェクトを返す、関数呼び出し。

ローカル変数（local variable）

関数スコープの内側で定義された変数。

論理演算子（logical operator）

入力に対して論理演算を実行する関数（あるいは記号による演算子）。

論理積演算子（logical 'and' operator）：`&&`

左辺と右辺の要素が、どちらも真であるときに限って真を返す。

論理和演算子（logical 'or' operator）：`||`

左辺と右辺の要素の、どちらかが真であれば真を返す。

索　引

■か行

■さ行

■た行

■な行

■は行

■ま行

■や行

■ら行

■わ行

Kotlinプログラミング

2019年02月14日　初版第1刷発行

著　者	Josh Skeen（ジョシュ・スキーン）
	David Greenhalgh（デビッド・グリーンハフ）
翻訳監修	吉川邦夫（よしかわ・くにお）
発行人	佐々木幹夫
発行所	株式会社翔泳社（https://www.shoeisha.co.jp/）
印刷・製本	株式会社加藤文明社印刷所

本書へのお問い合わせについては、ii ページに記載の内容をお読みください。

落丁・乱丁はお取り替えいたします。03-5362-3705 までご連絡ください。

ISBN978-4-7981-6019-1　　Printed in Japan